架构师书库

架构现代化

方法与实践

[美] 尼克·图恩（Nick Tune）
[法] 让-乔治斯·佩兰（Jean-Georges Perrin） 著
陈斌 武艳军 石涛声 曹洪伟 译

Architecture Modernization

Socio-technical alignment of software, strategy, and structure

机械工业出版社
CHINA MACHINE PRESS

图书在版编目（CIP）数据

架构现代化 ：方法与实践 /（美）尼克·图恩（Nick Tune），（法）让 - 乔治斯·佩兰（Jean–Georges Perrin）著 ；陈斌等译. -- 北京 ：机械工业出版社，2024. 12. --（架构师书库）. -- ISBN 978–7–111–77034–3

Ⅰ. TP311.1

中国国家版本馆 CIP 数据核字第 2024K710A9 号

机械工业出版社（北京市百万庄大街 22 号　邮政编码 100037）

策划编辑：刘　锋　　责任编辑：刘　锋　冯润峰

责任校对：王小童　张雨霏　景　飞　　责任印制：任维东

北京瑞禾彩色印刷有限公司印刷

2025 年 1 月第 1 版第 1 次印刷

186mm × 240mm · 24.25 印张 · 539 千字

标准书号：ISBN 978–7–111–77034–3

定价：129.00 元

电话服务　　网络服务

客服电话：010-88361066　机　工　官　网：www.cmpbook.com

010-88379833　机　工　官　博：weibo.com/cmp1952

010-68326294　金　书　网：www.golden-book.com

封底无防伪标均为盗版　机工教育服务网：www.cmpedu.com

Foreword 推荐序一

架构的设计和实施有其特定的目的。在20世纪90年代和21世纪初，通常通过设计业务和IT系统的架构来帮助手动操作实现自动化。然而，随着2008年及以后自动化和云技术的出现，组织与软件系统的架构更加注重价值创造、传递和保持的全过程，我们可以通过优化整个价值链条来更灵活地满足用户或客户的需求。为了让整个系统运作得更加流畅和高效，我们需要实现架构的现代化。

在这本书中，Nick Tune 汇集了一系列有助于塑造软件架构和组织结构的重要技术和方法，以实现工作高效和信息流畅。其中包括团队拓扑结构、领域驱动设计（Domain-Driven Design，DDD）、数据网格和沃德利地图等方法。在这些方法的启发下，Nick 展示了如何通过将理论与实践相结合来规划、启动和推进架构的现代化之旅。

我特别欣赏书中对持续变革架构能力必要性的强调。Nick 在第5章中提到“一切都在不断地演进”，并在第9章中强调“为持续的演进做好准备”。这种观点对于今天任何涉及通过软件增强服务的组织来说都是至关重要的。核心领域图（见第10章）对于架构设计的持续演进极为关键，因此我非常高兴看到本书对该话题的全面讨论。值得一提的是，Nick 在制定和设计核心领域图的方法上起到了重要作用。

书中引用了 *Team Topologies*（IT Revolution Press，2019年出版）和 *Dynamic Reteaming*（O'Reilly Media，2020年出版）等书籍内容，针对如何思考团队及其边界问题进行了深入的探讨。团队拓扑（Team Topologies，TT）的语言和模式已经得到了广泛的应用，并且已成为组织快速流动设计的首选方法。Nick 将团队拓扑理念与架构现代化的挑战巧妙结合了起来。我和合著者 Manuel Pais 以及更广泛的实践者社区，共同开发并不断完善了独立服务启发式方法（Independent Service Heuristics，ISH），看到本书对该方法的介绍我感到非常高兴。如今，我几乎在每个客户的项目中都使用这种方法。独立服务启发式方法特别适合用于联合组织中跨部门的人员，让他们共同讨论和塑造团队与系统的边界，以实现快速流动，这对架构现代化来说至关重要。

我很幸运能与Nick在全球多个客户项目中直接合作，而且亲身体验了本书中所提到的模式和方法的有效性，并见证了它们为组织所带来的有意义的成果。我对此感受颇深！因此，我强烈推荐大家阅读本书，将之作为架构现代化的灵感来源和指导。我也期待大家能利用本书来指导客户在架构现代化之旅中取得成功。

——Matthew Skelton，*Team Topologies* 合著者，Conflux 创始人

Foreword 推荐序二

在我刚成为架构师的时候，软件架构的实践方式以“事前大设计”为荣，这种设计方法适合用于从零开始创建全新的代码，把架构作为蓝图的做法是从建筑行业借鉴过来的。时光飞逝，15 年后，老旧的软件正在吞噬着我们的新世界。现在人类的福祉紧密地依赖着通过网络互联的软件，这些软件不仅覆盖了银行、商业、交通控制、食品生产、能源分配，还涉及智能手机、家居、医院，甚至我们的身体。

随着时间的推移，陈旧的软件系统不仅需要应对逐渐累积的混乱或者熵增，还必须适应不断的变化。近年来，演进式架构作为一种对需求和技术变动迅速做出反应的敏捷架构，已经获得了广泛的认可和赞赏。因此，一本关于架构现代化的书籍可能会唤起我们对系统重构过程中可能出现的代码废弃和重构的普遍关切。

随着软件密集型组织在其商业成长周期中的日益成熟，它们不可避免地会面临日益增长的社会技术的复杂性。团队间的合作以及组织与其外部环境之间的价值交换，使得既有软件及新开发软件的技术复杂性不断加剧。软件决策、产品决策和商业决策彼此交织，这让所有利益相关者达成一致意见变得极为困难，更不用说让他们在决策过程中发挥影响力和进行协商了。

这本书具有划时代的意义。它引领我们步入架构领域的新前沿。在当前的社会技术环境下，我们需要从传统的软件和企业架构思维转向社会技术架构的思维模式，实现软件、产品、战略、组织动态以及工作方式的深度融合。尽管这是一项艰巨的挑战，但也是必要而且完全可行的。

在从软件架构师变身为社会技术架构师的过程中，我深刻地感觉到要在大型组织中促进复杂变革，需要以更深层次、更直观的方式刷新我们的架构实践。在这种转变过程中，首先要做的就是把我们的思维工具提升到架构现代化的多领域场景，本书对此进行了精确的阐述。

作为一名作家，Nick Tune在将极其复杂的主题简化并迅速给出现实中可立即执行的步骤方面拥有非凡的天赋，这些步骤恰恰是理论与应用的结合点。这本书贯穿DDD、团队拓扑、DevOps、产品开发、战略、架构和领导力等多个领域，并且把这些领域的知识巧妙地整合为包括视觉模型、思维和沟通工具以及协作设计方法在内的一个既连贯又实用的综合体。

本书汇集了Nick在多篇博客和会议演讲中的精彩见解，是一本指导现代化架构之旅的实用手册，其中包括了易于理解与沟通的决策模型。这是一本易于上手的操作指南，旨在帮助读者在大型社会技术变革项目中顺利启动、持续发展并取得成功。

这本书真正令人瞩目的地方，不仅在于它创造性地将各种方法和模型融会贯通作为学术成果，还在于它搜集了大量的实战经验和生动的案例研究。Nick采访了一大批社会技术领域的领导者、架构师和设计师。他从这些采访中提炼出了许多关于在实现现代化架构的过程中，如何开展集体发现、视觉建模、深层对话，以及创造价值的具体且实用的想法和建议。

作为一名社会技术架构的实践者，Nick擅长将理论付诸实践。本书分享的许多经验都源自Nick在全球范围内为众多客户所做的咨询工作。

如果遵循本书的建议，那么你对架构现代化的投入将不是一次性的。它将激发产品和工程团队的内在能量，共同制定方案来解决问题以应对挑战。工程师和设计师可以因此成长为战略家，并与实际的领导者共同创造未来。协作设计、建模和制定战略的技巧可以确保你在持续的实施和学习过程中保持发展势头。从长远来看，这也是帮助企业抓住机会进行下一场变革、现代化或者革新的真正竞争优势。本书将教导你如何做到这一点，帮助你把技能提升到更高的水平。

祝你的架构现代化之旅愉快！

——姚欣，独立领域驱动设计顾问，社会技术架构师

The Translator's Words 译 者 序

从孔子的“逝者如斯夫，不舍昼夜”，到苏格拉底的“人不可能两次踏进同一条河流”，古往今来的海内外智者都在用不同的方式告诉我们，世界和我们所处的环境时刻都在经历着变化，变化是唯一的常态。

在21世纪的第三个十年，我们见证了两次全球性的变革浪潮，它们深刻地影响着人类社会的工作方式和生活模式。首先，2020年的疫情迫使全球范围内的企业和个人重新审视远程工作的可行性和效率，这一模式从边缘走向主流，彻底改变了传统的工作环境。其次，2022年生成式人工智能（Artificial Intelligence Generated Content，AIGC）技术突飞猛进，它不仅在技术领域引起了革命，而且在更广泛的行业内展现了改写规则的力量。

对企业而言，这种不断变化的环境提出了新的挑战和机遇。企业不仅需要及时更新落后的信息系统架构、流程和团队配置，更重要的是，需要通过持续的更新和改进并充分利用最新的技术，以培养差异化的竞争优势。这正是架构现代化的核心意义，它不仅是技术的升级，更是企业文化和战略思维的转变。

本书正是在此背景下提供给读者的一份宝贵指南。作者凭借在全球不同国家和行业内的多年实践经验，从战略规划、技术选型、架构设计到人力资源管理、团队建设和流程优化等多个维度为企业的现代化改造提供了全面的指导。书中还讨论了如何通过沃德利地图、事件风暴、产品分类、领域划分、团队拓扑、松耦合软件架构、内部开发者平台、数据网格、现代化战略、学习与提升技能来加快企业的产品创新和服务优化，同时有效地管理变革，降低风险。本书强调，成功的架构现代化需要高层领导的全力支持、技术团队与业务团队之间的密切合作，以及对现有流程的持续审视与优化。

书中所提倡的架构现代化不仅关注技术层面的更新，更强调以人为本，关注团队协作和知识共享的重要性。通过打造开放的沟通渠道，激发团队成员的创新潜力，企业可以更快地响应市场变化，更有效地解决客户问题，从而在竞争中占据有利地位。同时，本书也明确指出，现代化的道路并非一帆风顺。它涉及多方面的挑战，包括技术选择的难题、组织结构的调整，以及文化变革的阻力等。书中不仅提供了应对这些挑战的策略和方法，还鼓励企业以积极的态度面对困难，将挑战视为成长和进步的机会。

本书不仅是一本技术指导手册，更是一本引领企业在数字化时代领航的战略指南。它为那些在变革中寻求生存和发展的企业领导者及技术决策者提供了宝贵的知识与灵感，帮助他们在激烈的市场竞争中脱颖而出，实现长期发展。无论是对于处于起步阶段的初创公司，还是对于寻求转型的成熟企业，本书都将成为它们不可或缺的指南和伙伴。让我们一起迎接变化，共创未来！

——陈斌，NETSTARS 公司 CTO

Preface 前　言

突然之间，我们无法离开家，无法与自己所爱的人在一起，不能与亲朋好友相聚，不能再去办公室工作。2020 年，伴随着下一个新十年的到来，新冠疫情的爆发彻底改变了我们的生活。作为需要经常出差与客户合作并参加行业活动的顾问，每周七天、每天 24 小时都待在家里对我的冲击很大。这也让我面临一个严峻的问题：应该如何利用好这些空闲时间？

很幸运，即使在最严格的封控期间，我也能继续远程工作。我终于有时间去读一些过去一直想读的书，也终于有时间在游戏机上玩我钟爱的《跑车浪漫旅》（*Gran Turismo*）游戏了。即便如此，在晚上和周末，我仍然还有很多的空闲时间，而在过去我通常会进行差旅返程和社交活动。因此，我开始考虑写书。

我之前与 Scott Millett 合著过 *Patterns*，*Principles*，*and Practice of Domain-Driven Design*（Wrox，2015）。那次的经历很棒，我一直梦想着再写一本。但我的原则是必须先积累足够的知识和经验，到了觉得值得写的时候才会动手。我不想仅仅为了虚荣心而写作，要写就要能为读者带来价值。

到了 2020 年，虽然我还没感觉到可以动笔，但是发现许多组织仍然把架构现代化当作一项技术任务，缺乏发挥架构现代化潜力所必需的领域、组织和战略思维，而这正是一些组织正在经历的。因此，我决定在 Leanpub 上尝试写书，探索在存在差距的前提下，可以写到什么程度，以及自己是否适合写这本书。

在接下来的两年里，我总结每次与客户合作的心得，不断地迭代并大幅度地修改，以此来丰富内容。我感觉这本书逐渐开始满足我最初设定的能为读者带来价值的标准。特别是引入了与从业者合作的案例研究，使本书达到了我个人经验所无法企及的新高度。

到了 2022 年，我注意到书中还缺少数据网格方面的内容。数据网格是许多开始进行架构现代化的组织想了解的一个热门话题。因此，我找到了该领域的专家 Jean-Georges Perrin，请他来撰写一个新章节。幸运的是，Jean-Georges Perrin 不但同意撰写数据网格章节，还建议我联系曼宁出版社来出版本书。于是就有了本书（英文版）。在与曼宁出版社合作的 12 个月里，我在许多人的帮助下对本书的每个章节都进行了深入的修改和完善。书的质量比 Leanpub 版本有了大幅度的提升。

对我而言，撰写本书的三年经历极其宝贵。但更重要的是，我希望本书能实现为读者带来价值的终极目标。

——Nick Tune

读者对象

本书主要面向负责管理架构现代化的技术领导者，比如 CTO、工程副总裁和架构负责人。本书的内容同样适用于具体领导落地实施的技术人员，例如首席工程师、高级工程师和架构师。此外，本书对技术和架构的相关人员也同样具有参考价值，即使他们不直接参与架构设计和编码，例如产品负责人、产品经理、服务设计师和用户体验（User eXperience，UX）设计师。由于本书不包含代码或对特定技术的详细指导，因此不适合想要寻找大量代码示例和软件重构具体指南的软件工程师。

本书内容的组织结构：导览

本书共分为 17 章，每章都专注于架构现代化的某个特定方面。大部分章都融合了理论概念、实用技巧和真实案例。本书要求按照章节顺序阅读。对于架构现代化，遵循从识别原因、设计架构到实现落地的叙事线。然而，由于主题之间的边界模糊，因此并非所有章都严格遵循这一简化叙述的模式。

第 1 章将介绍书中其他章节所涉及的与架构现代化相关的重要概念。

第 2 章将讨论在开始实现架构现代化之前应该考虑的重要问题和常见挑战。

第 3 章将探讨架构现代化可以为企业带来的业务价值，并介绍如何定义产品的“北极星”指标及明确组织的战略目标。

第 4 章将阐述如何组织各部门人员沟通以启动架构现代化，发现最重要的挑战和机会并通过实现架构现代化为组织带来最大的利益。

第 5 章将介绍用于战略分析的沃德利地图。通过沃德利地图，我们可以可视化组织的业务前景和行业走势，从而更深入地了解具体哪些核心能力值得投入。

第 6 章将讲述如何利用产品分类法创建基本构建模块来设计架构。这是一种围绕产品定义业务和技术架构的方法。

第 7 章将介绍全局事件风暴方法，该方法以高度协作的研讨会形式划分业务领域，为识别领域边界奠定基础。

第 8 章将讨论如何避免把架构现代化简单地视为用新技术重建旧系统的项目，而应该把它当成改善 UX、解决长期存在的痛点、优化工作流程和开发新功能的机会。

第 9 章将展示如何把业务划分为不同的领域和子领域，这是构建现代化软件架构和组织结构的基础。

第 10 章将介绍将架构作为投资组合，并基于业务价值和复杂性确定在各领域的最佳投资水平的原则、工具和模式。

第 11 章将对架构的组织方面进行探讨，包括如何利用团队拓扑的原则和模式来帮助识别、验证和改善价值流。

第 12 章将详细介绍设计松耦合、保持领域一致性的软件架构的原则和方法，并讨论每个子系统如何从当前状态向目标状态迁移。

第 13 章将探索架构与其运行平台之间的复杂关系，并聚焦设计可以为开发者带来良好体验的平台，以便架构能更快速、更可靠地演进。

第 14 章将介绍为什么需要数据网格、它的四项基本原则及原则之间的相互依存关系。此外，本章还将介绍构建数据网格需要的工具。

第 15 章将介绍架构现代化赋能团队（Architecture Modernization Enabling Team，AMET），这是指导和支持架构现代化的团队，该团队的作用是在整个架构现代化过程中为其他团队提供动力，但不会做所有决策。

第 16 章将讨论如何生成有吸引力的叙事内容并把架构现代化工作规划到发展路线图中，使其同时关注持续演进，尽早、尽快交付价值，而非一开始就进行大规模的设计和规划。

第 17 章将重点讨论如何在组织内部培养人才和提升架构能力，以确保新架构能够充分利用现代的思维和方法。

如何阅读本书

不必严格按照顺序阅读本书的各章节。许多章节都包含独立的概念和技术，同时也会提及其他章节中介绍的相关概念。

致　谢 Acknowledgements

首先，我要特别感谢 Jean-Georges Perrin 对本书的巨大贡献，他不仅撰写了与数据网格相关的章节（第 14 章），还出谋划策促成了本书的出版。此外，我还要感谢自 2020 年年中以来数以百计的 Leanpub 读者的大力支持和反馈。他们的支持让我确信本书的内容很重要，从而激励我不断地努力。

感谢所有为本书提供行业案例的人及其所属的组织。他们的经验极大地提升了本书的价值，与他们共同整理这些案例的经历是一段愉快的经历。以下是按书中案例出现的顺序排列的提供者名单：Kacper Gunia、Orlando Perri、Xin Yao、Katy Armstrong、Dean Wanless、Javiera Laso、Ornela Vasiliauskaite、Maxime Sanglan-Charlier、Kenny Baas-Schwegler、Shannon Fuit、Chris van der Meer、Chris O'Dell、Antoine Craske、Joào Rosa、Scott Millett、David Gebhardt、Christoph Springer、Krisztina Hirth、Damian Bursztyn、Andrea Magnorsky 和 Timber Kerkvliet，感谢以上所有人。

感谢曼宁出版社的开发编辑 Doug Rudder，他对将本书提升到目前这个水准功不可没。我们约定每周见面一小时，他的反馈和支持对各章节的优化至关重要。此外，感谢所有制作人员为本书所付出的辛勤努力。

我还要对所有为本书提供反馈意见的人表示感谢，他们的贡献对本书的内容和质量产生了巨大的影响。其中包括曼宁的审稿人和那些直接联系我的人，感谢 Alessandro Campeis、Alex Saez、Andrew Taylor、Arjan van Eersel、Arun Saha、Bill Delong、Bruce Bergman、Christopher Forbes、Daut Morina、Dave Corun、David Goldfarb、Devon Burriss、Enrico Mazzarella、Ernesto Cárdenas Cangahuala、Ganesh Swaminathan、Gilberto Taccari、Gregorio Piccoli、Harinath Kuntamukkala、Harinath Mallepally、Ian Lovell、Ivo Štimac、Jackson Murtha、James Liu、James Watson、Jonathan Blair、Juan Luis Barreda、Kevin Pelgrims、Lakshminarayanan AS、Leonardo Anastasia、Massimo Siani、Matteo Rossi、Maxime Boillot、Michal Těhník、Michele Adduci、Mladen Knežić、Mohammed Fazalullah

Qudrath、Neeraj Gupta、Neil Croll、Nicolas Modrzyk、Peter Henstock、Peter Mahon、Pierre-Luc Gagné、Polina Kesel、Ramaa Vissa、Ramnath Nair、Roberto Lentini、Roger Meli、Shawn Lam、Simeon Leyzerzon、Stephan Pirnbaum、Sune Lomholt、Sushil Singh、Swaminathan Subramanian、Tibor Claassen、Tiziano Bezzi、Torje Lucian、Vojta Tuma、Warren Myers 和 Yannick Martel。

作 者 简 介 *About the Author*

Nick Tune 是一位资深顾问，专注于帮助旅游机构、金融组织、电子商务公司和政府部门等将其架构和工作模式转型为授权的产品团队和持续交付模式。他在每个项目中都力求在引导者、教练和顾问等几个角色之间找到最佳的平衡点。

Jean-Georges Perrin 是一位专注于构建创新现代数据平台的技术顾问，也是人工智能与数据分析（Artificial Intelligence，Data，and Analytics，AIDA）用户组的主席，曾经撰写过 *Spark in Action, 2nd edition*（Manning，2020）。他热衷于软件工程和任何与数据相关的领域。近期，他把更多的精力投入了数据工程、数据治理、数据科学的工业化，以及他最钟爱的主题——数据网格。他曾荣获“IBM 终身冠军”的称号。凭借着超过 25 年的 IT 行业经验，他曾在多个会议上担任演讲嘉宾，在多个出版社及在线媒体发表过文章。你可以在他的博客 http://jgp.ai 上了解更多细节。闲暇时，他喜欢与家人一起探索纽约州北部和新英格兰。

Contents 目　录

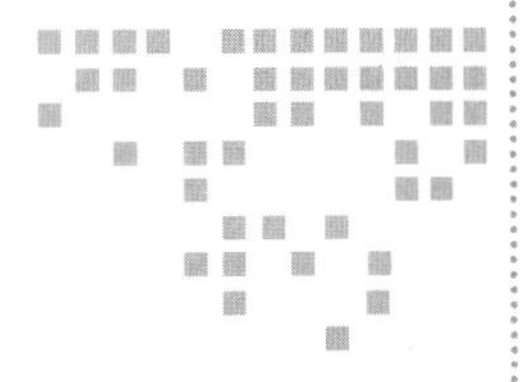

第 1 章 Chapter 1

什么是架构现代化

本章内容包括：

- 利用架构现代化获得竞争优势；
- 实施全方位架构改进策略；
- 关联架构现代化与业务成果；
- 创建具备独立价值流的架构；
- 将架构现代化视为渐进式的发展之旅。

落后系统的架构不仅会带来商业风险，还可能削弱竞争力。这些系统的架构通常难以修改、更新缓慢、维护成本高昂，而且还频繁出现故障，这些问题可能会让竞争者占据上风。以美国西南航空为例，2022 年，其有几十年历史的调度系统所引发的危机导致一周内有 14 500 次航班被取消，严重损害了其品牌形象，成了国际新闻的负面焦点。

相反，精心设计的现代化架构可以带来显著的竞争优势。例如，英国初创公司 Cazoo 仅用 90 天就成功建立了在线汽车销售平台，并迅速崛起，成为英国增长最快的独角兽企业之一。Cazoo 之所以能够迅速创新，关键在于它没有受到落后系统的限制。这使得公司能够利用像无服务器（Serverless）等技术自然而然地实现高效运作和先进功能，如弹性伸缩等。

即便是精心维护的架构，随着时间的推移，也可能因业务战略调整、废弃的旧功能、紧急修复未整理以及技术落后等因素而逐渐退化。因此，随着公司的成长，它们似乎不可避免地会从初创期的快速发展企业演变为受旧架构拖累的僵化老企业。然而，Netflix 等公司证明，逆转这一趋势、保持快速创新并成为行业领导者是可能的。

2009 年，Netflix 为了维护和增强其在线视频流市场的竞争力，将自己的架构从单体架构过渡到了数百个基于云的微服务。时任 Netflix CTO 的 Adrian Cockroft 阐明了这一转变的紧迫性："这关系到生存……如果竞争对手能够实现每日更新和持续交付，而我们只能每季度更新一次，那么我们和竞争对手在 UX 上的差距会非常明显，最终必然遭受损失。"（https://soundcloud.com/a16z/microservices）。

每位领导者都应借鉴 Netflix 的策略，不断自我审视：我们是否面临被竞争对手超越的危机？如果市场迎来快速成长的初创企业，那么我们能否与之竞争？仅仅依靠品牌声誉，我们能在与更优产品的竞争中保持市场地位吗，如果可以，这种优势能持续多久？我们的关键业务是否依赖于陈旧的系统，这是否可能导致重大的财务或声誉损失？

很多组织已经跟随 Netflix 的脚步，通过架构现代化将负担转化为竞争力。本书旨在为希望在组织内取得相似成功的业务、技术、产品领导者提供指导。但是，架构现代化并非没有代价。这意味着必须投入时间和资源，而这些成本原来可以用于产品的改善。由于这种短期妥协，许多领导者不愿承担这些成本，结果仍然依赖于落后系统。正如图 1.1 所示，这会形成一个恶性循环：随着系统状况的持续恶化，架构现代化所需的时间和成本不断上升，使得领导者对投资架构现代化更加迟疑。

Adam Tornhill 和 Markus Borg 的研究揭示了如果放任这一循环继续发展，将会导致什么后果。在他们的论文"Code Red: The Business Impact of Code Quality——A Quantitative Study of 39 Proprietary Production Codebases"中，他们发现，由于系统中存在着不同程度的技术债，多达 42% 的开发人员时间可能被浪费（https://arxiv.org/abs/2203.04374v1）。

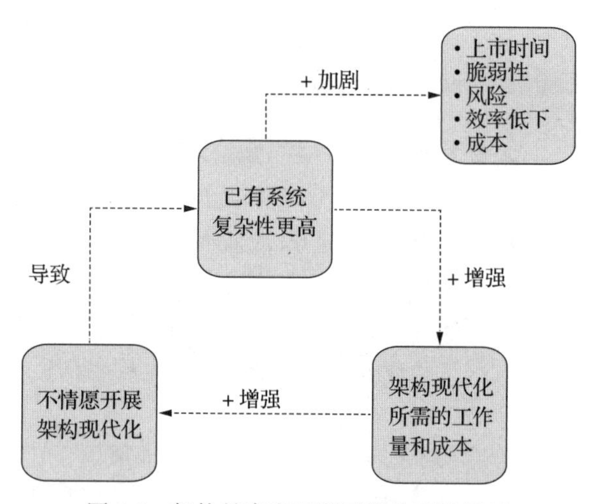

图 1.1 架构健康度逐渐下降的恶性循环

随着全球对软件依赖度的加深，系统的复杂性不断增加，落后架构的缺点及架构现代化的优势变得愈发突出。现代系统的复杂性激增有多个方面的原因，比如集成程度提升、数据量增加以及用户期望提高。物联网（Internet of Things，IoT）设备的激增也是系统复杂性持续上升的一个标志，预计物联网设备数量将从 2019 年的 86 亿增至 2030 年的近 300 亿（http://mng.bz/lWd8）（见图 1.2）。面对这一挑战，你是否准备好打破恶性循环，将架构从负担转化为竞争优势？

提示 本章简要介绍架构现代化之旅的关键组成部分及它们之间的相互作用，旨在帮助你把握本书的核心观点。每一主题都将在后续章节中进行深入讨论，辅以实用的技巧和来自作者职业生涯以及为本书贡献案例的专家的真实行业案例。

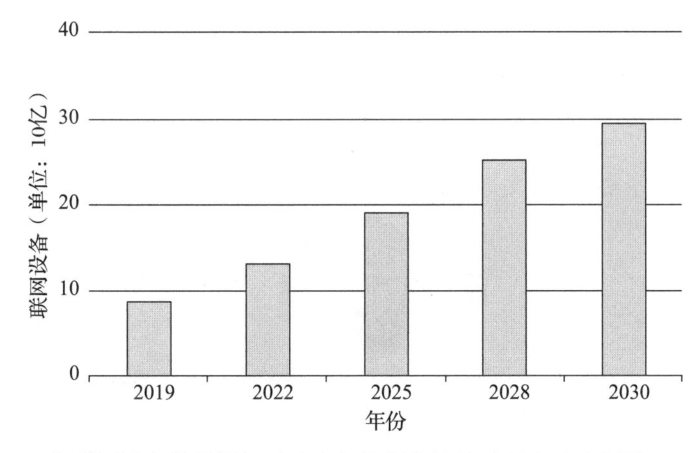

图 1.2　物联网设备数量增加反映出架构复杂性的不断上升（来源：Statista）

1.1　架构超越技术和模式

从表面上看，架构现代化似乎是个纯技术问题。以 Netflix 转向微服务架构为例，微服务通常被看作软件系统的一种设计模式，紧密结合了一套工具生态，这套工具简化了微服务的构建、部署和维护过程。

然而，深入分析可以发现，微服务实际上不仅是技术层面的架构模式，它同样融合了社会和技术因素，会对组织结构产生影响。Sam Newman 在 *Building Microservices*（O'Reilly Media，2021）一书中强调："采用微服务的第三个原因实际上是你希望增强组织的自主性。这意味着把责任下放给各个团队，使他们能够独立做出决策、发布软件，同时减少与组织其他部门的协调工作。"（http://mng.bz/BmP8）

提示　尽管本章以 Netflix 及其转向微服务架构的现代化之旅为案例，但是本书并不认为微服务是唯一有效的架构模式。书中讨论的原则和观点同样适用于非微服务架构的现代化改革。

为了充分利用架构现代化的潜力，领导者必须跳出技术和模式的狭窄框架，从更宏观的视角来理解架构。这意味着要首先识别出哪些关键因素能使现代组织高效运作，以及架构如何发挥作用。Jonathan Smart 在其著作 *Better Value Sooner Safer Happier*（BVSSH）中提出了一个理想的思考框架（见图 1.3），讨论了架构现代化可以带来的价值。该框架强调五大关键成果，这些成果对于组织的表现和长期成功极为重要：

- "更好"（Better）指通过增强质量来提高效率和减少不必要的重复劳动。
- "更有价值"（Value）指通过增加收益或提升客户满意度和留存率来达成业务目标。
- "更快"（Sooner）指通过更快地掌握新知识和创造商业价值来实现真正的敏捷性。

- “更安全”（Safer）关注于加强治理、降低风险、保障安全及遵守合规要求。
- “更快乐”（Happier）致力于改善工作与生活质量，使员工在工作中更满足和快乐。

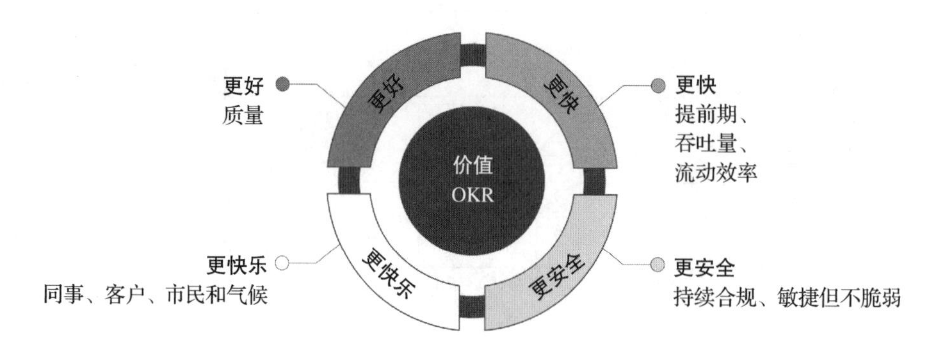

图 1.3 BVSSH 框架（数据来源：Smart et al., *Better Value Sooner Safer Happier: Antipatterns and Patterns for Business Agility* [Portland, OR: IT Revolution 2020]）

BVSSH 是一种我们可以随时采用的模式。对于我们考虑的每一个决定，我们都可以问它如何影响 BVSSH 的每个元素。这鼓励我们平衡所有利益相关者的需求，让我们有更大的机会得到他们的认可和支持。现在我们有了一个模型来描述需要优化和平衡的不同结果，以建立高绩效的组织，我们可以探索架构现代化如何为每个结果做出贡献。

1.2 独立价值流是构建现代架构的基础

独立价值流（Independent Value Stream，IVS）是构建现代架构的基础。要充分挖掘架构潜力并提高架构现代化改造的投资回报，关键在于构建一个符合 BVSSH 框架的架构。这一过程从理解“价值流”开始。

在软件开发领域，“价值流”涉及一系列活动，这些活动共同创造新价值，从挖掘用户需求，开发软件新功能，到最终将软件交付给用户，这一过程涵盖了软件开发的全周期。图 1.4

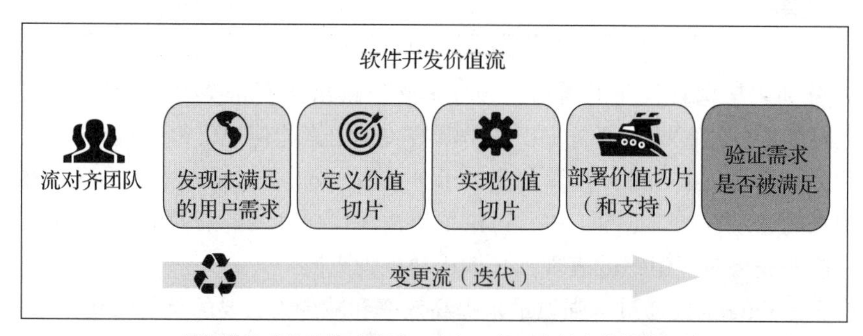

图 1.4 软件开发价值流的高阶概览

展示了软件开发价值流的高阶概览（更详细的描述还包括诸如项目启动、代码审查、多环境部署等具体活动）。

提示　图 1.4 仅提供了现代产品开发方法概览，并未涵盖所有细节。Melissa Perri、Marty Cagan、Teresa Torres 和 Jon Cutler 等产品开发领域的专家提倡采用持续发现与交付、双轨敏捷等先进方法。这些方法强调在整个开发周期内不断地探索用户需求和交付产品功能，是实现架构现代化的理想途径。我将在第 8 章中结合自己的亲身经验讨论这些观点和方法。如果你希望进一步了解，强烈建议参考上文提到的产品专家的书籍和相关内容。

独立价值流（Independent Value Stream，IVS）是具有以下关键特性的价值流（如图 1.5 所示）：

- 领域对齐：IVS 致力于为特定的业务子领域创造价值，这个子领域足够简单，以至于一个团队就能够管理，例如定价、订购或搜索等业务子领域。
- 结果导向：IVS 的成功评估基于其对业务成果和产品北极星指标（关键性指标）——例如收入和用户参与度——的贡献，而不仅仅是完成一系列预定的需求。这避免了仅以产出为导向的“功能工厂”反模式。
- 团队赋权：每个 IVS 团队都拥有决策自主权，负责从产品和技术决策到变更部署和开发流程的定义等所有方面。
- 软件解耦：每个 IVS 软件的开发和部署均可独立进行，不受其他系统或流程的约束。

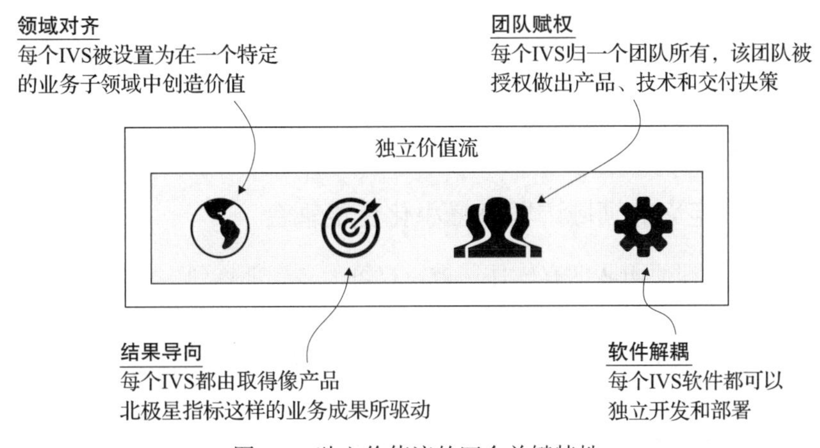

图 1.5　独立价值流的四个关键特性

提示　价值流概念已经存在了几十年，并被应用于多种不同的场景。本书特别聚焦于软件开发过程中的价值流。涉及该过程的团队被称为“流对齐团队”，这个术语源自 *Team Topologies* 一书，详细讨论将在第 11 章展开。

IVS 的特性之所以重要，是因为它们使 BVSSH 成为可能。通过清晰定义的领域边界将变化一致的相关领域概念分组，从而减少业务之间的耦合，这对开发新产品功能尤其重要。这样做不仅减少了软件与团队间的依赖，而且还加速了新产品增强特性的交付，减少了阻碍并降低了对协调的需求。

采取结果导向的方法通过形成更好的产品和功能想法提供了更大的价值。这种方法赋予团队一定的目标和自由，让他们在子领域内探索解决方案，而不是简单地把他们视为执行预定义解决方案的“功能工厂”。这样能够激发团队的创造力。正如产品管理专家 Marty Cagan 所指出的：“只让工程师编码意味着没有充分发挥他们的潜力……工程师是创新的最佳来源。”（www.svpg.com/the-most-important-thing/）

由于团队与特定领域对齐并负责软件，因此有助于实现更高的质量。团队明白他们将对自己的选择负责，自然会希望保持代码健康、可演进和易于支持。安全性也因此得到加强，因为团队会考虑到安全性，而不是仅专注于在特定日期之前完成任务。这两方面都有助于打造更可靠的系统，降低了可能对品牌造成灾难性损害的风险。

上述特点和优势的共同作用使团队成员感到更加快乐，工作起来更有动力。对特定子领域内的业务成果负责，给团队带来了强烈的目标感和自治权。较弱的依赖性进一步提升了团队的自主性，同时减少了因依赖而产生的挫败感，例如遇到阻碍的情况。拥有对技术成果和开发流程的决策权，使团队能够不断改进工作方法，实现技能的精进。在能够每天创造价值的团队中工作是一种非常棒的体验。

> 提示　这是一个概览章节，旨在简要介绍架构现代化的基本主题及其相互之间的关联。在后续章节中，我们将结合诸如事件风暴、沃德利地图等实用技术和真实的行业案例对每个概念进行更深入的讨论。

1.2.1 通过清晰定义的领域边界来最小化变更耦合

需要强调的是，即便团队拥有软件并被授权每天多次部署到生产环境，其价值流仍可能不具备完全的独立性。可能存在高度的变更耦合问题，即一个价值流中的变更可能要求其他价值流进行相应的调整。举个例子，开发一个新的产品功能可能要求三个不同团队的协作，让他们各自负责实现功能的一部分，如图 1.6 所示。

变更耦合描述了不同价值流之间因逻辑依赖关系而产生的相互影响，这种情况会带来问题，因为它需要各个团队之间进行协调，而协调工作往往是低效的。这种低效主要是由共享程序所引起的，例如制定计划、团队间的优先级冲突，以及集成与测试不同组件等，这些都可能导致项目延期几天甚至几周。因此，在架构现代化过程中，能够可视化显示变更耦合的工具（如 CodeScene）变得格外重要。

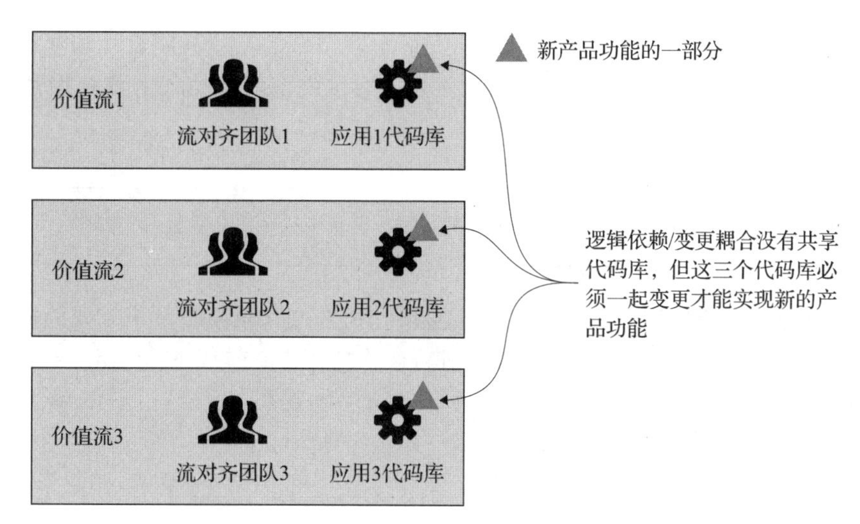

图 1.6　由逻辑依赖所引起的价值流间的变更耦合

明确划分领域边界是降低变更耦合的关键战略之一。这些边界的定义应当是经过深思熟虑的，而不应是随意制定的。事件风暴是一个极好的工具，用于识别和定义松耦合的领域边界。这是一种共创技术，它通过团队之间的合作，沿着时间线清楚地描述业务流程和用户旅程。如图 1.7 所示，可以基于时间线的不同部分明确划分不同的领域和子领域。

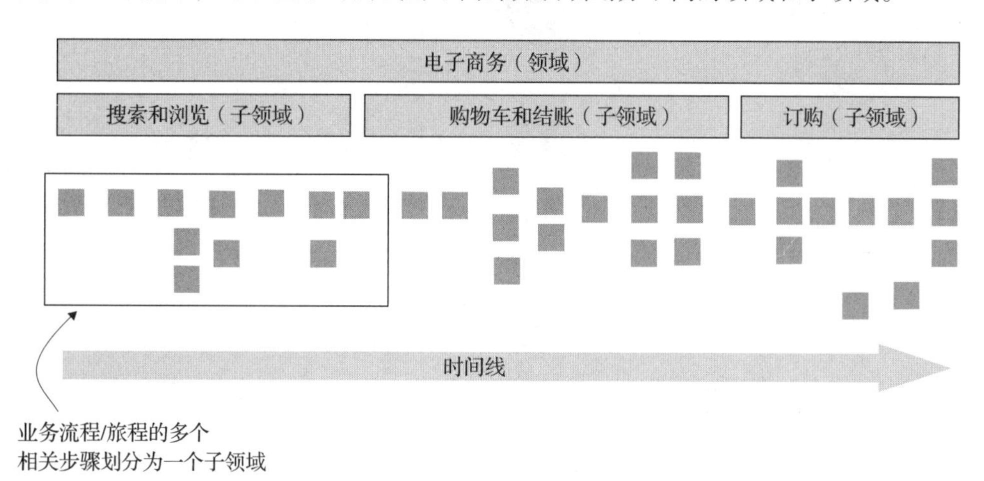

图 1.7　利用事件风暴来协同识别领域和子领域

事件风暴是一种包含多个参与者（包括领域专家、软件开发者、产品经理、UX 专家，以及其他感兴趣的人员）的协作技术。事件风暴能够提供深刻的洞见，帮助定义高质量的领域边界，并能带来其他多项好处。这种技术特别强调跨学科合作，通过详细勾画业务流程和用户旅程的时间线，可以清楚地将时间线上的不同阶段划分为独立的领域和子领域。

此外，事件风暴揭示了架构现代化的另外一个关键环节：采纳现代实践。为了充分发挥现代架构的潜力，必须采纳共创的方法，汇聚不同领域的专家共同设计和演进架构，这与以往由中央团队的架构师单独制定设计方案，然后由各团队执行的传统做法形成鲜明对比。

提示 本书将通过多个案例研究展示不同行业的组织如何定义其领域和子领域。

尽管领域边界对于实现真正的IVS非常重要，但它们只是整个解决方案的一部分。本书还提供了一种全方位的方法，用于确保在进行架构现代化之前从业务、组织和技术的角度验证领域边界的最优性。图1.8提供了本书所涉及方法的概览。

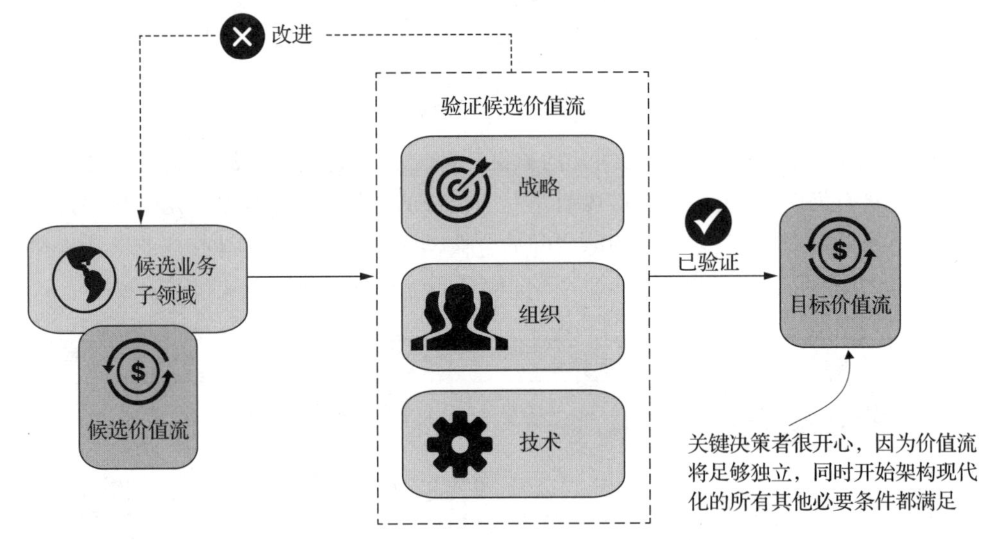

图1.8 从业务、组织和技术角度验证领域边界

提示 内部开发者平台（Internal Developer Platform，IDP）是实现IVS的另一个重要组成部分。通过提供卓越的开发者体验（Developer eXperience，DX）和“基础设施建设”或“最佳实践路径”等理念显著降低了构建、部署和维护代码的复杂性。这使得专注于业务成果的流对齐团队能够避免被基础设施相关的额外任务或开发难题所困扰。关于内部开发者平台的详细介绍和讨论将第13章中展开。

1.2.2 在多个层级上构建架构以实现全局优化

尽管独立价值流（IVS）构成了基本的构建模块，但“独立”并不意味着完全孤立。经过精心设计的IVS旨在尽可能减少不必要的耦合，然而，价值流之间总是存在着一定程度的相互依赖。对于许多规模较大的产品来说，单一团队难以独立开发完整解决方案，需要多个团队的合作，每个团队负责解决方案的一部分。

仅聚焦于单个价值流可能会导致局部优化，而忽视整体的效能提升，这与追求 BVSSH 的目标相悖。因此，更合理的方法是将组织视作一个互联的价值流网络。负责各自子领域且共同致力于推进业务成果的众多团队需要进行协作。理解不同领域间的相互关系至关重要，这样就可以根据子领域之间的内在联系把各个团队划分为领域对齐的组织单元，如图 1.9 所示。

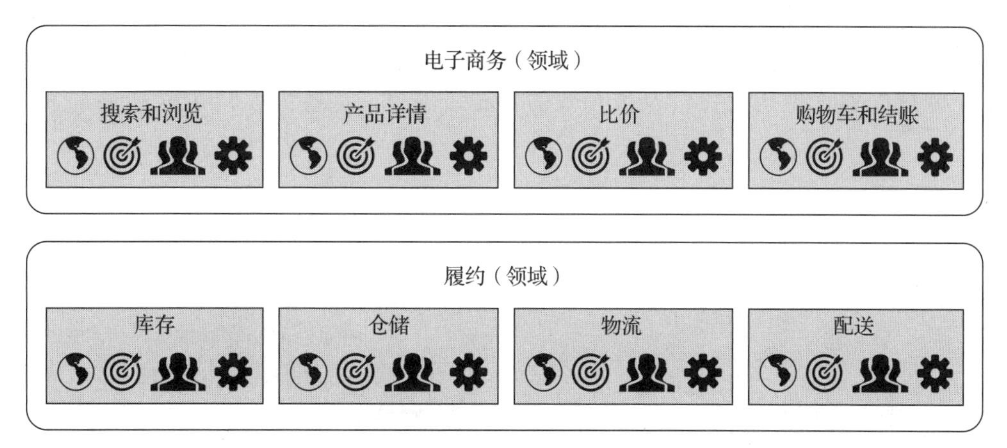

图 1.9　根据子领域之间的内在联系把相关价值流分配到不同的领域

随着架构变得越来越复杂，涉及的层级也随之增加。在拥有数千名员工的大型组织中，甚至可能还会出现更高层级的领域划分。特别是在系统复杂性不断上升的背景下，深入理解架构的范围对于进行架构现代化至关重要。

架构现代化的每个决策都应当在适当的层级进行考虑。举例来说，技术决策应在哪个层级做出？是让每个团队自由选择编程语言，还是要求同一领域内的多个团队统一编程语言？抑或这是否应成为整个企业范围内的统一决策？

复用是一个常见且经常引发讨论的话题。例如，团队是应该自行决定是否使用公司内部开发的共享服务（如通知服务），还是这种决策应该由上级做出并由多个团队遵循？

本书介绍一系列原则和实用方法，旨在帮助读者在不同层级设计架构并做出明智的决策。但最关键的是要明确我们的优化目标——这本质上是一项业务决策。通过采用沃德利地图和核心领域图等工具，我们可以获得战略清晰度和一致性，从而做出最有利于业务收益的架构决策。

1.3　架构现代化是由投资组合驱动的演进之旅

对众多组织来说，从落后架构转变为现代化架构可能需要数年的时间。对于那些经年累月逐渐落后的系统，没有快速的解决方案。然而，这并不意味着实现架构现代化所带来的价值需要长时间才能显现。相比一开始就为架构现代化设定一个完整的目标架构，采取渐进的方法要更理想。价值可能在项目最初的 3 ～ 6 个月内就开始体现，而持续的反馈将不断优化架构和路径规划。

这种渐进的方法最适合投资组合的思维方式。架构现代化不仅仅是用新技术替换旧系统，它是一个重新考虑 UX、产品功能、业务流程和领域模型，以及去除不必要复杂性的机会。但并不是每个子领域都需要这种级别的改造。实际上，这可能会导致成本更高，并推迟交付最有价值的现代化机会。

本书介绍如何运用诸如架构现代化战略选择器这样的工具（如图 1.10 所示）来确定每个子领域的最优现代化投资及最有效的优先级安排，这些内容将在第 12 章进行详细讨论。

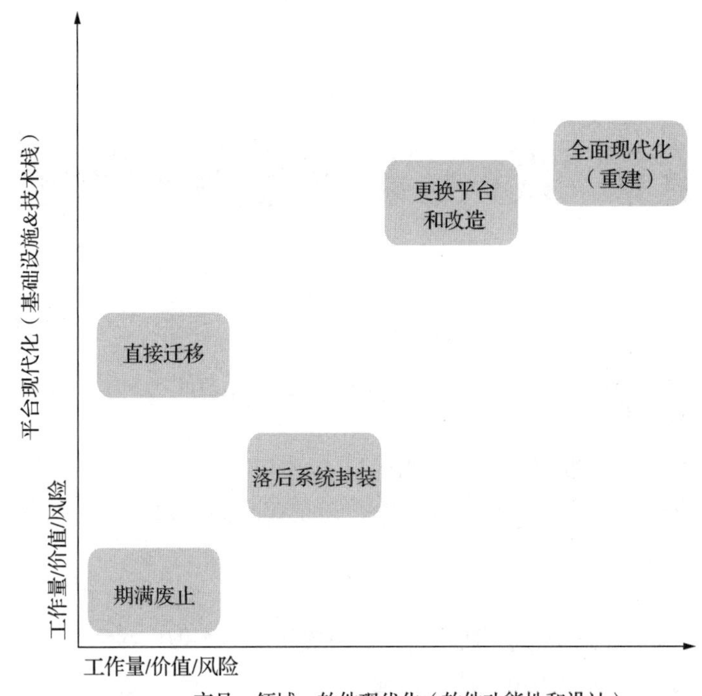

图 1.10　利用架构现代化战略选择器确定每个子领域的最优现代化投资回报

对于具有根深蒂固的传统思维方式的组织来说，阻碍进化思维方式的一个根本障碍是项目式思维方式，在这种思维方式中，现代化被视为一系列阶段：发现什么是可能的，设计目标状态，然后花数年时间遵循一个严格的计划，从当前状态过渡到目标状态。

实际上，发现机会、设计架构和实施交付是架构现代化的关键环节，它们应该作为并行的工作流进行，而非分开的连续阶段。如图 1.11 所示，这些工作流可以同时进行，架构某些部分的现代化甚至可以在其他部分的发现和设计工作开始之前就已经完成。

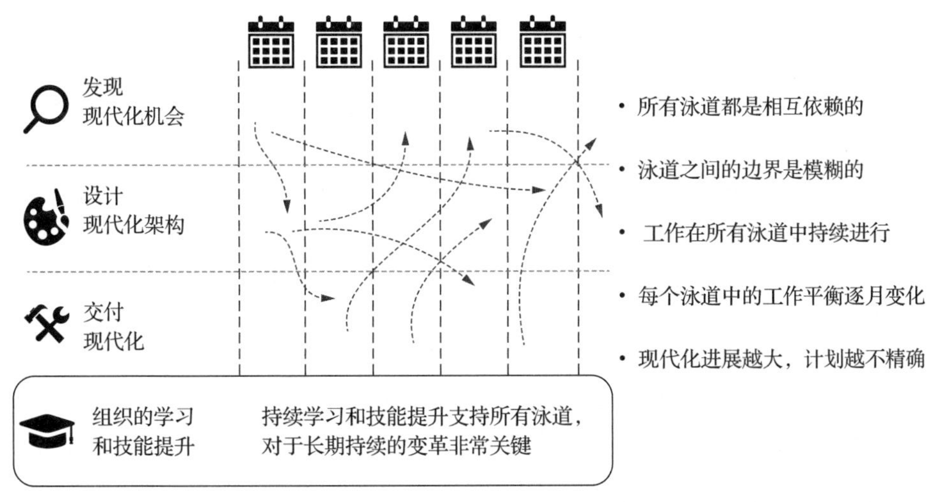

图 1.11　架构现代化是涉及持续学习和技能提升的并行工作流（而非前后独立的阶段）

在每个工作流中，持续且并行的活动是推动渐进方法的核心。工作流中的每个活动都会相互影响：本季度的发现可能会改变下一季度交付的方向；一项现代化的计划可能会带来预料之外的结果，这些结果又会反馈给后续工作的设计，等等。

持续学习和技能提升的重要性不可小觑，它或许是架构现代化最关键的部分。图 1.11 展示了学习和技能提升是架构现代化的基础。如果团队没有时间与机会学习和实践现代理念，那么有很高的风险新架构的设计可能会继续沿用旧的思维方式，从而将许多旧思维方式的缺陷带入新架构。

架构现代化过程可能面临的另一个挑战是失去前进动力，甚至难以启动。第 15 章将介绍如何通过成立 AMET 来解决这一问题，确保为架构现代化进程持续提供动力。AMET 不同于传统的做决策的架构团队，而是一个辅助其他团队的团队，专注于建立持续改进的文化，保证架构现代化的长期可持续性，即使在现代化项目完成之后也可以持续存在。

1.4　本书未涉及的主题

本书并不包含任何具体的技术或供应商方案，比如使用 AWS Lambda 在 Java 中实现微服务，或在谷歌云平台上利用 Kubernetes 和容器技术构建内部开发者平台。虽然技术选择和实现细节是架构现代化的重要组成部分，但若希望深入探索特定的技术，建议参考相关领域的专业书籍。本书提出的所有概念都不依赖于特定技术。

同样，本书并不依赖任何具体的商业模式、企业架构元模型、专有框架、知识体系或认证程序。它旨在提供一个原则和工具的集合，这些原则和工具可以根据组织需求进行自由组合，并且完全开放。尽管本书引入了一些特定术语，如价值流和子领域，但读者不必使用这些术语就能从中获益，读者完全可以根据自己组织的语言体系调整这些概念。

本章要点

- 架构现代化是旨在把成为业务负担的落后架构转变为能够提供竞争优势的现代架构的过程。
- 这个过程往往涉及用短期的妥协来促成长期的繁荣，但领导层的犹豫不决可能加重架构的负担，导致恶性循环。
- 在越来越多的业务运行在软件上的今天，系统变得更加复杂，架构的重要性在不断上升。
- 现代架构不仅关乎技术和模式，更是一种涉及社会技术的架构。
- 追求 BVSSH 是理解现代组织中架构价值的关键。
- IVS 作为现代架构的基础，联结了业务、领域、组织和技术层面，助力实现 BVSSH。
- 清晰定义的领域边界对于确保价值流的独立性至关重要，有助于减少变更耦合和降低协调需求。
- 与传统的象牙塔式架构思维不同，事件风暴等现代架构实践强调高度的协作性。
- 架构有多个层级，具体取决于组织的规模。
- 架构层级用于在不同的抽象级别设计架构，并确定架构决策的范围。
- 架构现代化是一场由投资组合思维驱动的演进之旅，而非事先设计固定的目标架构并严格按计划执行。

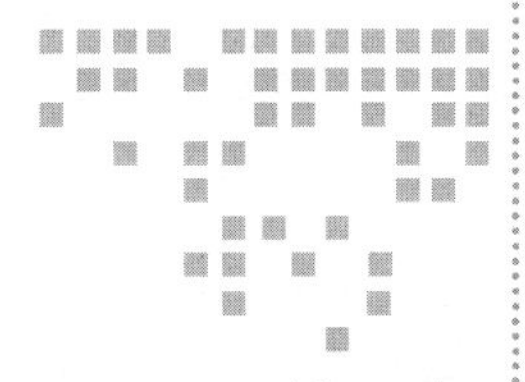

第 2 章　Chapter 2

为旅程做好准备

本章内容包括：

- 评估组织的准备状况；
- 建立对架构的整体视图；
- 准备迎接新的架构思维；
- 避免寻找架构现代化的万能解决方案；
- 培养架构现代化领导者。

在开始架构现代化旅程之前，先评估可能遇到的挑战并确保准备充分，这是一种明智的策略。我住在英国，所以每次出门我总会准备好迎接可能的雨天，即便离家时阳光灿烂、天空万里无云。架构现代化的旅程也同样需要这种准备。如果关键利益相关者未准备好做出艰难决策，改变他们的思维方式和工作方式，或者如果组织的其他部分也还未准备好，那么这个旅程很可能会令人失望。

本章将深入探讨组织在架构现代化旅程中可能遇到的核心挑战。这些挑战往往涉及思维方式的转变，若未得到妥善处理，可能会导致架构现代化的努力遭遇重大阻碍甚至失败。这些挑战涉及业务、产品、技术、文化、思维模式、工作方法及组织变革等多个方面，因为架构现代化天然涉及所有这些主题。

面临各种障碍和架构现代化挑战对每个组织来说都是常态。因此，在开始之前，并不要求你拥有一个完备的方案来应对所有这些挑战。不过，能够识别哪些领域可能会遇到最大的挑战是有价值的，这使你能够提前采取行动，比如明确哪些方面可能需要增加新员工或寻求外部的支持。

请牢记，架构现代化的问题很少能仅通过工具和技术得到解决。我在成功的领导者身上观察到的最显著的特质，就是他们能够建立关系并与来自不同层级和领域的人们进行专业且富有同情心的对话。

2.1 领导层是否做好了准备

如果你正在计划架构现代化，获取领导层的支持至关重要。为了评估自己是否做好了领导这一过程的准备，以及如何与组织内的其他领导者合作，以便更好地为架构现代化做好准备，以下问题可以作为一个很好的起点。

2.1.1 业务和产品领导层是否真正准备好为了架构现代化而减缓新功能发布的速度

在进行架构现代化的过程中，我遇到过的最大的挑战是争取到足够的时间来执行架构现代化工作。虽然领导层经常表示会暂停日常业务以重视架构现代化，但经常会出现一些特殊案例和紧急情况，这些情况会占用本应投入到架构现代化的宝贵时间。

我建议与领导团队进行坦率而且明确的讨论，明确他们愿意做出的承诺以及必须做出的妥协。此外，制定有力的行业案例也非常重要（将在第 3 章详细介绍），需要用明确的商业语言来阐述架构现代化的好处，确保所有领导层都能理解各种投入的必要性及其潜在回报。

2.1.2 领导者是否意识到遗留系统和工作方式的复杂性及难以改变

人们常常倾向于寻求快速的解决方案。尽管遗留系统的构建是跨越了多年甚至数十年的过程，但追求立即解决问题的压力始终存在。如果问题能够如此简单地解决，那么“遗留系统”这个概念就不会存在，也不会成为科技公司所面临的最大挑战之一。实际情况是，实现技术现代化和改变工作方式通常是长期的任务，需要数年时间来实现，因此所有利益相关者都需要对此持有现实的期望。

2.1.3 面对不可避免的突发情况，例如重大延误或成本上升，领导者的反应会是什么

把遗留系统和工作流现代化意味着要处理高度复杂的系统，并从根本上改变人们的工作方式。技术和社会环境的挑战无处不在，问题的出现几乎是必然的。例如，遗留系统可能比最初预期的更难拆分，或者团队成员对变更方向意见不一。因此，必须为实际执行偏离理想轨道做好准备，最好与利益相关者进行沟通，尝试了解他们将如何做出反应。

2.1.4 领导者准备好改变工作方式了吗？能否使他们调整资金模式、优先级和流程，同时给予团队更大决策权

架构现代化不仅影响技术层面，也会触及组织运作的核心，如资金模式和团队拥有的

自主权。这样深层次的变化挑战巨大，它要求领导层调整工作模式，特别是在放权以促进团队自主性方面。与关键决策者沟通讨论这些改变，并了解他们准备为组织带来的变革程度，这是非常重要的。

2.1.5　领导者愿意为员工学习和培训投入足够时间和资金，以确保他们掌握现代化改革所需的技能吗

架构现代化依赖于新技能的学习和行为方式的改变。领导层必须认识到要确保每位参与此过程的员工都具备必要技能需要大量投资。如果不进行这样的投资可能会导致架构现代化的进程延长，或者新架构效果不佳，与旧架构无异甚至更差。学习和技能提升（将在第 17 章详述）是一个持续的过程，需要时间和资金投入，应成为组织文化的一部分。

仅靠招聘具备所需技能的新员工是不够的。新员工还需了解公司的业务、系统和文化，这本身可能需要数月时间。过快招聘在短期内可能会对架构现代化产生不利的影响。

2.1.6　技术人员能否清晰地向业务领导和利益相关者说明他们的想法将如何带来益处

问题是有时并非领导者不支持，而是他们可能不了解所需投资的具体内容及其潜在好处。例如，我曾与一位 CEO 合作，他认为："开发人员过于执着于技术债和重写代码。"尽管我不赞成他的看法，但这确实揭示了一个普遍问题：当工程师未能有效传达他们的架构建议的商业价值时，他们可能被误解为仅想重构系统或出于兴趣玩技术。因此，工程师需要掌握业务知识和产品战略，以便用对方能理解的方式阐述自己想法的重要性。

2.2　准备迎接新架构思维

不仅仅是领导层，所有参与构建、设计和制定架构决策的人员都需要掌握现代架构的思维方式。虽然传统方法与现代方法间存在显著差异，但许多人因长期使用传统方法而对现代方法缺乏了解，或不愿放弃熟悉的传统方法。

2.2.1　准备采纳康威定律

每个参与架构工作的人都应该理解康威定律。这个定律表明："设计系统的组织往往会创造出反映其内部沟通结构的系统设计。"也就是说，一个系统的设计很大程度上会受到设计和构建它的人们的沟通模式和组织结构的影响。

对康威定律效应的幼稚理解或忽视可能导致多种问题，如软件紧密耦合、过度复杂以及团队间依赖性过高等是一些最常见的问题。要最小化这些问题的可能性及康威定律的其他负面影响，非常重要的就是采用社会技术思维来考虑架构，即软件架构和组织设计需要一起优化，而不是由不同团队分别设计。

在开始架构现代化转型前，确保组织内对康威定律有广泛的理解至关重要。通过寻找组织内部的实际例子来使其具体化。康威定律的应用无所不在，你会发现很多例子。观察不同团队的组织和协作方式，然后对照其架构设计进行分析。例如，我合作过的一家公司，其团队目标高度独立，促成了垂直的思维模式，导致团队间更改互相影响、数据孤岛问题，以及内部和外部 UX 的碎片化。

2.2.2 准备采纳协作式架构实践

康威定律突出了采用社会技术方法的重要性，指出与松耦合软件架构对齐的团队能更加快速和高效地工作。尽管康威定律没有详细说明团队与架构如何保持同步，如图 2.1 所示，但松耦合的架构要求有清晰定义的领域边界。这样，当团队开发新功能时，他们仅需专注于与自己代码库对应的特定业务子领域的变动，而不需要与其他团队进行协调。

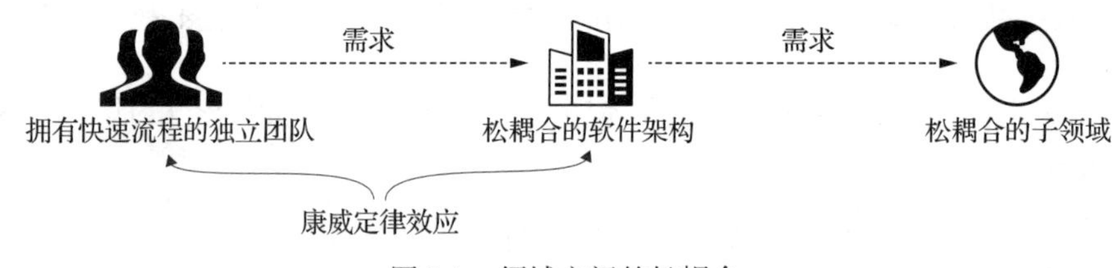

图 2.1 领域之间的松耦合

除了采纳康威定律外，领域建模也是架构现代化不可或缺的核心理念。更进一步，采用协作式的领域建模和架构方法也很重要，因为这种方法能够带来更优秀的设计思路。正如第 1 章中所讨论的那样，采用诸如事件风暴这样的注重协作的现代方法，可以集合来自不同背景的专业人士，利用他们的专业知识共同找到最佳方案。但我注意到，由于这种方法与传统方式大相径庭，因此在实践中往往面临较大的阻碍。

以下是我在 2023 年与一位技术领导者对话的例子，展示了思维差异在实践中的表现：

“尽管我们公司使用遗留系统取得了巨大成功，但我们还是面临着几十年来系统堆积的问题。领导层开始认识到，现有架构阻碍了我们快速适应变化的能力，一些想要实施的项目（如对外开放内部数据和功能）根本无法实现。然而，在参加了一个研讨会并了解到事件风暴等技术后，我意识到我们的架构方法完全错误。我们的架构师已在此工作了 16 年，却单独行动，为整个系统设计了集中式的单体数据库架构。”

在本书后续部分，你将会看到各种技术及采纳这些技术的建议。但现在是个好时机，反思一下这种架构方法与你当前所用方法的区别。在架构现代化之旅的准备阶段，尽早尝试事件风暴等协作研讨会是个不错的主意，这对评估其适用性非常有益。

2.2.3 准备将架构与战略连接起来

“我的 CEO 说我需要更具战略眼光！”一位工程副总裁的这句话突显了释放现代架构和方法潜力所需的另一种思维转变。架构师和工程师仅仅关注技术选择和时尚的架构模式是不够的；他们需要能够将架构现代化决策与业务结果联系起来，并证明每个决策是如何优化所需的业务结果的。

实现这个目标的其中一个有效方式是让所有人参与到战略规划中，使战略流程更具协作性和包容性。第 5 章介绍的沃德利地图是连接架构与战略的一种有效工具。现在你需要问自己："业务和技术团队一起讨论战略的可能性有多大？"如果你的组织传统上采用自顶向下的战略规划方式，那么考虑尽快采用更具协作性的方法，如举办一个涉及多个角色的沃德利地图研讨会。

2.2.4　准备打破业务和 IT 的壁垒

将业务和 IT 视为独立的单元而非一个整体的传统做法限制了创新，并妨碍了共同目标的实现。这种团队间的隔阂导致流程缓慢，IT 人员对他们所需构建的内容缺乏深入理解，从而延长了功能实现的时间。

成功的架构现代化需要把业务和 IT 视作同一枚硬币的两面。然而，在一些组织中，采纳这样的思维模式可能会遇到阻力。有时 IT 仅被看作将需求转化为代码的程序员团队。向以产品为核心的现代思维方式转变是一个重大的改变，这种改变可能不会在一夜之间就能实现。在这种思维方式中，各团队被赋予了做出产品决策和控制他们发展路线图的权力。

现在是评估你所处的位置和想要达到的目标的绝佳时机，并且可以开始考虑如何向更加整合的运营模式迈进。我曾采用 John Cutler 的"产品团队之旅"信息图作为工具（如图 2.2 所示），

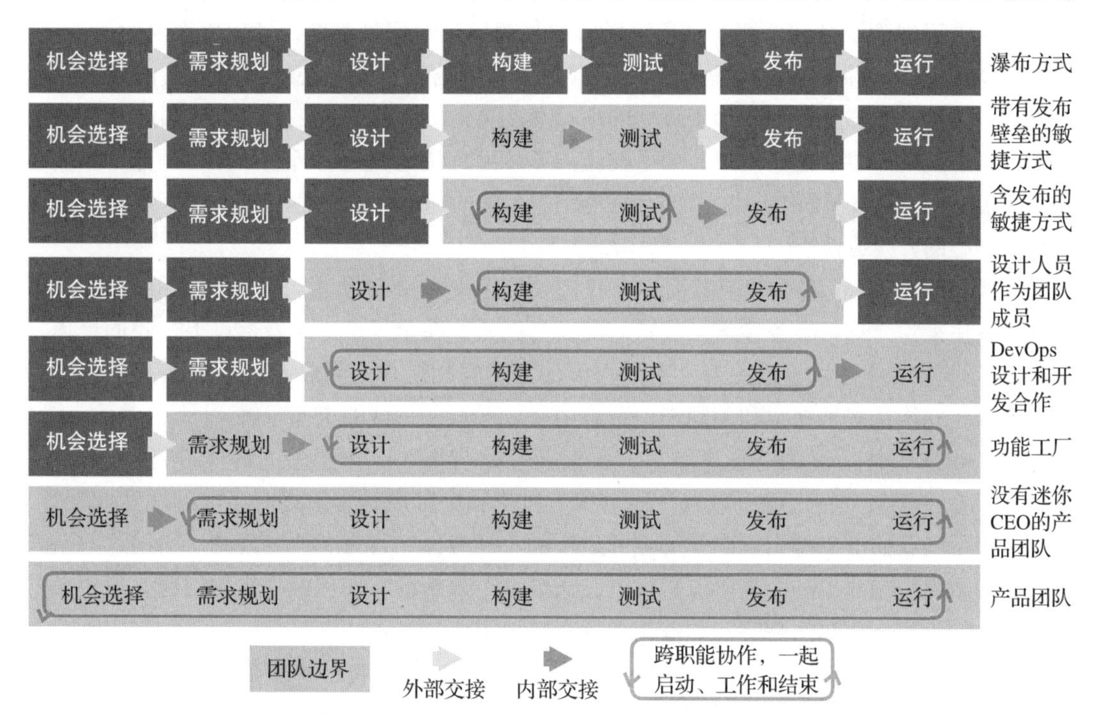

图 2.2　产品开发方法：从瀑布式到授权产品团队（来源：John Cutler, Amplitude, https://amplitude.com/blog/journey-to-product-teams-infographic）

与多个组织共同进行一个活动。在此活动中，我会邀请所有人（包括领导层和个人贡献者）标记他们认为自己当前所处的位置，以及他们期望达到的目标位置。然后，我们将讨论阻碍他们前进的因素，以及如何克服困难达到目标的解决方案。

图 2.2 所示的信息图是讨论这些主题的理想辅助工具。它提供了一个框架，助力人们思考不同的工作方式，并在更宽广的背景中评估自己当前的做法，非常值得推荐。

2.3 行业案例：ICE 音乐版税处理的现代化

本案例由 ICE（https://www.iceservices.com/）的工程经理和副总裁 Kacper Gunia 撰写。我与 Kacper 认识多年，每次寻求 DDD 和架构建议时，他都是我的首选咨询对象之一。案例中提到的众多概念和方法将在本书后续章节中进行详细说明。该案例展示了当一个组织愿意采纳新的架构思维并实施现代原则及方法时所能取得的成就。作为以投资组合为驱动的渐进式架构现代化旅程的一部分，ICE 服务实现了显著的业务和组织成效。

作为音乐行业版权和版税处理服务的领军企业，ICE（国际版权企业服务）在 IT 系统和基础设施方面遇到了挑战。在线音乐流媒体的兴起导致数据量激增，处理速度因此而下降。此外，遗留架构大量依赖手动操作，不仅增加了系统的复杂性，还增大了出错的风险。此外，新功能的开发方式过于依赖于孤立的项目和变更请求，使现代工程实践和可持续发展的推进受到了阻碍。鉴于这些挑战，为了在激烈竞争而且快速变化的行业中保持领先，我们在 2020 年启动了架构现代化计划。目标是提高 IT 系统的速度、准确性和扩展性，同时转向以产品为中心的开发方法。

为了改造版权处理的 IT 基础设施，我们采取了多种战略方法。首先从使用 DDD 和事件风暴方法来深入理解业务领域及其特有的行为开始。在全局事件风暴会议上，我们聚焦发掘版税处理领域内各利益相关者、系统和事件之间的相互作用和联系。通过广泛邀请参与者，确保我们能从多种视角和不同知识背景中获取对业务领域的全面了解。

在获得对整体情况的清晰理解后，我们便开始与更小、更相关的群体进行深入探讨。每次会议专注于某个特定的子领域，通过深入讨论和头脑风暴，最终对当前问题达成共识。这个过程帮助我们准确地识别出驱动业务运作的关键事件、行为和业务规则。借助这些新获得的见解，我们创建了一个高阶流程模型，该模型不仅帮助我们理解手头的问题，还定义了一套统一的语言，使我们能够与利益相关者有效地沟通。

我们采用绞杀者模式来规划渐进式迁移，首先在数据获取子领域通过原型实验验证了该方法的可行性。该原型不仅展示了新架构的优势，还帮助我们赢得了利益相关者的支持。随后，我们经过努力打造了一个行业案例，强调逐步提供价值，而不是一次性的大规模变革。这对我们制定分阶段实现价值的计划有帮助，早期的成功案例有助于为未来的持续迁移争取更多的资金支持。接着，我们扩大了团队的规模，定义了产品类别，包括领域、子领域及其产品以及负责这些产品的团队，详见图 2.3。

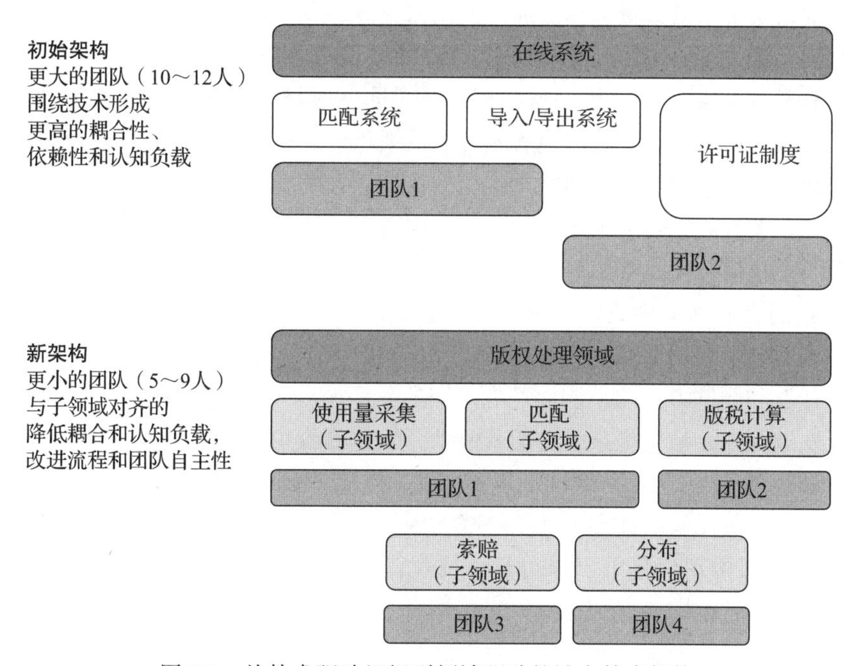

图 2.3　从技术驱动组织到领域驱动的社会技术架构

我们在团队中引入了新的工作模式，建立了持续集成和持续部署系统以及基础设施即代码工具，从而能够每天自动频繁地构建、测试和部署代码变更。此外，我们通过采用成对编程和群体编程，加强了团队间的知识共享和协作。

我们还确保开发团队与业务团队紧密合作，赋予团队成员对其所负责的产品有更深入理解和控制的权力。这样做促进了战略的扩展，建立了更多的团队，帮助组织转型为根据季度和年度产品路线图运作的组织，从而实现了频繁且渐进的价值交付。

架构现代化带来了一系列重大进步。其中最为显著的是数据处理时间缩短了 80%，极大提升了我们处理海量数据的能力。我们还将新服务供应商的接入时间从几个月缩短到几周，增强了组织的灵活性和竞争力。在一年半的时间内，我们完全替换并淘汰了旧的数据接入系统，大大降低了 IT 基础设施的复杂性。

另一个关键成果是手动匹配过程的改善，实现了更准确的工作优先级设置，生产力提升到原来的 5 倍，匹配率也提高了 5 个百分点。此外，我们还引入了对匹配索引的完整审计，增强了客户信任度，并能清楚地解释匹配的原因。此外，我们还开启了负责计算版税的平台核心部分的架构现代化，使版税的计算更快、更准。总的来说，迄今为止的架构现代化努力非常成功，为组织带来了绩效提升和竞争力增强等一系列好处。

除了架构现代化工作的业务方面，我们还利用云服务来最小化运营开销并优化成本。通过引入云服务，我们能够利用云服务的自动伸缩等功能，根据当前的需求动态地调配资源，从而降低成本提高效率。此外，云服务还提供了可扩展的基础设施，可以轻松应对在线音乐流媒体增长所带来的海量数据。通过使用云服务，我们还成功地减少了运营开销，优化了成本，并确保IT系统和基础设施能够支持不断增长的业务需求。

架构现代化也带来了对理解领域知识及赋予团队领域所有权重要性的宝贵见解。通过增强团队对领域的深入理解，我们显著缩短了反馈周期，提升了解决方案的整体质量。团队的自组织和跨职能特性让他们全面负责应用的设计、开发、测试、部署和运营，促使他们追求卓越。另一个关键洞见是资金模式从项目导向转变为产品导向，该转变让我们更专注于创造价值，而不是仅仅关注成本估算。

然而，我们也遇到了挑战，特别是在社会层面，例如，如何实现与现有团队的有效整合与合作。在尝试将以产品为中心的团队与以项目为中心的工作计划融合时，项目会因估算、设计、开发和测试方法的不同而产生不同的反馈循环（这里的“反馈循环”指的是在项目或产品开发过程中，从实施某个功能或改动开始，到收集和分析相关反馈，然后再根据这些反馈进行调整的整个过程），这就带来了问题。根据我们的经验，我建议在实现架构现代化时，组织应特别关注解决社会方面的挑战，因为这些问题与技术问题同等重要。

尽管我们在架构现代化上已取得显著成就，但仍有许多子领域需要进一步的现代化，预计这一进程还将持续数年。到目前为止，拥有一个明确定义的产品分类体系对我们的进展至关重要，没有它，我们就无法创建能够持续交付价值的自主团队。随着我们不断推进组织的现代化，我们计划在整个组织内实施团队、子领域及产品对齐的模型，确保架构现代化的所有好处得以充分实现，从而使ICE在日益变化的行业中保持竞争力。

2.4 警惕架构现代化万能解决方案

当领导者被告知架构现代化将耗时数年、耗资巨大，并且在短期内可能会减少产品功能交付时，他们一定不满意。他们肯定希望有一种速度更快、成本更低、干扰更小的创新方式。不幸的是，在大多数情况下，并不存在这种快速解决方案。

2.4.1 警惕附加式现代化

我经常遇到的一种银弹风格的解决方案，是在未解决根本架构问题的前提下尝试进行系统的现代化改造。这种所谓的“附加式”现代化，实际上只是对系统的表面进行润色，改动那些较为容易的部分，给外界一种已经现代化的错觉，但实际上系统内部仍旧与落后系统和数据库紧密耦合。这实际上是在旧系统上打补丁，形象地说就像是给猪涂口红，虽然外观看似改观，但其本质并未变化。虽然这种方法无疑可以作为一种过渡步骤，但在很多情况下，那些根深蒂固的落后系统问题并没有得到真正解决，仍然制约着产品和技术的发展。

在 21 世纪 10 年代中期，当参与政府服务项目时，我曾亲身经历了附加式现代化问题。尽管我的团队开发了一个 UX 远胜于落后架构应用的新网站，但由于我们必须与不可修改的落后系统和数据库集成，所以无法实现用户期望的改进。这意味着我们无法在网页上添加新的输入框来收集信息，或提供落后系统 API 缺失的额外信息。

一个常见的误区是，组织认为通过购买如规则引擎这样的现成工具，可以让业务人员在不需要程序员帮助的情况下迅速进行更改。虽然规则引擎和低代码解决方案在很多情况下可能物有所值，并能提供足够好的质量，但如果仅仅是为了避免处理技术债务而购买这些工具，那么这种做法更多是一种理想化的期待，而不是基于深思熟虑的决策。

在为架构现代化旅程做准备时，重要的是要了解领导者们是不是在寻找附加式的架构方法或是寻求所谓的万能解决方案。这些迹象暴露了一个更深层次的问题：领导者在寻找快速解决方案，却没有意识到解决组织架构现代化核心挑战所必需的投资。如果存在这样的疑虑，那么与其寄希望于情况会自然好转，不如尽早建立沟通渠道，进行开放和真诚的对话更为有效。深入理解架构现代化的复杂挑战，并与决策层讨论，这有助于决策者明白所需的实质性投资的重要性。

2.4.2　警惕组织结构和流程谬误

一些领导者对组织持有机械式的看法，喜欢用工厂的比喻来描述。这种观念存在问题，因为它忽视了人的因素，从而错失了机会并产生了不切实际的期望。作为顾问，我遇到这种思维的具体例子是，有些组织请求我举办研讨会来确定他们的理想组织结构，随后通过一次性大规模重组以解决所有的问题。

这种做法属于组织结构和流程谬误（http://mng.bz/8rDW）。有些人错误地认为，仅仅通过改变组织结构或引入新流程（例如敏捷）而不实施更深入的变革就能显著提升绩效。如果解决问题真的这么简单，那么每家公司都已经做到了。实际上，组织需要的是一系列的全面改变，包括促进团队协作、赋予团队产品决策权、打破业务与 IT 之间的壁垒、调整资金分配模式，并且投资于技术质量来加快开发速度。尽管组织结构和开发流程极其重要，但这些变更本身只能带来有限的提升。在现代化旅程的早期阶段就开展这类讨论非常重要。

2.4.3　准备投资于高质量的技术实践

避免寻求仅仅改变表象的快速解决方案至关重要。相反，必须接受需要进行深入变革的现实。高质量的技术实践可以保持系统健康、避免进行大规模现代化改造。对这些技术实践的投资对实现目标至关重要。可持续的高效技术实践可以确保代码设计良好、易于理解且易于测试，从而使其在整个生命周期中更容易修改和维护，降低了维护成本。架构现代化之旅的开始阶段，正是引入这些新实践的理想时机。

我坚信测试驱动开发（Test-Driven Development，TDD）和结对或群体编程的价值。这些方法注重通过精细设计和持续重构来打造高质量且经过充分测试的软件。在寻找实现新功能的最简便和最可维护的方法时，这些步骤非常关键。虽然这些方法看似更耗时且成本更高，但是我发现，恰当地使用这些方法能在短期、中期，特别是长期带来显著的投资回报率（Return On Investment，ROI）。不过，像大多技术实践一样，它们有时也能引起争议。并不是所有团队都会倾向于 TDD 和群体编程，所以寻找适合自己组织的方法非常重要。我并不支持强制团队采纳他们反对的方法，但同时认为，有时候尝试新的、可能超出舒适区的做法是有益的。

如果组织在技术实践方面缺乏专长，那么在深入进行架构现代化改革之前首先解决这个问题至关重要。你肯定不希望在架构现代化旅程的开始阶段就产生落后架构问题。为此，你需要为团队提供培训和提升技能的机会，有时甚至需要引入外部专家的力量。虽然这个话题不是本书的主题，但如果你在寻找一个切实可行的起点，*Agile Technical Practices Distilled*（Packt Publishing，2019），可能是个不错的参考。

2.5 准备支持各层级的领导者

架构现代化是一段漫长的旅程，期间充满重要决策和挑战时刻。从董事会到编码团队，各层级都需要领导力和榜样的引导。总的来说，架构现代化领导者有许多职责，包括：

- 理解和促进业务战略
- 制定架构现代化战略
- 设计和演进架构
- 建立组织结构以支持架构开发
- 传达愿景和进度
- 在自建、购买和合作之间做出决策
- 设定奖励和激励措施，鼓励期望的行为
- 在继续开展日常业务（Business As Usual，BAU）的同时推进架构现代化工作
- 保证工程团队深入了解业务领域
- 塑造工程文化
- 培养和管理团队成员
- 引入现代技术实践并对团队进行指导
- 持续引入新的思维方式和工作方法

考虑到这些繁重的职责，架构现代化工作不能仅靠一个或几个“超级英雄”来领导。在架构现代化旅程开启之前，最好先审视这份现代化职责清单以及预期会面临的其他职责，然后确定哪些领导者可以承担哪些职责，并检查是否有任何缺口。此外，你还需要考虑这些人如何协作，在业务范围内共同领导推动架构现代化。

依赖于所在组织的具体情况，你可能在一开始并没有所有这些具备完整技能的人员。这意味着你需要一个短期的解决方案和一个更长远的规划。这正是第 15 章中提到的 AMET 的目标。

各层级的领导者

为了了解各层级领导的影响，根据你所在组织的规模和类型，以下是可能需要在架构现代化中扮演领导角色人员的不完整名单：

- CTO
- 工程副总裁
- 工程总监
- 首席架构师
- 架构师
- 主任工程师
- 高级工程师
- 工程经理
- 平台架构师
- 平台工程负责人
- 企业架构师
- 数据架构师

除了这些技术人员外，其他专业领域领导者的积极参与也很重要，比如产品、UX、客户支持、财务和营销领域的领导者。

本章要点

- 在架构现代化旅程中，每个组织都会面临一系列挑战。提前识别可能遇到的最大挑战，将有助于组织更早地做好应对准备。
- 在暂停其他工作的同时进行架构现代化的财务承诺是一个常见挑战。
- 让领导层参与并认同架构现代化方法非常重要。
- 架构现代化要求采用一种全新的架构思考方式，它涉及康威定律、协作和包容性，应该尽早尝试这些方法。
- 将 IT 视为独立部门是落后的思维方式。在架构现代化之旅开启之前，了解这种思维方式在你的组织中有多么根深蒂固非常重要。
- 不幸的是，可能找不到快速解决方案来满足深层次的架构现代化需求，因此要警惕像附加式现代化与组织结构和流程谬误这样的万能解决方案。
- 投资于技术实践以实现深层次变革，避免再次产生新的遗留问题，这非常关键。
- 架构现代化需要各层级领导的参与，因此需要提前规划如何支持领导者，并确定在哪些方面需要引入新人来填补技能缺口。

Chapter 3 第3章

业务目标

本章内容包括：

- 确定开始架构现代化的业务理由；
- 将架构现代化与业务增长战略相结合；
- 确立业务和产品的核心指标（北极星指标）。

架构现代化是对系统和运营模式的重大投资。为了赢得利益相关者的支持并确保投资的最大回报，你必须深刻理解所要达成目标的业务成果，并清楚地表述投资架构现代化如何助力企业实现其战略目标。

确定架构现代化的最优层级非常关键，以避免在无法促进业务发展的领域浪费时间和金钱。这需要跨多个时期审视业务和产品战略。通过了解增长战略以及产品组合如何支持这一战略，可以识别出架构中哪些领域最能从架构现代化中获益，并制定出与业务需求最契合的架构现代化战略。

为了确保架构现代化的效益最大化，需要考虑以下几个问题：哪些新能力亟待发展？系统的哪些部分需要进一步开发？每个系统领域的技术债务目前有多大？此外，需要决定是希望通过推出新产品进入新市场，还是通过提高现有产品的质量来扩大市场份额？需要考虑是否涉及加快创新速度、降低运营成本，或增强系统的可扩展性以支撑用户基数的迅速增长？本章将首先综合探讨架构现代化的业务动机，然后将展示如何确定组织的关键业务和产品指标，即北极星指标。

3.1 架构现代化的业务动机

本节将概述架构现代化在常见业务场景中所能带来的好处。虽然这不是一个完整的清单，但即使在不同的业务场景下，架构现代化也仍然可能具有重要的价值。

在确定了业务动机之后，与不同的利益相关者进行对话，提出针对性的问题是一种迅速获得反馈的有效方法。比如，你可以问："您是否认为，与其担心落后于迅速发展的竞争者，我们更应该集中精力降低运营成本？"或者"您觉得对我们组织构成最大威胁的外部因素是什么？是快速发展的竞争对手还是消费者消费习惯的变化？"以及"我们的产品具有多少独特性？您认为竞争对手能轻易模仿我们的产品吗？"

3.1.1 落后于快速发展的竞争对手

Simon Wardley 曾经指出："成功孕育了惰性。"他解释道："过去成功的模式越是行之有效，产生的惰性就越大。"这意味着，一旦企业取得了成功，它们便很可能失去继续创新的驱动力。与之形成鲜明对比的是，市场上的新进入者往往带着完全不同的思维方式，面对挑战现有品牌的巨大任务，它们必须展现出极高的创新性和冒险精神。此外，新进入者有机会从零开始，利用最新的技术和方法，而那些老牌企业则背负着长年累月甚至数十年积累下来的技术和组织债务。这种差异创造了翻转现状的理想条件。许多成熟企业发现自己处于这种困境，因为它们所在的行业涌入了新的竞争对手，或是现有的竞争对手投资架构现代化，能够更快速地创新。

对业务和技术领导者而言，最令人担忧的问题之一是在意识到自己的开发能力严重落后时，往往为时已晚。我们都熟悉像 Blockbuster（http://mng.bz/EQMD）、Netscape（https://airfocus.com/blog/why-did-netscape-fail/）和 Nokia（https://www.bbc.co.uk/news/technology-23947212）这样的著名公司被颠覆的故事。然而，并非每个企业都到了已经太晚时才意识到问题。正如第 1 章中提到的 Netflix 案例所展示的，一些有远见的领导者能够提前识别出这些警示信号，这为他们提供了更大的生存和成功的机会。

在与客户沟通时，我经常提出这样的问题："在竞争对手构成威胁之前，在不进行任何改进的情况下，你们能维持多长时间？"一位首席运营官曾回答说："我们大概有 18 个月的缓冲，直到竞争对手追上并超越我们。"在这种情况下，18 个月是一个合适的时间框架，这个期限足够近，既能激发公司着手进行架构现代化的紧迫感，又足够长，以便它们有时间做出深思熟虑的决策，避免仓促行事。然而，重要的是要认识到，时间的长度并不是唯一的考量因素。比如说，对于规模更大、需要落后架构的更多代码进行现代化改造的组织来说，18 个月可能就显得不那么充裕了。

面对快速发展的竞争对手所带来的落后风险，组织需要做出明智的架构现代化决策。在未来变化不大的落后系统上耗费一年时间进行现代化改造，可能会导致灾难性的后果。

沃德利地图（将在第 5 章介绍）专注于业务环境的变化，会帮助我们识别未来优势的所在以及有可能发生颠覆的潜在领域。在这种情况下，运用沃德利地图方法非常重要。

行业案例：在金融服务市场失去领导者地位

有一家金融服务公司找到我，希望我支持新任 CTO 开展一项跨年度的架构现代化项目。该公司的背景令人瞩目，它不仅一直处于行业排名的首位，是十多年的市场领导者，而且在公司内部形成了一种优先考虑稳定和安全、避免风险的思维模式。由于品牌声誉极佳，只要系统在线且客户能够使用，公司就能继续保持其市场领导地位。

虽然对外呈现出优秀的业绩，但该组织在内部运作方面却存在明显的问题。例如，严格的安全政策、过度限制的开发流程、对解决技术债务投入不足，以及自上而下的管理方式，导致工程师们在执行简单任务时遭遇重重障碍。特别是开发部门和运维部门之间的关系尤其糟糕。

随着时间的推移，行业开始发生变化。发展更快的竞争对手出现，它们提供了更好的用户体验，导致该公司失去了其行业领先地位。它们的产品开始显得落后，许多才华横溢的员工因为感到沮丧而选择离职。公司高层领导意识到，他们不能再忽视这些警告信号了。于是，他们引入了一位新的 CTO 以及其他一些在金融服务领域建立过高效组织的经验丰富的业务、产品和技术领导者。

从项目伊始，我就积极参与，领导前两个团队设计和构建现代化架构，并采用新的方式工作。同时，我还与运营团队紧密协作，共同搭建开发平台，并与架构团队共同确立愿景。我投入了大量时间，向组织内的不同部门、各利益相关者及团队传递这些理念。这是一种完全不同的思维模式，需要他们花时间来学习、接受，并最终决定是否愿意成为公司未来的一部分或者选择离开。

面对行业的激烈竞争，作为现代化投入的一环，领导层期望在六个月内实现显著的产品改进。然而，由于技术和组织债务累积甚重，即便得到了高层的坚定支持，我们仍耗费了整整一年时间才将首批现代化代码投入生产，这给团队带来了巨大的压力。团队成员之间出现了相互指责的情况，彼此认为对方未能按时交付，尽管实际上每个团队都已尽其所能在自己的限制条件下工作。这种压力迫使团队寻求捷径和快速解决方案，如在陈旧的基础设施上开发新应用，从而产生了战术性的折中。

如果该组织能早些认识到自身正逐步落后，并明白实现架构现代化所需的努力远超初期的预期，它就不会因急于追求现代化而采用不理想的方式。这样，组织就能更加有效地、步步为营地应对预料到的和没有预料到的挑战。接下来的例子将展示一个组织在及时识别警示信号、做出充分的现代化承诺和投入后所能达成的成就。但值得注意的是，这两个案例涉及完全不同的公司背景，因此它们之间并非直接可比。

行业案例：OpenTable

在 2011 年，OpenTable 在餐馆预订市场上占据领先地位，竞争几乎不存在。然而，随着 Yelp 等对手的加入，局面开始发生变化。尽管 OpenTable 拥有众多维持其领先地位的创新想法，但工程部门成为了实施这些想法的瓶颈。与竞争对手相比，OpenTable 在产品创新的开发速度上无法匹敌。当时，OpenTable 依赖于一个庞大、单一且杂乱的代码库，超过 100 名工程师都在此基础上进行开发。代码的高度耦合使得进行任何变更都显得缓慢且风险高，且经常出现合并冲突。此外，部署周期长达四周，还需额外好几天进行人工质量保证测试。

提示　此行业案例由我和 Orlando Perri 共同撰写，他在 2010—2015 年间在 OpenTable 工作。

伦敦的团队意识到，他们有潜力提高生产效率。通过创建一个松耦合的、领域对齐的代码库，团队能够实现独立操作。结合高度自动化的持续交付基础架构和卓越的开发者体验，使每天进行多次部署成为现实。更关键的是，这样做能够让他们通过 A/B 测试来更有效地加快产品的反馈，从而提升产品质量。虽然实现这个愿景能使 OpenTable 大大领先其竞争对手，但是要实现这个目标并获得所需的支持是一项挑战。

在多轮迭代后，他们成功提出了一个具有明确业务收益的架构现代化蓝图，董事会终于决定暂停所有新功能的开发，以便对现有系统进行全面的架构现代化改造。公司迎来了一位具有远见的新 CTO，负责实现这个架构现代化愿景，并通过引进专业技能涵盖 DevOps、持续交付和 DDD 的工程师来加强团队。

这个故事之所以引人注目，是因为高层领导团队做出了一个大胆的决策：暂停所有新功能的开发，全力投入到架构的现代化改造中。这一决策源自一个共同的愿望，即迅速且全面地完成架构现代化，确保不遗漏任何细节。面临的一个主要挑战是董事会对项目时间表的要求。虽然最初的预估是 6 个月，但实际上直到 8 个月后，团队才有机会开始增加新的产品功能，而整个架构现代化的工作几乎耗时 12 个月才圆满完成。尽管如此，这一努力的结果令人鼓舞：一旦架构现代化实施完成，其愿景就得以完全实现，团队变得高度自治，能够每天多次将代码部署到生产环境中。通过这样的改革，OpenTable 的开发能力远远超越了其竞争对手。

对 OpenTable 而言，决定暂停所有项目并全力投入到架构现代化中是一个明智之举。然而，对于许多组织而言，采取这种全面停工的策略既不切实际也不明智，因此更倾向于逐步实施的方法。OpenTable 能够成功地采取这种策略，关键在于几个方面：拥有高质量的人才队伍；能够承受长达八个月暂停开发新功能而不对业务产生重大负面影响的能力；以及对于架构现代化的 ROI 有一个清晰且有说服力的展示。

3.1.2　架构阻碍业务增长

即使面临的竞争威胁不显著，架构依然可能成为制约企业释放全部潜力的关键因素。绝大多数公司都在追求增长，不论是和风细雨的渐进式还是暴风骤雨的迅猛式。作为架构现代化的领导者，深入理解组织的增长目标和潜能非常重要。这将有助于评估架构在多大程度上会成为业务扩张的障碍。架构现代化的目标应当是支撑公司的增长愿景，无论是解决现有的可扩展性问题还是在战略领域里加速创新。

你需要了解的四个主要增长战略包括：市场渗透、市场开发、产品开发和多元化。这些战略中的任何一个都可能在任何给定时间段对你的组织产生影响。本章将进一步探讨这些增长战略及其与架构现代化之间的联系。

3.1.3 奉行退出战略

对某些企业而言，核心战略目标可能是成功退出，比如通过被其他公司收购或进行首次公开发行（Initial Public Offering，IPO）来上市。举个例子，2022年初，我服务的一位客户CEO向我们团队明确表示他的目标是在三年内让公司具有足够的吸引力以被收购。在讨论架构现代化的过程中，他特别关注那些能在这个时间框架内显著提升业务价值的措施。任何短到中期内无法带来明显好处的架构现代化方案都不予考虑。技术领导和工程团队实际上也感受到了这一点，尤其是当公司不愿意投入额外的时间和资源来解耦那些与系统的大部分模块紧密耦合的庞大落后架构数据库时。

企业所有者计划在三年内实现退出，因此他们设定了一个时间框架来完成架构现代化。值得一提的是，一个现代化的架构能够增强公司对投资者的吸引力，有利于顺利执行成功退出的战略。一位有丰富并购（Mergers and Acquisitions，M&A）经验的架构师强调："任何优秀的架构师在考虑并购潜在伙伴时，都会仔细检查其代码、架构、设计文档和测试流程等。如果目标是市场退出，那么不能仅仅靠外观上的吸引来掩饰内在问题，因为进行尽职调查的人会识别并排除那些华而不实的公司。一个成功的退出战略，需要依托于更完善和现代化的架构。"

对于那些不寻求退出战略的公司来说，专注于两到三年内的短期目标可能更为合适。这允许公司聚焦资源于那些能在短期内带来显著效果的工作上。实际上，架构现代化的成效并不总是需要三年时间才能显现。关键是，对于大多数公司而言，需要制定一个包括短期、中期和长期行动的架构现代化项目组合，以便定期实现价值增长。同时，也需要规划如何应对那些更为复杂和更为基础的架构挑战，常见的例子包括庞大的单体数据库和落后架构的COBOL系统等。

如这位CEO所强调的，当公司以退出战略作为其目标时，业务领导人会专注于增强公司对潜在买家的吸引力。这通常意味着优化关键的业务和财务指标，例如毛利率、收入增长率或净利润，这些都是最为关键的指标。在某些情况下，领导者还会努力提升EBITDA（Earnings Before Interest，Taxes，Depreciation，and Amortization，利息、税项、折旧及摊销前利润），这是衡量企业运营效率的财务指标，常用于不同公司之间的比较。对于那些希望吸引投资者的公司来说，EBITDA有时候会成为一个关键指标。然而，重要的是要理解EBITDA和其他指标都不能全面反映公司的实际状况，有时它们甚至可能造成误导。

对于负责架构现代化的领导者而言，全面理解公司的业绩——而不仅限于EBITDA——是极其宝贵的。这样不仅能帮助他们更准确地设定现代化项目的优先级，还能让他们能够用公司的语言进行沟通，从而提升自己的信誉。*Financial Intelligence*一书是一个极佳的学习资源，能够提供深入的财务知识（可参考：http://mng.bz/N2lx）。

3.1.4 通过并购实现增长

并购活动对某些企业非常重要，它们可以通过并购来实现各种增长战略。例如，企业可以通过并购市场上的现有竞争者来扩大市场份额，或是收购处于不同市场的企业来推进其多元化战略。最近的一个案例是 Salesforce 于 2021 年以 270 亿美元收购了 Slack（http://mng.bz/D4Xg）。Salesforce 认为收购 Slack 将使其能够在远程工作的新时代为客户提供更加完整的产品套餐。另一个例子是微软在 2018 年斥资 70 亿美元收购 GitHub，此举不仅加强了微软的开发者社区，还促进了其在人工智能领域的创新，如 AI 编程助手 GitHub Copilot。

在担任 Salesforce 主任工程师期间，我深切地体会到了一个热衷于并购的大型企业所面临的架构现代化挑战。在公司外部，公众期望 Salesforce 提供的多样化产品彼此之间能够实现无缝对接。然而，在公司内部，尽管业务和产品领导层也持有同样的期望，但是技术方面情况却大相径庭。每次并购都进一步加剧技术架构的复杂性，带来在不同时代、不同文化背景下开发的落后架构的单体系统，而且这些系统包含运行在不同的基础设施栈上的技术栈，需要在同一个组织内实现高效的无缝对接。

为了打造统一的用户体验，公司启动了多项整合系统的计划，比如引入一个集中的统一身份认证解决方案。但是，由于需要兼顾多个团队及其需求，因此这些计划的推进速度十分缓慢。此外，我还观察到了其他的一系列挑战，包括团队在大局中迷失方向、形成信息孤岛、用户体验不连贯、能力重复、领域界限不清晰且缺乏对齐，以及在技术和基础设施的选择上的不一致。

并不是所有采取并购战略的公司都有 Salesforce 那样的规模，但在一定程度上，这些挑战的部分或全部可能同样适用。因此，为了确定收购后最佳的架构布局，可能需要从根本上重新考虑产品、领域、软件及团队的布局。

如果想深入了解与本节主题密切相关的行业优秀案例，请参考 Ora Egozi Barzilai 在 2019 年 MuCon 会议上的演讲（http://mng.bz/lW6R）。她分享了自己在 2016 年 Taboola 完成收购之后，领导多次架构现代化改造的经验。

如果你的组织正在积极寻求通过收购实现增长，却发现现有的架构难以融合新收购公司的技术，那么在你的架构现代化战略中，一个重要步骤就是识别这些挑战，并展示架构现代化如何促进新系统的快速整合和利用。

3.1.5 糟糕的用户体验成为公司发展的绊脚石

对于某些产品而言，用户体验是决定其商业成功与否的关键因素。当用户体验不佳时，仅仅重新设计网站往往不能从根本上解决问题，深层次的架构现代化或许是解决方案的关键。

不可靠的架构是导致糟糕用户体验的根本原因之一。我的朋友 Dan Young 就有过一次不愉快的经历。2021年秋，他想租辆车，但却因为架构问题导致其经历了糟糕的用户体验，意外租回了三辆车。尽管网站后台成功创建了预订，但却返回错误信息，结果网站让他重试支付。租车公司最初只同意给他退还一笔预订的费用，这给Dan带来了不必要的压力，并彻底损害了Dan对该品牌的信任。

在我参与的一个系统架构现代化项目中，遇到了一个显著的用户痛点：用户无法输入足够的工单信息，导致需要额外通过电话或书信进行沟通的烦琐过程，该过程令用户感到沮丧。遗憾的是，字符输入限制是由XML Schema、数据库和中间数据库几个脆弱的落后系统所共同强制实施的，这使得看似简单的用户体验问题因架构的多层复杂性而难以解决。

不熟悉技术限制的领导者有时会认为用户体验问题可以通过重新设计网站来解决，却没有意识到需要更深入的架构现代化工作。因此，有必要帮助所有利益相关者理解用户体验问题的深层原因，以及不解决这些根本问题将面临的局限。这关乎的是一种深层次而非仅仅表面的改进。

3.1.6 低效的内部工具和流程

对于一些组织而言，面向内部用户的产品的用户体验问题可能与面向外部的产品一样严重，甚至更糟。通常会认为，相比于外部用户，员工使用的工具的用户体验并不是那么重要。这种看法导致依赖内部系统的员工（比如代理人和案件处理人员）在使用这些工具时遇到挑战，难以高效地完成任务。尤其是当系统经过长时间的使用后性能逐渐下降，运营成本增加和关键交付的延迟可能成为组织所面临的主要问题。

我曾协助过一家公司，其代理人因需使用三种不同的工具完成一项简单任务而感到沮丧。这些工具不仅学习曲线陡峭而且用户体验也明显落后，加剧了不断在不同工具间切换所带来的不便。此外，案件处理的交付时间也远超预期，迫使该组织不得不考虑增聘代理人来应对不断增加的工作量以满足业务需要。

三种复杂的内部工具导致培训新代理人所需的成本、时间和精力过高。随着时间推移，这一问题演变成该组织发展新产品计划的重大障碍，因为组织发现自己无法迅速或有效地扩展流程的处理能力。这使得组织面临着必须要对内部系统的用户体验和架构进行现代化改造的局面。

3.1.7 改善招聘和留住人才

招聘和留住有才华的员工是架构现代化可带来的关键收益之一，但是这一点经常被忽略。在2018年，我为一家欧洲的大型航空公司工作，期间发现该公司难以招聘和留住经验丰富的工程师。其中一个主要原因是公司依赖于落后架构的C++单体系统，该系统包含超过一万条业务规则，对于富有才华的专业人士来说，这种工作缺乏吸引力。因此，公司不得不过分依赖初级工程师和应届毕业生，这使得系统的架构问题进一步恶化。在最初的两天研讨会上，我就能明显感觉到这种紧张的氛围。公司迫切希望寻找能够迅速实施的解决方案，以改变这一现状。

在适宜的环境下，人才是推动产品改进、加速创新，以及构建可持续发展系统的关键。现代化的架构或者对架构现代化的真诚投入，都能显著提高吸引人才的机会。对他们来说，吸引力在于有机会解决振奋人心的问题和展现潜力，而不是与落后系统及僵化流程做无望的抗争。

招聘和留住人才可能不是架构现代化的主要动机，但这是值得强调的一点。而且可能比你意识到的更为重要。

3.2　连接架构现代化与增长战略

本节将探讨常见的业务增长战略，以及这些战略所面临的架构现代化挑战。这些战略是基于安索夫矩阵（见图 3.1）制定的，这是一个 4×4 的矩阵，用来根据新旧产品和市场对增长方式进行分类。重要的是要认识到，一个组织可能会同时采取这些战略的一种或者全部。关键在于不应该机械地将所有事务归入矩阵的某个特定区域。相反，应该将矩阵视为启动讨论的工具。

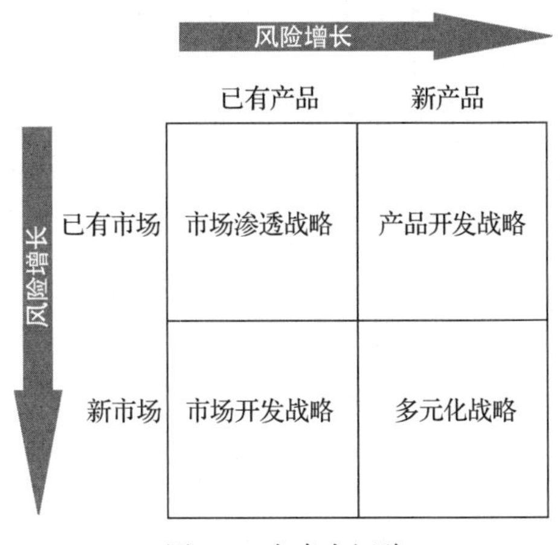

图 3.1　安索夫矩阵

3.2.1　增长战略：产品开发

产品开发增长战略致力于通过推出新产品和服务来扩大在现有市场中的份额。这里的“市场”指的是对特定类别产品感兴趣或可能购买的人群及其子集。例如，通过按年龄、职业、员工规模、行业以及收入等因素对市场进行细分，可以更精准地定义目标群体。以家庭视频游戏市场为例，其市场主要指使用游戏机的玩家，并且可以根据他们偏爱的游戏类型进行进一步的细分。简而言之，产品开发增长战略旨在为现有的用户群体开发新的产品和服务。

采取这种增长战略时，公司将要开发的新产品很可能与现有产品在某些方面相似，因为它们面向相同的用户群。因此，重要的架构考量包括功能共享、产品集成，以及在新旧产品之间平衡资源的投入。

当两种产品涉及相似的业务规则、计算方法或数据时，特别是在重复开发的成本很高的情况下，实现功能共享变得尤为重要。这种共享可能涉及通用功能，如认证系统，或是某特定业务领域的功能。但是，与功能共享相关的风险和挑战很多。首先，从设计为单一产品服务的现有系统中抽取可共享功能可能需要很大的工作量，并且对于业务利益相关者来说，可能不容易理解为何现有的资源不能简单地被复用。

我们还需要面对其他的挑战，如确定适当的复用级别和设计既不太具体也不太泛化的领域模型与接口。此外，一个常见的风险是共享功能成为瓶颈，实际复用效果可能低于预期。这些议题将在后续有关领域建模、架构设计及团队结构的章节中进行更详细的讨论。

客户通常期望在使用同一公司提供的多个产品时，能体验到产品间的协同和一体化。在我就职于 Salesforce 期间，客户对于不同产品间需使用不同的用户名和密码表示了极大的不满。他们经常质问："如果这些产品都属于 Salesforce，那么为什么我需要为五个不同的产品使用不同的登录凭证？"因此，架构设计需要支持通过 API 和数据源实现技术上的整合。就像功能共享一样，将原本作为单一产品设计的落后系统重构，以便与其他产品集成，这可能需要大量的现代化努力，并涉及系统核心和数据方面的高风险修改。

并行开发新产品和维护现有产品会引发思维方式和优先级设置的挑战。新产品往往具有更大的成长潜力，并可能以更快的速度进行实验和创新，而现有产品则可能拥有庞大的客户群，因此需要更注重稳定性。当不同团队试图以不同的速度推进项目，以及团队成员觉察到其他产品比自己的项目获得了更多资源时，就可能会遇到困难。

行业案例：海运产品开发

我曾有幸与一家涵盖从豪华游艇、小型渔船到商业油轮等多个海运市场的硬件和软件开发公司合作。该公司正在按照产品开发增长战略，对商业模式进行一次重大的扩展。公司之前的重点主要是硬件设备和嵌入式软件，而现在则聚焦在通过开发联网体验，来扩展其对现有客户群的服务。例如，计划开发的功能包括为船舶设置电子围栏，并在船只离开围栏时发出警报，远程监控船上诸如发动机速度和温度的传感器。公司的目标是成为连接体验生态系统的主导者。众多有才华的专业人士加入了该项目。

然而，该项目在技术上遭遇了严重挑战，两年内几乎未能取得进展，这导致 CEO 面临董事会的强大压力。技术团队尝试在现有的架构基础上开发联网平台，却遭遇了包括本地部署、SQL 数据库、泥球架构以及自研事件驱动功能等多个重大问题。这些问题使得架构不适合处理物联网平台所需的每秒成千上万个遥测事件。测试结果显示，该系统最多只能同时处理约五个连接设备，远远不能满足基于数千甚至上万个设备连接的商业模式的需求。

为了支持公司的市场发展战略，架构现代化成为必然。然而，获得高层领导的支持并不容易，特别是当他们对于诸如云服务、多语言持久化、微服务架构、Azure、事件驱动架构、DDD 等技术术语感到困惑时。尽管如此，他们最终还是承诺了现代化改造，我认为技术领导者能够明确地将架构现代化的目标与业务成果（例如同时连接成千上万艘船只的能力）紧密联系起来，这一能力显得尤为关键。

3.2.2 增长战略：市场渗透

市场渗透增长战略聚焦于充分利用现有产品和服务在现有市场中扩大份额。高市场渗透率通常是市场领导者的象征，不仅意味着收入增长，也有助于打造强大的品牌影响。此外，市场渗透还能带来诸如规模经济和减少对营销活动的依赖等附加优势。市场渗透战略的实施可以通过多种方式进行，比如调整价格、改进现有产品、收购竞争对手以及采取销售和营销计划。

扩大市场渗透的策略将会直接影响适宜的架构现代化方向。因为这一策略不涉及新产品的开发，关注点往往在于优化和升级现有系统以提高效率。这可能意味着对系统的某些部分进行根本性改造，进而需要现代化更新以促进创新速度。架构现代化在降低运营成本方面发挥着关键作用，例如自动化手动流程或者改善内部工具和产品的用户体验来提升员工的工作效率。

业务和技术领导者需要明确投资新市场与增强现有市场渗透率的优先级。他们可能希望同时在两个方向上大举投入，但是确定支持这两种战略所需的架构现代化程度显得尤为关键。有时，可能需要明确指出同时追求多种战略是不切实际的，应该关注于有限的市场范围，直到架构现代化能够支持更广泛的扩张。有一个很好的例子可以说明通过专注于单一市场，将架构现代化任务拆分为更小的部分，从而更快地交付价值：在单一市场中识别业务机会（无论是新市场还是现有市场），然后确定实现这些特定结果所需的现代化投入。

行业案例：拉丁美洲挑战者银行的市场渗透

我曾合作过的拉丁美洲挑战者银行，通过迅速发展和卓越的用户体验确立了其市场地位，这从其应用商店的高评级中便可见一斑。为了保持这种令人瞩目的增长势头并吸引更多客户把它作为主要银行，银行需要让客户将工资直接存入其账户。

过去，客户大多将该银行作为备用账户。虽然战略目标非常明确，但业务和产品负责人意识到，他们需要大量投资才能实现其替代传统银行的宏伟目标。目前，他们正在寻求新一轮融资，但所面临的挑战是必须展示一个清晰的盈利路径，以便给投资者足够的信心。

作为一家初创企业，该公司最初专注于吸引用户。但在这一过程中快速累积了大量遗留问题，同时形成了一些难以支撑未来业务增长所需要的运营流程。因此，该公司需要启动一项架构现代化计划，以推动公司朝着盈利和吸引投资者的方向发展，这些投资对公司实现下一阶段的重大发展必不可少。

公司在进行现代化改造时需要谨慎地平衡，因为公司无法承受在一年内停止功能开发的代价。公司必须维护其作为下一代创新型银行的形象。

在开始盈利的过程中，各利益相关者认为客户支持的成本很重要。由于效率低下的手动流程和频繁出错的代码，因此客户支持工单数量激增，扩大客户群意味着客户支持团队的规模也要相应地扩大。这种模式显然不可持续，因此对技术架构、工作方式和运营流程的现代化改造理由充分。

3.2.3　增长战略：市场开发

市场开发增长战略着重于将现有产品和服务引入新市场。这一战略通常始于市场研究，目的在于发现对产品感兴趣的新客户群。优步（Uber）是市场开发战略的典型案例。起初优步专注于提供拼车服务，当在该领域取得成功后，便开始向食品配送和货物运输等新市场拓展其产品和服务。

深入理解新客户群体的需求，及其与现有客户需求的相似性和差异性，对于评估使产品适应新市场所需的投资至关重要。这种洞察将指导哪些系统部分需进行调整，包括开发新功能。在此过程中，可能需要识别并提炼共享功能，以支持针对特定市场的定制服务。

通常，当产品需要服务于多个市场时，设计架构和组织团队变得具有挑战性。架构和团队应保持通用性以满足所有市场的需求，还是应专门针对特定市场对人员与技术架构进行适应性的调整？事件风暴是一种通过协作的方式绘制当前业务流程和用户旅程概览的方法。通过详细地分析每个步骤，可以识别出为适应新市场架构现代化要满足的具体需求。在本书的后续章节中，将介绍事件风暴方法及其在多种场景下的应用。

行业案例：疫情期间旅游公司的市场开发

COVID-19 疫情教会我们，大规模且突发的事件并非仅限于电影情节。这提醒我们要对架构中缺乏扩展能力的部分保持警觉。即使当前看似没有扩展的必要，需求也可能会在不经意间突然出现。

我曾经和一家欧洲旅游公司合作，在疫情前，客户退款请求较少，公司采用手动处理流程，主要依靠电子表格和其他低技术手段。这种方法多年来一直运作顺畅，未遇到任何问题。

然而，在疫情期间退款请求数量急剧上升，导致公司的运营出现混乱。公司无法快速有效地处理退款案件，引发顾客的不满和行业监管机构的介入，严重损害了公司的品牌声誉，在各种媒体上遭受批评。

在疫情之前，公司计划采用市场开发增长战略，通过调整现有能力来吸引新类型客户。但疫情揭示出，在实施这一战略之前，公司必须先将系统和工作方式进行根本性的现代化改造。现有架构无法支撑公司的宏伟目标，因此公司制定了一个行业案例，详细说明了所面临的挑战，并提出了一条务实的道路，为最终实现市场开发增长战略奠定了基础。

3.2.4 增长战略：多元化

多元化增长战略聚焦于在企业当前未进入的市场中推出新产品或服务。亚马逊就是一家积极实施多元化战略并取得巨大成功的例子。亚马逊起初作为一家书店，后来成长为零售行业的领军企业，并成功建立了 AWS 云计算业务，2021 年该业务的收入超过 600 亿美元（http://mng.bz/Bmnl）。亚马逊还拓展到视频流媒体、音乐、杂货、智能家居和视频会议等领域。根据安索夫矩阵，多元化是风险最大的战略。即便是亚马逊这样的公司有时也可能遭遇挫折，其在视频游戏市场的挑战就是一个典型案例。

并非所有公司都像亚马逊那样拥有丰富的资源和技术人才。对于技术领导者来说，这就要求评估现有架构能在多大程度上支持业务的多元化目标及相应的投资需求。一个积极的考虑是，新产品有可能完全独立于现有系统和基础设施之外开发，提供一个从零开始运用现代技术和工作方式的机会，这不仅可以推动新领域的发展，也可能为组织的传统部分带来正面影响。然而，也存在旧有的系统和方式对新项目产生不利影响的风险，这需要从项目初期就加以防范。之前讨论的架构现代化相关议题，比如共享功能、集成、多元化策略思考、适用于通用与特定市场的领域模型，以及如何处理投资优先级的冲突，也同样适用于实施多元化增长战略。

行业案例：受监管的电子商务多元化

10 年来作为受监管的健康相关的电子商务垂直市场的行业领导者，案例公司的增长已经开始放缓。通过率先进入在线市场，公司建立了强大的品牌并拥有很高的市场份额。然而，随着市场逐渐接近饱和，其年增长率已降至个位数。

为了实现更加雄心勃勃的年增长，公司需要寻找新的增长点。因此，公司决定采取多元化战略，通过进入一个新市场并推出新产品。

公司所选定的目标市场目前主要依赖线下体验，但公司希望成为首家提供在线服务的企业。然而，与先前市场不同，这一新市场上的实体产品需高度定制，并需要进行面对面的专家咨询。不过，随着技术的发展，很快就可以通过移动应用程序来远程完成这一定制过程。

面对新的多市场商业模式，公司面临着架构现代化改造的迫切需求，尽管新旧市场间存在运营和监管流程的协同点。新产品团队的领导层希望通过复用现有功能来降低开发成本并缩短产品上市时间。

原本的架构和工作模式完全针对单一垂直领域的商业模式。此外，落后的技术仅在本地运行。作为行业领导者，这家企业之前没有感受到架构现代化的压力，但如今，为了保持领导者的地位，架构现代化已迫在眉睫。

企业架构的负责人认为，架构现代化能够通过诸如复用功能等手段，有效缩短产品上市时间并降低成本。我与他合作验证了采用本书后续章节所提及的方法和理念来提炼可以复用的共享服务的想法。

我们面临的一个主要挑战是提炼支持用于运营流程的共享功能，这不仅涉及软件的提炼，还需要理解在多领域工作的案件处理人员的工作方式，以及如何设计新的 UI 来支持他们。此外，我们还遇到了与共享依赖关系（如资金模式）相关的挑战。由于公司之前从未遇到过这些挑战，因此进行长远规划变得尤为困难。

3.3 确定“北极星”

“北极星”指标是一种流行的方法，用于识别对业务和产品成果至关重要的指标。找到正确的“北极星”可以指引企业明确架构现代化的方向和优化点。

Hacking Growth 的共同作者 Sean Ellis 将“北极星”描述为“最能体现产品为客户带来的核心价值的指标。优化该指标是推动整个客户群持续增长的关键”（http://mng.bz/d1B1）。

选择正确的“北极星”指标是明确成果目标的有效手段，但这并不意味着可以忽略细致研究和深思熟虑。即使对经验丰富的专家来说，选择合适的“北极星”指标也可能需要相当大的努力。例如，John Cutler 的“北极星框架”（http://mng.bz/rWpj）就包括了 17 项活动。

3.3.1 选择合适的北极星指标

Sean Ellis 对于确定“北极星”指标给出了以下建议：“首先，你需要了解最忠实客户在使用产品时所获得的价值。然后，尝试将这种价值量化成一个指标。虽然可能存在着多个相关的指标，但应该尽量简化为一个‘北极星指标’（North Star Metric，NSM）。”

“北极星”指标会因行业、产品类型和发展阶段等因素而有所不同。比如 SaaS 企业的“北极星指标”可能是月度经常性收入（Monthly Recurring Revenue，MRR）、客户终身价值（Customer Lifetime Value，CLV）或净推荐值（Net Promoter Score，NPS）。电子商务平台的“北极星指标”则可能是转化率、平均订单价值（Average Order Value，AOV）、客户终身价值或客户获取成本（Customer Acquistion Cost，CAC）等。

在设定“北极星”指标时，还有一些重要事项需要注意。首先，避免选择表面华而不实的虚荣性指标，同时要留意在某些情况下，北极星指标可能导致错误的行为。例如，如果将“每个客户的平均月收入”定为北极星指标，那么提升该指标的一个简单方法可能是剔除价值较低的客户（http://mng.bz/V15x）。其次，保持北极星指标的简明性也极为重要。要记住北极星指标的目的是统一团队方向，鼓励协作以提高指标的表现。因此，它应当足够简单以便每个团队成员都能轻松明白和牢牢记住。最后，北极星指标可以在不同层面上进行定义，从单个产品到整个产品组合都可适用（见第 6 章）。

3.3.2 应用北极星框架

如果你是首次接触北极星概念，并希望在确定最适合的北极星指标时避免上述问题，那么使用一个成熟的框架会是明智的选择。这里强烈推荐 Amplitude 提供的北极星框架（详情请参见 https://info.amplitude.com/north-star-playbook）。该框架提供了一个出色的可视化工具来帮助思考和确定北极星指标，如图 3.2 所示。

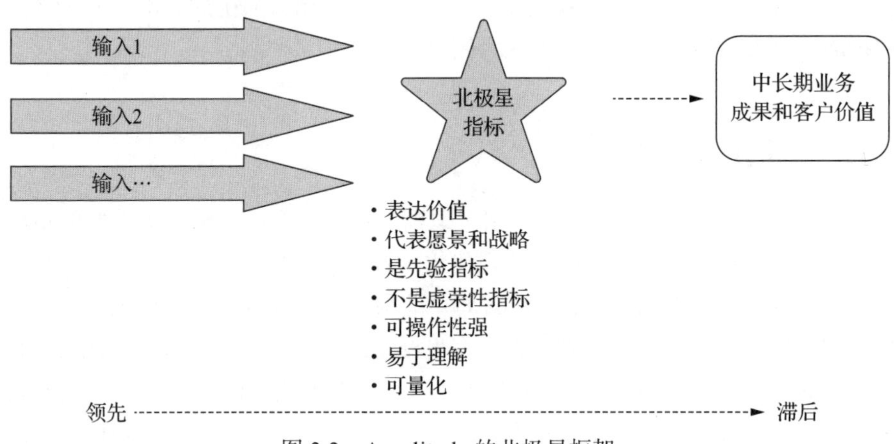

图 3.2 Amplitude 的北极星框架

Amplitude 的框架起始于多个输入指标，这些指标源于由 Amplitude 定义的“工作”环节，包括研究、设计、软件开发、重构、原型制作、测试等任务。这些输入指标属于先行指标，意味着它们能够帮助预测未来的结果。一个有效的北极星指标应该满足以下几个标准：

- 能够表达价值
- 能够代表愿景和战略

- 是先验指标
- 不是虚荣性指标
- 可操作性强
- 易于理解
- 可量化

北极星指标应该能促进企业的中长期业绩和提升客户价值。这个完整的框架包含了许多实用的建议，非常值得一读。

3.3.3 行业案例：Danske 银行的北极星指标

以下的行业案例由架构、战略和 DDD 领域的意见领袖 Xin Yao（https://www.linkedin.com/in/xinxin/）所提供。这个故事展示了为确定优秀的北极星指标所付出的努力，以及采用结构化框架和高度合作方法的好处。

Danske 银行是一家在 10 个国家拥有超过 21 000 名员工的跨国银行。Danske 启动了一个雄心勃勃的转型计划，旨在扩大其敏捷实践并对 IT 系统进行架构现代化改造。

北极星框架（North Star Framework，NSF）已被用来协作启动跨越多个系统、团队和业务领域的复杂变革项目。该框架对促进战略动机（即“为什么”）形成深刻共识非常有效，并将这些战略与日常工作和团队目标（即“怎样做”）相关联。在多个团队共同应对复杂问题时，从“为什么”开始入手，而非直接跳到“怎样做”，能极大地助力问题的解决。

PSD2 项目最初是作为一个合规工作启动的。银行用信贷决策模型来自动处理贷款申请。这些模型必须遵守银行法规，变得更加依赖数据和个性化，这个过程通过利用客户的真实账户交易历史数据来实现。支付服务指令 2（Payment Service Directive 2，PSD2）使其成为可能，支付服务指令 2 是欧盟的一项法规，它要求银行开放 API，以便在得到消费者同意的前提下，允许第三方访问账户和支付信息。在 PSD2 实施之前，银行的信贷决策模型主要依赖手动输入的客户数据（这些信息难以核实）和基于人口统计的估计（精度有限）。

我们很快认识到，PSD2 项目的实施需要对产品和客户体验进行重新设计。在客户旅程设计中，数据检索许可成为一个关键。为了启动这个项目，我们采用北极星框架作为纽带，在一个经过改良的设计冲刺中实现了跨职能团队的协作。这个设计冲刺由负责该项目的架构师领导，由他引领以产品、团队和业务领域为导向的合作设计工作。北极星构思阶段强调以人为本的设计理念。

在其他研讨会活动中，我们组织了共情图研讨会（如图 3.3 所示），目的是将合规要求放回到客户的实际场景中重新考量。我们鼓励包括软件工程师在内的所有参与者，描绘顾客在当前状态（即未进行干预之前）的情绪旅程。在这些共情图上，我们发现代表负面情绪的底部区域标记了许多点。

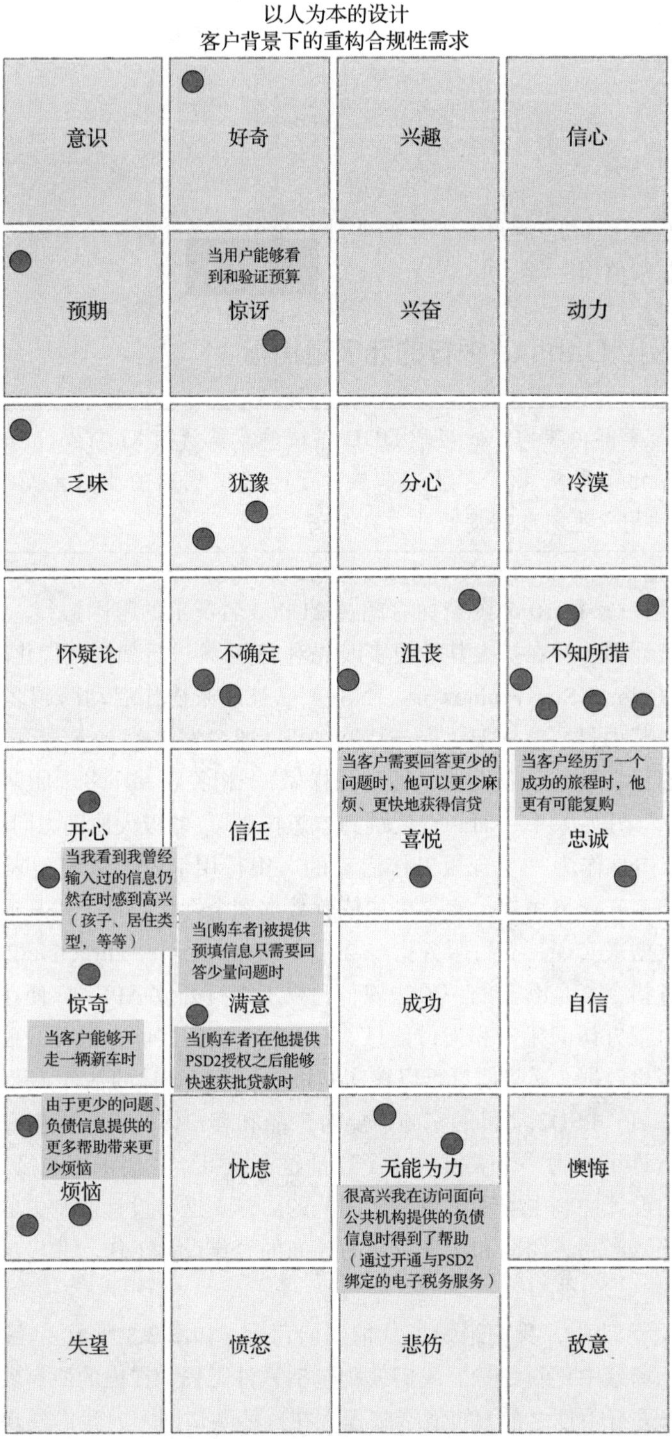

以人为本的设计
客户背景下的重构合规性需求

意识	好奇	兴趣	信心
预期	当用户能够看到和验证预算 惊讶	兴奋	动力
乏味	犹豫	分心	冷漠
怀疑论	不确定	沮丧	不知所措
开心 当我看到我曾经输入过的信息仍然在时感到高兴（孩子、居住类型，等等）	信任	当客户需要回答更少的问题时，他可以更少麻烦、更快地获得信贷 喜悦	当客户经历了一个成功的旅程时，他更有可能复购 忠诚
惊奇 当客户能够开走一辆新车时	当[购车者]被提供预填信息只需要回答少量问题时 满意 当[购车者]在他提供PSD2授权之后能够快速获批贷款时	成功	自信
由于更少的问题、负债信息提供的更多帮助带来更少烦恼 烦恼	忧虑	无能为力 很高兴我在访问面向公共机构提供的负债信息时得到了帮助（通过开通与PSD2绑定的电子税务服务）	懊悔
失望	愤怒	悲伤	敌意

图 3.3　PSD2 设计冲刺共情图——通过顾客情感旅程描绘路径

接着，我们让大家想象一下未来的情景，思考一个成功部署的战略如何能够将顾客的情感引导到更加积极的一面。

在这类会议中，我们一起努力建立了一个围绕“为什么”展开的共同语言，并形成了关于客户价值交换的叙述。软件工程师和业务人员都非常积极地参与到这些体验发现会议。通过将整个项目塑造为一个关于“我的工作如何能改善他人生活”的故事，营造了一种共同的目标感。如果我们把此项目仅视为一项合规要求，则无法达到这种效果。

最终，我们明确了这个项目的核心目标是利用账户的交易历史来加快信贷决策的过程。这一目标是通过团队协作发现的，而非自上而下把抽象目标层层分解得出的综合结果。得益于软件工程师对顾客痛点和需求的直接理解，在分配任务至各团队之前，北极星框架构思过程就帮助我们描绘了一个激动人心的宏观愿景。这种方法还避免了过早确定细节和对高层目标的浅显理解，这些常常会导致返工或未能达到用户期望。

NSF 让我们得以使用多种不同类型的模型，把“与价值有关的投资”（北极星及其输入）和“与工作有关的投资”（机遇和干预措施）相关联。与价值有关的投资构成了一个更为持久的模型，关注如何为客户、用户和企业创造并保持价值，这种方式有助于实现中长期可持续且具有差异性的增长。

在最顶层，北极星指标作为我们的指引之光，展示了我们希望通过独特战略在客户生活中带来的变化。正如北极星被大熊座或小熊座等星座所环绕一样，我们的北极星也被一些小星星所环绕。我们把这些小星星称为北极星输入。它们代表了一组重要而且互补的因素，这些因素共同支撑着达成北极星目标，相信通过我们的战略能够对这些因素施加影响。

图 3.4 展示了在我们的 PSD2 项目中与价值相关投资的五个北极星声明，例如效率 / 速度输入：利用交易数据减少手动规则和客户输入问题，以提高信贷决策的自动化程度。

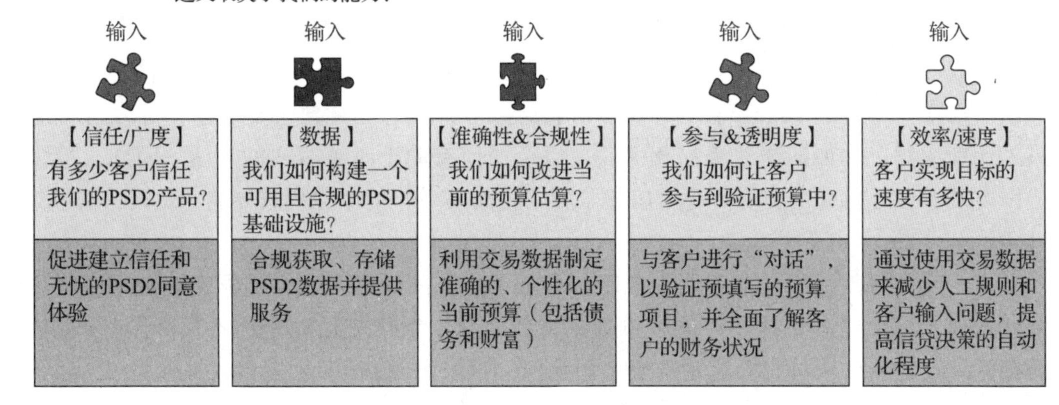

图 3.4 PSD2 北极星声明

在通过协作启发式方法确定了北极星及其输入声明之后，我们找到了合适的北极星指标。图 3.5 展示了我们对 PSD2 项目中北极星输入和指标采取的启发式方法的概览（为了简洁，未展示北极星输入的具体指标）。例如，效率的启发式考量是“客户达成目标的速度”。

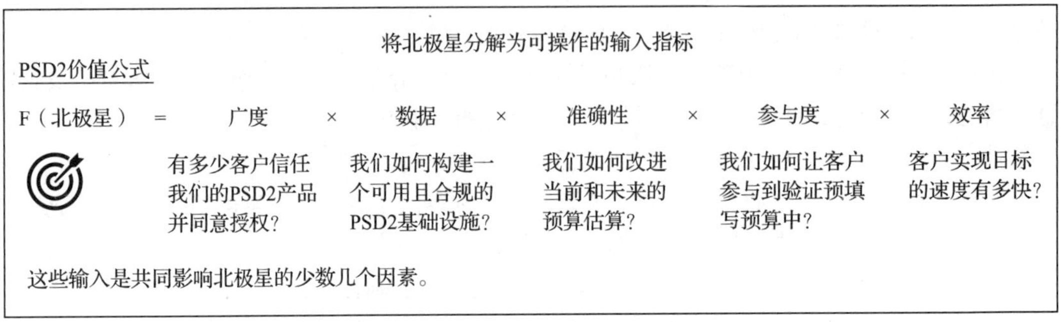

将北极星分解为可操作的输入指标

PSD2价值公式

F（北极星）	=	广度	×	数据	×	准确性	×	参与度	×	效率
		有多少客户信任我们的PSD2产品并同意授权？		我们如何构建一个可用且合规的PSD2基础设施？		我们如何改进当前和未来的预算估算？		我们如何让客户参与到验证预填写预算中？		客户实现目标的速度有多快？

这些输入是共同影响北极星的少数几个因素。

图 3.5　PSD2 北极星输入的启发式方法和指标

团队对于北极星指标进行了深入讨论，认为这是我们项目最重要的成功指标。我们的重点到底是在交易效率上还是在提升生产力上？经过充分的讨论，我们一致认为北极星指标应聚焦于生产力，即如何通过自动化信贷决策有效地帮助客户完成任务。

北极星指标的定义为“信贷模型评估后，顾问 / 客户对预算所进行的平均修改次数”。经过深入讨论，我们发现了五个北极星输入之间的相互依赖性。随着时间的推移，这些输入会相互作用并基于彼此进行发展，例如，广度依赖于数据，准确性依赖于广度，而效率则依赖于数据和准确性。通过可视化方式，我们展示了北极星输入的相互依赖关系飞轮，以此提醒自己避免陷入把目标简化为无相关性目标列表的陷阱，例如缺乏内聚力，同时缺乏深度思考的目标列表。

提取北极星输入同时也是一个重新评估现有团队边界的绝佳机会。如果每个北极星输入的实现都要求所有团队在每个决策点上协调合作才能交付成果，那么可能是时候重新思考团队之间的交互界面了。让软件工程师参与到北极星提取的协作过程所带来的好处是，可以加深他们对业务领域的理解。例如，某开发者负责“设计授权用户体验”或“撰写用户授权文案”的 Jira 工单。通过参与北极星框架概念的构建过程，这位开发者将能更深入地理解其工作如何与北极星相关联，以及如何有助于改善客户的生活。因此，最终的工作成果更有可能真正实现“建立信任”和“轻而易举”的用户授权体验（北极星输入）的目标。

另一大优势是，当开发者明白战略与日常工作之间的联系时，他们能够做出更明智的设计选择，提出更具见地的问题，例如“为什么我们要优先做这个而不是那个？”或“有没有更有效的方法来对北极星输入产生影响？”相较于仅仅按照规定接收 Jira 工单（即作为“功能工厂”）的情况，这种方式更能激发团队产生设计变革的潜力。

本章要点

- 架构现代化应该将现代化项目与战略性业务和组织目标相联系。
- 投资架构现代化是昂贵的，因此为了最大化投资回报，至关重要的是识别哪些架构领域将从现代化改造中受益最大，以及哪些领域是不良投资。
- 投资架构现代化的一个原因是提升快速创新的能力，这对于落后于快速发展的竞争对手并因此面临失去市场份额风险的组织来说非常重要。
- 如果组织能更早地识别架构现代化的需求，那么在与快速发展的竞争对手竞争时就有更大的胜出机会。那些落后于竞争对手且没有及时意识到这一点的企业，往往会寻求快速解决方案和万能解决方案。
- 沃德利地图是一种描绘业务生态系统和预测变化的方法，有助于在尚有时间做出反应时发现机会和威胁。
- 业务增长的四大主要战略均围绕产品和市场展开。明确哪种战略正在发挥作用是确定架构现代化最具潜力领域的关键基础：
  - 产品开发增长战略：在新市场中构建和开发产品与服务。
  - 市场渗透增长战略：通过优化现有产品和服务来扩大在现有市场中的份额。
  - 市场开发增长战略：调整现有产品以适应新市场的需求。
  - 多元化的增长战略：为新市场创建全新的产品。
- 有些企业采取退出战略。领导层可能更倾向于短期投资，如两到三年内，因为超出这个时间范围的远景规划可能难以获得足够的投资支持。
- 短期计划确实有其优势。它有助于集中精力创造即时价值，但同时也可能会导致一些根本性问题得不到解决，例如与所有系统紧密相连的落后架构的单体数据库问题。
- 基于投资组合的方法通常最为合理，它平衡了短期成果与解决根本性、长期挑战的明确承诺。

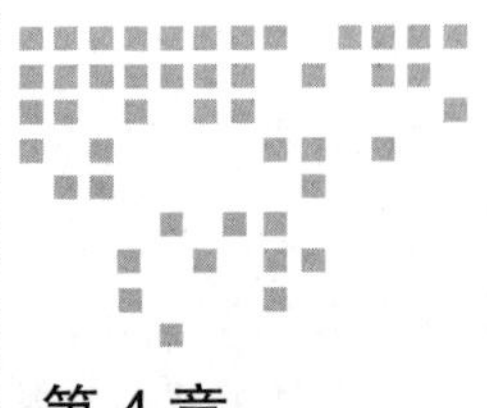

Chapter 4 第4章

倾听和绘图之旅

本章内容包括：

- 通过倾听启动架构现代化；
- 开展倾听之旅；
- 提出有效问题；
- 设计与引导小组研讨会；
- 通过启动会开始现代化项目。

踏上架构现代化旅程既令人兴奋又令人畏惧。它将涉及许多人，并且可能在许多社会技术方面失败。具体的做法似乎很自然。开始时制定一个激动人心的愿景，然后在公司内部推广这个想法，向人们展示现代化的重要性以及如何实现现代化的绝妙想法。

然而，我建议反其道而行之：从倾听开始。倾听从高层领导到普通员工等各类不同人员，了解他们想要实现的目标和在旅程中可能会面临的挑战。

倾听是深刻理解架构现代化真正价值的绝佳方式，同时也是建立人际关系的好机会。倾听他人的需求不仅有助于实现更好的业务成果，也会增加获得支持和共识的可能性。倾听让人感觉到自由，因为你可以享受交流的过程，而不必立即承担提供解决方案的压力。

本章将为如何进行倾听和绘图之旅提供指导。架构现代化领导者将花时间以单独交谈和小组讨论等形式与各利益相关者会面。这些活动是倾听和引导的结合体，目的在于发现最具价值的架构现代化机会，然后可以利用这些机会制定一个引人注目的愿景。当你与企业内不同层级的人员（从 CEO 到资深工程师）交流，你将听到关于战略优先级和架构挑战的许多不同观点。

在开始倾听和绘图之旅之前，请记住关键词是“倾听”。不要滥用这个机会来推动自己的议程，例如试图为预先设想的解决方案赢得支持。

4.1　选择会面对象

虽然与尽可能多的人进行交流看似是最好的做法，但实际上这可能会消耗数百小时并且效率低下。然而，确保获取广泛且深入的信息是必需的。因此，在安排会议时，请根据讨论的需要安排后续更加深入的会议，以便更详尽地探讨特定的议题。这样，你可以先从一小组人开始，以此来判断需要进一步与多少人交谈，以及需要安排多少轮后续会议。

在决定首先会见哪些人时，重要的是要考虑所涉及的范围：是否已经明确架构现代化业务将聚焦于某个特定的业务领域，还是要覆盖整个组织？同时，可能需要缩小将要讨论的主题范围。例如，在绘制技术景观图之前，是否需要先对业务战略有一个全面清晰的了解？一般而言，先与一群既懂业务又懂技术的多元化利益相关者会面通常是较为明智的。但如果想避免与那些可能不相关的人浪费时间，那么首先明确战略方向可能是更为合理的选择。

问卷调查和调研可以帮助你从那些你无法亲自交谈的人那里获得洞察。同时，安排与多人的集体会面也能高效利用时间，不过这样可能会限制他们分享信息的意愿。

如果你在确定倾听之旅初期的会面对象时需要一些帮助，那么建议从以下每个类别中至少挑选一个角色进行会面，在理想情况下要包括领导者和个人贡献者，并安排 1 小时的会议。这些会议总共将花费 10 ～ 15 小时。为保证舒适的沉浸感，可以选择在 2 ～ 3 周的时间内分批进行：

- 高级管理层——首席执行官、首席运营官、首席市场官、首席数字官、首席财务官、首席产品官
- 总监 / 副总裁——执行副总裁、高级副总裁、副总裁、高级总监、总监
- 销售和营销部门——销售总监、营销总监
- 产品部门——产品总监、产品经理、产品负责人
- 工程部门——工程总监、高级工程经理、首席工程师、高级工程师、测试负责人、测试工程师
- 基础设施部门——平台工程 /DevOps 负责人、平台架构师、平台工程师
- 架构部门——企业架构负责人、安全架构负责人、业务架构师
- 数据部门——数据架构师、数据工程师、数据库管理员
- 交付部门——交付负责人、程序经理、项目经理
- 支持部门——客户支持负责人、客户支持代理人
- 其他——UX 负责人、工作方式榜样、主题专家、客户

4.2 谁负责组织倾听之旅

倾听之旅的一个关键考量是确定由谁来主导这个过程。实际上，这个问题涉及一个更加具有战略性的问题：谁将负责领导这次架构现代化项目？一个可行的方法是建立 AMET。该团队的主要职责包括启动现代化计划并保持其势头。AMET 通过组织倾听之旅，确保架构现代化工作朝着正确的方向发展。

AMET 可以包括任何具备能力领导和推动架构现代化项目的人员。一般来说，团队中最好包括混合了具备技术和产品背景的人员，甚至可以包括外部专家。此外，AMET 也可以根据需要在倾听之旅中邀请其他人参与。关于 AMET 的更多内容将在第 15 章中讨论。

在确定负责组织倾听之旅的小组之后，他们需要自行组织并开展这些活动。如果小组的规模比较小，比如最多三个人，那么所有成员都可以参加每次会议。否则，倾听会议可以在较小的小组或个人之间分配。各个小组必须密切合作，把不同倾听会议中的洞察整合起来，以形成清晰且一致的认识。

虽然记录下倾听会议以便永久保存所有洞察听起来很有吸引力，但这样做可能会影响人们分享信息的意愿和内容。因此，我认为更好的做法是专注于营造一个安全的对话环境，并由另一位引导者来负责记录。

4.3 如何有效地进行倾听之旅

开展倾听之旅听起来可能很简单，毕竟只是和人交流对话，对吗？然而，我见过即使是著名的技术专家，在领导倾听之旅时也需要付出极大的努力。提出正确的问题，有效地引导对话，以及在与 CEO 讨论战略层面的问题、与首席财务官讨论财务问题，与资深工程师深入技术话题之间切换自如。这些都是需要通过实践来掌握的技能。本节将介绍一些关键因素，帮助你成功地开展倾听之旅。

提示　如果对本节内容感兴趣并希望深入了解，那么你可以阅读 Indi Young 的书 *Time to Listen*（更多信息见 https://indiyoung.com/books-time-to-listen/）。

4.3.1 营造一个安全的环境

在 20 世纪 90 年代的经典 IT 电影 *Office Space* 中，Initech 的领导层请来了效率顾问帮助公司裁员。这些顾问在办公室的会议室中单独面谈每位员工，这是一个令人紧张不安的环境。在桌子的一侧是两位表情严肃的顾问，他们向担心被解雇的员工提出了一连串尖刻的问题。

显然，这种紧张的氛围并不是你在倾听之旅中希望营造的。你的目标应该是发现人们真正认为最具价值的战略机会和主要挑战，这就需要营造一个安全、无威胁的环境。

在电影 *Office Space* 中，权力的不平衡非常明显，两位令人敬畏的顾问坐在桌子的一边，单独面对着另一侧被迫参与的员工。这种场景可能与你的倾听之旅有些类似，特别是在涉及顾问的情况下。因此，人们可能会怀疑你的真正意图，并担忧自己的工作安全。不过，即便存在这种不平衡，通过恰当的处理仍然可以营造一个安全的环境。这部电影总是浮现在我脑海中，提醒我要尽量缓和氛围，使用更温和的措辞。

环境设置也会影响人们分享想法时的舒适度。例如，可以考虑在办公室外的咖啡店或绿地中会面。倾听的时机同样至关重要。我有过一次不愉快的经历，当时我在一位产品负责人参加了一个紧张的会议后立即组织了一场倾听会议。那是一个令人不适的情况；他无意中流露出了个人的挫败感。在这种情况下，最好选择更安全的话题或重新安排会议。

目标始终是营造一个环境，让人们能够安心自在地表达真实的想法，同时保持只分享他们感觉舒适的信息的状态。与许多人建立足够的信任关系需要时间，因此你需要耐心地培育这种健康的互动，特别是作为一位顾问且对方对你的了解不多的情况下。

当人们突然收到一封邮件，通知他们参加一个强制性的面试，很容易让人联想到 *Office Space* 中 Initech 的员工所处的境地。通过面对面或非正式交谈的方式进行通知，可以显得更加友好，不那么令人恐慌。在深入探讨面试细节之前，先向他们介绍项目的背景以及你希望通过倾听之旅达成的目标，并保证会保密，这样做很有益处。强调在此阶段你没有任何成型的解决方案，不在此推销任何想法，只是真心想要倾听，这一点非常关键。

最后，对于“架构”一词的使用也需谨慎。人们可能会根据自己对“架构”的理解，仅仅向你反映他们认为与“架构”相关的问题和挑战。因此，在这个阶段，最好以模糊的方式描述项目，避免直接用“架构”一词，但同时仍然要确保传达其重要性。

4.3.2　运用多种工具

在倾听之旅中，我们采用多种方法来深化对讨论中产生见解的理解。有些技巧有助于详细探索特定主题，而其他的技巧则有助于拓宽视角，从更广阔的角度来审视问题。这些方法的一个关键优势在于能够将对话中的观点可视化，并探寻它们之间的联系。除了后续章节会详细介绍的技巧之外，这里简要概述了一些在倾听和绘图过程中极为有用的其他工具和方法。

例如，如果你希望深入理解特定利益相关者的核心优先级及其实现目标的计划，那么影响地图（https://www.impactmapping.org/）将是一种有效的工具。它能帮助你建立对话框架，并以可视化的方式展示如何将交付成果与业务目标关联。

图 4.1 展示了影响地图的构造。左边是业务目标，这些目标通过与能够促进这些目标实现的参与者建立联系。每个参与者关联着一个或多个影响因素，这些影响因素通常表现为对某些指标的提升或行为的改变。最终，每种影响因素都与可能实现这些预期影响的解决方案的具体交付成果相连。

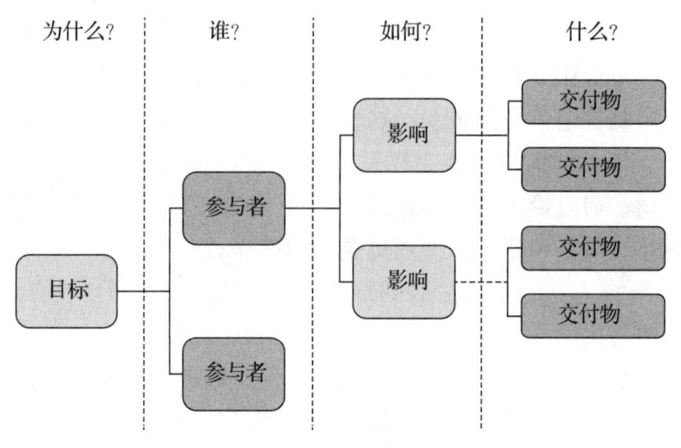

图 4.1　影响地图的构造

图 4.2 呈现了在一次与副总裁进行的倾听之旅会议中创建的影响地图摘要。在列出的前五个业务目标中，其中一个是在特定业务领域增加 2000 万美元的收入。它们确定了占用户 45% 的一个子集和两个可能增加收入的关键影响。其中一个潜在的交付成果与这两个影响有关，因此这是一个高杠杆效应的机会。

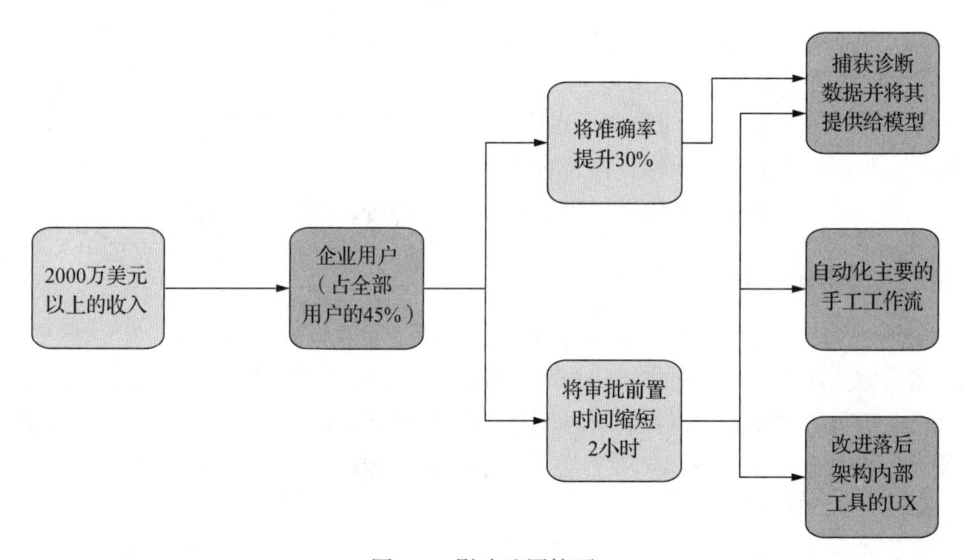

图 4.2　影响地图摘要

这为后续的讨论奠定了一个理想的基础。尤其值得一提的是，关于如何更有效利用数据的可交付成果更加具体化。接下来，团队需要深入研究数据的具体使用方法，例如制定更好的推荐战略。这为团队开辟了一片广阔的工作领域：一个清晰的业务目标、发现能够支持达成这一目标的潜在新影响的机会，以及用于深化探索并设计可交付的解决方案的一个特定领域。

提示　你可以在本书提供的 Miro board（http://mng.bz/wj2W）上找到本章介绍的方法列表，包括一些有用资源的链接，这些资源可以帮助你更深入地学习并下载相关工具。

商业模式画布（Business Model Canvas，BMC）（http://mng.bz/qj1E）是经过实践验证的工具，旨在以可视化的方式展现商业模式的关键要素。在倾听之旅过程中，它可以用作记录特定利益相关者对公司商业模式的看法的工具，从而让你能够比较和识别不同利益相关者间的观点一致性和差异性。同时，商业模式画布也适用于更详细地记录业务各领域的模式。它对探讨当前及未来商业模式都十分适用。同理，产品愿景板（http://mng.bz/7vYg），如图 4.3 所示，是一种用于规划单个产品战略的类画布工具。

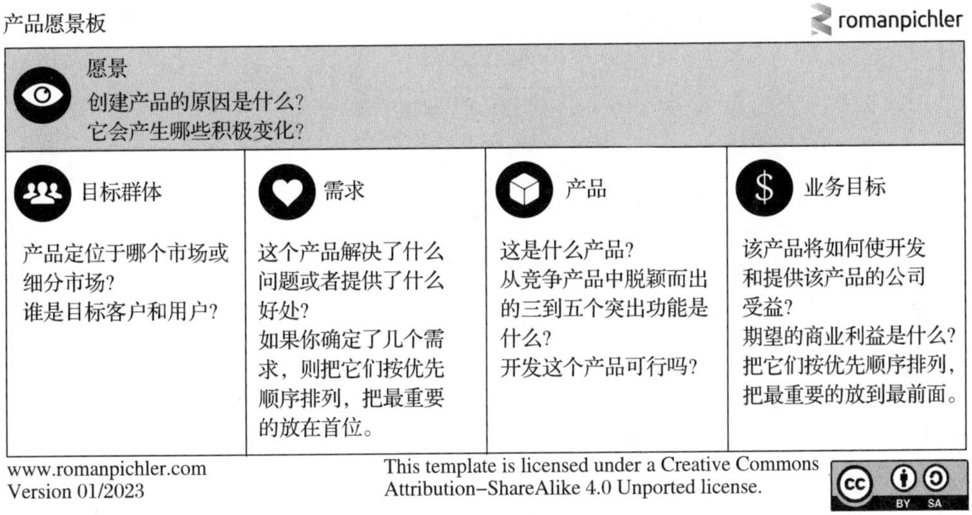

产品愿景板
romanpichler
愿景
创建产品的原因是什么？
它会产生哪些积极变化？
目标群体
产品定位于哪个市场或细分市场？
谁是目标客户和用户？
需求
这个产品解决了什么问题或者提供了什么好处？
如果你确定了几个需求，则把它们按优先顺序排列，把最重要的放在首位。
产品
这是什么产品？
从竞争产品中脱颖而出的三到五个突出功能是什么？
开发这个产品可行吗？
业务目标
该产品将如何使开发和提供该产品的公司受益？
期望的商业利益是什么？
把它们按优先顺序排列，把最重要的放到最前面。
www.romanpichler.com
Version 01/2023
This template is licensed under a Creative Commons Attribution–ShareAlike 4.0 Unported license.
cc BY SA

图 4.3　Roman Pichler 的产品愿景板

产品愿景板分为五个部分：愿景、目标群体、需求、产品和业务目标。在倾听之旅中，这个工具有助于描绘每个产品未来的蓝图。架构现代化的愿景可以依此来明确如何支持每个产品的具体未来目标，以及如何为多个产品提供共享功能。

风险风暴（https://riskstorming.com/）是另一种实用技巧，它专注于发现现有架构中的主要挑战和限制因素。风险风暴不仅关注通用风险，比如与大多数系统模块紧密耦合的落后架构单体数据库，还涵盖与特定业务战略相关的风险，如已知的问题区域，这些在当前或许尚能满足需求，但未来可能不再能够支持预期的业务成果。

在开展风险风暴之前，必须有架构图作为基础。一种标准方法是绘制 C4 模型图（https://c4model.com/），包括语境图和容器图。然后，熟悉架构不同部分的人员会在这些图表上用贴纸标出各种风险。图 4.4 为一个简化版的假日预订系统的容器图示例，在其中标记了一些风险点，例如存储过程中的业务逻辑问题。

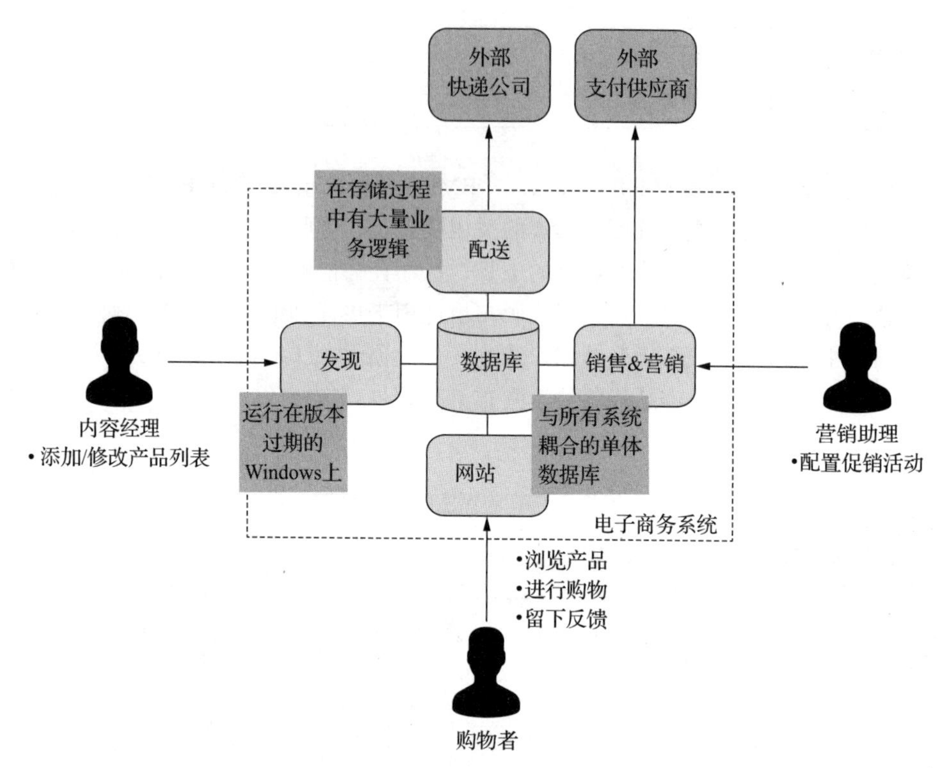

图 4.4　一个带有多个风险标注的 C4 容器图

在风险风暴完成之后，接下来的步骤是对每个风险的可能性和影响进行评估。一种广泛使用的方法是，为风险分配从 1 到 3 的可能性分数，和从 1 到 3 的影响分数，然后将这两个分数相乘。6 分或以上的风险被视为高优先级的重大风险并标为红色，而低于 3 分的则被标为绿色，表示低优先级。处于这两者之间的风险用黄色标记，表示中等优先级，这对于架构现代化的行业案例来说非常关键。

这些方法能广泛满足需求，并在实际应用中显示出极大的价值。在倾听和绘图的过程中，你可以根据预期进行的对话主题选择适用的技术。想要探索更多的新方法，Miroverse 网站（https://miro.com/miroverse/）和 *Visual Collaboration Tools*（https://leanpub.com/visualcollaborationtools）一书都是极好的资源。

4.3.3　结构式与非结构式讨论

倾听之旅中的会议既可以采取完全非结构式的访谈形式，也可以是精确到分钟的高度结构式访谈。非结构式访谈的好处在于它能激发各种洞察，允许对话自然地根据重要的议题自由发展。

非结构式访谈能够更自然地流露真情实感，谈话的氛围就像两个人在咖啡馆里随意地聊天。然而，这种方式的缺点在于对话可能不会朝着有益的方向有效地推进，有时可能会以受访者对某些问题的抱怨结束。如果你不习惯使用各种利益相关者的语言进行交流，那么非结构式访谈可能会让人觉得气馁。

如果你觉得非结构式对话有风险，那么采用结构式对话可能是一个更好的选择。可以事先准备一套基础问题，然后根据交流的自然发展，适时转入更自由形式的讨论。但是，一开始就直接提出如“今年你的三个主要优先事项是什么？”这类刻板的问题，可能会让对话显得生硬且不够真诚。

在结构式对话中，你既可以为每位参与者定制问题，也可以采用一套标准问题用于所有访谈，特别是当你需要对不同对话中的回答进行比较时，后者格外有用。举个例子，你可能想探究人们对某个现有工具的使用体验。

下面是一些问题示例，既可在非结构式会话中用作即兴提问，也可在结构式对话中用作固定问题。这些建议的问题主要旨在了解人们所追求的目标和所面临的挑战：

- 未来一年 / 三年 / 五年，你的工作规划中最高优先级的事项是什么？
- 对你来说，今年要如何才能算是成功的一年？
- 你将如何判断自己度过了成功的一年？
- 如果未能实现你的主要目标，会有哪些后果？
- 你认为在实现目标过程中所面临的最大风险是什么？
- 你对公司当前的创新水平有何看法？
- 你对创新产品推出的速度满意吗？
- 你认为公司在技术应用方面做得怎样？你是否看到了进一步应用技术的机会？
- 你能谈谈你（或你的团队）为完成工作所使用的工具吗？
- 你希望在工作中能有更多时间来做些什么？
- 什么样的改变能让你在工作中更加快乐？
- 有没有什么工作相关的事情让你夜晚难以入睡？
- 有没有占用你（或你的团队）大量时间且你希望避免的事情？
- 在理想的情况下，你（或你的团队）的工作日是如何度过的？
- 您认为公司内部在战略目标上是否一致？
- 如果我让一名中级软件开发人员描述公司的战略目标，他们的答案会与你的答案相符吗？
- 你如何看待落后技术债务对公司的影响？
- 如果你可以改变公司的三个方面，你会选择哪些？

除了这些通用性问题，你也可以针对具体的产品、系统或工作方式，根据具体场景提出更有针对性的问题。例如：“我们最近从以项目为导向的团队模式转变为以产品为中心，你到目前为止的感受如何？”在提出这类问题时，特别是关于特定主题的问题，需要注意避免使用可能引导或带有偏见的提问，比如：“你觉得架构在实现业务目标中的重要性如何？”因此，在提问时应该格外小心谨慎，努力确保不对受访者的答案产生影响。

探索多样化的提问方式

人们倾向于采用直接且一贯的提问方式。然而，掌握多样化的提问技巧可以让对话更富吸引力，为挖掘更深刻的见解铺路。

例如，一个典型的问题可能是："你目前面临的最大挑战是什么？"虽然这个问题本身并无不妥，但它的直接性和常见性可能只会诱发简短的回答，难以引发深层思考。尝试换个方式，使用"句子填空"这种形式提出相同的问题："我在工作中目前感到最沮丧的是________"

这样引导受访者填充句子的空白部分可能激发更深层次的、不同的思考，通过接触不同的思维模式和情感来获得更丰富的洞见。这种提问方式无疑更加引人入胜。

以下是一些适合口头和书面沟通中学习和使用的不同提问形式：

- 句子填空——如前所述，这种形式能够揭示出与直接提问不同的回答，可能触及更多情感和深层反思。
- 选择情感——这种方式让人从情感轮盘（https://imgur.com/tCWChf6）中选择最能反映他们对特定话题感受的情感。比如："当你考虑新功能部署的速度时，在情感轮盘上，哪种情感最能代表你的感觉？"
- 选取图片——展示一系列图片并让参与者挑选出最能表达他们对某一议题感受的图片，这是一种激发创新思维和深度反思的有效方法。我曾用过的一个实际案例是让人们选择一张最能描述自己在当前工作环境中创造力状态的图片。初次尝试这种方法时，保持开放和积极的态度很重要。这是一个令人惊讶的强大技巧。Jennifer Mahony 的民族志套装（http://mng.bz/mjEM）提供了一系列精彩的图片。只需将它们排列成网格，参与者就能够轻松查看所有图片，并在其中选择一张（或几张）与之产生共鸣的图片。
- 探索最坏情境——这种提问方式为创造性思维开辟了空间，鼓励人们往与预期完全相反的方向进行思考。例如，被邀请回答："如果这个组织全力追求，那么最糟糕的商业机会会是什么？"这种问题许可了一种不同寻常的思考方式。探索最坏情境的提问具有多重用途，既可以揭示组织可能正无意中进行的不利行动，也可以发现那些乍看之下似乎荒谬但实际上具有潜力的想法，并将其细化。
- 娱乐性问题——这类问题用于在过程中增添乐趣，有助于使参与者更加放松并激发创造力，从而促进对后续关键问题的深度思考和回答。例如："（纯属娱乐）如果你可以邀请任意一位名人来协助我们的架构现代化项目，那么你会选择谁？为什么？"显然，在处理此类问题时需小心翼翼。一些组织可能不太赞成加入娱乐元素；有时候，人们可能会觉得这种方式显得不够严肃。但是，不要因此而灰心，可以尝试适量引入这类问题，看看会引起怎样的反响。
- 担任魔鬼代言人——通过提出这类问题，以一种建设性的方式挑战对方的观点。比如，当有人强调新产品投资的重要性时，你可以用提问挑战他们的看法："你真的完全确定，将注意力集中在降低运营成本上是错误的，并且这个立场将永远不会改变吗？"提出这样的问题时需要技巧，同时要清楚地表明目的是开展探讨，而非对抗或贬低。

有些人可能会觉得这些提问方式不过是些小技巧。我以前也持有同样的观点。然而，在与采用这些技巧的人合作后，我发现大多数人实际上很喜欢这样的提问方式，他们给出的答案更加丰富有趣，整个交流过程也变得更加轻松愉快。

使用问卷

问卷调查和调研在架构现代化的众多环节（包括倾听之旅）中扮演着重要角色。它们能够在会议和研讨会的前期、后期，甚至进行过程中发挥作用，特别是当结合前文提到的提问技巧使用时效果显著。

在倾听之旅的背景下，可以面向广泛的受众群体展开初步的研讨或调查。调研的结果有助于确定哪些关键人物需要深入交谈，以及确定倾听之旅期间需要讨论的主要话题和趋势。此外，问卷调查还可以缓解没有足够时间与每个人单独进行深入对话的问题。

在制定与倾听之旅相关的问卷时，应考虑几个关键主题。挑战和机会自然是重点，同时询问人们对参与该过程的兴趣和期望也非常重要，比如："你期望在设计和实施这些主题的研讨会中扮演什么角色？"此外，征询对过程的反馈也是宝贵的，例如："你觉得倾听之旅到目前为止有哪些有意思的地方？"但需要注意，避免过于频繁地使用问卷调查造成打扰。

鼓励探索

在进行倾听之旅时，要意识到你所接触的人可能对他们面临的首要任务和挑战缺乏全面清晰的了解。他们的注意力可能长期集中在完成特定项目上，以至于没有机会重新评估整体情况或探索其他可能的优先级。

你的职责不仅仅是被动接收他们所表达的内容，认为这就是他们的最终观点。相反，你还需要挑战他们的思考，考虑到其他可能性，并通过提出"魔鬼代言人"式的问题来促进思考，例如："如果我们一年后再聚首，你是否依然坚信这个问题将是我们的最高战略优先级？"或"你真的认为 <其他情况> 完全没有可能发生吗？"

当某人对某个问题的确定性不强时，这表明他们正在反思并尝试理解自己对这个问题的真实感受。这时候，你应该为他们提供思考空间，避免在他们反思过程中过于逼迫。

另外，对于那些坚信自己观点的人，更积极地挑战他们、引导他们跳出有限的视野，看到不同的可能性可能更有助于开拓思维。你可能不会立即改变他们的观点，但可能会种下疑惑的种子，这些疑惑最终可能促使他们改变看法。

如你所见，你的职责不仅限于从他们的头脑中提取现有想法，更重要的是引导和协助人们对某些议题进行更深入的思考。请记住这一点，并仔细考虑你所提出的问题的类型。如果你是与其他人一起进行访谈，则向你的伙伴寻求反馈，鼓励他们参与并在需要时主动引导对话。

深入探讨

在倾听会议中，人们常常会发现自己漂浮在高层次话题之上，从一个主题跳到另一个主题，但有时专注于一个具体的话题并深入其细节会更有价值。如果你在寻找一种自然而有效的方法来引导对话更加聚焦，那么“五个为什么”（http://mng.bz/5o4D）是一个简单但强大的方法。顾名思义，它涉及连续提问五次“为什么”。例如，面对“新代理人培训时间太长”的问题时，第一次询问“为什么”可能揭露出“因为我们需要训练他们使用三个操作复杂的内部工具”。继续询问“为什么”，可能发现“这些工具由开发人员设计 UI”，再问“为什么”，可能发现“公司传统是由开发人员负责内部工具的界面设计，因为认为这些工具不够重要，不需要 UX 专家的参与”。

如此，通过“五个为什么”，我们能够挖掘到更深层的洞察和趋势，这些对架构现代化至关重要。然而，在使用这种方法时，向受访者明确说明你的做法是重要的；否则，不断追问“为什么”可能会被误解为失礼。

请专人帮忙记录

我发现，双人访谈往往能取得更好的效果（同时留意潜在的不平衡风险）。其中一人负责提问，另一人则专注记录，这种方式能在有限的时间内实现效率最大化，避免同一个人边说边写，这样容易中断对话流畅性。如果没有人协助记录，那么你也可以在得到受访者许可的前提下，对会议内容进行录音。

一种能引发精彩对话的技巧是在会议期间回顾笔记。在扮演记录员的角色时，我会使用 Miro 工具来捕捉笔记要点作为便利贴。我会对这些便利贴进行连接和归类，以挑选出不同的主题，并用颜色来突出显示诸如业务指标、机会和问题等概念。

图 4.5 展示了一次实际访谈会议的片段。由于每次对话的内容各不相同，因此原文本在此被模糊处理，但图像清晰展示了活动的整体情况。如图所示，布局看起来非常凌乱。因此，

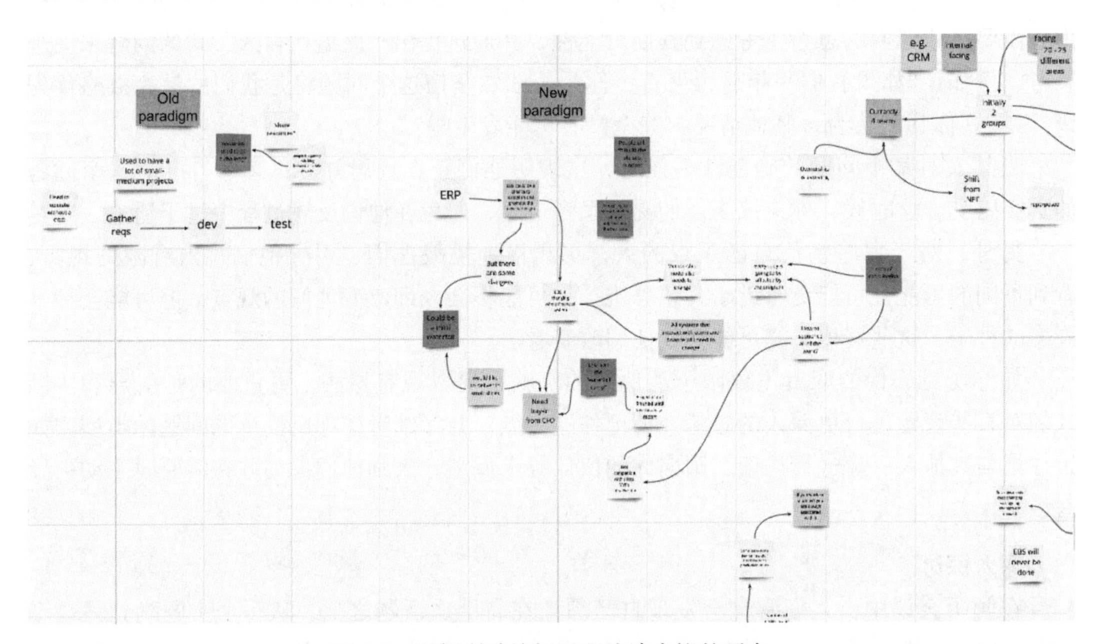

图 4.5　用便利贴捕捉远程访谈会议的要点

如果你的记录板看起来杂乱无章，那么无须过于担心，这是正常现象。欢迎浏览我的博客，以了解更多关于这种即兴记录方法的信息（http://mng.bz/6nO6）。

反复验证

在倾听之旅中，你会遇到从事各种岗位、在不同领域按照不同流程工作的人。你需要时间去融入他们的世界，理解他们提及的概念。你不可能立刻完全明白他们的每句话，也没这个必要。但是，如果你能从他们分享的信息中理解并吸收更多内容，这无疑会是个加分项。一种实现这一目的的方法是复述你所理解的内容，并请求对方进行确认。通常你的理解可能存在偏差，这样做可以为对方提供机会来纠正你的理解。

在对话过程中，你可以根据需要灵活地运用这些技巧。我也喜欢在担任记录员时采用这种方式。当主引导人让我参与对话来提问或分享我的观察时，我会展示自己的屏幕，详细讲解我在 Miro 工具上记录的所有可视化的笔记。这样做可能会引导对话走向新的方向，比如受访者可能会想返回去更详细地解释某个话题，或者他们意识到有些重要的主题或话题没提及，或者他们可能会指出某个记录不够准确，需要重新更准确地表述。

4.4 将团队聚集在一起

通常，倾听之旅始于发散性思维，广泛地收集所有利益相关者的见解，然而，在提出架构现代化的行业案例时，协调各利益相关者的优先事项是关键。一个有效的战略是通过精心策划的小组研讨会，让参与者有机会集思广益，讨论他们在私下访谈中提及的问题和观点。

这些研讨会应该根据所讨论的主题和参与人员的不同背景量身定制。为了引导更具建设性的对话，可以灵活运用本章之前提到的各种创新方法和框架来设计会议流程。此外，解放结构（Liberating Structure，https://www.liberatingstructures.com/）提供了许多有用的建议和技术。

开放结构允许人们通过多种形式进行有意义的对话。例如，我特别喜欢三人咨询法（Troika）。这是一种三人一组的工作方式，每个人轮流扮演客户角色。首先，作为“客户”的参与者首先花几分钟描述自己面临的问题。随后，“客户”将保持沉默，离开讨论区，而另外两位成员则继续以咨询师的身份探讨问题并提出解决建议。这时，“客户”静静听取并吸纳这些建议。这个过程不仅能激发新的见解，还为“客户”提供了从外界视角审视问题的机会。

4.4.1 行业案例：临床肿瘤学结构式探索研讨会

我接触过一家致力于临床肿瘤研究的美国非盈利机构，它们就一系列包含技术、工作方式、领导力在内的架构现代化问题与我合作。我们共同决定先聚焦特定领域，然后再把学到的东西逐步扩展到整个机构。我们的首要任务是制定行业案例，探讨在这一领域中实施架构现代化的可能性。客户希望通过架构现代化提高组织各部分间的协作，并赋予每个人为持续的组织改进做出贡献的能力。我们以构建行业案例的真实过程为起点开始角色示范，并开始培育这些期望的行为。

起初，我们与部分工作人员单独会谈，随后进行了问卷调查，深入了解他们对该领域的见解和建议。这为我们举办的首次研讨会提供了宝贵的信息，该研讨会是开放式的，欢迎任何在该领域工作或对倾听之旅感兴趣的人加入。我们把研讨会分为三个环节，每个环节都用宽松的问题为导向。研讨会的第一个环节是宏观讨论，我们通过呈现八种不同的旅程隐喻——如瀑布模型、双钻石模型（http://mng.bz/or4v）和设计涡旋模型（https://thedesignsquiggle.com/），来启发与会者思考架构现代化可能是什么样的，以便他们决定想要采用的路径。研讨会的40多名与会者被分成八个小组参加讨论，大多数人偏好于选择更灵活的双钻石或设计涡旋模型，没有人选择僵化的瀑布模型。

如图4.6所示的设计涡旋展示了设计过程的复杂性和不确定性。在早期阶段，未来充满未知，甚至连待解决的具体问题都尚未明确，探索解决方案的过程涉及大量的试错、发散思维和集中思考。

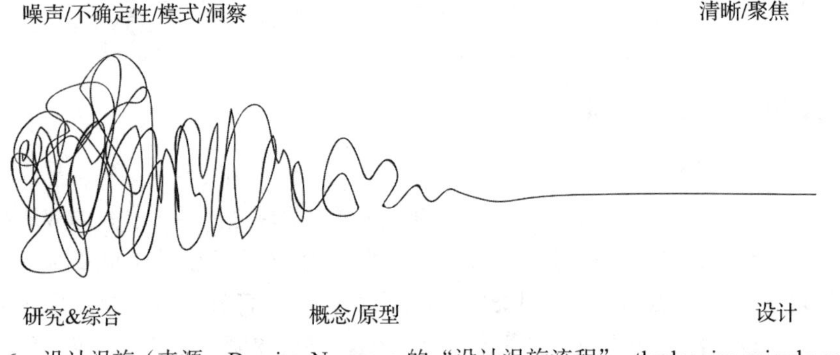

图4.6 设计涡旋（来源：Damien Newman的“设计涡旋流程”，thedesginsquiggle.com）

如图4.7所示的双钻石设计流程，体现了先对问题进行识别和广泛探索，随后再聚焦于问题的明确定义。随后进行开放式的解决方案设计，最后收敛于明确的解决战略。这种模型极其有价值，特别是因为它促使团队意识到必须首先定义问题本身，这与团队习惯的功能工厂方法（即被动接受需求并实施特定功能）形成了鲜明对比。双钻石模型还突出了进行多轮发散思维和收敛思维的重要性，这是探索和确定解决方案的关键步骤。然而，尽管双钻石模型在促进创新和系统化问题解决方案方面非常有效，但它并不是万能的。确实，有些批评者指出它的局限性。在这种情况下，它更像是一种思考框架或者一种工具，可以帮助人们通过不同的视角来思考问题，从而赋予他们掌控自己解决问题旅程的能力。

在研讨会的第二个环节，要求参与者定义自己的领域。我们为此提供了一个简单的视觉工具：两个轻微重叠的圆圈，分别代表领域内部、外部以及领域间的交汇区域。这个设计故意留下了较大的解释空间，目的是尽量减少预设的结构，避免对参与者的思维过程施加不必要的约束。令人鼓舞的是，我们观察到一些小组主动调整了这个模型，以更准确地反映他们对所讨论领域的理解。例如，有的小组选择了同心圆的布局。

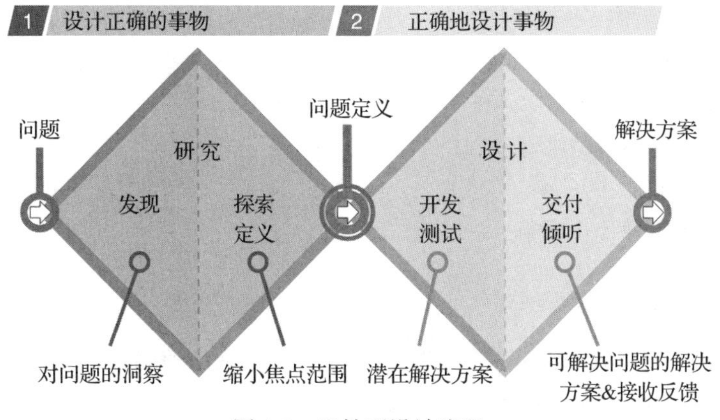

图 4.7　双钻石设计流程

研讨会的第三个环节聚焦于发现和确定后续步骤。在分组讨论中，每个团队面临的主要挑战是回答："接下来需要回答哪些最关键的问题？"汇总了所有团队的回答后，每位参与者有三次投票机会来选择他们接下来最想要回答的问题。

实际上，此过程体现了一种众包方法，用于构建特定领域架构现代化的行业案例。在这种情况下，使用多种形式提问的结构式小组研讨会和问卷调查成为关键的方法。这两种方法结合起来，不仅促进了有效的小组的交流，也为架构现代化的领导者提供了推动讨论和促进进程的工具。这种方法可能并不现实，因为它可能需要更长的时间。但重要的是要思考希望如何开展调研，并相应地选择结构式或者非结构式会议，以及个人会议还是小组会议。

4.4.2　行业案例：在一家大型斯堪的纳维亚企业启动架构现代化计划

架构现代化快速启动研讨会是一种非常有效的研讨会形式，它能帮助企业从倾听和绘图阶段过渡到现代化实施阶段。这种研讨会的目的是集合各方力量共同决策、设计并规划架构现代化的第一步。虽然这种研讨会没有统一的形式，但通常建议的起点是举行一个为期三天的面对面会议，这种会议通常是在进行了一系列的远程访谈、绘图会议和预备性研讨会（可远程）之后举行的。

这个例子展示了我和 Eduardo da Silva（https://www.linkedin.com/in/emgsilva/）与一家大型斯堪的纳维亚公司的合作案例。这家公司希望从紧密耦合的单体系统转向松散耦合的架构以及团队组织。这一转型是公司领导层为在五年内实现收入翻倍的宏伟目标而采取的关键战略的一部分。

为了启动这一计划，我们与包括产品负责人、工程师、领导者和支持人员在内的多个利益相关者进行了交流。随后，我们参加了一些产品简介和战略规划会议，在这些会议中，我们不仅了解了他们如何使用自己的产品，还探讨了用户的痛点以及未来改进的机会。

在这些会议之后，我们组织了研讨会，目的是明确我们的使命、核心指标和关键目标。我们采用影响图的方法明确了公司的主要业务目标及其如何与不同的项目和成果相关联，这些成果都与单体架构系统中的功能有关。随后，我们计划了一个为期三天的、在客户办公室举行的研讨会，约有 15 名产品和工程人员参加。研讨会的主要议程包括：

- 业务和产品愿景
- 说明当前单体系统的功能和目的
- 探讨业务领域
- 选择首个架构现代化项目
- 为首个项目设计架构
- 规划首个项目的实施

研讨会由产品负责人和 IT 部门负责人开场，他们清楚地阐述了公司的中长期业务愿景。这个安排极为重要，因为它为接下来的架构讨论设定了参考标准，确保每个想法或方案都与公司的业务及产品目标相契合。

然后，我们着手绘制当前单体系统的架构图。与会者被分为三到四人小组进行讨论，各组对单体系统的功能理解存在着显著差异，这一点颇为有趣。虽然在架构的多个领域中对功能边界和命名达成了一些共识，但差异性却更为突出。此阶段的关键成果是，每个小组都识别出了单体系统对关键业务指标的贡献。

第二天上午，我们采用流程建模的事件风暴方法来绘制业务领域。在产品负责人的引导下，我们通过模拟一个真实客户的完整旅程进行了角色扮演，这不仅增添了活动的趣味性，而且还提高了参与度。在这个过程中出现了许多问题和需要澄清的地方，为工程师们提供了极佳的学习机遇。

经过深入讨论和一度陷入僵局后，小组最终一致决定首先将某一部分从系统中分离出来（感谢第 16 章介绍的架构现代化核心领域图）。被选中的是一个能立即带来业务价值且相对复杂的子系统，这一决策为日后其他部分的现代化工作提供了重要参考。

第三天完全致力于设计首个项目的未来架构，并开始规划未来六个月的团队工作，继续采用小组合作的方式开展工作。尽管最终仍存着在一些悬而未决的问题，但小组已经确定了前进的方向和需要重点关注的挑战。

研讨会第一天结束后，参与者们一同享用晚餐，大家感觉良好，一致认为第一天非常成功。这样的社交活动有助于增强接下来两天的参与度和活力。这凸显了三天面对面互动对于快速启动研讨会的重要性。这种集体活动为团队带来了积极的变化，面对面地建立自驱和社交联系是开启工作的理想途径，是以积极和成功的方式出发的好方法。

并非所有团队成员都对此项计划感到同样的兴奋和信心。有些人对此持怀疑态度，在经历了过去的失望之后，担心这不会有任何实际成果。因此，为了加强信心，在三天研讨会结束时，IT 部门负责人邀请 CTO 进行了一场总结性演讲。这场演讲极具激励性，恰如其时地强调了这次转型旅程的重要性。他强调了面对不断变化的商业环境，架构现代化的必要性，并向团队保证他将全力支持这一进程。

显然，仅仅举办为期三天的快速启动研讨会并不能带来太大的改变。这是一种激发热情和驱动力的有效手段，也是旅程开始的第一步，但很快，这股动力可能会消散，团队也可能回归到旧有的工作模式。正因为此，我们提倡创建 AMET 来保持这种势头并确保持续的进步。

Dan Young 与 Mike Rozinsky 创建的 “The Design Aspects”（https://www.whenandhowstudios.com/design-aspects）是筹办设计研讨会的优质资源。它全面介绍了组织研讨会所需考虑的各个关键要素，包括设置基本环境、提问技巧、建立联系、使用框架、个人与团队思维方式以及如何接纳不同意见等。

现在到了本章的结尾，本章涵盖了架构现代化旅程的第一步，明确了进行架构现代化的业务和组织理由，并开始制定一个引人注目的愿景。本章介绍的概念适用于架构现代化旅程的任何阶段。第 5 章将重点介绍一种被称为沃德利地图的工具，这在倾听之旅和整个架构现代化过程的多个阶段都非常有用。沃德利地图帮助绘制业务和技术景观，目的是做出更好的战略选择，这对架构现代化领导者来说是一项关键技能。

本章要点

- 在构想解决方案前先进行倾听是开启架构现代化的有效途径。
- 倾听和绘图之旅涉及与各利益相关者的会面，并了解其目标和面临的挑战。
- 倾听之旅中收集到的见解有助于形成一个获得广泛支持和认可的坚实的架构现代化愿景。
- 与企业各个部门的所有不同利益相关者会面很有价值，这包括不同角色的人员，既有管理者，也有个人贡献者。
- 倾听之旅应由准备引领或指导架构现代化的团队负责，例如 AMET。
- 倾听之旅最重要的部分是倾听，而不是推进预先设定的议程或有偏见的讨论。
- 倾听会议可采取结构式或非结构式的形式，根据目标、偏好和经验定制。
- 可以用任何方法来确定重要内容。拥有包括影响地图、产品愿景板和风险风暴等方法的多样化工具箱很有帮助。
- 提问的多样化格式能让会议更丰富有趣，技术如民族志套装可深化见解。
- 在个人会谈后，团队聚集可以传播并达成关键议题的共识。
- 快速启动研讨会是将对话转化为行动计划的方法，为架构现代化之旅注入激情和动力。
- 有效的快速启动研讨会模式是连续三天的面对面会议，开始于业务和产品愿景讨论，结束于拟定短期至中期的行动计划。
- 快速启动后可能会出现动力减弱回归常态的情况，因此，成立一个保持发展势头的团队（如 AMET）是个明智的选择。

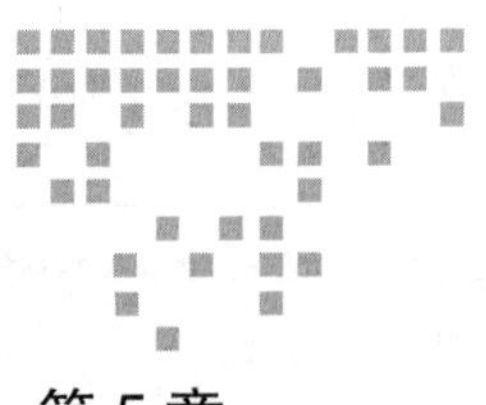

Chapter 5 第5章

沃德利地图

本章内容包括：

- 在战略循环中进行迭代；
- 创建沃德利地图，提升对形势的感知；
- 将气候力量纳入沃德利地图分析；
- 基于沃德利地图制定战略决策和战术；
- 把架构与战略紧密联系起来。

对业务和技术领导者而言，特别是在架构现代化的过程中，沃德利地图是一种关键方法。这种方法以其流行性和效率著称，已经超越了简单的 2×2 矩阵或基于直觉的判断，它采用一种模型，通过价值链来绘制和分析企业的业务结构及其演进。沃德利地图为更深入、更详尽的战略性讨论提供了支持。更重要的是，沃德利地图使战略讨论变得更加有协同性，让包括技术专家和业务专家在内的不同团队共同探索他们的业务领域，并将价值链的业务和技术方面联系起来。

沃德利地图不仅是一种方法，也是一个持续壮大的庞大社区。它正在逐渐成为主流，沃德利地图中的术语逐渐成为业务和技术领域中公认的战略语言。因此，学习沃德利地图以掌握这些术语及其细微差别至关重要。学习沃德利地图的另一个原因是，它通常与本书中提到的许多其他方法或工具（例如团队拓扑）结合使用。

在本章中，你将学习到创建沃德利地图的相关步骤，以及与这种方法紧密相关的一些基本原理和模式。沃德利地图覆盖了广泛的领域，精通它需要付出相当多的时间和努力。因此，本章旨在帮助你迈出探索的第一步并提供一些有价值的链接和资源，以便你能在这一领域中进一步深入学习。

在学习本章时，请记住沃德利地图的广泛适用性。它不仅是一个帮助你构建和展示业务案例的出色方法，而且是一个让你更好地理解环境并与他人沟通想法的工具。你可以在架构现代化整个旅程的每个架构领域中应用它。

同时，请记住本书的活动之间并不存在线性流程。例如，在制作沃德利地图之后，你可能需要通过事件风暴（见第 7 章）来深入探索某个特定领域，以便更好地理解该领域或寻找可能的解决方案，这也许会让你对之前绘制的沃德利地图进行更新迭代。

最后请记住一点：实践是学习沃德利地图的最佳方法。在学完本章后，请尝试为你所在的行业绘制第一张沃德利地图，或者至少在未来两周的某个时间安排一个小时来进行这项工作。

5.1 战略循环

在实施战略时，尤其是在应用沃德利地图的过程中，了解概述战略步骤、这些步骤如何相互配合，以及何时执行每个步骤的战略流程模型非常有帮助。这有助于回答一些基础性问题，例如："应该从哪里开始？""下一步应该做什么？"以及"现在的做法是否完全错误？"沃德利地图的创造者 Simon Wardley 同时也是战略循环的发明者。图 5.1 展示了一个战略循环，它包含五个步骤：目标、景观、气候、原则和领导力。这个模型基于《孙子兵法》的五大要素（http://mng.bz/n1E4）和 John Boyd 的 OODA 循环（http://mng.bz/vPOr）。

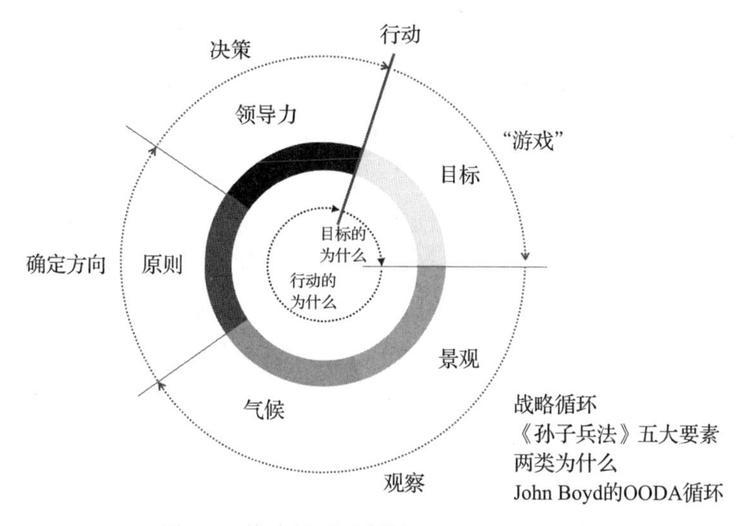

图 5.1 战略循环（来源：Simon Wardley）

开启战略循环迭代的第一步是定义目标。本质上，这类似于使命宣言。它描述了组织存在的动机和其终极梦想。以下是几个公开的例子：

- “Flatiron Health 的宗旨是通过学习每个癌症患者的经历来改善和延长他们的生命。”
- “ Hargreaves Lansdown 让人们能够充满信心地储蓄和投资，提供一种服务来帮助他们建立财务韧性并实现理想的结果。”
- “ Carbon Re 将每年从人类的排放中减少数十亿吨二氧化碳。我们专注于水泥、钢铁和玻璃生产等行业的重大机遇和挑战。人类有 50% 的机会在 2050 年前将全球变暖控制在 1.5℃以内，为此，我们需要将 90% 的已知煤炭储量和 60% 的已知石油与天然气储量留在地下。”

在进行倾听之旅时，你可以请每位利益相关者用他们自己的话来描述组织的目标。然后，你可以评估各种答案中的分歧和一致程度。

战略循环的第二步是绘制业务景观图。这意味着要理解都有哪些产品、服务、能力以及其他相关事物会影响战略，并识别它们之间的关系。业务景观图全方位地考量整个竞争性的业务环境，不仅包括你的组织，还包括竞争对手。请记住，这一步与制定战略或确定解决方案无关，只是理解当前的情况，为战略探索奠定基础。沃德利地图可以用价值链把业务景观可视化（本章后面有示例）。

绘制业务景观图之后，第三步是考虑企业所处的气候（此处的气候指的不是地理学上的自然气候，而是企业周边的外部力量）。这涉及找出那些在你的控制之外、可能影响到业务景观的变化。每个景观都会因为各种外部力量而不断地发生演变。即使企业保持静止而且什么都不做，景观仍然在演变，像竞争对手的行动、类似疫情这样的世界事件，以及引入新的法律和法规等都会影响企业。例如，Blockbuster 试图继续其实体 DVD 租赁服务，却没有意识到在线流媒体即将大幅改变业务景观这样的气候信号。

能否识别潜在的气候变化可能是战略成功与否的关键。沃德利地图可以用来把这些气候变化的影响可视化，有一些气候模式可提供指导。这使得架构现代化领导者能够根据未来可能发生的事情（而不仅仅是当前热点）来预见他们的现代化旅程。

第四步原则在战略循环中紧随在气候之后。原则所关注的不是地图的演变方式，而更多的是关注组织将如何运作以实现既定目标。沃德利地图框架提供了一系列指导原则（https://learnwardleymapping.com/doctrine/），例如，使用通用语言、战略是迭代的、优化流程等。这些原则几乎涉及公司运营模式的所有方面，并在本书中均有阐述。原则是战略中常被忽视的一个方面，如果没有有效的运营模式，那么即使拥有天才的战略，取得成功也会非常困难。

第五步，战略循环进入领导力环节。这代表着企业可能或将要采取的有意图的、战略性的行动，例如进入新市场或开发新能力来改善现有产品并推动市场渗透。包含景观和外部气候力量的沃德利地图是深入的战略对话和英明的领导决策的基础。在沃德利地图生态系统中存在着多种模式，例如将在本章后续部分讨论的市场模式。

正如从图 5.1 及战略循环的名称中所能看到的，战略循环用循环的隐喻来强调战略的迭代本质。制定架构现代化愿景并开始实施架构现代化项目时，由于业务景观在不断演变，应该定期使用沃德利地图对战略进行迭代，以确保架构现代化行进在最佳路径上。正如Simon Wardley所强调的那样，甚至业务目标也可能会改变："气候可能影响目标，环境可能影响战略，行动可能影响一切……目标不是固定的，它会随着景观的变化和行动而改变。没有所谓的'核心'，一切都是过渡性的。"

5.2 创建沃德利地图

创建沃德利地图的过程可以分解为六个基本步骤，涵盖战略循环的第一步和第二步——目标和景观：

1. 定义地图的目标。
2. 设定地图的范围。
3. 识别用户。
4. 清晰阐述每类用户的需求。
5. 使用组件创建价值链。
6. 沿演进轴排列组件。

在创建几个沃德利地图后，这个过程就会自动化，你无须再刻意考虑这些步骤，但在开始时了解这些步骤很有帮助。Ben Mosior的沃德利地图画布是一个能够指导初学者完成该过程的出色的可视化工具（http://mng.bz/46vv）。下面将展示如何使用画布构建你的第一个沃德利地图。

作为示例，我们将用Ben的画布为一个在线食品配送公司创建一个沃德利地图。该公司实现了连接餐馆和顾客的多边市场模式。因此，它的目标包括满足每个群体的需求：连接饥饿的人们与当地各种外卖美食，以及帮助所有餐馆提供高效的外卖服务。这些细节被直接填入沃德利地图画布的第一步，如图5.2所示。

沃德利地图画布的第二步是确定地图的范围。地图可以是任何级别的，从覆盖整个企业的宏观地图到针对单一产品或能力的微观地图均可。地图的范围将决定组件的详细程度以及可能出现的对话类型。在这个示例中，我们将地图的范围设定为宏观级别的概览地图，如图5.3所示。如果刚开始架构现代化之旅，并且还没有设定关注的重点界限或优先级，那么这是一个合理的默认选择。

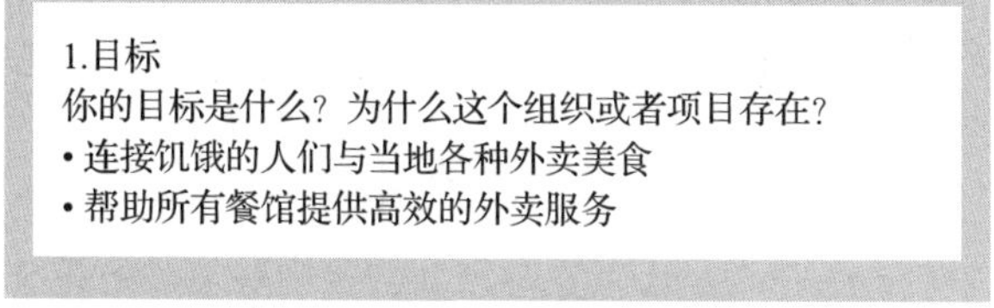

沃德利地图画布

1.目标
你的目标是什么？为什么这个组织或者项目存在？
• 连接饥饿的人们与当地各种外卖美食
• 帮助所有餐馆提供高效的外卖服务

图5.2 目标——沃德利地图画布的第一步

2.范围
你在绘制的是什么？它包括什么？它不包括什么？
进行宏观级别的概述，识别最高级别的战略优先事项

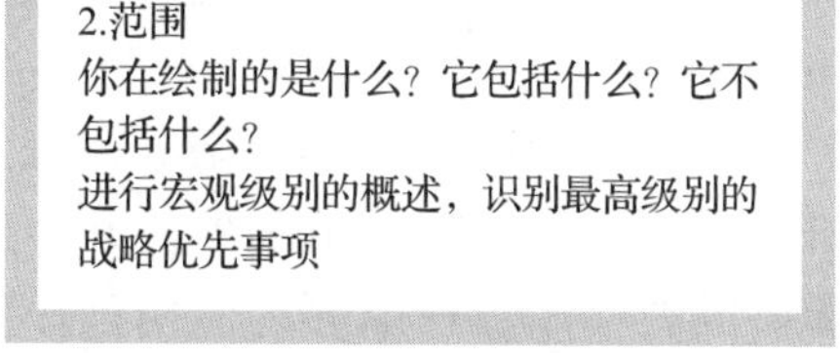

图5.3 范围——沃德利地图画布的第二步

第三步是描述受益于地图内容的用户，包括组织内外的用户，例如顾客、员工和合作伙伴。在食品配送公司示例中，该组织在宏观层面上有三类主要用户：顾客、餐馆和外卖骑手。把这些用户类型添加到画布的第三步，如图 5.4 所示。

沃德利地图画布的第四步是将用户需求与用户类型相匹配。从图 5.5 中我们可以看到希望无须下厨便能享受美食的顾客、希望扩大业务的餐馆和想要赚钱的外卖骑手。某些用户可能有多种需求，而某些需求可能由多类用户共享。根据地图的目标和范围，还可以对用户类型进行更细粒度的划分，比如区分“常规顾客”和“偶然顾客”。地图的目标与范围将会驱动这些选择。

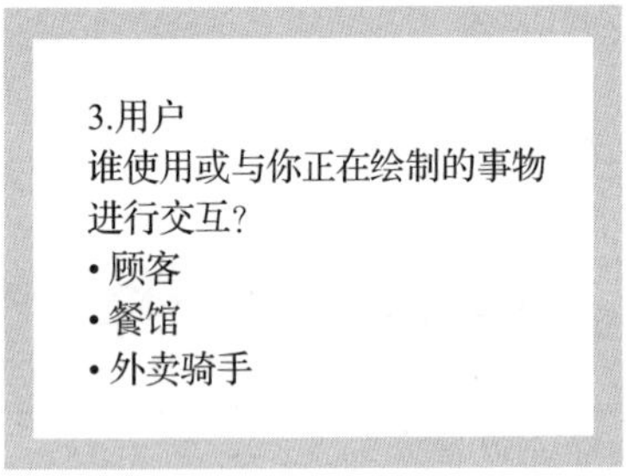

3.用户
谁使用或与你正在绘制的事物进行交互？
- 顾客
- 餐馆
- 外卖骑手

图 5.4　用户——沃德利地图画布的第三步

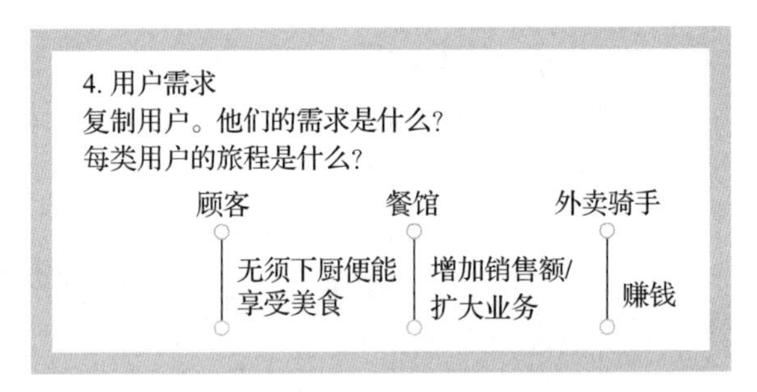

图 5.5　用户需求——沃德利地图画布的第四步

完成第四步后，第五步开始变得引人入胜而且更加复杂，这一步需要基于各个组件来构建价值链。在这个阶段值得强调的是，关于“组件”的精确定义可能会分散人们的注意力，尤其是对于那些熟悉使用有严格元模型定义的其他方法的人而言。从用户需求倒推，要满足用户需求需要哪些事物或能力呢？组件可以是任何有助于绘制地图的东西，比如活动、数据、实践和知识。绘制地图时要避免的是陷入对组件精确定义的循环争论，以及某个事物是否属于组件的辩论。最好选择对正在创建的地图最有用的元素。

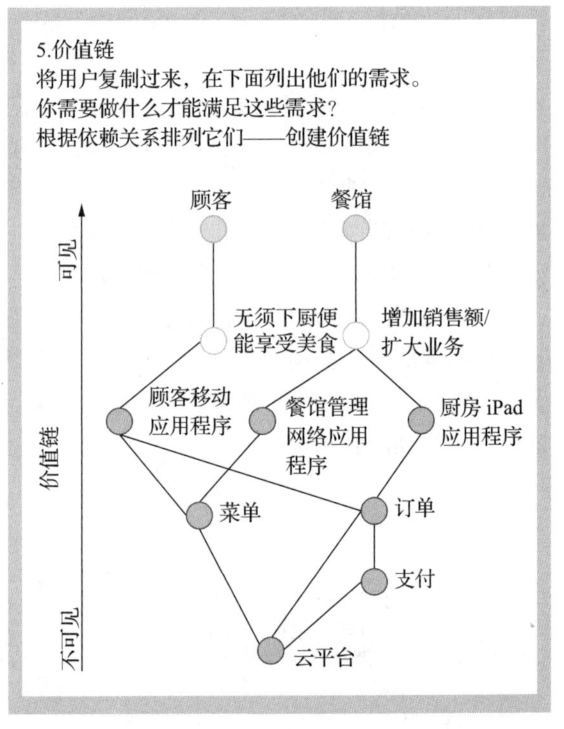

图 5.6　价值链——沃德利地图画布的第五步

图 5.6 展示了从顾客和餐馆的视角开始创建食品配送价值链的前几个步骤。顾客使用客户端移动应用程序下单，餐馆使用餐馆管理网络应用程序来

管理餐馆，而厨房员工则使用 iPad 应用程序。餐馆管理网络应用程序的一个功能是制作菜单，而顾客则通过移动应用程序来浏览菜单。因此，这两个应用程序都依赖于菜单组件。厨房员工用 iPad 应用程序来处理新订单，顾客则用移动应用程序下订单，所以这两个应用程序都依赖于订单组件。在图的底部是云平台组件，公司使用这个内部平台来构建和运行服务器端软件，因此所有在服务器上运行的组件都依赖于这个组件。

在图 5.6 中，你会注意到纵轴顶部标为“可见”，而底部标为“不可见”。这表示排在上方的事项对用户更加可见，而位于下方的事项对用户不可见——用户可能并不知道它们的存在。在这个示例中，顾客可以看到顾客移动应用程序并与之互动，所以它对用户来说高度可见，但顾客对公司的云平台一无所知。

画布的第六步进入真正创建沃德利地图的阶段。价值链被从第五步复制到这一步，每个组件都被归类到演进的某个阶段：创世、定制、产品或商品。创世阶段代表出现了新颖且潜力未经证实的概念。相反，商品阶段指概念已高度标准化，即行业中所有组织都拥有非常相似的版本，这意味着没有差异化的机会。

如图 5.7 所示，云平台被视为商品，因为它是一个与竞争对手相似的成熟概念。虽然有些部分是内部构建的，但大部分依赖云服务供应商。这些组件几乎不会有什么差异。与此同时，订单组件被视为产品，因为尽管机会不大，但是仍然有机会与竞争对手区分开。5.3 节将更详细地讨论这四个演进阶段。

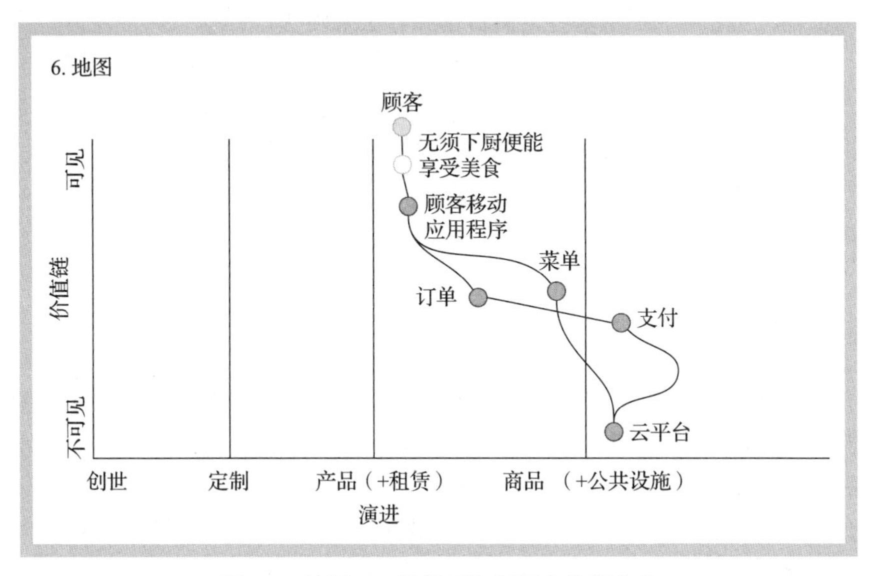

图 5.7　地图——沃德利地图画布的第六步

图 5.7 仅展示了顾客价值链，目的是突出展示演进。实际的地图上可以展示多类用户、他们的需求和相关的价值链。

现在你已经绘制出地图，事情变得更加有趣。你可以开始讨论那些显而易见的模式了。

我总是问一个引导性问题："如果从图中去掉所有文本，它会告诉你什么？"例如，图 5.8 展示了一个组件旁边没有文本的沃德利地图，但我们仍然可以识别出一些可能值得进一步探讨的潜在主题。

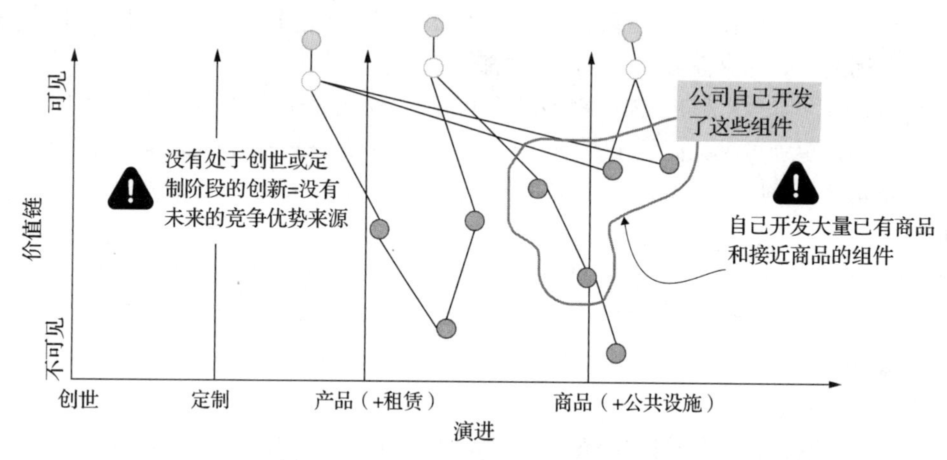

图 5.8 在沃德利地图上识别战略主题

首先，没有处于创世或定制阶段的组件，这是一个警告信号，表明公司没有即将推出的创新成果。可能实际情况就是这样，也可能是创新成果没有显示在地图上，这显然是一个值得探讨的主题，可能需要通过额外的研讨会和方法来确认。

其次，虽然许多组件属于商品，但公司并未使用任何现成的工具。这个警告信号表明公司在投入大量资源构建那些可以轻松购买到的东西（确实，要识别这种模式需要了解一定的背景，即该组织不使用现成的工具，但这仍反映了真实情况）。

如你所见，仅通过可视化业务景观，就可以了解可能最需要现代化的地方，或者获知想要深入挖掘的领域。

5.3 理解演进

对于使用沃德利地图的新手来说，常见的挑战是充分理解确定组件正确演进阶段的复杂性。"创世""定制""产品"和"商品"这些词汇相当常见。然而，它们在沃德利地图中具有更复杂的定义和特定的评估标准。

对演进阶段的背景理解对于学习沃德利地图和更快地利用沃德利地图获得价值至关重要。本节将介绍演进的关键特征，并通过一个简短的练习帮助你和你的团队迅速上手。

5.3.1 演进的特征

沃德利地图的一个伟大之处在于，Simon Wardley 和沃德利地图社区提供了许多支持创建和使用地图的资源。在评估演进方面，社区推荐使用三个特征和十二个属性（https://

learnwardleymapping.com/landscape/)。这些被称为弱信号，某些信号可能更适用于特定组件。不幸的是，评估并不像遵循每个组件的流程图那样简单，也不能产生精确的评估结果。这需要主观判断和行业的专业知识，以及在实践中积累的技能。

表5.1展示了三个演进特征：普遍性、确定性和发布类型。每个特征都有根据特定特征判断组件属于哪个阶段的标准。例如，如果一个组件很罕见，那么意味着几乎没有其他公司拥有这种功能，根据普遍性特征它处于创世阶段。

表5.1 三大演进特征

特征	演进阶段			
	创世	定制	产品	商品
普遍性	罕见	消费缓慢增长	消费快速增长	广泛存在且趋于稳定
确定性	很难理解	学习快速增长	使用和适用性快速增长	普遍都理解（在使用方式方面）
发布类型	正常描述事物的奇妙之处	构建意识并学习	维护/操作/安装/功能	聚焦使用

相反，如果某组件非常普遍，每个公司都拥有它，那么根据普遍性特征它处于商品阶段。确定性是表示对组件使用方式了解程度的特征。根据这个特征，如果行业参与者刚开始探索如何应用这个概念，那么组件就处于创世阶段。相反，如果组件已经演进完全，关于如何使用该组件已经没有更多可学的了，那么根据确定性特征它处于商品阶段。

在在线食品配送的示例中，“菜单”的概念既广为流传又被普遍理解。每个竞争者的产品都提供菜单功能，每个人都知道如何使用菜单。因此，菜单组件似乎是商品或非常接近商品。

现在考虑另一个能力——餐馆优化，已经有组织开始开发这种能力。它是通过建议和推荐来帮助餐馆发展业务的。这是一个新概念，行业参与者仍在探索如何开发这种能力，并不断尝试新功能和想法。该能力的应用虽然有一些增长迹象，但还没有被许多餐馆使用。因此，它似乎更符合消费缓慢增长和学习快速增长等特征，看起来与定制阶段更匹配。当然，我们应该确保拥有这一领域的多位领域专家的不同视角。我们不想给人以我们可能错过关键的具有高度战略价值的见解的错误印象。

表5.2展示了一些通用属性，这些属性也有助于确定最相关的演进阶段。市场属性代表了市场成熟度。在创世阶段，市场还不存在，而在商品阶段，市场已成熟且不再增长。

表5.2 通用属性示例

属性	演进阶段			
	创世	定制	产品	商品
市场	未定义市场	消费缓慢增长	增长性市场	成熟市场
用户感知	不同的/令人困惑的/令人兴奋的/令人惊讶的	前沿/新兴	普通/如果没有使用会感到失望	标准/预期
行业感知	竞争优势/不可预测/未知	竞争优势/投资回报率/案例	实现/功能带来的优势	做生意/接受的成本
价值焦点	未来价值高	谋取利润/投资回报率	高回报率	大量存在/减少利润

用户感知是反映用户期望的属性。如果组件非常不寻常、令人困惑、令人兴奋或令人惊讶，那么它就应该被归类到创世阶段。另外，如果某个组件是用户普遍期望的标准功能，那么它就适合被归类为商品阶段。例如，餐馆的菜单功能既有成熟市场，也是行业中的标准功能，因此把它归类为商品阶段。另外，餐馆优化可能会令餐馆老板感到兴奋，因为他们对潜在的可能性感到震惊、困惑，或者因为他们可能不知道如何充分利用它。

市场也可能存在不确定性，这种优化是适用于所有类型的餐馆，还是只适用于某些特定类型的餐馆？因此，基于当前的理解水平，餐馆优化似乎介于创世阶段和定制阶段之间。

什么是竞争优势

投资百科的解释是："竞争优势指的是那些让公司能够比竞争对手更好或更便宜地生产商品或提供服务的因素。这些因素使生产效率更高的实体能比市场竞争对手产生更大销售额或更高利润率。"(http://mng.bz/QRgQ）此外，竞争优势可以分为比较优势和差异化优势。

比较优势是指能够在提供类似产品或服务时获得更高利润的优势。而差异化优势则是指可以在某些方面提供更优质的产品和服务，如产品或服务具有更多功能或更高的可用性。

行业感知和价值焦点属性关注通过组件可能获得的竞争优势水平，因此将成为战略优先事项的有价值指标。餐馆菜单在很大程度上是一种营业成本，也是一项基本功能（http://mng.bz/XqAp）。企业不希望在维持其运作上投入过多的资源。如表 5.2 所示，这两个迹象进一步证明菜单属于商品类别，而且在战略上并不具有很高的重要性。

然而，餐馆优化被认为是竞争优势的一种来源。如果能帮助餐馆提升盈利，那么餐馆更愿意采纳这种优化，以吸引更多顾客。尽管餐馆优化可能对公司财务产生净负面效应，因为投入的努力可能超过其带来的价值，但公司仍对其未来潜力抱有高度期待。这两点也表明，餐馆优化处于创世阶段和定制阶段之间。

可以认为，对于一些餐馆而言，设计独特的菜单是获取竞争优势的方式。将这一点作为独立的组件（比如"菜单研发"）来区分管理和浏览菜单的能力会更合适。此外，还有一个更深入的问题：这是不是外卖公司认为属于部分业务景观的一种能力？即使不是，在地图中绘制这一点仍然是值得的，因为它代表了潜在的增长机会。

5.3.2 快速学习练习：理解演进

在讲解沃德利地图或教初学者绘制地图时，我会通过一个简短的准备活动帮助他们理解演进过程。这个活动只需 20 ～ 30 分钟，就能迅速让参与者达到进行第一次高效绘图会议所需的水平。活动既可以安排整个团队参加，也可以分组进行。你只需要准备两样东西：一个或多个示例组件以及特性和属性列表。然后，逐一审视每个标准，确定它最匹配演进的哪个阶段（就像你在 5.3.1 节中看到的那样，只不过 5.3.1 节涵盖了所有 15 个标准）。最后，确定哪些标准与组件最相关，并评估它属于哪个阶段。如果分组进行，那么你可以将每个小组的结果进行对比，注意存在的分歧和一致之处。

你可以从这个活动中发现，组件并不总是整齐地匹配演进的某个阶段。例如，一些标准可能表明匹配产品阶段，而其他标准可能表明匹配商品阶段，因此需要进行整体评估以决定最匹配哪个阶段。这有助于理解沃德利地图的另一个关键原则：对于组件应处的位置没有客观正确的答案。由于不同的人对价值链有不同的认知模型，因此通常存在主观性因素。揭示这种分歧是好事，因为这是一个帮助团队提升共同理解的学习机会。

重要的是进行富有成效的对话，讨论为什么一个组件可能适合多个位置。这是挑战沃德利地图的一种方式。

在本书的 Miro board 上（http://mng.bz/wj2W），你可以找到一个为该活动准备的模板。在利用自己所在企业的组件进行尝试之前，你可以先用这个虚构的示例进行练习。为什么不现在就尝试一下呢？

5.4 气候力量

演进是沃德利地图的核心特征。通过关注每个组件的演进方式，你自然会被吸引去展望可能的未来场景。这是克服诸如近因效应（即对近期事件赋予更大重要性的认知偏见）等偏见的一个重大优势，这种偏见可能导致我们过分专注于当前的机会和限制。在沃德利地图中，气候指的是无法控制的景观变化，如竞争对手的创新和重大世界事件。越能识别气候信号，就越能预测变化并将其融入战略思考中。

我们可以通过单独审视地图上的每个组件并思考那些无法控制的可能场景——这些场景可能导致组件发生变化，从而将气候力量应用到地图上。此外，还可以思考可能在景观中出现的新组件。我们可能没有回答这些问题的信息，因此需要进一步研究，但这是正常的。创建沃德利地图并不是一次性的活动。在将气候力量应用到首张地图之前，最好先了解社区提供的气候模式（https://learnwardleymapping.com/climate/）。这些将帮助我们理解气候力量背后的原则以及在景观中寻找气候信号时需要考虑的因素。接下来我将介绍一些最常见的气候模式。

5.4.1 一切都在演进

要掌握的第一个（也是最基本的）气候力量模式是所有组件都在演进。尽管它们的演进速度或时机并不总是清晰可见，但根据沃德利地图的原则，所有组件都会从创世阶段向商品阶段演进，或在演进过程中的某个时刻消亡。

花点时间思考一下你曾经做过的一些系统和用过的产品。想想它们是如何演进的，以及你预计它们将来会如何演进。在我的桌子上，我看到了自己的 iPhone。在 20 世纪 90 年代末，手机没有相机功能，只有像“贪吃蛇”这样的基础游戏。如今，智能手机的相机功能已经成了人们的一种普遍预期，尽管仍有一些差异化的空间。

表 5.3 突出显示了一些气候特征（https://learnwardleymapping.com/climate/）以及它们在演进开头和结尾两个阶段的表现。创世阶段被视为未知领域，开拓了以前不存在的新路径。因此，它是一个充满混乱的、不确定的和不可预测的阶段，追求未来的竞争优势。与此同时，处于商品阶段的产品被认为是工业化的。该阶段是有序的、已知的、可衡量的。竞争优势来了又去，现在的重点是保持稳定性和效率，涉及的是做生意的成本而非竞争优势。

表 5.3　随演进而变化的一些特征

未知的	工业化的
充满混乱的	有序的
不确定的	已知的
不可预测的	可衡量的
变化中的	稳定的
未来价值高	利润薄
令人兴奋的	明显的
考虑竞争优势	考虑做生意的成本

思考一个有趣的问题："为何一切都在不断地演进（或消亡）？"沃德利地图给出的答案是供需竞争。因为激励机制的存在，对某个组件演进的需求越大，它演进的可能性就越大。当评估潜在的气候变化时，我们可以这样问："对这个组件演进的需求有多大？"

5.4.2　多种组件共同演进

如你所见，沃德利地图是基于价值链构建的，价值链实质上是由组件及其依赖关系组成的。依赖关系意味着，一个组件的变化可能会影响与之连接的组件。我们经常会看到不同类型的组件共同演进。这种现象在我们周围随处可见，贯穿了整个历史。

例如，某天我去超市购买日常所需的面包和牛奶。我使用了自助扫描结账设备。几年前，每台结账设备都需要配备一名员工来逐一扫描商品并收款。有了自助扫描结账设备，现在只需一名员工就能监管多台结账设备。员工的工作内容也发生了变化，比如由扫描商品并收款变成了在顾客无法自行扫描和支付时提供帮助。

在商业界，远程工作空间的组件共同演进也是一个很好的例子。随着互联网的普及和新一代远程协作工具（如 Zoom、Slack 和 Google Drive）的出现，远程工作的实践在短期内得以迅速发展。

更高阶系统创造新的价值源泉

一个重要的共同演进模式被称为"更高阶系统创造新的价值源泉"。如图 5.9 所示，这种模式的特点是让其他组件向更加商品化方向演进，从而实现新创世组件的诞生。例如，随着电力变成更加普遍的商品，它促成了许多新型产品的出现。随着在线支付服务的演进，更多企业得以在网上运营。同样，随着互联网的发展和普及，它成了众多新型娱乐和商业价值的源泉。在把气候思维应用到地图上时，这总是一个值得考虑的模式。你可以提出诸如“随着这个组件的不断演进，会出现哪些新的可能性？可能会诞生哪些新的创世组件？”之类的问题。

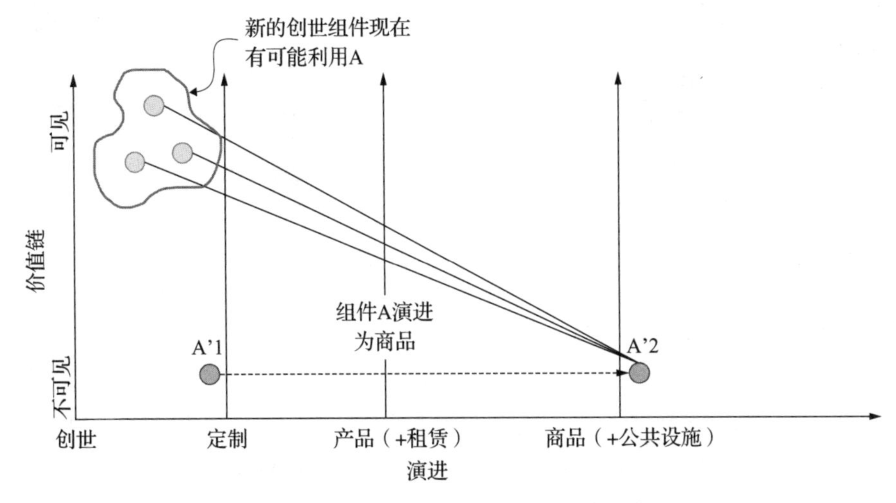

图 5.9 更高阶系统创造新的价值源泉

效率促进创新

一个组件的演进可能不会导致新的价值（即新的创世组件）产生。相反，它可能导致现有组件的进一步演进。AWS 就是一个典型例子。随着亚马逊电子商务能力的不断发展，其业务得到了巨大增长。因此，亚马逊成了管理大规模互联网流量基础设施的专家。接着，亚马逊将这部分业务分离出来，成立了独立的云计算企业，推动了 IT 基础设施向商品的转变。当在沃德利地图中探索组件的演进时，探究其他组件因为不断变化的景观及新的限制的演进是有益的。

5.4.3 过去的成功导致惰性

正如古老的谚语所说：“如果没有坏，那么为什么要改变？”当企业确立了市场领导者地位且其关键指标（如收入）持续健康时，为什么要冒险改变呢？但由于气候总在变化，这可能会导致一种虚假的安全感，正如柯达公司所经历的那样（http://mng.bz/yZ2y）。第 3 章还提到了惰性的内部表现样例，如因自满而未对落后系统和低效的工作方式进行现代化改造。在沃德利地图中寻找惰性非常重要，特别是在产品阶段，因为在这一阶段，概念最有利可图，但也最有可能变得工业化而丧失价值。提出诸如“这真的还是产品吗，还是正在变成商品？”“我们是否过于关注当前收入来源而对这一组件的变化视而不见？”或“新的参与者有可能在这里颠覆我们吗？”的问题会很有帮助。

在沃德利地图上，你可以用填充的矩形突出表示惰性。图 5.10 展示了一个组件正在从产品演进为商品，但组织不愿接受或没有意识到这一点，因此存在惰性。

另外两个密切相关的惰性模式是：过去的模式越成功，惰性就越大；惰性可以杀死组织。你可以通过尝试理解业务在某些组件上有多成功以及利益相关者可能对这些组件有多依赖来实践这些模式背后的原则。如下的问题可以帮助开启这些对话：“你认为这个组件对组织的成功贡献有多大？”“如果我们被颠覆了，且这个组件不再相关了，该怎么办？”“在我看来，这个组件很快就会普及。我们是否应该放弃这个组件并投资一些更差异化的东西？”

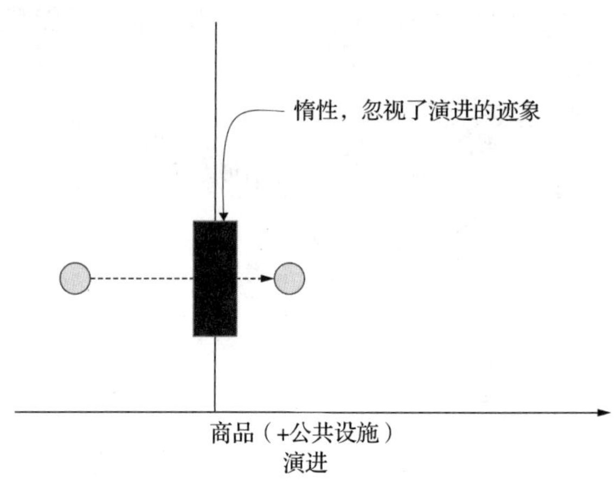

图 5.10　在沃德利地图上显示惰性

这些问题被故意设置得具有挑衅性，目的是探究人们对现在或过去取得的成功的信念有多坚定。我发现适量地增加挑衅性有助于人们质疑自己的信念，但要注意不要做得太过火。

5.4.4　变化并非总是线性的

沃德利地图可能给人一种印象，即每个组件都会按照从创世到商品的可预测路径演进。事实上，演进是一个复杂的话题。演进如何发生、为什么发生、何时发生以及演进速度的快慢，都可能存在着显著的差异。有些行业的变化可能非常缓慢，但像出现新技术这样的突然变化可以迅速加速创新。许多行业在疫情期间都经历了这种情况，尤其是在线协作平台 Miro。疫情期间，人们难以进行面对面的工作，转而使用 Miro 或类似的产品进行研讨会、会议、以及其他通常需要面对面进行的协作活动。

根据 AWS 网站上的一项案例研究（http://mng.bz/M9Wo），疫情开始前 Miro 用户稳步增长。但在疫情时期，Miro 用户仅用两年时间就增长了 500%，2022 年 1 月达到了 3000 万用户，其中包括《财富》100 强企业中的 99%。考虑到 Miro 如此迅速地扩张，并能提供高度可靠的产品，这是非常惊人的。世界各地、不同时区的很多公司都依赖 Miro 的稳定运行。如果 Miro 没有能够在其业务景观发生巨大变化时扩大其业务、技术和组织，那么 Miro 将错过一个重新定义市场的机会。

当处理沃德利地图上的组件时，请记住 Miro 的故事。不仅要关注组件未来可能的演进，还要考虑它们过去是如何快速演进的。这可能帮助我们发现变化速度即将改变的迹象，或提醒我们在哪些方面还没有准备好应对变化。如果业务景观进入了一个重新定义市场的时代，变化速度突然加剧，那么架构中的某些部分很可能会成为瓶颈。这并不意味着要构建一个无限扩展的系统，而是要评估可能性并有意识地确定投资风险和机会，以及需要做好哪方面的准备。

5.4.5 评估气候变化的影响

在沃德利地图上应用潜在的气候力量后，最好放大视角，看看全局主题，就像最初创建地图时那样。例如，如图5.11所示，可能所有组件都在向地图的右侧移动，组织没有未来竞争优势来源。也可能许多组件将在一到两年内成为商品，如果当前的战略涉及这些领域的重大投资，那可能是一个重大的警告信号，因为它们将不再有差异化的机会。自己投资重建很快就能在市场中买到的组件很可能是对资源的巨大浪费。

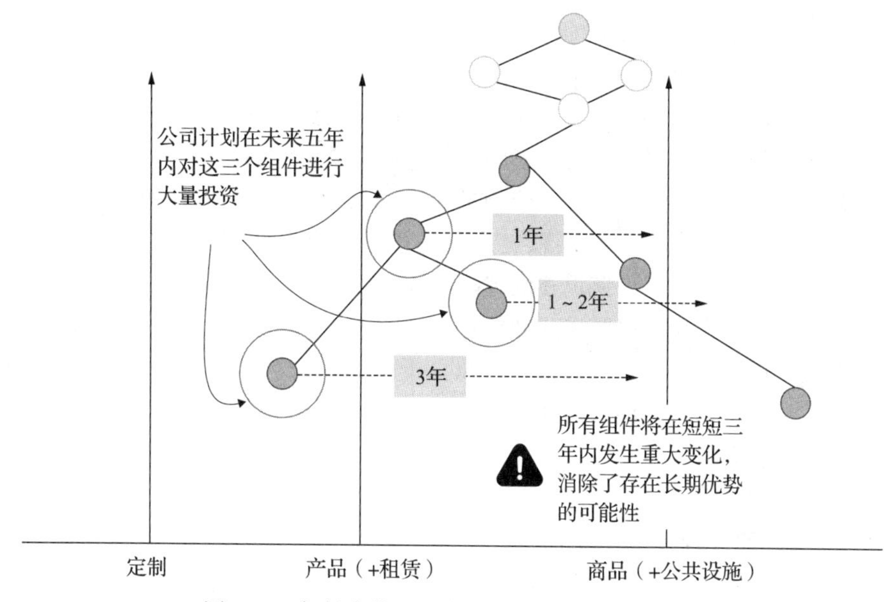

图5.11 气候变化显示出未来缺乏差异化的要素

我曾与一家英国公司合作过，大约在十年前，该公司开发了一个客户关系管理（Customer Relationship Management，CRM）系统。那时候这样的决定是合理的。当我与该公司合作时，该公司非常希望能迁移到像Salesforce这样的现代CRM，因为这样的CRM不仅运行成本低，而且拥有更多先进功能。但是，问题在于该公司的CRM系统与更多的定制功能共用一个代码库，且在代码和数据库层面高度耦合。因此，迁移到商品服务的成本非常高。这正是技术人员在沃德利地图会议中能提供的见解类型：提前考虑未来的自建或外购决策，并确定相关的架构成本。更理想的做法是，尽早识别那些可能转变为商品服务的部分，一开始就避免将它们与系统的其他部分紧密耦合。

在北美的一家房地产管理公司的沃德利地图会议上，我请与会者分享他们的观察结果。当轮到产品主管发言时，他说："我们行业变化太快了！通常在短短一年内就能从创世阶段演进到商品阶段！”这是因为竞争对手之间能够轻易地相互模仿，导致任何领域都难以形成持久的竞争优势。对团队中缺乏业务和产品思维的人来说，这是个重大的认知突破。他们会明白持续创新的必要性。

5.5 制定战略决策

当我们到达战略循环的第五步时，便是时候开始考虑各种选择了。你想要如何积极地改变业务景观？打算演进哪些组件？打算如何为投资项目排定优先级，以及每个领域适合投资多少？从业务层面回答这些问题将帮助架构现代化的领导者专注于构建引人注目的现代化愿景，并识别最有影响力的现代化时机。

需要强调的是，做决策不必非得在创建沃德利地图的同一次研讨会中完成。通常需要进行多次会议，每次会议可能涉及不同的人和团队。有时有必要使用事件风暴等技术来深入了解整个景观，以制作更精细的地图，而不是立马就深入到决策环节。当然，在第一次会议中就开始探索可能的战略选择并随时间不断完善它们也是可以的。不过，这样做的主要风险是可能会停留在较高的思维层面，过于依赖早期的、未经严格分析验证的想法。

就像战略循环的其他步骤一样，沃德利地图也为领导力步骤提供了原则和模式。这些模式被认为是先进的。在尝试好莱坞式的战略之前，更重要的是掌握气候的模式和原则。首先，你需要具备正确的文化、思维模式和执行能力。尽管如此，这些模式非常有趣，值得学习，只要牢记其局限性即可。社区已经整理出六十多种模式（http://mng.bz/am4o）。5.5.1 节将介绍其中的一些，帮助你开始探索这一主题。

5.5.1 组件演进加速器

加速组件演进的一种方法是使用加速器来有目的地促进景观的演进。这些措施能加速一个或多个组件的演进，为你带来可感知的竞争优势。对于地图上的每个组件，都要思考如何通过组件的演进获得竞争优势，然后探索加速器列表以找到最佳选择。在沃德利地图中，加速器通常以粗箭头形式展示，如图 5.12 所示。

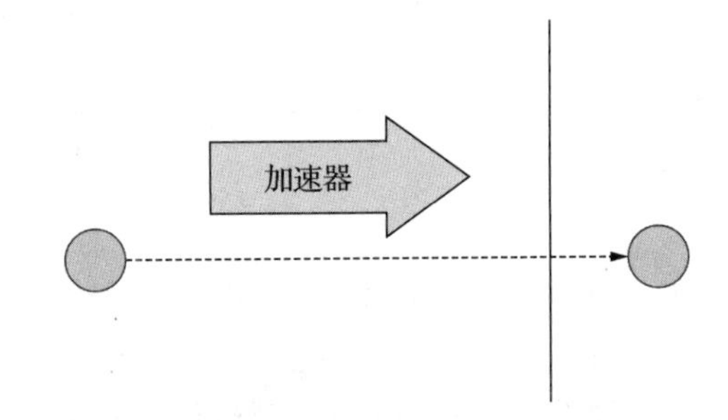

图 5.12 在沃德利地图上表示加速器

开放式方法

开放式方法，如开源（open sourcing），是一种常见的加速手段。通过开源，组件会更广泛地传播，并且任何对组件感兴趣的人都能对其开发做出贡献。大型科技公司高度依赖开源。谷歌、亚马逊和微软都在不同程度上依赖于开源。例如，微软开源了整个 .NET Framework。开源可以促进各个领域和学术界的社区驱动创新。TensorFlow（https://github.com/tensorflow/tensorflow）是一个在 GitHub 上拥有超过三千名贡献者的开源机器学习平台。它最初是谷歌 Brain 团队使用的一个内部能力。但该团队并没有将其保密来获取竞争优势，而是决定将开源作为一种加速器。

开源组件意味着可能会放弃自己原有的优势，因为开源后所有竞争对手都能使用组件了。但从另一个角度来看，这种做法其实更有意义。如果竞争对手通过某个组件获得了优势，那么开源组件版本可以让一个很大的社区为之提供贡献，开发超越竞争对手的版本，从而消除竞争对手的优势。此外，公司还会因为向开源社区提供了组件而提升品牌声誉。

许多领导者是不情愿的，即使是讨论将某个组件开源的想法，尤其是考虑到竞争对手可以接触到这个组件，但探索这种可能性非常重要。特别需要注意的是，竞争对手可能会利用开源对你产生威胁。

网络效应

正如开源组件使整个社区为之做出贡献来加速其演进一样，网络效应通过让更广泛的人群为之做出贡献来加速组件的演进。网络效应在社交网络中尤其明显。加入平台的人（尤其是吸引人群的高价值内容创造者）越多，生态系统的增长和发展速度就越快。你的业务景观是否也能通过网络效应实现加速演进？

Slack 是一款企业聊天工具，它将网络效应作为加速器，通过开放其平台来允许开发者创建定制的 Slack 应用程序。Slack 集成是该工具的重要特点，这一点从 Slack 市场中的 2400 个应用程序可以看出。这个定制应用程序目录帮助 Slack 的生态系统迅速发展，速度远比 Slack 自己构建所有这些应用程序（这实际上是不切实际的）要快得多。

合作

合作是寻求加速组件演进时另一个要考虑的重要加速器。与其他公司合作可以更快、成本更低地获得必要的能力。苹果和高盛在 2019 年联手推出 Apple Card 信用卡就是这样的案例。苹果想提供实体信用卡来加速其 Apple Pay 服务，但没有自己推出信用卡的能力。因此，与高盛的合作更具成本和速度优势。

5.5.2　减缓演进的减速器

与加速器相反，减速器可以用来减缓组件的演进。当你发现某个组件可以带来竞争优势时，你自然会想减缓其向商品阶段演进的速度，以锁定这种优势或延长这种优势的持续时间。以下是一些可以考虑应用在组件上的减速器。与加速器相反，减速器通常用从右向左的粗箭头表示，如图 5.13 所示。

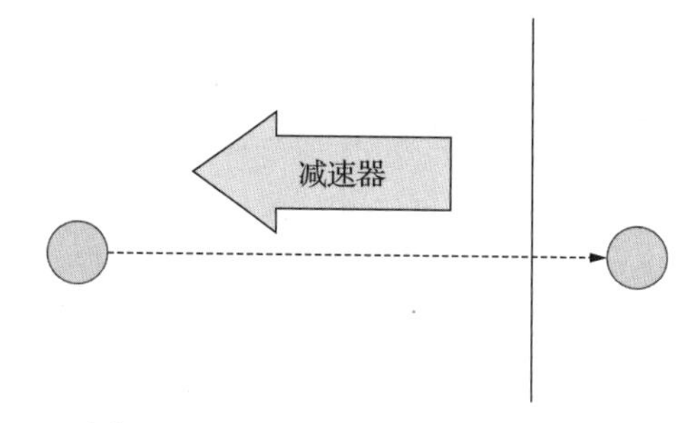

图 5.13　在沃德利地图上表示减速器

知识产权

在某些行业，知识产权（Intellectual Property，IP）被用来保护竞争优势。通过阻止竞争对手利用你发明的特定能力，知识产权起到了减速器的作用。最近几年最著名的一起知识产权诉讼案是苹果起诉三星的案件（https://www.bbc.co.uk/news/business-44248404）。在这个案件中，三星因侵犯苹果的多项专利，被韩国法院判定向苹果支付 5.39 亿美元。苹果指控三星非法抄袭了其受专利保护的 iPhone 设计。苹果的 iPhone 是革命性的创新，苹果自然希望尽可能地保护其优势，这迫使竞争对手更加努力地去打造像 iPhone 一样优秀的智能手机。

恐惧、不确定性和怀疑

另一种减缓演进的方法是消极地改变用户的看法，减少其对更先进组件的需求。这实际上是一种创造虚假故事或将小的风险夸大为重大故障的宣传技巧。近年来，恐惧、不确定性和怀疑（Fear，Uncertainty，and Doubt，FUD）被用作一种手段，让客户害怕使用无服务器技术。一个典型的例子是，“供应商锁定”被一些人鼓吹为避免无服务器技术的理由——例如长期以来使用“不要使用 AWS，否则你的所有数据都被亚马逊访问了”作为恐惧策略来吓唬企业不要使用云服务。FUD 的例子不仅限于科技领域。1877 年，《纽约时报》发表了一篇攻击贝尔发明的电话的文章（http://mng.bz/g7Yx），通过激发隐私担忧在读者中制造恐惧。

在分析自己的沃德利地图时，你可能会注意到可以利用 FUD 的迹象。例如，如果行业中出现了一个颠覆性的新进入者，而且新进入者正在以比你更快的速度发展。如果你无法通过创新来与之竞争，那么使用 FUD 作为营销策略可能是你的唯一选择。不过，使用 FUD 显然涉及道德和伦理问题。

5.5.3 市场模式

市场模式是一种涉及采取行动以改变市场某些方面模式，例如产品开发、感知变化和定价政策。本节将简要介绍两种与绝大多数行业有关的常见市场模式。

差异化

一种显而易见的方法是通过比对手更好地满足用户需求来将产品与对手的区分开来。在寻找机会差异化每个组件时，以下产品属性是一个良好的起点：更好的客户服务 / 售后服务、更多种类、更快或更便宜的运输、位置、美观、易用性、独家功能和定制化。Airbnb 的早期历史提供了产品属性差异化的一个很好的例子。Airbnb 通过增加高质量的图片来改进其房源介绍，这被视为导致公司业务巨幅增长的关键时刻（http://mng.bz/eERP）。Zalando 的 100 天退货政策（http://mng.bz/p1E2）是客户服务作为一个差异化属性的例子，而 T-Mobile USA 通过允许游客在抵达目的国之前购买 eSIM 卡来在独家功能上实现差异化。

数据收割

有时数据是在行业中获得优势的关键资产。通过获取揭示市场趋势和未满足用户需求的数据，公司拥有了识别新机会的强大能力。通过建立平台或者创建市场，允许他人在你的产品上进行构建，从而实现收割。让其他企业（包括竞争对手）从你的能力中获利听起来很冒险。你在用自己的优势帮助竞争对手，对手可能用它来抢走市场份额。但让所有交互发生在你的平台上，你将拥有最多关于消费者行为和未满足用户需求的洞察。

一家致力于打造特定市场物联网平台的机构面临着这样一个难题。它们可以单独为自己的客户创建一个具备地理围栏、远程监控和车队管理等功能的平台，也可以选择开放这个平台，让竞争对手也能使用这个平台。最终，它们决定向所有人开放平台，因为它们的愿景是拥有整个生态系统并获取所有数据，包括来自竞争对手的信息。

我强烈推荐两本深入探索沃德利地图及其补充方法的优秀书籍：由 Susanne Kaiser 所著的 *Adaptive Systems With Domain-Driven Design, Wardley Mapping, and Team Topologies*（http://mng.bz/OPAo）和 David Anderson 的 *The Value Flywheel Effect*（http://mng.bz/YROK）。

本章要点

- 沃德利地图正在成为业务和技术社区中默认的战略工具。它是一种协作方法，通过带有演进组件的价值链来绘制业务景观图。在构建架构现代化的行业案例时，这是一种极具价值的技术。
- 沃德利地图的术语也越来越流行。
- 沃德利地图可以在架构现代化旅程的许多阶段使用，而不仅仅是在初期的几个研讨会中使用。
- 采用迭代的战略方法是最佳选择。通过结合其他方法（如事件风暴）的优势，迭代战略方法可以带来更深入的业务洞察，有助于绘制更好的沃德利地图。
- 战略循环是一个用于思考战略过程的可视化工具。它由五个基本步骤组成：目标、景观、气候、原则和领导力。
  - 目标是组织的最终目标，例如减少碳排放。
  - 景观包括所有与战略相关的要素，如产品、能力和实践。
  - 气候指的是导致景观变化的组织外部力量。
  - 原则可以确保组织有效实施战略。
  - 领导力涉及做决策，决定如何影响景观以获得优势。
- 在绘制第一个地图时，Ben Mosior 的画布通过六个步骤引导你完成绘制过程：
  - 第一步：定义地图的目标。
  - 第二步：设定地图的范围。
  - 第三步：识别用户。

 - 第四步：清晰阐述每类用户的需求。
 - 第五步：使用组件创建价值链。
 - 第六步：将每个组件移动至正确的演进阶段。
- 构建地图后，就可以识别出战略风险和机会，如未来缺乏差异化的因素或过度投资于无法获得竞争优势的组件。
- 有四个演进阶段：创世、定制、产品和商品。
- 理解演进的细微差别可能有些困难，因此社区提供了一些特征和属性来供人们判断给定组件所处的正确演进阶段。
- 普遍性和确定性是评估演进的两个特征。普遍性代表组件的常见程度。罕见的组件通常处于创世阶段，而普遍的组件通常处于商品阶段。考虑确定性的话，难以理解的组件通常处于创世阶段，而大多数人都理解的组件通常处于商品阶段。
- 用于确定演进的一些通用属性包括市场、用户感知、行业感知以及价值焦点。
- 竞争优势有两种类型：比较优势指的是通过提供与竞争对手类似的产品或服务来获得更大利润的优势，而差异化优势是通过更优质的产品和服务获得的优势。
- 在构建地图之后，考虑诸如竞争对手行动和世界事件（如疫情）等气候力量很重要。你肯定不想围绕当前限制因素（可能即将改变）来制定战略。
- 社区提供了几种气候模式，包括一切都在演进、多种组件共同演进，以及更高阶系统创造新的价值源泉。
- 惰性是许多成功组织常见的气候模式。组织越成功，就越自满，也越趋于规避风险。这为竞争对手创造了机会。
- 一些模式有助于做出战略决策。一些示例如下：
 - 加速器是旨在有意加快组件演进的行动，如开源和合作。
 - 减速器是旨在有意减缓演进速度以保护竞争优势的行动，如知识产权与 FUD。
- 沃德利地图可以用来突出诸如代码库边界、团队组织和平台等架构选项和决策。

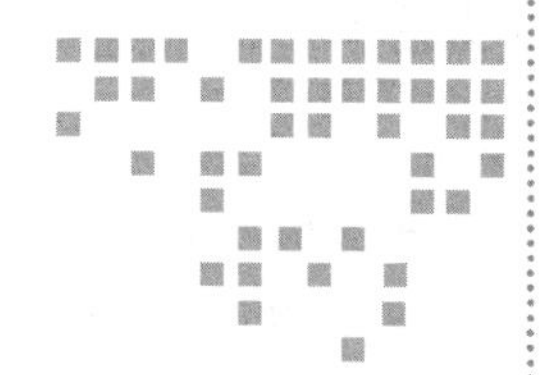

第6章 Chapter 6 产品分类

本章内容包括：

- 定义描述架构的构建模块；
- 设计产品分类的指导原则；
- 识别每个商业领域中的现代化机遇和挑战。

架构现代化的关键部分之一是构建现代化架构的清晰愿景。这将帮助你识别每个领域的机遇和挑战，并规划从当前状态到未来愿景的路径。为此，你需要一套用于描述架构的语言和构建模块，这套语言应该可以描述整个架构：从全局视角到具体的单个软件应用程序。

目前还没有一个被普遍接受的架构描述语言，因此需要为业务选择或创造一种合适的语言。本章将会介绍一种可能的方法，即产品分类法。这是一套由产品驱动、以业务成果和客户成果为导向的构建模块和架构描述方法。

我之所以推荐这种以产品为中心的方法，是因为它可以帮你为被授权的产品团队设计软件架构和组织结构，并为关键业务结果优化可持续的快速流程。但你不必照搬使用本章介绍的构建模块。这只是一种可能的方法，尽管这是一个合理的默认选择，你仍然可以根据自己的需要选择适合的构建模块。

请记住，本章重点在于定义一种架构描述语言。并不涵盖如何使用这些构建模块来设计架构，这些内容将在后面的章节中讨论。

6.1 定义构建模块

定义构建模块是建立和使用产品分类的首要步骤。可以用这些概念对架构和语言进行建模以描述业务。可以根据实际情况，自由定义合适的构建模块。

本节提供了一些构建模块示例作为起点。这些示例并不能覆盖每个企业的所有场景。应该根据实际需要进行调整、扩充，甚至完全替换。例如，并非所有产品和能力都是数字化的。因此，展示非数字化概念对于设计决策时保持全局观点是有益的。在阅读本节时，请记住，后续章节会对这些概念进行更深入的讨论。

6.1.1 IVS

IVS 是一个至关重要的构建模块，因为识别 IVS 是实现业务快速流动的核心。本书中的价值流指的是开发价值流，即开发团队从识别未满足的用户需求到交付验证解决方案的一系列活动流程（如图 6.1 所示），例如为产品添加新功能。通常，这会涉及多个环节，如产品发现会议、定义需求、计划制定、编程、审查、测试和部署等。

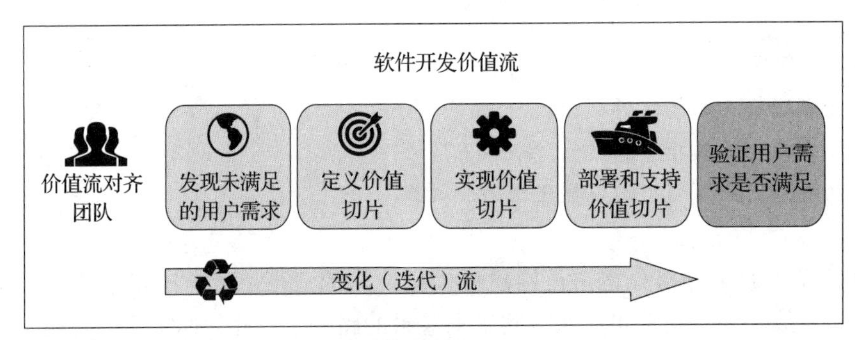

图 6.1 IVS 中的主要活动

价值流的性质可以有所不同。例如，通过 API 提供的价格计算服务、带有 API 和 UI 小组件的搜索服务，以及移动应用程序（如果它足够小，可以由一个团队完全负责）。

如图 6.2 所示，构成一个独立且快速流动的价值流有四个关键特征：

- 与松散耦合的业务子领域或产品其他部分（如前端）对齐
- 由明确的业务目标所驱动
- 由自主的、与价值流相协调的团队负责
- 有与业务子领域对齐的解耦的软件架构，团队可自由变更和部署

当这些条件都得到满足，而且价值流相互之间高度独立时，团队会有动力去实现业务成果，并有权力去设计、实施和交付解决方案，同时几乎不需要依赖团队之外的其他人。本章和后续章节将对此进行更详细的讨论。

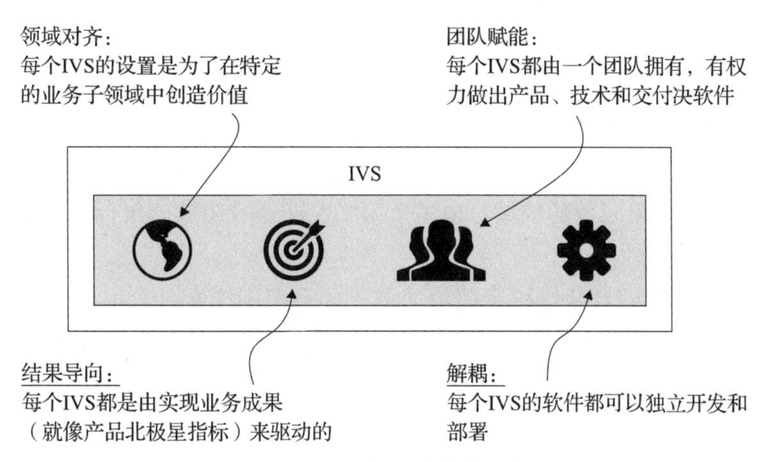

图 6.2 IVS 的四个关键特征

6.1.2 领域

价值流永远不会完全独立。组织的力量在于，多个团队的合作能产生出单个团队无法单独提供的高层次能力。因此，需要找出那些为同一高层次业务成果有贡献的价值流，并将它们放在一组，以便相关团队保持一致、共享知识，并尽可能有效地合作，以实现端到端的快速流动，而不仅限于单个价值流内部。

领域是代表一组相关子领域的构建模块，这些子领域涉及相似的领域概念，并共同促成同一高层次目标。因此，价值流根据它们的子领域与业务成果之间的关系被划分到不同的领域中。

图 6.3 展示了两个领域实例。其中一个是履约领域，由可用性、最后一公里、仓储和物流四个子域所组成。每个子领域都建立了专门的价值流。

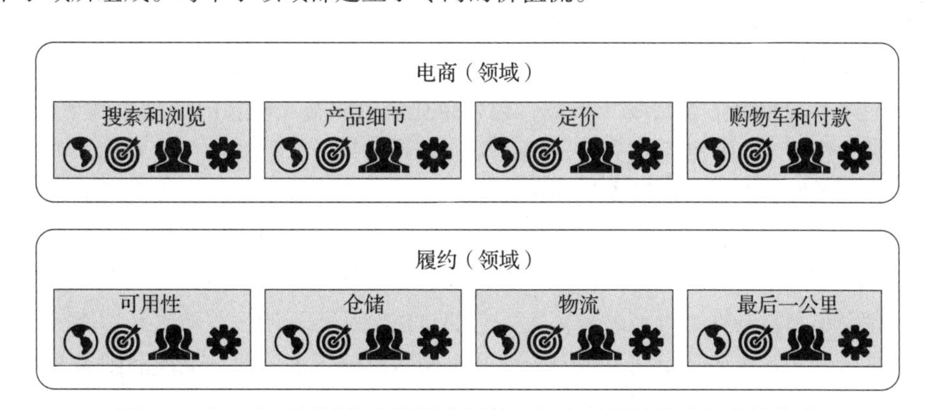

图 6.3 由四个子领域构成的履约领域，每个子领域有专门的价值流

在较大的组织中，领域可能会在不同范围内以层次化的方式定义，以便更好地与相关群体对齐并确立更高层次的责任划分。图 6.4 基于 Ruth Malan 和 Dana Bredemeyer 提出的

“架构范围层次”（http://mng.bz/yZ1o）展示了这个思路：

- 架构第一范畴 / 第一范畴领域：单独的子领域、价值流或小集合，由单个团队负责
- 架构第二范畴 / 第二范畴领域：由多个第一范畴领域组成的集合，需要多个团队来处理复杂性
- 架构第三范畴 / 第三范畴领域：由多个第二范畴领域组成的集合，需要多个团队来处理多层次的复杂性

组织的规模和领域的复杂性决定范围的数量。有些组织有三个以上范围，如本章后面所展示的 Salesforce 案例，而有些组织则较少。

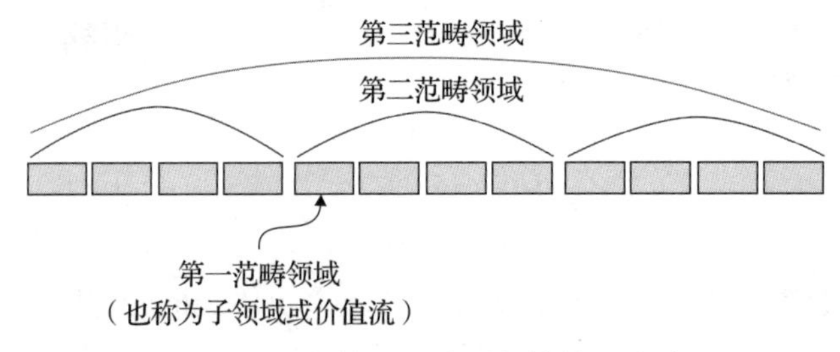

图 6.4 架构第一范畴到架构第三范畴

在特定的范围内，不同领域的大小和复杂性往往各不相同。图 6.4 是为了阐释一般概念而做的简化，并非一种理想的万能模型。

6.1.3 产品

识别最优价值流和领域取决于一个重要问题：你想要优化哪些业务成果？回答这个问题需要很多信息（包括倾听和沃德利地图会议）。一个重要的步骤是确定组织的产品，并了解产品提供的业务价值和客户价值。这对于理解如何划分领域边界，以及如何相互配合实现战略性业务成果至关重要。

成功的产品应该既为客户带来价值，也为企业创造收益。理想的产品应满足客户需求、对企业来说能够实现，并且符合战略发展目标。在评估每个产品的业务成果时，牢记这一原则至关重要。例如，提升生产效率和增加销售量是客户价值的例子，而收入增加和数据收集则是企业价值的体现。有些产品是内部使用的，这些内部产品创造的价值包括提高生产效率或降低运营成本。用北极星指标来识别和选择正确的业务结果，在第 3 章中有所介绍。

产品在大小和复杂性上可能差异极大。它们自然会从小开始，并随着新功能的增加而逐渐变得更加复杂。有些产品小到只需一个或几个团队就能管理，而其他产品则需要几十个甚至更多的团队来管理。因此，产品和范围之间并不存在着一对一的对应关系。单一产品可能完全由单一第二范畴领域内的价值流满足，或者可能横跨多个第三范畴领域，如图 6.5 所示。

“产品”这个词含义非常模糊。如果你在理解和尝试定义这个词的时候遇到困难，本章节的末尾提供了一个建议的定义供参考。

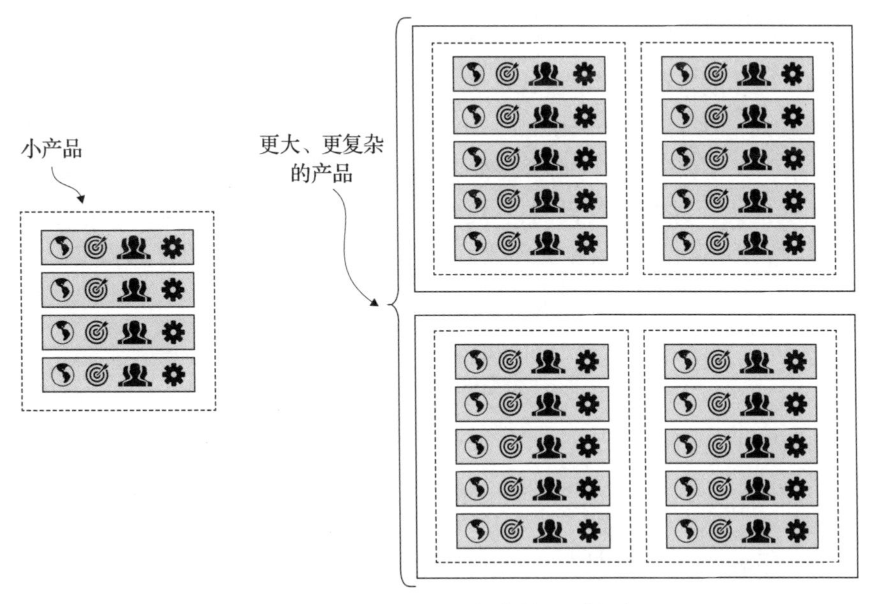

图 6.5　产品的大小和复杂性差别很大

6.1.4　平台

拥有多个产品的企业经常需要考虑复用和规模经济。当多个产品都使用相同或相似的能力时，可以建立平台来集中管理这些共享的能力。

平台管理是一项需要精心平衡的挑战。一方面，平台具备只需一次构建便可被多次复用的能力，避免了在每个团队的重复劳动，为组织带来成本效益和规模经济。另一方面，当平台不能及时响应所有用户的需求或者不能以用户友好的方式提供所需能力时，那么很容易成为发展的瓶颈。

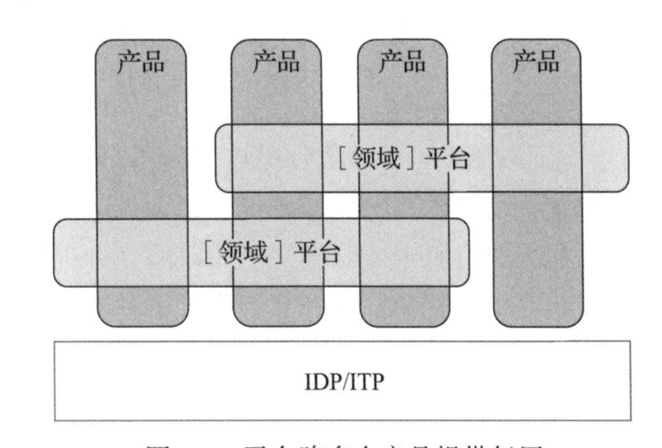

图 6.6　平台跨多个产品提供复用

广而言之，如图 6.6 所示，存在两种类型的平台（它们在行业中有着各种各样的名称）：

- 领域平台 / 横向平台提供与业务领域相关的能力，例如共享预订系统。
- 内部开发者平台（Internal Developer Platform，IDP）/ 内部技术平台（Internal Technology Platform，ITP）提供构建和支持内部产品的能力。

这两种类型的平台对架构现代化都很重要。以下两个行业案例清晰地阐释了不同平台的含义以及在实际应用中的使用情况。

平台的应用范围很广。有些平台仅支持少数产品，而有些平台则可能是企业级的：支持一家企业的所有或多数产品，例如集中化身份认证平台。

行业案例：优步的行程履约平台

优步的行程履约平台（http://mng.bz/M9xD），也称为调度平台，是一个支持多个垂直领域（例如产品、服务和市场）的高价值横向平台的绝佳示例，如图 6.7 所示。优步将其称为基础性的优步能力，并描述其目的："履约是'向客户交付产品或服务的行为或过程'。优步的履约组织开发平台来协调和管理数百万活跃参与者进行中的订单和用户会话的生命周期。"

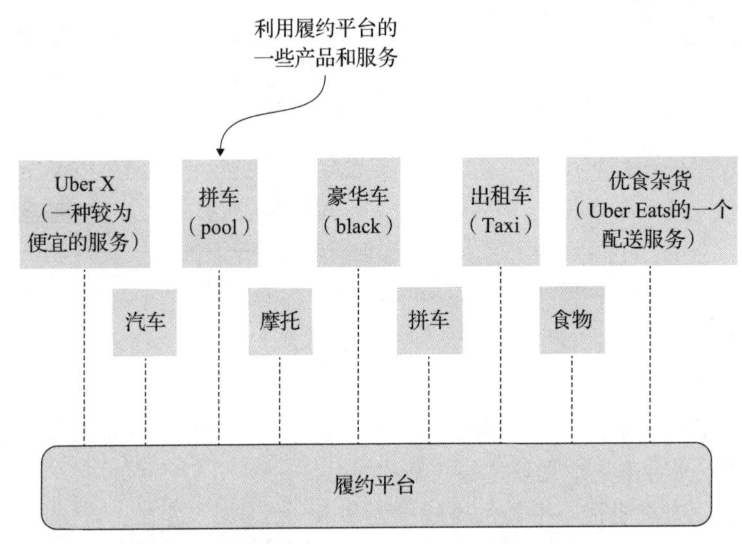

图 6.7 使用优步行程履约平台的产品和服务

当优步从单一产品公司转型为多产品公司时，并没有为每个新业务领域单独建立新的履约能力。相反，它将履约能力整合到一个企业级平台上，使所有业务领域都可以直接利用这一平台来降低成本、缩短上市时间，并提高客户和司机的忠诚度。因此，优步的履行平台具有极高的复用率，这在其他平台中并不常见。我们也经常看到，由于每个使用平台的团队都有自己的独特需求，这样平台就变成了组织的瓶颈。复用是一把双刃剑，在构建平台之前应当综合考虑领域、技术和社会因素。

行业案例：NAV 的内部技术平台

NAV（Norwegian Labour and Welfare Administration，挪威劳动和福利管理局）是挪威最大的公共机构，其主要任务是协助人们就业，并提供养老、疾病、失业等福利服务。NAV 每年大约为 250 万公民提供服务。在内部，有超过 100 个团队负责数字化运营。为了帮助这些团队更有效地构建和运营产品，NAV 开发了一套 IDP（http://mng.bz/am79），如图 6.8 所示。该平台本身由多个子平台组成，而不是单体系统。示例包括一个基础设施平台（https://nais.io/）、一个数据平台（https://docs.knada.io/）和一个设计系统。

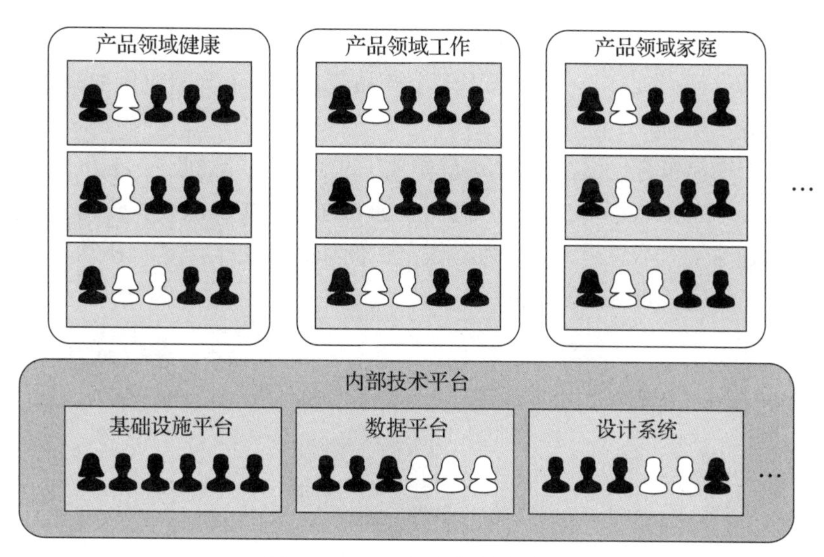

图 6.8 NAV 的内部技术平台

将大型平台分解为多个子平台，这在平台达到一定成熟度和规模的组织中很常见。这也是防止平台成为瓶颈的关键一步，因为这样允许单个团队分别负责平台的某个部分，而不是要求每个团队都了解整个平台。了解整个平台的做法不具备可扩展性，还可能导致员工疲惫不堪。

NAV 平台故事的一个关键启示是，尽管平台规模庞大而且性质多样，但它是根据需求开发的。平台并不是一开始就完全规划好，然后作为一个大型的三年项目交付。那种大规模的一揽子平台项目通常风险很高而且成功率很低。NAV 平台的另一个关键亮点是，它们把 IDP 视为产品，把内部员工当作客户，尽量减少团队的认知负担，从而能够更高效地工作。这是构建平台的一个关键方面，被称为“平台即产品”（http://mng.bz/g7N8），这一理念有助于实现快速流动。本书后续部分将更详细地探讨这一点。

6.1.5 产品组和产品组合

对于拥有数万名员工的大型和超大型组织来说，更高层次的复杂性更为显著。在他们的产品分类中，Ross Clanton 等人（http://mng.bz/eEdG）提出用“产品组”和“产品组合”这些术语来描述这些更高层次的复杂性。产品组是指为相关业务成果做出贡献或具有交付依赖关系的一系列产品，而产品组合则是指共享某种关联关系的产品组的集合。平台组和平台组合是对应平台的宏观结构概念。尽管现代化可能并不总是导致产品组和产品组合层面的变化，但清晰理解这些概念以及低层次现代化决策如何适配宏观计划是有益的。

6.1.6 行业案例：Salesforce 产品分类（2017）

Salesforce 是大型组织拥有多个产品组合的典型案例。2017 年，我在 Salesforce 的营销云担任首席工程师。当时，全球大约有三万名员工，然而 Salesforce 通过自然增长和不断收购一直在不断地扩大。因此，Salesforce 拥有庞大、异构的 IT 资产和跨多个国际地区的各种组织文化。在最高层面，Salesforce 分成十多个产品组合，被称为云。例如销售云、服务云、营销云和商务云等。

营销云是一个产品组合，仅在 2017 年就实现了 9.33 亿美元的收入（http://mng.bz/p1gR）。营销云拥有自己专职的 CTO 和 CEO，分别向全球 CTO 和 CEO 汇报。营销云包括多个产品组，这些产品组通常（但不总是）被称为工作室，例如，社交工作室、移动工作室、电子邮件工作室和广告工作室（如图 6.9 所示）[⊖]。

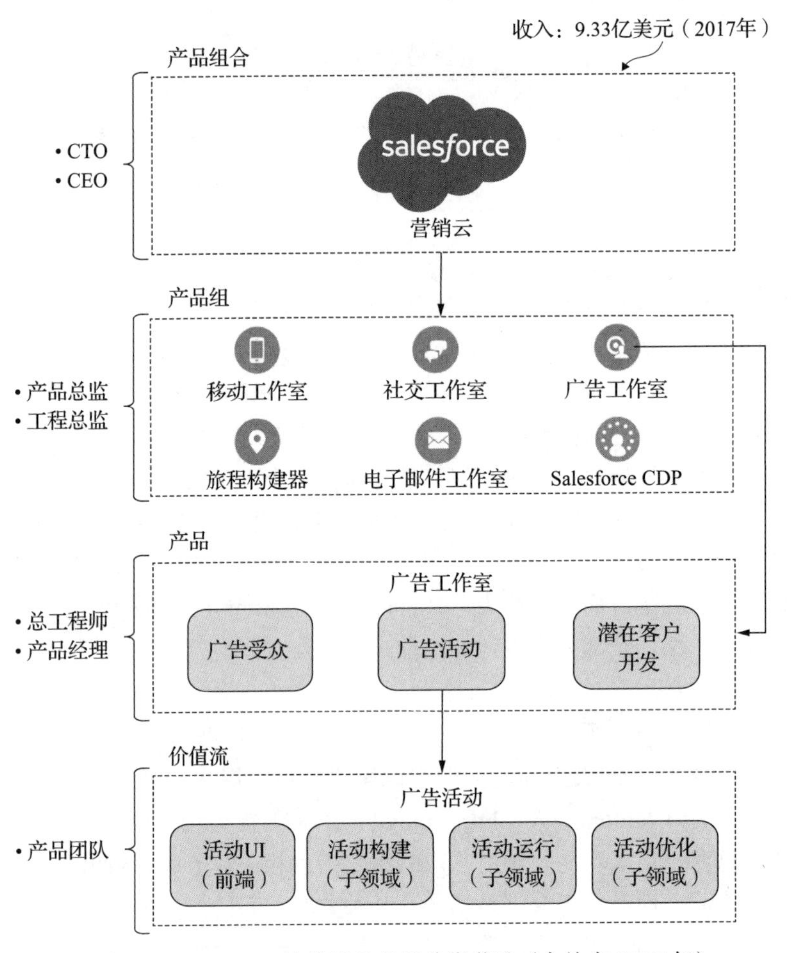

图 6.9　Salesforce 的营销云产品分类节选（大约在 2017 年）

⊖ Salesforce 客户数据平台（Customer Data Platform，CDP）是一个集中式营销平台，允许你收集行为数据，构建受众，并将该数据同步到下游运营工具以进行营销激活。
Salesforce 营销云的旅程构建器是一个广泛的工具，它使营销人员能够通过电子邮件、移动、社交媒体、在线和广告渠道创建和自动化客户旅程。营销人员可以通过创建由特定事件或行为触发的多步骤活动来使用旅程构建器定制客户旅程。这可以用来开发潜在客户、欢迎新客户、激活休眠客户等。——译者注广告工作室产品组包括三款产品：广告活动负责在 Facebook 和 LinkedIn 等社交网络上发布广告；广告受众负责根据现有客户发现相似的受众；潜在客户捕获负责将社交网络上的潜在客户信息连接到客户在 Salesforce 上的账户。客户可以单独购买这些产品，每款产品都有自己的代码库和构建团队。然而，出于多种原因，这些产品被构建为一个产品组。从商业角度来看，它们针对的是相同的客户群体，公司试图将它们打包进 B2B 合同中。此外，这三款产品的领域知识非常相似，因此让参与其中的人紧密合作也是有意义的。

单独看，每个产品都是由多个团队拥有的多个软件组成的。例如，广告活动包含了多种组件，包括客户界面、创建活动的应用、运行和跟踪活动的应用，以及基于条件配置活动规则的应用。

6.1.7 构建模块备忘清单

本节介绍了几个概念，你可能需要一段时间才能熟悉这些概念以及它们如何组合在一起。图 6.10 是你可以快速查阅的备忘清单。你也可以在本书的 Miro 白板上找到一个交互式版本（http://mng.bz/OP2j）。

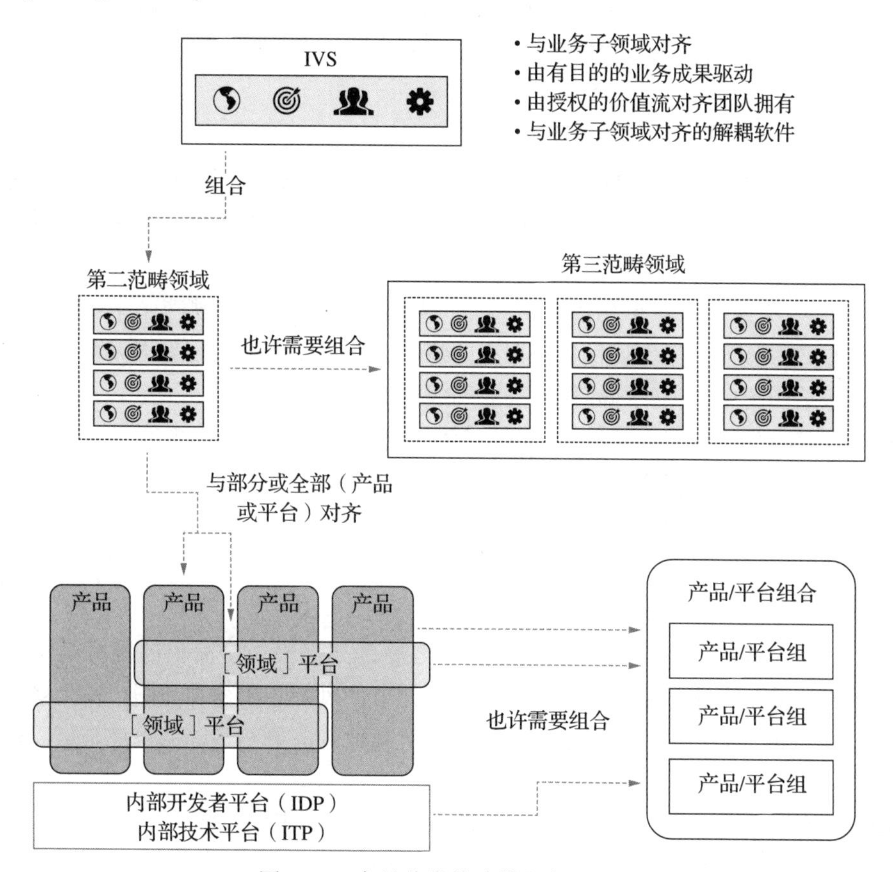

图 6.10 产品分类构建模块备忘清单

请记住，这些构建模块只是示例，你可以随意调整或将它们作为灵感的来源，或者可以采用完全不同的构建模块。这个模型并不相试图涵盖所有可能的场景。例如，你可能需要为非软件产品和能力添加构建模块。

提示　有许多模型用于描述架构概念及其在不同范围层次和不同粒度上的关系。例子包括 Intersection 的 EDGY（https://intersection.group/tools/edgy/）；Evan Bottcher 的团队、领域和垂直模型（http://mng.bz/YRPj）；Ruth Malan 的架构范围层次（http://mng.bz/G9WA）；BVSSH 的价值流网络（http://mng.bz/z0M6）；以及开源团队的 ArchiMate 建模语言（http://mng.bz/orN2）。

6.2 设计产品分类

在确定了产品分类法的构建模块之后，可以用它们为产品分类设计架构。每个组织的情况都是独一无二的，本书的后续章节还会继续讨论设计产品分类的其他许多方面。但是，本节将先强调一些在设计开始之前值得记住的一般原则。

6.2.1 从容易的部分开始

万事开头难，所以我建议从容易的部分开始，也就是那些不那么主观和不那么有争议的事情。比如，把单个产品和服务打包向客户市场推广和销售的情况。审视公司的网站和营销材料是获得洞察的很好来源。

另一种技巧是查看组织结构图。从汇报结构可以看出业务的哪些板块是彼此独立的。然而，要小心，因为为了实现现代化，现有的组织结构可能需要进行重大调整。但你仍然可以用当前组织结构图中的一些内容作为挑战和演进的起点。

在确定了产品分类之后，需要深入探究如何把每个产品分解成价值流，并识别哪些被多个产品共享的能力可以提炼成共享平台的功能。这些决策通常会更加主观，并且需要使用适当的方法来进行更深入的分析。

6.2.2 使用适当的方法

在设计产品分类时，人们首先提出的问题之一是如何去做。简单的答案是可以用任何你觉得顺手或相关的方法。本书提到的方法，比如事件风暴和沃德利地图，都是经过尝试和检验的。但是，如果你觉得需要其他方法，或者对其他方法更熟悉，那也完全可以使用这些方法。

无论使用何种方法，我总是提出一个建议，即避免基于肤浅的高层次理解做出关键的产品分类决策。人们很容易欺骗自己，认为自己在一个较高层次上做出了正确的决策。有些方法是专门为了让你看到全局而设计的，但缺乏做出更细粒度架构决策所需的细节。因此，需要使用能够揭示更多复杂性的方法来深入每个领域。例如，如果你用一种方法，只用十张贴纸就勾勒出业务的大部分内容，那么这种方法很可能缺少做出更细粒度架构决策所需的许多关键信息。

6.2.3 期待持续演进

正如沃德利地图告诉我们的那样，整体的业务景观或者环境由于供需竞争而在不断变化。当了解最少的情况时，很容易做出错误的决定：也许某个领域比最初预期的更复杂，需要进行分割；或者可能出现了意想不到的依赖关系，需要进行更多的协调；这些都需要重新思考架构。因此，架构演进没有最终状态。产品分类需要持续演进，这种思维应该从第一天就要融入你的方法中。

相反，如果你处于“必须从一开始就做出正确决定，因为后面没有机会改变”的环境中，那么这就是一个警讯。做出如此高风险决策的压力来自哪里？未来阻碍纠正路线的障碍是什么？这是需要解决更深层次文化问题的迹象。当然，有些决策要比其他的决策更难以改变，因此在决策后期改变成本更高的情况下，提前花更多时间规划是有意义的。

定期发布更新的产品分类是一个好主意，比如每季度发布一次。这表明变化是正常的。团队自己将经常发现变更的需要，因为他们最接近许多演进的触发因素，比如对其他团队的过度依赖或不明确的优先级。因此，必须鼓励团队在认为演进是必要的时候提出关切，而不是生活在设计是固定不变的错误观念中。

6.2.4 分配设计责任

定义产品分类的一个关键原因是，确定由谁来负责在每个产品组合领域中做出决策，无论是在现代化期间还是在现代化之后。你的职责是什么？你将如何分配这些职责？

在设计产品分类时，至关重要的是避免出现这种反模式：即一个集中式架构团队设计系统并将设计结果交给各个团队执行。在一个产品主导的组织中，责任更加分散，而且变更流动太快，不可能由一个集中式团队来监管一切。因此，设计产品分类的过程也应该更加分散。对于AMET来说，促进和监督这一过程是一个好主意，至少在旅程开始的时候。

授权与标准化总是一对微妙的平衡。一方面，更多的授权可能会导致技术蔓延等问题，即每个团队使用不同的技术，使得工程师无法理解或参与其他团队的工作，团队成员也无法轮换，从而使合作变得更加困难。另一方面，过多的标准化可能会给团队带来过度限制，给团队的工作流增加摩擦，从而阻碍团队流畅工作。

在本章前面的Salesforce示例中，营销云是一个高度自治的产品组合。在营销云内部，产品组拥有很高的自主权来设计和发展他们自己的产品分类。每个产品分类层级都有专门的产品和技术领导者，他们作为一个整体工作，从而阻止孤岛的形成。

> **提示** 一个容易陷入的陷阱是，当你本可以提供价值时，却在预先设计分类法时花费了太多时间。但相反的问题也很常见，直接交付，而不考虑可能更优越的替代方案。第16章将为寻找最优平衡提供一些指导和建议。

6.3 现代化的机遇、风险和挑战

设计产品分类就是创建一个愿景来指导你的旅程。其中困难的部分是实施组织和技术变革计划，把从当前的架构转变为期望的架构。这不是一夜之间就可以完成的像大规模重组那样的简单事情。现代化工作很可能需要被优先考虑，并在多年时间里逐步实施。

因此，规划和优先级是一项至关重要而且具有挑战性的活动。对每个领域现代化的价值、成本和风险了解得越透彻，就越能优先考虑价值最高的现代化任务选项。本节涉及一些在设计产品分类时需要注意的常见主题。这些主题将有助于确定从当前架构向每个分类法领域的新架构过渡所需的努力级别，并开始做好准备工作。优先级和路线图的主题将在第16章中讨论。

6.3.1 依赖和边界不对齐

可以预期，你的产品分类愿景中的一部分，如果不是大多数，那么小部分也会与你当前软件和团队的边界不一致。虽然可以简单地把人员重组成不同的团队（当然形成一个有效的高绩效团队并不容易），但是重塑软件要复杂得多，特别是在紧密耦合的落后系统中，改造这种系统的风险极大。

图6.11显示了一个典型的场景。在该场景中，一个组织已经确定了目标子领域，并希望为其建立IVS，每个价值流由不同的团队所拥有。然而，当前的软件架构意味着所有三个团队都需要在所有三个代码库上工作，并且需要协调他们的工作和部署，从而影响了其快速流动。

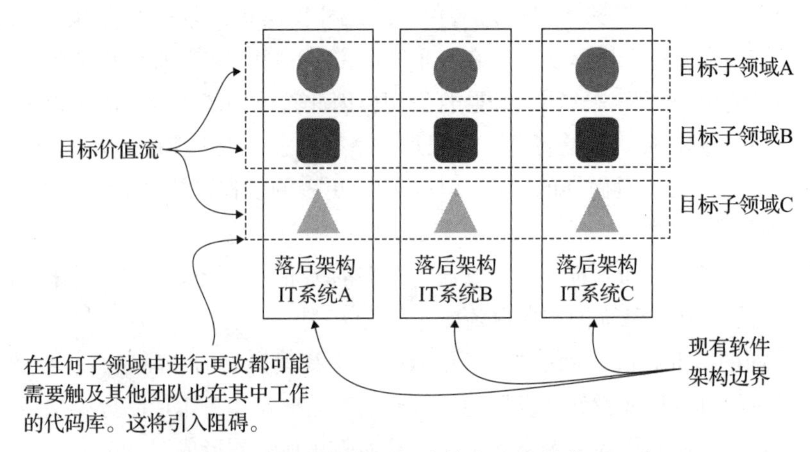

图 6.11　当前架构与目标价值流边界划分不一致

当出现如图6.11所示程度的边界不一致情况时，首先要认识到这里可能存在着高度的不确定性和风险。根据耦合量和技术债务的数量，可以估计这不是一个简单的三个月的现代化项目，也不太可能是现代化计划适合的首个切入点。除非能把其中的一个子领域单独提炼出来，或者很容易重构而不需要对其他落后系统进行改造。

为这样的现代化计划制定其他变通方案也有风险。这个过程中可能会出现许多意料之外的延误，比如，旧系统代码的解耦可能比预期要花费更长的时间，隐藏的基础设施复杂性，以及对系统的某些部分缺乏了解等，因为公司现在的员工都不了解它们。

曾经有一家金融服务机构，因为在团队准备部署时发现了未知的合规问题，现代化的第一阶段被推迟了数月。由此可见，最重要的事情是大致了解产品分类领域的不一致程度，以及迁移到目标设计所涉及的关键挑战清单。

6.3.2 权属不明或缺失

在对产品分类的某个领域进行现代化改造之前，应该为负责相关价值流的团队制定人员配备计划。可能是调用现有团队来负责该领域，也可能是该领域目前不属于任何团队，并且不清楚应该归属哪个团队。在这种情况下，需要建立一个团队组建计划，这可能涉及调用现有员工、招聘新员工、使用承包商，或者这三者的某种组合。

请记住，组建新团队需要时间。如果招聘团队需要四到八周时间，而且拟招人员都需要向当前雇主提前四周发出离职通知，那么在一个团队就位并且开始着手某项现代化计划之前，三个月甚至更长时间很容易就过去了。在做出重要的优先级决策之前，强调这一挑战至关重要。

我曾经遇到过这样的情况：高层领导批准了某个项目并期望立即开始工作，却发现还没有组建团队。然后就急忙招聘人员，这让每个人都感到压力很大，并且没有足够的时间来招聘合适的人才，更没有时间来培育适合架构现代化的文化。

6.3.3 技能差距

即使有团队负责某个特定领域，该团队也可能缺乏必要的技能来执行所需的现代化任务。可能的做法是进行培训和提升技能，也可能需要聘请额外的专家或引入外部帮助。团队当前的工作方式与预期的工作方式之间的差距越大，就越需要在路线图中预留更多时间让团队提升技能。第17章将更详细地讨论这个话题。

6.3.4 产品和领域现代化

架构现代化不仅是用新技术重写旧系统，或者转向新的模式和结构。架构现代化同样是关于产品和领域的现代化，目的是通过改进来创造新价值。例如：

- 重新设计UX
- 自动化业务流程步骤
- 重新设计团队的工作流

● 澄清模糊的领域术语，以帮助团队使用共同语言进行交流
● 移除不必要的功能或者复杂性

这些活动可能涉及大量的调查和发现工作，例如用户研究会议、发现研讨会以及大量的原型设计。确定产品分类的哪些部分将从产品和领域现代化中获益最多，有助于确保有足够的时间去准备和执行有效的发现，特别是在有可能获得高投资回报率的情况下。如果协作式产品发现对你的组织来说是一个新概念，那么重点强调这种方法就更加重要了，因为你将需要更多的时间来适应这种方法。第 8 章将更详细地讨论这些话题。

6.3.5 复杂性和认知负荷

并非一个系统的所有部分都一样复杂。有些领域涉及更复杂的业务规则和工作流，有些领域涉及更高的可扩展性挑战，有些领域可能使用非常古老的技术编码需要更多的现代化投资。确定这些复杂性高的领域非常重要，因为这些领域是可能出现风险和挑战的地方。这一点很重要的另外一个原因是，它有助于确保一个团队不会负责多个复杂性高的领域，这么做将超出团队的认知负荷。评估并且使用复杂性来确定现代化计划的优先级将在后续章节中进一步讨论。

6.3.6 宏观层面的约束与挑战

宏观层面指的是组织的大规模结构，在第三范畴及以上。这些层面上的变化可能会影响成千上万的人，这种变化既昂贵又充满风险。这一层面的决策通常由高级领导层出于重大战略原因做出，就像 2015 年谷歌拆分成一系列由新的控股公司 Alphabet 所拥有的独立子公司那样（https://hbr.org/2015/08/why-google-became-alphabet）。

虽然宏观层面的决策可能超出了现代化的范畴，但理解宏观层面以及宏观层面如何限制现代化仍然有价值。你甚至可能会发现那些之前没人意识到的机会。

需要注意的一个宏观层面的主题是复用。当一家大公司拥有许多产品并活跃于许多市场时，关于什么应该中心化管理，以及应该让每个区域自行构建的讨论总是会出现。想象一个围绕区域市场（垂直市场）组织的全球快餐连锁店，例如，美国、英国、瑞典和日本，该公司在超过 100 个国家都有经营。图 6.12 突出显示了一个关键的宏观层面业务架构决策：是否每个垂直市场都可以自由地开发自己的能力，如客户忠诚度和客户关系管理，还是应该将这些能力都集中到一个横向部门，并由所有垂直部门共享？

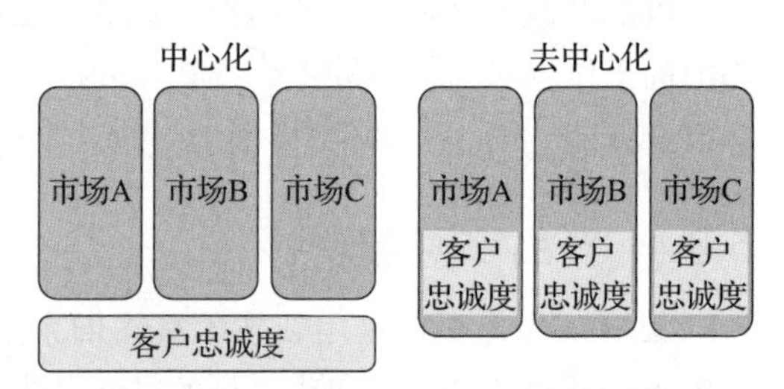

图 6.12 中心化与去中心化的宏观结构对比

确定如何塑造垂直部门和横向部门是一个普遍且复杂的问题，有许多权衡需要考虑。在一些公司里，这是一个有争议的话题。一些关键的考虑因素包括：

- UX——用户活跃于多个垂直领域是否普遍？如果是这样，那么将如何平衡跨所有垂直领域的统一 UX 需求和每个垂直领域内的单独优化 UX 需求？
- 优先级——当多个垂直领域都在要求新功能和改进时，横向工作将如何确定优先级？每个垂直领域的需求有多具体？可能会有多少并发的垂直需求？
- 资金安排——对于那些不直接产生收入且被视为成本中心的横向部门，资金投入将如何安排？
- 依赖性和复杂性——依赖关系的数量和所需领域知识的水平是否会导致团队承受过度的认知负荷，或者在团队之间引入过多的协调？这是 Docker 大规模现代化的一个关键因素（http://mng.bz/n1Qe）。
- 效率与上市时间——允许每个垂直行业实现相似的功能会缩短上市时间吗？重复的成本是否大于收益？

除了上述内容，沃德利地图总是一个不错的选择，它能帮助我们了解整体环境并预测未来的机会，而不是过分关注当前的问题。

行业案例：Stripe 财富

在每个垂直领域内完全复制和企业范围内横向全面复用这两个极端之间，存在着各种可能性。在布达佩斯举行的 Craft Conference 2022 上，Prajakta Kalekar 提供了关于 Stripe 是如何构建产品的见解（http://mng.bz/vPN1）。

Prajakta Kalekar 首先讲述了 Stripe 从一家支付公司转变为一家经济基础设施公司的历程。随后，她谈到了 Stripe 建立的一个名为 Stripe 财富（https://stripe.com/treasury）的新垂直业务的故事，这是一个银行即服务平台。

这次演讲包含了许多有趣的见解，包括 Stripe 对平台和复用的方法。在垂直业务的早期，该团队复制了 Stripe 的一些核心支付基础设施，以优化“短期效率”。实际上，这是为了让新的垂直领域尽可能快地验证想法，并以复制为代价减少上市时间。

在垂直业务发展的后期，Stripe 决定将财富垂直业务转移到现有的核心支付基础设施上。它们希望“避免在 Stripe 内部重建 Stripe”，而是努力实现“长期效率”。

6.4 什么是产品

本章中广泛使用“产品”一词，但该词的含义非常含糊，在整个行业中有许多相互冲突的定义。本章的最后提供了对“产品”一词及相关概念的推荐定义。业内对这个词不会有共识，因此本章的定义并非唯一正确。然而，如果你在组织中努力定义这个概念，那么本章的定义是很好的参考定义。如果你的组织已经对产品有了明确的定义，那么可以跳过本节。

6.4.1 产品、功能、组件

Melissa Perri 是产品管理领域的领军人物。她是一名顾问、作家，同时也是哈佛商学院的高级讲师。她在纳什维尔举行的 2022 年敏捷大会的开幕主题演讲中谈到了她对产品的定义（http://mng.bz/46OD）。

Melissa 的定义围绕产品作为一个完整的提供："一个可以反复提供给市场的解决方案，解决一个需求或需要（要完成的工作）。"然后她以信用卡为例。仅有的实体卡并不是一个产品，它只是产品的一部分。单独来看，信用卡本身并不能解决一个需求或需要。

Roman Pichler 持有类似观点，并且清晰地区分了产品、功能和组件。根据我的经验，许多人用"产品"这个词来指代 Roman 所说的功能或组件（http://mng.bz/QRQR）。Roman 用亚马逊等电子商务公司使用的搜索和结账作为例子。有些人会认为搜索和结账是产品，因为不同的团队拥有它们，并且有不同的产品经理。但这并不符合 Roman 或 Melissa 的定义。

Roman 认为搜索和结账是功能。他的理由是，它们独立存在时不会为顾客提供价值。Roman 还使用了组件的概念，并将其称为架构构建的模块。像 UI 和后端 API 这样的分层和接口，也不是足够独立的产品。

图 6.13 提供了 Melissa Perri 产品概览的可视化展示。在这个模型中，五个关键要素确保你专注于完整的产品：顾客或用户研究、市场数据与研究、财务数据及其对销售的影响、用户数据和技术影响。如果你对这些概念不熟悉，可以查看 Melissa 的主题演讲或书 *Escaping the Build Trap*（http://mng.bz/Xqg1）。

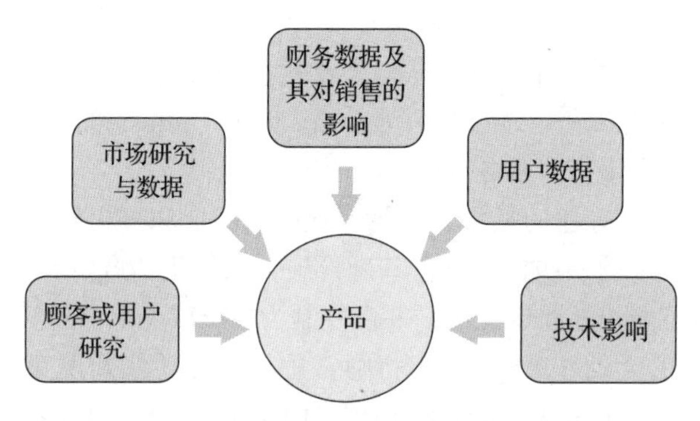

图 6.13 Melissa Perri 的关键产品要素

6.4.2 产品、变体、旅程

Roman Pichler 将同一产品的多个版本称为产品变体。例如，许多产品都有网络应用程序、Android 应用程序和 iPhone 应用程序。这些应用程序中的每一个都提供相同或相似的功能，作为同一商业模式的一部分。所以实际上，它们是同一产品的不同变体，而不是独立的产品。

用户旅程可能涉及与多个产品和产品变体的交互，也可能包括不涉及与产品交互的行为。因此，用户旅程不是产品的一部分，用户旅程是在整个 UX 的过程中所采取的步骤。用户旅程可以进一步细分为用户任务（如图 6.14 所示）。

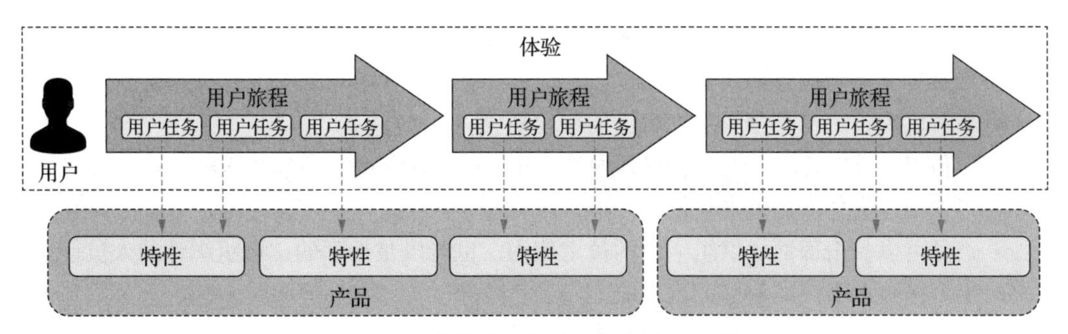

图 6.14 用户旅程是使用产品体验的一部分

6.4.3 产品模式

虽然平台、功能、组件和产品变体本身并不是产品，但它们仍然可以像实际产品一样被对待。Sriram Narayan 创造了这种产品模式（http://mng.bz/am7o）。表 6.1 突出了产品模式和项目模式之间的一些关键比较点，传统开发方法采用以项目为中心或功能工厂的操作模式。传统的以项目为中心的方法侧重于与短期团队一起按时按预算交付固定范围的工作，而产品模式则侧重于由持久团队负责长期持续的产品增强。

表 6.1 项目模式与产品模式的关键特征

	项目模式	产品模式
资金模式	构建预定义的解决方案或重点范围	团队可以在必要时进行构建、管理、迭代和调整
团队责任	独立的团队负责构思、开发、部署和持续维护	每个团队单独负责发现、构建和运行功能
团队寿命	在一个项目的持续时间内，然后解散——通常不到一年	通常是好几年，只要团队存在的理由依然存在
成功定义	在规定的范围内和一定预算范围内，按时交付	改善与北极星指标相关的业务活动

产品模式勾画了被授权产品团队在实践中的样子：团队是如何被激励的，从构思到持续维护团队拥有多少所有权利，以及团队如何获得资金？从完全不同、根深蒂固的工作方式转变为这些行为是困难的，而且不会一蹴而就。但为了充分发挥精心设计的产品分类和现代架构的潜力，这种转变是必要的。

本章要点

- 向以产品为中心的运营模式转型需要对组织的结构、文化和工作方式进行深刻的变革。
- 产品分类是一种基于产品和 UX 的持续改进来设计组织业务架构的工具。产品分类用于定义团队责任和所有权领域，并相应地塑造软件架构。

- 产品分类不应由一个中央架构团队设计，然后交给其他团队去构建。
- 产品分类更新应定期发布。
- 你可以为你的产品分类定义自己的构建模块。
- 价值流（或更具体地说，软件开发价值流）是团队在特定领域经历的一系列活动，用以发现并交付产品增强功能。
- 产品可以是内部的，供组织内的员工使用，也可以是外部的，供组织外的人员使用。
- 平台是被多个产品使用的内部能力。
- 开发平台是为了帮助团队构建和支持产品。
- 领域是一个分层概念。一个较大的领域可能由多个子领域组成，这些子领域又可能由更细粒度的子领域组成。用来描述这些分层的命名约定有很多种，本书使用第一范畴、第二范畴、第三范畴等来描述。
- 产品分类的细节程度只需满足当前目标即可，例如定义现代化架构的第一阶段，可以在三到六个月内交付。在任何现代化工作开始之前，没有必要也不鼓励完全定义产品分类的所有细节。
- 产品分类总是处于不断演进的状态。
- 北极星指标是关键的产品指标，有助于阐明产品分类的部分价值和内聚力。
- 宏观层面的常见挑战之一是选择非集中式能力，非集中式是把能力分散到每个垂直领域，以便每个团队可以在自己的版本上自由开发；而集中式是把能力集中到一个由所有垂直领域共用的单一共享平台。做出这样的决策需要考虑许多因素，如 UX 的一致性和资金模式。
- 将产品分类转变到期望状态通常需要数年时间，并且是逐步进行的。识别每个领域的风险和挑战有助于规划、准备和识别优先级。
- 在每个领域中，一些常见的现代化转变挑战包括边界不一致、缺乏所有权、技能差距、产品和领域的现代化水平，以及复杂性和认知负荷。
- 产品是一个高度模糊的词。这本书就代表了一个完整的产品，为读者提供价值。产品包括功能和组件（架构构建模块），但功能和组件本身并不是产品。
- 即使平台和组件不是产品，它们仍然可以以类似于产品的方式交付。这被称为产品模式。

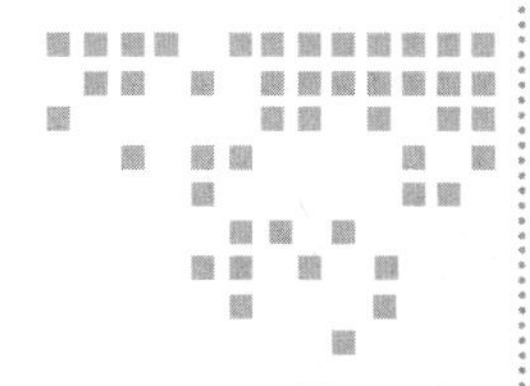

第7章 Chapter 7

全局事件风暴

本章内容包括：

- 用事件风暴绘制业务流程图；
- 开始识别领域和子领域的过程；
- 理解事件风暴背后的原理；
- 规划和举办事件风暴研讨会；
- 通过事件风暴识别业务问题和业务机会；
- 组织事件风暴研讨会。

架构现代化的领导者必须避免仅凭对环境有限、肤浅的理解就做出关键的架构决策。当与细节脱节时，很容易自欺欺人地把一个糟糕设计当成好设计。当我为一家房地产行业客户的首席产品官提供培训时，首席产品官确定了三个高层次领域作为公司新架构的基础。他非常自信这是正确的方法。但是当我们将这个想法摆在各位员工面前时，员工们找到多个理由来说明为什么这个架构无法奏效。员工们对领域的复杂性有着更深入的理解，而首席产品官却缺乏这种理解。首席产品官很聪明也很谦虚，愿意寻求并且接受反馈，但是其他一些领导者可能会选择象牙塔架构师的路径（http://mng.bz/g7Nx），并强行实施他们幼稚的想法。

架构现代化的领导者可以使用一种方法来防止象牙塔思维渗透到项目中，这种方法就是全局视角事件风暴研讨会。事件风暴研讨会可以让你深入领域细节，并确保在做出重要的架构现代化决策时，不会遗漏任何隐藏的复杂性或细微差别。事件风暴研讨会是一种灵活的方法，在架构现代化旅程中都会派上用场——从制定愿景的第一步到识别塑造产品分类的领域和子领域。事件风暴研讨会对许多行业都很有效。我已经在与金融、旅游和房地产等不同领域的客户的合作中使用过它。事件风暴研讨会是我工具箱中最重要的工具之一。

事件风暴研讨会的设计理念是最大限度地提高参与者的参与度和多样性。将来自整个企业的不同技能和角色的人员聚集在一起，可以真实地反映业务的运作方式。参加事件风暴研讨会的人是没有限制的：产品人员、软件开发人员、主题专家、质量工程师、UX 设计师、会计，以及对公司商业模式有贡献的任何人。之所以能做到这样，是因为事件风暴被有意设计成一套简单的符号和规则，允许任何参加研讨会的人都能轻松地分享他们的领域知识，并将这些知识与其他人的知识结合起来。这种符号和规则被称为领域事件，简单地定义为“在领域内发生的事件”，它们形成了一个如图 7.1 所示的从左到右的时间线。请注意，这只是一个小示例。在真实的研讨会中，一面 8 ～ 20 平方米的大墙将被橙色贴纸所覆盖。

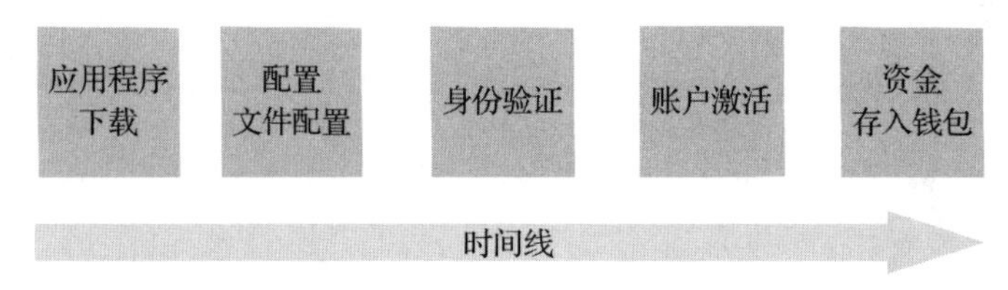

图 7.1　使用领域事件在时间线上从左到右绘制业务流程图

在本章中，你将了解事件风暴背后的原理，学习如何规划和引导第一个大型事件风暴研讨会。你还可以在本书的 Miro board（http://mng.bz/5oNZ）上找到交互式练习的链接，以及其他有用的资源，如涵盖事件风暴不同格式和风格的符号速查表。

事件风暴是 Alberto Brandolini 在 21 世纪 10 年代中期发明的，并且在活跃的全球社区中备受欢迎。本章讨论的是全局视角事件风暴，后面的章节将介绍另外两种形式（流程建模和软件设计）。如果想了解更多关于事件风暴的信息并想与其他实践者建立联系，那么 Mariusz Gil 的 Awesome 事件风暴（https://github.com/mariuszgil/awesome-eventstorming）是一个很好的起点，有博客、视频和在线社区等参考资料。

7.1　理解事件风暴

事件风暴被有意设计成一种简单的方法，避免入门障碍，如复杂的符号、严格的角色和规则。理解事件风暴的基础知识主要是理解其思维模式，事件风暴如何优化以实现最大的协作和参与，以及事件风暴与你可能熟悉的、为其他事物如精确性等的优化技术有何不同。

你可以在绘制业务蓝图和构建产品分类时自由使用其他的方法。事件风暴并不是一个万能的解决方案，它不会让其他方法变得多余。但是当你应用事件风暴时，重要的是要完全接受其理念，以便从研讨会中收获最大的价值。

7.1.1　符号表示

事件风暴的基本前提是使用领域事件建立一个从左到右运行的时间线，用橙色贴纸表示领域事件。虽然有些方法（如 Service Blueprint 和 Customer Journey Map）是高度结构化的，但是事件风暴却更加灵活。你会注意到在图 7.2 中，有各种分支和看似随机的簇，而不是一条从左到右的单一事件线。这是因为事件风暴侧重于将全部有用的信息放到墙上，并以无意或有意的任何形状来表示领域的独特复杂性。发现所有细节要比整洁更重要。

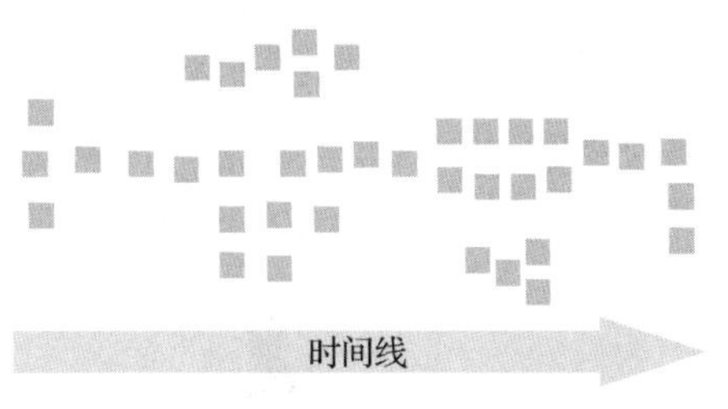

图 7.2　一个事件风暴从左到右进行，但不需要整齐精确地布局

领域事件

领域事件被宽泛地定义为“在领域内发生的事情”。这个定义故意保持不太精确，以避免排除任何可以贡献有价值信息的人。任何看似与业务相关的事物都可以在时间线上标示出来。下面列出了一些事件类型，每种类型后面都有一个例子。

- 用户与产品交互——例如，在用户与产品交互的地方添加了一些评论，比如移动应用。
- 用户生活中的行为——例如，考虑搬家，用户做了一些不涉及与产品互动但仍然与业务相关的事情。
- 组织内的行为——例如，批准申请，组织内的员工执行了一个动作或做出一个决定。
- 由软件管理的操作——例如，选择驱动程序、自动化业务规则和算法执行了某些操作，如计算了一个值或做出决策。

你会注意到在所有这些例子当中，领域事件都是用过去时来表述的。这是事件风暴中唯一必须遵守的规则之一，应当尽可能坚持遵守。如果每个人都使用过去时，那么时间线将会是一致的，而且更容易理解。此外，使用过去时可以指向一个精确的时间点。例如，“评论发布”事件将指向评论在网站上发布并可见的确切时刻，这使得它更容易指向时间线上的特定点，并明确无误地表达时间点前后发生的事情。

初学者通常会使用更模糊的名称，如“用户注册”。这种命名方式的问题在于它不清楚起始和结束的位置，以及包含了哪些内容。在一个难以理解的标签后面隐藏着许多细微差别，这些差别可能很重要，需要详细展开。

事件风暴并不过分具体规定事件的粒度。然而，有几个基本原则需要记住。一方面，过于高层次的描述意味着领域的重要细节和复杂性被隐藏。例如，重要的是不仅要探索快乐路径，还要探索其他场景和边缘情况。另一方面，过于详细的事件可能会导致不必要的细节掩盖真正的业务叙述，比如用户点击表单和项目保存到数据库。虽然这些机制是有用的，但是在通常情况下，最好关注领域：用户点击表单时的意图是什么（例如，请求成为会员）？保存到数据库的内容是什么（例如，收到会员申请）？

人员、系统和热点

除了橙色领域事件之外，全局事件风暴研讨会中还可以使用其他符号，如图 7.3 所示。黄色的小贴纸用来代表领域中的角色或人物，如顾客、外卖骑手或者客服。粉色的大贴纸用来代表系统，如订单管理系统（Order Management System，OMS）或第三方支付平台。旋转的紫色的贴纸用来表示热点。热点用作占位符，代表一些重要的事物，如问题或有分歧的领域。通常，这些符号是逐渐引入的，以保持平缓的学习曲线。

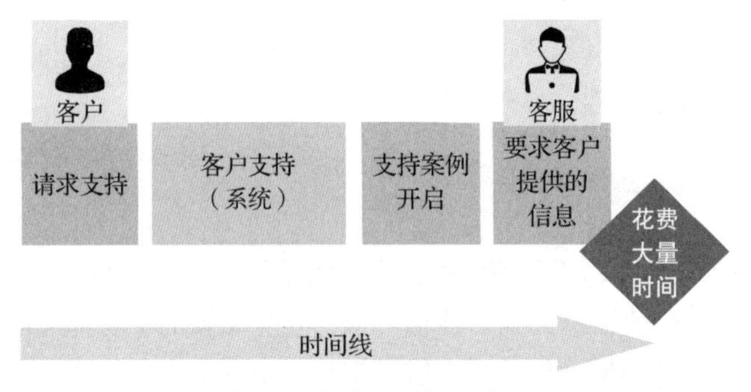

图 7.3　人员、系统和热点

保持简单的符号表示法

在研讨会开始时，用橙色贴纸记录领域事件非常合适。这样做的目的是保持较低的学习曲线和较高的参与度。额外的符号会增加复杂性，并可能使人困惑，所以最好在势头已经建立并且人们感到舒适时添加。即便如此，最好还是谨慎使用这些符号。例如，没有必要在每个橙色事件旁边都显示一个黄色角色。这样会使事情变得杂乱且分散注意力，使你很难把事情推向前进。

目标不在于精确，而是在于分享知识和发现洞见。更多的符号并不一定意味着更多的知识和洞见，还可能适得其反。

边缘案例、并行流程和循环

在一个复杂领域中，多个分支代表各种可能的情景和边缘案例。通常也会有并行发生的流程。与其他方法不同，事件风暴没有专门的符号来描述这些概念，然而，它们仍然可以被轻松表示出来。多种情景可视化的最直接方法是在主流程上保持一个快乐路径[㊀]，并在主流程下方以横向流动的方式展示边缘案例，如图 7.4 所示。

㊀ 快乐路径是指没有异常或错误条件的默认场景。——译者注

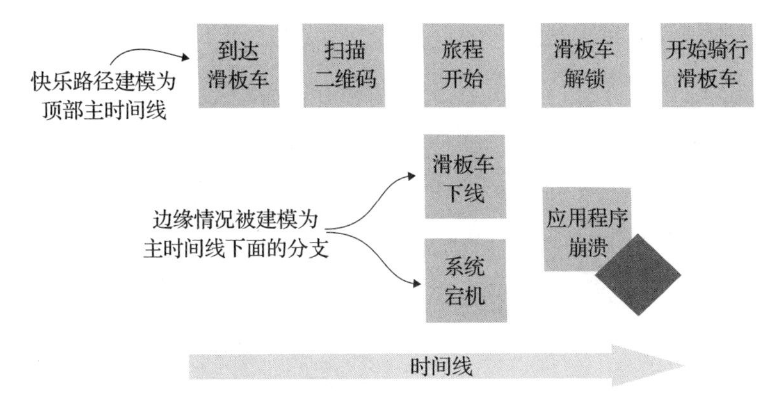

图 7.4　将边缘情况建模为主时间线下的分支

在图 7.4 中，你会注意到这张图中的热点区域被留空了，而其他图上的热点区域都写有解释。我的一般规则是，当问题已经很明显时，我会节省时间，把热点区域留白。在这个例子中，很明显，应用程序崩溃是一个问题。在多条快乐路径的情况下，可以在每个流程的开始点添加注释，描述场景的名称，如图 7.5 所示。

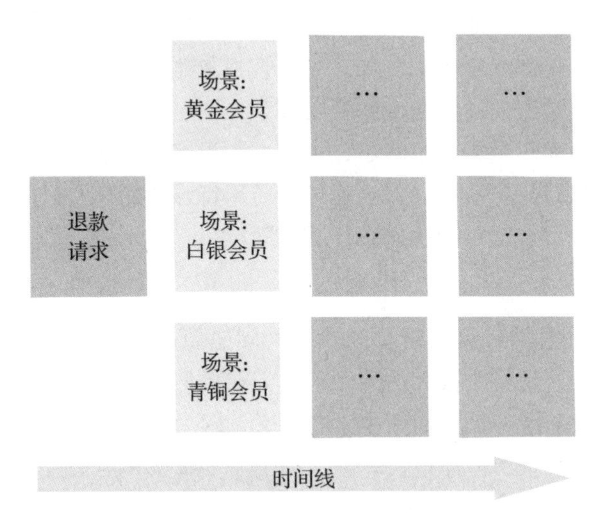

图 7.5　将多个场景建模为带标签的分支

将主流程拆分成多个并行分支，就可以实现并行流程的可视化，如图 7.6 所示。如果不容易辨别特定分支是并行的还是另一种替代情景，可以添加额外的注释。图 7.6 中的例子使用了带有“并行”字样的黄色贴纸。除了这些技巧之外，还可以使用各种排序战略，这些战略将在本章后面介绍，比如创建泳道以突出领域的性质和不同的流程。

循环陈述是一个比决定如何可视化循环更复杂的问题。我们必须要问自己：“我们真的需要在这里使用循环吗，还是有更好的方法？”在现实生活中我们不能回到过去，这通常也适用于事件风暴中的时间线。

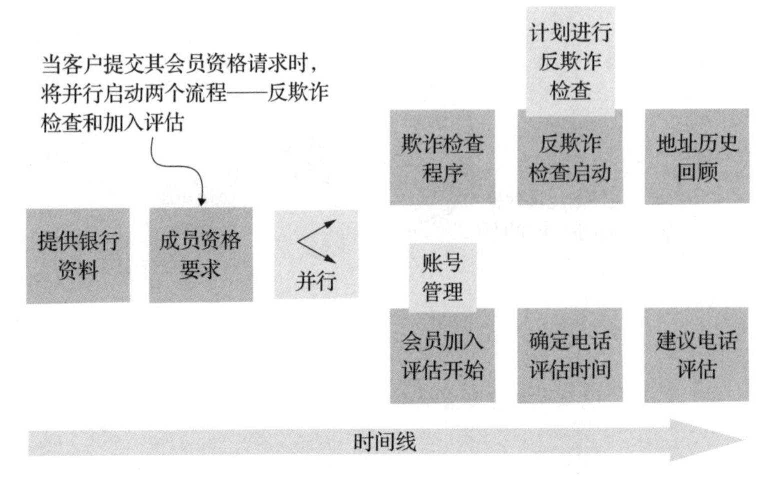

图 7.6　将主要流程拆分为多个并行分支

以一个客户逾期支付互联网服务提供商（Internet Service Provider，ISP）费用为例。如果客户没有按时付款，那么 ISP 会给他们发送一封提醒信。如果客户在 30 天后仍未付款，则 ISP 会再发送一封信。这可能看起来像是一个循环，但真的是这样吗？这个循环会永远继续下去吗？每次循环迭代都一样吗？例如，如果客户忽略了第一条信息，那么他们会收到另一条信息，其中包含更强烈的语言和威胁要断开客户的互联网。如果客户仍然不付款，那么第三次循环将是打电话而不是写信。然后，最终，如果客户仍然不付款，那么他们的服务将被取消，债务催收过程开始。所以，每当你想要使用特殊的循环符号时，应首先尝试绘制出循环的几次迭代，并尝试识别每次迭代有什么不同。

线条和箭头

与其他方法一样，事件风暴研讨会的一个共同愿望是绘制线条和箭头。线条和箭头不像贴纸那样容易移动，这是一个很大的问题，因为在典型的研讨会中，领域事件经常需要移动。从概念上讲，线条和箭头无论如何都没有意义，因为时间无法向前或向后旅行。当你与本能作斗争时，这似乎很难，但你很快就会习惯不需要线条和箭头。

7.1.2　混沌探索

除了墙上贴满了橙色贴纸之外，全局事件风暴的另一个显著特点是混沌探索。用于绘制用户旅程和业务流程的大多数技术都采用一个结构化的步进方法。而事件风暴则是从整个团队添加大量领域事件开始，同时将它们贴在墙上。这看起来非常混乱，第一次参加事件风暴研讨会可能会感到有点不舒服。然而，事件风暴的混乱阶段是其逻辑的关键部分。它使每个参与者都能表达他们对领域的了解以及对他们来说什么是重要的，尽可能多地将想法和洞察力带到墙上，同时尽可能减少偏见和预先过滤。本质上，个人头脑风暴旨在让最重要的主题浮现出来。稍后可以轻松地整理和排序这些混乱。

混沌探索也是涌现结构的一种促进因素。这一概念是关于允许领域边界从混乱中自然形成，而不是预先定义任何结构。预先添加一些结构，比如现有的领域或组织边界，会对研讨会期间定义的结构带来先入为主的偏见。同时，使用像关键事件（本章后面会讲到）这样的技术让结构自然涌现，更有可能揭示出不会受到错误假设影响的理想领域边界。

在某些情况下，混沌探索并不是正确的方法。远程研讨会就是一个例子。混沌探索和并行对话很难在远程重现，因此可以使用单线程模式：其中只有一个人在时间线上添加事件，其他参与者指导如何添加事件。有时候，在面对面的研讨会中，我也会使用单线程模式（当团队活力较低或我想控制研讨会的方向时）。

7.1.3 优化学习和协作

对许多人来说，本节中介绍的观点可能会让他们难以理解事件风暴。例如，缺乏符号和精确性经常会导致这样的评论："这太混乱了，不一致。有些事件太过于高层次，而有些事件又太过于细节……"要克服这些障碍，需要接受事件风暴是一种为了合作和学习而优化的技术。墙上的时间线是为了让团队相互协作，将个人所知所识绘制成一个集体知识图景，然后以此作为讨论的基础。

如果时间线的某些部分更详细，那么可能是因为人们认为放大某些领域比放大其他领域更有价值。这也可能反映出理解全局视角领域的一些人没有参加研讨会。墙上的贴纸只是一种道具，为了进行深入讨论、分享知识以及识别改进机会。不要过于迷恋研讨会之后的实物及其重用价值。但在研讨会之后，你可以随意拍照，并将任何重要的学习成果提炼到其他格式中。

7.1.4 何时使用事件风暴

将事件风暴纳入工具箱意味着你有能力处理各种场景。在构建架构现代化的愿景时，事件风暴对于探索领域的部分内容以识别现代化机会，或者验证现代化特定商业领域的现有提案非常有用。

在一家电子商务客户那里，我们在寻找适合进行创世现代化改造的商业领域。我们已经确定了四个候选领域，基于交付的业务成果和学习机会，这些领域看起来都很合适。然而，我们还需要更多信息来帮助我们做出最终选择。所以我们决定举办事件风暴研讨会。在一个领域运行事件风暴研讨会后，我们很快排除了改造的可能。当我们深入了解领域细节时，我们看到不同子领域之间有大量的依赖关系。现代化这一领域将涉及五个团队和修改五个代码库。对于创世改造尝试来说，这太具有挑战性和风险了。

架构现代化工作的一个基本主题是设计软件和组织边界，这些边界应由领域边界驱动。对我来说，事件风暴是这个过程中的一个必不可少的工具，通常也是起点，因为一个事件风暴可以被划分为领域和子领域，正如图 7.7 所示。

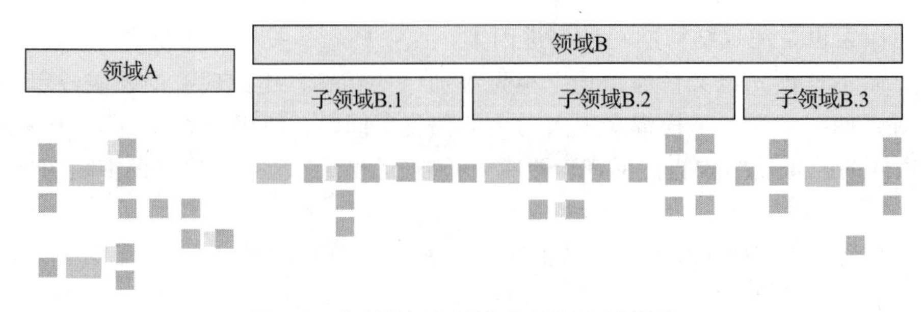

图 7.7　将事件风暴划分为领域和子领域

使用事件风暴来定义领域和子领域的一个优点是，事件风暴代表了不同视角的集体领域知识。这给了我们一个非常高的信心，我们正在根据领域的所有关键细节来塑造领域边界，而且我们不会错过重要的假设（只要我们确保所有的关键人物都在研讨会中）。

后续章节展示了如何使用事件风暴来识别领域和子领域（第 9 章），包括一系列原则和启发式方法。其他技术，如领域消息流建模（第 12 章）和团队拓扑结构（第 11 章），可以应用于评估和完善通过事件风暴识别的边界。这些工具有助于从多个角度挑战设计，确保所有重要因素都已考虑到，并且该设计针对期望的现代化成果进行了优化，这一切给设计者提供了高度的信心。

本章侧重于全局视角，而后续章节将涉及流程建模事件风暴（第 8 章）和软件设计事件风暴（第 12 章）。全局视角适用于在广阔领域内进行混沌探索和团队学习。流程建模可以使用更多的结构和符号，以更细粒度绘制出领域的较小领域。流程建模非常适合绘制当前状态，以及设计新流程或改进流程。软件设计事件风暴（又称设计级事件风暴）增加了更多的结构和细节，并被用作领域和软件（和领域对齐）之间映射的基石。

行业案例：公司聚会上的事件风暴研讨会

2021 年，一个组织联系我，计划自疫情开始以来首次线下会面。他们在德国的一个农场举办了一次公司聚会，并希望一个外部人员来主持一个研讨会。我的同事和我同意开展一个事件风暴研讨会。

那一天，我们有许多参与者分布在五个团队中，除了客户成功团队的人员，甚至还有来自会计部门的人。研讨会上有很多话题。我注意到有很多话题会影响到多个团队。人们在连接点点滴滴，看到了一些新的机会。但他们只是在各自团队中工作，在没有考虑大局时，这些机会是不明显的。在研讨会期间，我们也开始探讨领域边界，并开始讨论公司在进入增长期时应该如何组织。

在我们作为一个团队讨论时间线时，研讨会中最迷人的时刻之一发生了。作为一名引导者，我提出了一些一般性的引导问题，试图发掘洞见。我指向了一个代表错误的边缘案例中的事件。我问一个开发者：“这种情况发生得频繁吗？”他暗示这不是一个普遍的问题，也不是我们需要花时间去解决的事情。就在那时，客户成功团队的一名成员加入了对话，并向整个房间的人解释说这是一个很常见的错误。她那天早上刚与两位用户交谈过，用户报告了同样类型的问题。

这是在事件风暴研讨会中发生的典型情况。在我们的日常工作中，我们对业务运作的理解充满了许多错误的假设和误解，就像开发人员认为他团队代码中的错误不是那么大的问题。在事件风暴研讨会中，当我们将一个多元化的团队聚集在一起时，我们创造了一个可以学习和纠正我们的误解，并在日常工作中做出更好决策的空间。

在研讨会结束时，我们进行了一场引人入胜的演示。我们沿着事件风暴进行讲解，描述了业务是如何运作的，以及不同产品是如何相互配合的。人们会加入或退出对话来澄清观点并添加额外细节。在某个时刻，一个团队提到他们将构建一个 API 来解决提出的问题。但随后另一个团队解释说他们已经有了一个能够满足需求的 API。那天晚上，这两个团队一起坐在餐桌旁，他们实现了调用 API 的代码，并解决了白天提出的问题。

当每个人都回到工作岗位时，可能会有更多这样的改进。现在每个人对整体情况都有了更好的理解，而且在以后的工作中，他们都更清楚自己的工作可能会如何影响其他团队，以及可能从哪里得到帮助。

这个故事告诉我们的一点是，事件风暴是一种方法，它创造了一个空间，在这个空间中可以进行有价值的对话和学习。如果多个团队在同一业务领域工作，或者作为更大的计划的一部分，那么仅仅把他们聚集在一起进行一次事件风暴研讨会，即使在没有明确目的的情况下，也可能产生许多积极的结果。这就是发现——我们不知道我们会发现什么。很难对一个发现研讨会的投资回报进行估算，但如果你不投入时间去发现，那么你可能永远不会知道自己错过了哪些重要的学习机会。

7.2　组织事件风暴研讨会

尽管事件风暴基于一种简单的符号系统，允许具有不同技能和专业知识的大型团队轻松协作，但我必须承认，计划和运行一个事件风暴研讨会更具挑战性。找到一个对每个人都合适的时间，准备一个有大量建模空间的房间，特别是管理一个性格各异的混合团队的活力可能会有些棘手。幸运的是，经过几次研讨会之后，事情确实会变得更容易。像大多数技能一样，练习和坚持是关键。本节旨在通过为事件风暴过程的每个步骤提供指导，帮助你为第一次研讨会做好准备。

7.2.1　规划一次研讨会

在规划全局事件风暴研讨会时，首先要考虑的是范围和目的。如果你设定的范围太窄，那么可能会错过不同领域部分之间的重要联系，这些联系对你关注的领域至关重要。然而，如果你设定的范围太广，那么你将不得不邀请更多的人，而且可能变得无法引导如此庞大的群体。我通常在全局事件风暴研讨会中约定大约 15 名参与者的限制，上限大约 22 人，如果参与者有经验且有多个引导者，则可以有更多参与者。我发现这个数字是许多不同见解和观点的甜蜜点，而不会因为人数过多而让人不知所措。考虑到这种人为的限制，接下来的问题是，在包括必要人员的同时，你能将范围设定多宽。

为了构建一个准确的业务运作图景，参与者应尽可能代表业务的各个方面：UX 设计师、产品人员、主题专家、工程师、测试人员、支持人员等。假设你正在为现代化的第一阶段构建一个建议，并且已经确定了一个特定的领域（第二范畴）（这个领域可能是一个良好的起点）。该领域包含五个子领域，每个子领域由一个独立团队负责，大约有 30 名软件工程师在该领域工作。最低限度的参与者名单看起来像这样：

- 5 名软件开发人员（每个团队至少 1 名）
- 1 名首席工程师 / 架构师 / 工程经理（负责整个领域）
- 2 名产品经理（共同负责整个领域）
- 1 名 UX 设计师（跨整个领域工作）
- 1 名主题专家
- 1 名客户支持代表
- 1 名运维 / 平台工程师
- 1 名测试人员

选择单一的第二范畴领域意味着该范围的边界已经确定。但如果没有确定，那么你的研讨会的目的是定义范围吗？在这种情况下，首先举办一系列研讨会来定义第二范畴的边界，然后再深入探讨每个边界是有意义的。涵盖多个第二范畴领域的事件风暴研讨会可能会涉及 15 个或更多团队，因此在那个级别上，可能无法让每个团队的工程师都参加，只有每个领域的技术负责人参加。

提示

第 6 章介绍了架构第一范畴至第三范畴。这些范围是在不同抽象层次上分析、设计和制定架构决策的基本机制。

邀请参与者并帮助他们认识到参加会议的重要性有时需要付出努力和耐心。通常，人们会希望有明确定义的成果和会议议程。由于事件风暴涉及大量的发现过程，因此无法提前提供一份具体成果的清单和每分钟的议程。

在现代化的背景下，我发现通常只需像这样描述就足以回归到计划的目的：“我们希望将这个商业领域现代化，这个研讨会将涉及绘制当前状态并探索未来状态。”或者“我们希望在这个部分定义领域和子领域，我们将使用一种称为事件风暴的技术作为起点。”

持续时间也是一个重要的考虑因素。对于一个基本事件风暴研讨会，我建议花 3 个小时来探索问题和机会。或者，如果你计划绘制一个领域图，探索出现的多个问题和机会，并识别子领域，那么我建议至少预留 3 整天。

7.2.2　准备空间

房间的可用空间和布局会极大地影响会议的顺利进行，因此准备建模空间是必不可少的。至少，你应该争取有 8 米的墙面空间，就像图 7.8 中那样，参与者可以轻松聚集并四处移动。最好使用一卷纸张贴在墙上，因为依赖墙面适合粘贴贴纸太冒险了（除非你已经使用过这面墙，并且有信心它是可以的）。还需要一个小桌子放所有的贴纸、笔和其他研讨会文具。除此之外，最好从房间中移除所有其他桌子，以最小化外部干扰，比如人们使用笔记本电脑。一个典型的会议持续时间在 3 小时到一整天之间，因此完全禁止椅子是不合理的，但当你希望团队活力充沛和参与度高的时候，可以在最初的一两个小时把椅子拿走。使用像 Miro board 这样的工具进行虚拟会议的一个好处是不需要担心以上这些事情，并且获得无限的建模空间。

图 7.8　为事件风暴研讨会准备的房间

7.2.3　启动会议

我喜欢在研讨会开始时快速概述目的，然后提出一个与研讨会主题有关的社交签到问题。除了通常介绍个人在公司中的角色和对研讨会的期望之外，这个问题也为人们展示自己创造了一个空间，并为会议增添一些乐趣。我使用过的一些例子包括：“你的第一份工作是什么？”“你小时候最喜欢的电视节目是什么？”以及“你最想见的人是谁（任何在世或已故的人），为什么？”

开始绘制领域图可以有多种可能性。有些人喜欢直接深入到事件风暴并构建时间线（在 7.2.4 节中介绍），而其他人则喜欢从其他活动开始。事件风暴一开始是故意制造混乱的，可能过了一段时间人们才开始看到其价值。因此，我喜欢从一个活动开始，这个活动可以让人们对这个领域的思考变得热情起来，并提供足够的价值，让人们相信研讨会的其余部分也会提供价值。我使用的技术是绘制领域中的角色和人物形象。

通过列出领域中的所有人员并描述他们的目的、待完成的工作以及关于他们的其他有用信息，你开始接触该主题的不同领域，并进行有价值的对话。你已经开始构建整体图景并建立连接，这是为全局视角事件风暴会议做准备的理想状态。产品和 UX 人员可能已经做了这些工作，但我建议从空白画布开始，目的是为会议热身并让每个人开始思考。然后，之前存在的人物角色可以在之后引入并作为比较。

在图 7.9 中，你可以看到一个在特定领域中绘制角色和人物画像的例子。这是基于与房地产行业客户的一个研讨会（内容纯属虚构）。仅仅通过列出角色和职责，人们开始将它们划分为需求方和供应方，并定义关键术语。我们还强调了同一个人可以扮演多个角色的情况，比如一个人通常同时是买家和卖家。

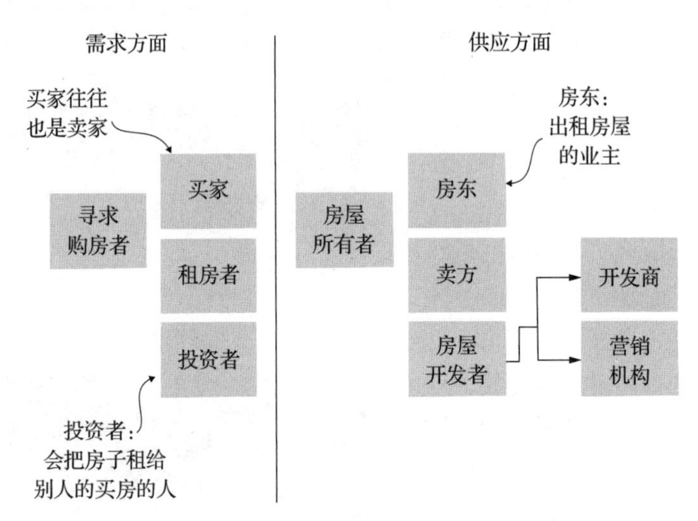

图 7.9　在开始事件风暴研讨会之前绘制角色和人物画像

7.2.4　构建时间线

当你准备开始进行事件风暴时，第一步是构建时间线。每个人都会得到一些橙色贴纸和一支笔。然后，每个人都被告知要沿着时间线添加领域事件，然后把事件放在认为合适的地方。首先需要对领域事件进行简短的说明，然后人们就可以开始随意添加贴纸了。

我通常将领域事件解释为业务流程或用户世界中发生的事情，用过去时来描述。我会提供一些常见的例子，如订单已下达、菜单已发布、事件已报告和设备已激活。同样重要的是要说明事情可能是不完美的。我向研讨会参与者强调，首先是一个混乱的头脑风暴阶段，然后我们会整理一切。

开始研讨会的一种更可控的方法是引导最初的几个事件。作为引导者，让一位参与者给出一个事件的例子，并将其放置在时间线上，然后请另一位参与者提供一个不同的事件。通过这种方式，我让参与者思考时间线上其他部分发生的事件，如图 7.10 所示。这样，人们会思考整个过程，并填满墙上的整个时间线。事件之间的空白表明，我期待参与者填补空白，并深入了解领域的细节，而不是停留在高层次上。在添加了四到五个种子事件之后，人们知道了什么是一个好的领域事件，然后会议转向混沌探索。

时间线

图 7.10　事件风暴最开始由初始事件和大量空白组成

在构建时间线的最初时刻，可能会是一个令人困惑的时期。人们还不完全确定该做什么以及什么是领域事件。作为一名引导者，最好的做法是不断提醒人们不用担心，因为时间线稍后会被整理和排序。起初，目标是尽可能多地将事件放到墙上，不管它们看起来适合放在哪里。然而，如果有人偏离轨道太远，那么你需要介入并纠正他们。例如，如果你注意到有人没有用过去时放置事件，那么你可以温和地纠正他们。5 分钟后，可能有些人还没有放置任何事件，这时你可以问他们是否需要帮助。你可能想通过让人们描述自己的工作来鼓励他们，然后开始为他们建模，但随后要礼貌地退后一步，让他们知道应该继续进行。

我不介意人们在第一阶段交谈，只要他们继续添加事件并在墙上讨论这些事件。如果他们谈话太多，那么我建议礼貌地鼓励人们继续事件头脑风暴，并让他们知道我们会稍后讨论。作为一个粗略的指导，我希望看到至少 25 分钟的集中注意力，以及一个被橙色贴纸充分覆盖的墙面，然后再允许长时间的讨论。当团队活力下降时，你可以向小组宣布是时候休息了，休息后我们再回来，你会整理这些混乱并使之有条理。

7.2.5 对时间线进行排序

这个阶段包括使用多种排序技术中的一种来整理混乱的时间线。最直接的方法是让小组成员回顾所有事件，并将它们排列成看似正确的顺序。并非所有事件都能自然而然地适应一个位置，因此你可以让参与者知道他们可以选择一个位置或者暂时复制事件。这通常是小组使用角色 / 人物和外部系统符号的一个好时机。

只是要求一个团队来整理时间线是有点乐观的，因此采用更有结构的方法会更有帮助。最常见的方法称为关键事件（中枢事件），它涉及使用特殊事件作为不同领域之间的划分点，将时间线切分成几个部分，并使用黄色胶带来突出显示它们。我在远程研讨会时，还会将关键事件做得更大并用黑色标出，如图 7.11 所示。

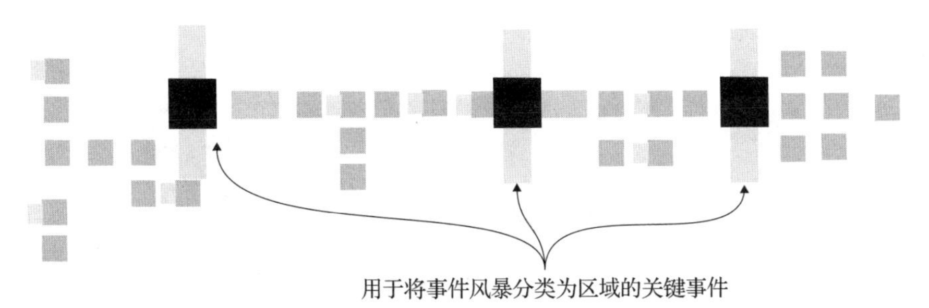

图 7.11 使用关键事件对时间线进行排序

选择关键事件并不是一门精确科学，然而人们在识别它们时常常试图寻求精确和完美。最重要的是将时间线大致分成 5 ～ 10 个较小的部分，这样可以更容易地对事件进行排序。我的简单解释是寻找一个转变点，比如流程或子流程的开始或结束。一些例子包括会员申请、提出支持工单、账户停用和文章发布。检查你是否具备关键事件的一种方法是提问：这些关键事件本身是否讲述了该领域的高层次故事？

也可以使用横向泳道对事件风暴进行排序。然而，我不经常使用这种方法，因为它存在过多限制，但当领域涉及多个参与者之间复杂的来回交互时，这可以是一个不错选择。

如图 7.12 所示，时间里程碑是另一种基于特定时刻对时间线进行划分的方法。例如，我为一家航空技术公司举办了一次事件风暴研讨会，该公司开发软件以帮助航空公司规划和管理航班。我们添加了时间里程碑，如航班当天、航班前一天、航班前一周、航班前一个月等，这些都是对领域专家最有意义的里程碑。

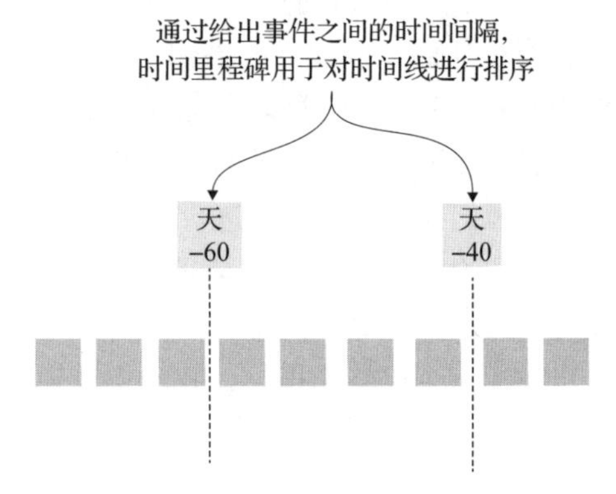

图 7.12 使用时间里程碑来对时间线进行排序

7.2.6 时间线演练

在时间线被合理地排序之后，整个团队会聚在一起，一起演练时间线。这是人们开始看到全局并理解企业的不同部分如何相互影响的时候。在这个时候，人们对公司中他们不熟悉的部分学到很多东西。作为引导者，我会请一位参与者自愿演练时间线。当这样做时，他们会像讲故事一样，一边从左到右演练时间线，一边朗读时间线上的事件。参与者和引导者可以随时提问。

在演练时间线时，目的不是停下来讨论每个问题或机会。首先是要讲述一个端到端的故事，让每个人都能看到全局；其次是识别所有可能的有趣对话。因此，在这个阶段，你可以使用热点事件作为占位符，如图 7.13 所示（热点事件可以作为你想要回头讨论的任何事情的占位符，比如问题、复杂部分、分歧等）。每当对时间线上特定区域的讨论超过 2 分钟时，可以让小组在这个区域放置一个热点，并沿着时间线继续前进。

图 7.13 一群人沿时间线演练，添加热点事件和领域边界

当你沿着时间线演练，讲述企业故事时，可能会想要添加和完善事件，或者继续增加额外的注释，比如系统和角色。定义重要或容易混淆的行业术语也是一个好习惯，正如图 7.14 所示。对于线下的面对面研讨会，你可以使用大的黄色贴纸或小的术语定义纸。

7.3　暴露问题和机会

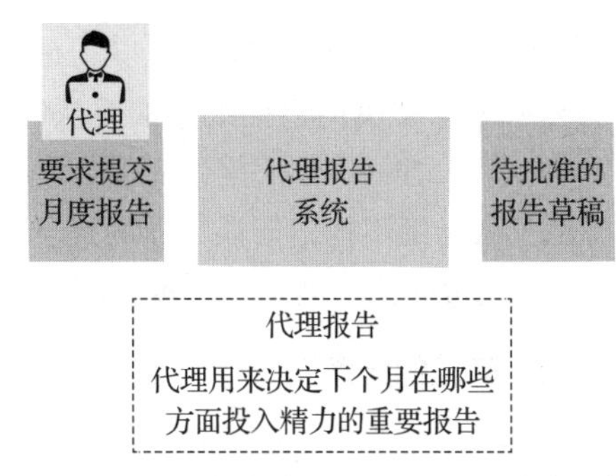

图 7.14　添加角色、系统以及澄清术语

对现代化领导者来说，除了了解当前系统的运作方式之外，还必须了解更多。识别整体环境中存在的问题和机遇非常重要，以确保架构现代化不仅仅是用新技术重写旧系统。在许多关键人物在场的情况下构建并排序时间线是揭示这些洞察的绝佳机会。通过演练，时间线上已经出现了一些热点。尽管如此，在投票决定要深入研究哪一个问题之前，最好给参与者 5 ～ 10 分钟的时间来添加他们的问题和机会，使用相同的热点符号表示问题，绿色贴纸表示机会。

我一直很欣赏研讨会这一部分，因为每个人都有很棒的想法。我们可能会把开发人员、测试人员和架构师等标记为技术人员，但他们往往有一些最好的业务想法和产品想法。因此，作为一名引导者，鼓励每个人分享他们的想法是至关重要的，无论他们的角色是什么。在向以产品为中心的运营模式迈进时，整个团队都要负责发现和交付。因此，这种时刻是鼓励和示范这些理想文化行为的绝佳机会。

7.3.1　问题

在事件风暴研讨会中可能出现的问题类型是无限的。任何对客户、员工、产品、内部流程、公司文化、系统可靠性或工作满意度产生负面影响的事情都可能值得强调。本节将涉及一些常见的例子，让读者知道接下来会发生什么。

用户从流程或漏斗中退出

用户从流程中退出是我经常关注的事情，因为这通常是产品的某些方面没有优化的地方，而且业务正在失去潜在收入。像购物车过期、客户转投竞争对手、月度计划取消等事件（如图 7.15 所示）都是客户退出某个流程或漏斗的例子，在这些情况下，深入挖掘和理解这些事件发生的原因以及如何防止这些事件可能是有价值的。

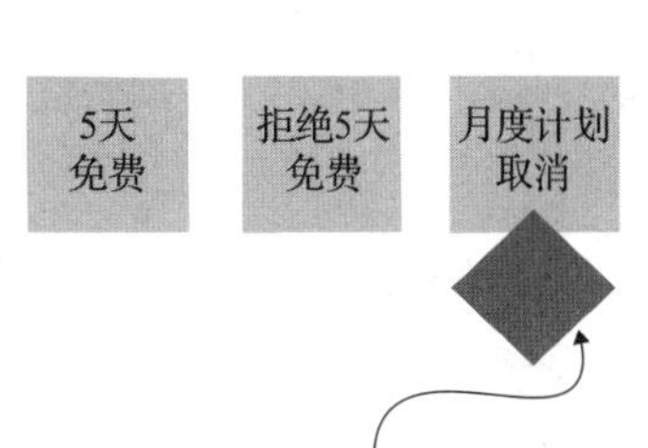

图 7.15　一位顾客从漏斗中退出，导致收入损失

用户挫败感

一般来说，用户挫败感是我们一直在寻找的东西。

在用户与你的产品和组织互动的过程中，哪些部分会给他们带来最大的压力、失望和愤怒？也许产品迫使他们经过太多的环节才能完成一项简单的工作，或者客户支持工作流在多个代理之间跳跃，给他们提供相互矛盾的信息。了解用户需求的人员，如产品经理、UX 研究员和客户支持的客服代理，对于揭示真正的用户挫败感至关重要。在构建内部产品时，你应该邀请用户亲自参加研讨会，以获得他们的第一手体验。

在考虑解决用户挫败感的方法时，通常需要考虑多个角度。一方面，你如何防止问题发生？另一方面，如果问题无法完全预防，那么当问题发生时你如何减轻问题？有一家公司想出了激励用户标记错误数据的点子。这不仅有助于预防未来的问题，并有助于处理当下的问题（通过向用户展示公司正试图解决问题）。

不可靠的技术

在某些领域，技术是问题的主要来源，比如，导致 UX 不佳的不可靠系统，以及设备可能突然脱机或表现异常行为的物联网系统。我在一家旅行公司工作时，一位负责配置假期的员工解释说，她必须在一个大型计算机系统中创建记录，然后将大型计算机系统生成的 ID 复制到另一个系统中，以便她能配置价格等其他方面。你可能已经猜到了，从无意的人为错误到系统未能正确同步，一系列问题接踵而至。这表明深入了解不同系统的细节是很重要的。在时间线上添加一些粉色大贴纸可能会激发关于关键技术现代化的宝贵对话。

缺失和有争议的知识

知识——无论是缺失还是有争议的——是问题的另一个主要来源。在我 2019 年举办的一次事件风暴研讨会中，没有人理解产品在 UI 之外是如何工作的，因为所有从事该部分工作的开发人员都离开了。通常情况下，情况不会这么极端，但缺乏知识是常见的，这一点值得强调。

当不同的人对事实持不同意见时，有争议的知识会更加有趣。2017 年，我为一家金融咨询行业的公司举办了一个研讨会，我问："这个指标是如何计算的？"一名开发人员跳出来解释算法，但随后市场部负责人否定了他的说法。开发人员打开笔记本电脑来验证代码的工作方式，市场经理震惊地意识到为什么他们的报告一直讲不通。他们一直带着这个误解，并基于该误解做出决策已经有一段时间了。

流程低效和瓶颈

在事件风暴研讨会中，交付时间总是一个有用的信息。顾客需要等多久才能收到订单？新餐馆需要多久才能加盟？每天处理多少退款请求？当这些流程效率低下时，收入、客户体验和运营成本都可能受到负面影响。这就是为什么要邀请负责执行这些流程的人参加研讨会，并询问事情需要多长时间以及持续时间可能有多大变化。一个非常简单的引导者问题是："这两个事件之间的持续时间范围是多少？"尽管事件风暴被表示为一个时间线，但持续时间并不总是清晰的，因此值得明确指出。

7.3.2　机会

每个问题都可能带来机会，但即使事情如预期那样进展顺利，也可以发现许多类型的机会。例如，在事件风暴研讨会期间，一个有助于发现改进的好问题是询问："如果这件事提前发生，那么我们如何从中受益？"在电动滑板车领域，一家公司可以在火车站进行营销活动，这样当人们下火车时，他们就会看到广告并且使用滑板车。思考如何提前做到这一点，你可能会决定在火车上进行广告活动，这样人们甚至在下车前就已经在考虑使用滑板车了，如图 7.16 所示。

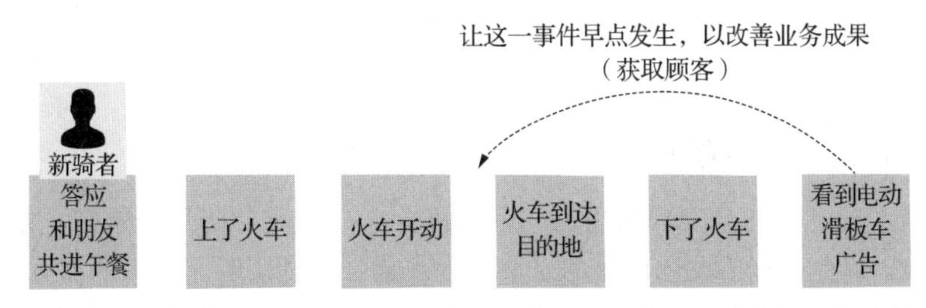

图 7.16　让事件在流程的更早阶段发生，是否能改善获取客户等业务结果

瞄准新的细分客户市场

现代化是一项投资，它使公司能够增长和创新。一种需要寻找的机会是扩大产品和服务的总目标市场（Total Addressable Market，TAM）。当你进行事件风暴时，问自己："我们目前没有吸引的哪些客户可能会对此感兴趣？"或者"我们需要如何调整系统的这一部分，才能吸引不同类型的客户？"例如，如果产品是面向消费者的（B2C），那么它能否也适应面向企业的（B2B）？回想第 6 章中的优步案例，其行程调度平台支持超过 10 个垂直领域。事件风暴研讨会为讨论其他潜在场景提供一个很好的背景，在这些潜在场景中，行程调度平台的实现能力可以帮助定位新的客户群。

更好地使用数据

在事件风暴研讨会中，你会遇到的一个常见主题是数据。你会听到这样的评论："如果我们能够捕获更多这样的信息，那么我们可以用它来做得更好。"或者"我们捕获了如此多的数据，而且我们还可以做更多的事情。"作为一名引导者，你可以提醒大家注意这些话题，并请人们在时间线上添加机会——可以捕获或应用数据的地方。在与一家卫生组织的会议上，我们讨论了一些医生是如何因为响应缓慢而成为有问题的合作伙伴的。一位工程师提出，该组织已经拥有大量信息，并且可以很容易地测量医生的表现，并在过程中更早地向客户提供建议，告知他们所在地区响应最快的医生。问题在于数据分散在各种落后的系统和数据库中。

提高参与度

在某些领域，探索提高客户参与度的机会可能很有价值。当我与一家旅行公司合作时，他们解释说季节性是一个大问题。人们一年预订一次假期，其余时间几乎没有或根本没有持续的参与。旅行公司正在寻找方法来增加客户的全年参与度，比如撰写有用的内容来建立与客户群更强的联系和忠诚度。事件风暴以其基于时间线的方法，为这些对话提供了良好的背景。例如，在每次客户互动的间隔期间，你可以问这样一个问题："在这个间隔期间中，我们有办法与客户进行互动吗？"

使用新技术

正如我们在沃德利地图章节中看到的，整体环境在不断演变。在进行事件风暴会议时，重要的是要考虑整体环境最近如何演变以及可能出现的新机会。这可能是以新的技术进步或新进入市场的 SaaS 产品形式出现的。始终挑战时间线上的每个部分，并询问："围绕这个事件的整体环境改变了吗？在最初设计这部分系统时不存在的新可能性现在有了吗？"

7.3.3 解决问题与抓住机遇

在大多数情况下，你会发现大量的问题和机会。在研讨会期间，你不可能处理所有这些问题和机会，因此，你需要团队一起来决定如何最好地利用时间。默认的方法是点投法，每个人都有一定数量的投票权，可以将票投给他们认为最重要的讨论点。在某些情况下，当研讨会有特定目的且关键利益相关者对需要讨论的事项有最深入了解时，单一的关键利益相关者可能会决定研讨会关注的焦点。

对于会议期间无法解决的任何问题，有许多后续处理的方法，包括：

- 组织针对特定领域的进一步全局视角研讨会。
- 与用户共度时光，充分理解他们的体验。事件风暴很棒，但有时候了解领域及其机会的最佳方式是花时间与在这个领域工作的人们共度时光。
- 安排流程建模事件风暴研讨会来设计新的状态流程和未来的状态流程
- 安排研讨会来验证领域边界（使用后面章节中介绍的技术）。

在讨论了研讨会的形式以及事件风暴如何成为揭示问题和机会的绝佳基础之后，有效地引导研讨会的进行以释放这些概念的潜力是接下来的主题。

7.4 引导者提示和挑战

在一个大致的时间线上把贴纸贴在墙上听起来很简单，但练习事件风暴的次数越多，你就越能从每次练习中获得好处。参与者的学习曲线故意设得很低，但作为一名引导者，学习曲线几乎是无穷的。没有什么比实践更重要的了，但以下的技巧和窍门将帮助你加速学习曲线，并避免常见的初学者问题。

7.4.1 建模的启发式方法

放置在时间线上的事件的质量会极大地影响获得的洞察以及发现的问题和机会。好的事件促使人们提出有趣的问题，并将不同人的知识与企业如何运作的集体愿景相连接。

正如本章所述，没有严格的规则、流程或流程图来帮助你确定什么是好的事件。而且即使有，这可能也没什么用，因为这里的想法是最大化分享的想法数量，然后过滤掉无用的想法，而不是因为人们担心打破规则而甘愿冒着重要信息不分享的风险。然而，一些启发式方法可以在不损害参与度的情况下指引正确的方向，这样的启发式方法就是本节的重点。只是要记住，在研讨会开始时不要太急切地使用它们，以确保不会让人们感到不舒服，也确保不会让人们在适应这项新技术的过程中失去兴趣。

警惕过度抽象化

当领域事件被抽象掉太多信息时，它们会隐藏重要的领域细微差别。图7.17展示了一系列看似不错的领域事件。它们写在橙色贴纸上，用过去时描述，并且解释了领域内正在发生的事情，而不是像按钮点击和数据库事务那样过于技术性。然而，仅仅四个事件就代表了大量的复杂性。在这种细节层面上，我们几乎识别不到什么。如果注册、订阅或创建活动都包含在一张贴纸上，那么我们如何识别改进流程的机会？

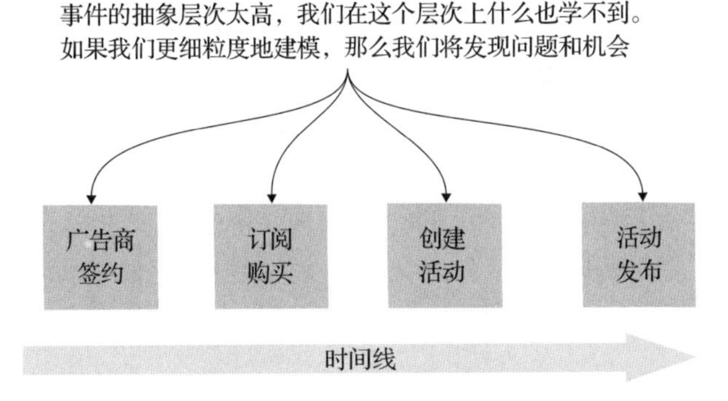

图7.17 过度抽象的事件

研讨会的范围将影响什么被认为是抽象层次过高的，以及什么是合理的。并且深入了解领域每个部分的细节是不可能的。作为引导者，决定小组应该关注什么和不应该关注什么是最重要的技能之一，不幸的是，这也是最难掌握的技能之一。

不要建模，要讲故事

为了避免过于抽象的事件，一个好的经验法则是“不要建模，要讲故事”。这是一句陈词滥调的话，意味着要拥抱细节和具体情况，而不是试图创建涵盖所有用例的抽象模型。将这个启发式方法应用到图7.17中的例子，意味着要讲述一个真实广告商的故事。我们可能会定义一个人物角色，并更具体地描述他们在细粒度上看到的事情和做的事情。然后我们可以开始讲述另一个广告商的故事，看看它们的经历如何不同，正如图7.18所示，其中注册过程根据广告商所在公司的规模而有所不同。

这可能会让喜欢建模的工程师和架构师感觉不自然。但是能够在适当的时候在具体模型和抽象模型之间切换是一项重要的能力。

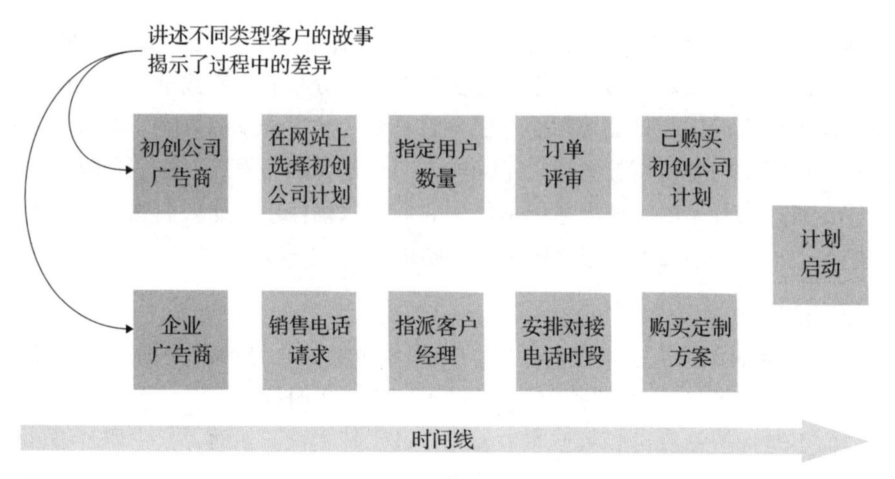

图 7.18　以不同的细分客户或人物角色讲故事

重复分歧

当你根据某些特征确定领域内的分歧时，在整个时间线上寻找类似的分歧是一个好主意。在图 7.18 中，时间线最初是根据广告商是服务于初创公司还是服务于大企业而出现分歧的。在注册阶段之后，时间线可能会汇合，某些地方的体验可能相似，但广告商类型可能是后续流程中出现分歧的原因。

图 7.19 中的例子展示了一个事件，即“广告未获得参与”，在这个事件中，广告的表现不佳。这种情况可能在两种类型的广告商身上都发生，但接下来的事情则发生在不同的广告商身上。初创公司计划只包括免费的通用建议来帮助提高广告的效果，而企业定制计划则包括专家服务。

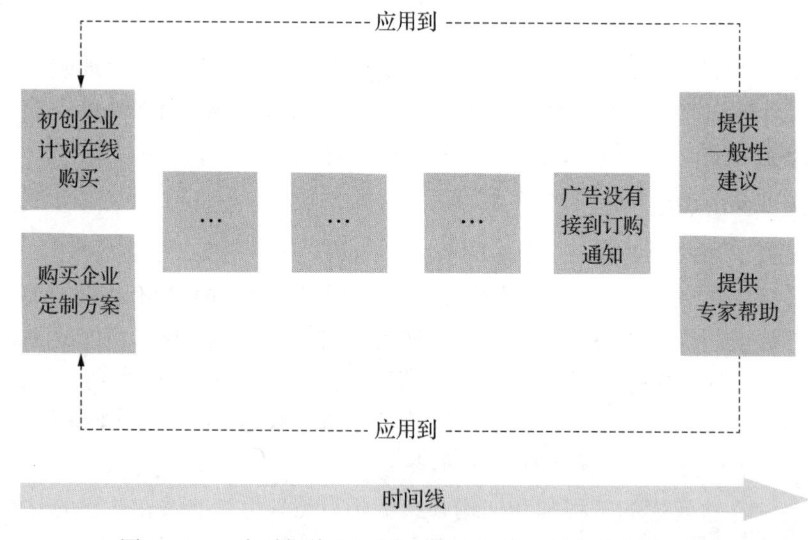

图 7.19　一个时间线基于同一特征在某一点收敛然后发散

请注意，图 7.19 中显示事件关系的箭头用来澄清可视化的注释。在真实的研讨会中你不会画出这些箭头。

对未介绍的概念保持好奇

当一个新概念突然出现在时间线上时，可能表明该领域的某些部分尚未被表述出来。例如，在图 7.19 中，专家的领域角色出现在事件“提供专家帮助”中。如果这个概念在时间线上首次出现，那么最好提出一些探究性问题，比如“专家是如何在这一刻出现的？”或者“你能描述一下专家的故事吗？”通过将专家的故事添加到时间线上，可能会揭示人们认为不相关的新见解和机会。发现就是关于探索新途径和挑战假设的。

用相同名称限定事件

有时候，事件会出现在时间线的多个地方。起初，这些事件看起来可能是相同的，但存在一个风险，即事件之间可能隐藏着微妙的差异。一个好的引导性问题是：“每个事件之后会发生相同的事件吗？”在之前提到的航空公司例子中，看似单一的事件根据时间里程碑（例如，航班前一天与航班前六个月）产生了不同的影响，因此创建了唯一事件名称来明确这种细微差别。这可能看起来有些迂腐或学术化，但澄清和清理领域术语以创建一个共同语言，会使得协作变得更加容易。

让类似事件看起来类似

有时候，可能会发现似乎有多个事件代表同一件事情，你可能会想保留一个，丢弃另一个。然而，在这样做之前，值得深入挖掘一下。可能这两个事件代表的是不同的事情，或者从不同人的角度来看是同一个事件。看似相同的两个事件甚至可能是领域边界的一个指示。例如，事件“消息已发送”和“消息已接收”。它们看起来好像是在同一时间发生，并代表同一事件的两个不同视角。然而，它们可能代表了两个子领域如“消息撰写”和“消息查看”之间的边界的两侧。这有一个更通用的启发式方法——“让冲突可见”。你并不总是需要急于找到解决方案，有时候，将冲突意见可视化，并“让子弹飞一会儿”是好事。

有目的地使用空白空间

作为一名引导者，你可以利用空白区域鼓励参与者更深入地探讨细节。如果你感觉事件讨论过于高层次和抽象，那么可以将两个事件放在一起，将它们展开，并让团队知道你希望它们在更细粒度级别上用更多事件来填补空白。这是如图 7.10 所示的启发式方法，它利用空白区域来设定一个期望，即你希望他们用贴纸填满整面墙。你可以在研讨会的任何时候这样做。

结合示例映射和事件风暴

示例映射（https://cucumber.io/docs/bdd/example-mapping/）是一种协作方法，用于发现不同的场景和边界情况。当与事件风暴结合使用时，它是一种深入探索特定领域的好方法，可以在更细颗粒度上寻找隐藏的洞见和复杂性。这就像拿着放大镜观察领域的一小块子领域。

事件风暴风格的示例映射首先在时间线上挑选一个事件，然后使用蓝色贴纸指定触发该事件的动作。例如，“订单取消”事件可能由“取消订单”动作触发。接下来的目标是思考在执行该动作时可以适用的其他场景。例如，如果客户要求退款的订单物品已经离开仓库，那么就会发生“订单无法取消”事件。如图7.20所示，场景作为绿色贴纸插入给定场景中动作和发生事件之间。

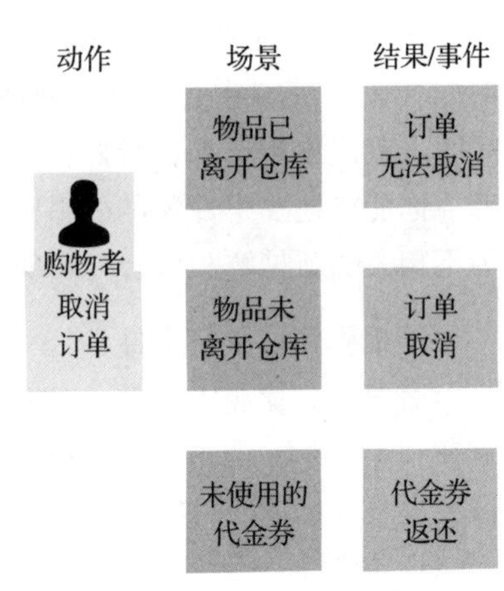

图7.20　事件风暴风格的示例映射

在切换到示例映射模式时，我总是鼓励参与者尽可能多地想出各种场景，并且要发挥创造性，跳出固有思维框框。当你发现更多场景时，你可能会意识到将它们分开并使某些概念更明确是有意义的。例如，在图7.20中，将代金券场景分离出来，专注于所有特定与代金券相关的场景可能会更好。请记住，你不太可能有时间将示例映射应用到时间线上的每一个事件，而且你也不想过早引入这项技术，以免过早深入某个领域而错失了发现更大全局视角的机会。

7.4.2　常见挑战

引导事件风暴研讨会具有挑战性。从让人们进入正确的心态到开导拒绝合作的人员，大多数挑战都与人有关。本节将概述你可能面临的一些常见挑战，以及有效应对这些挑战的一些建议。

将与会者带入发现心态

在策划事件风暴和其他探索研讨会时，经常被忽视的一点是，需要创造一个能够把参与者带入发现心态的环境。当人们在交付压力下，尤其是面对紧迫的截止日期时，要让参与者把这种压力放在一边，并花费数小时或数天来绘制业务流程图是一个巨大的挑战，因为参与者感觉这样做在短期目标上似乎不会取得任何进展。

为了使会议有效，领导者必须确保发现工作有相应的优先级，而不仅仅是人们期望的在所有其他承诺之外做出额外承诺。提前和参加研讨会的人联系，确保他们没有超负荷工作，这并没有什么坏处。否则，当他们参加研讨会时，他们的注意力就会过于集中在其他重要的事情上，他们可能同时在进行多任务处理。一个有效的事件风暴研讨会，领导者希望每个人都能全身心投入，参与者乐于分享自己的业务知识，并向他人学习。

避免“自行车棚效应”

“自行车棚效应”（http://mng.bz/6njZ）指的是在整体大局中并不重要的细节上花费大量时间进行辩论的现象。这也是造成我在事件风暴中遭遇的最大失败的因素之一，一位愤怒的经理在他的团队面前对我大喊大叫。我们开始沿着时间线前进，小组花了很长时间讨论注册过程。我以为讨论得很热烈说明一切都很顺利。但我明白为什么经理会生气——注册过程其实并不那么重要。研讨会的参与者从不同国家赶来开会，在短短几天内，我们需要讨论更大的问题，我们有更重要的事情要在有限的时间内集中注意力。

为了尽量避免重蹈我的覆辙，当你在时间线上行走时，不要让任何对话持续超过几分钟。尽量在深入探讨某个领域之前到达时间线的尽头。如果一个话题确实最重要，那么一旦大家到达时间线尽头，小组会通过投票决定是否回到这个话题上来。

我们已经有这个图表了

有些人抵制事件风暴的想法，因为他们认为这是多余的。他们已经用 UML 或 BPMN 等其他格式创建了图表。在一个研讨会上，一位流程工程师说："我已经有了所有这些流程的图表，我不明白这个研讨会的意义。"并在整个研讨会中不断重申这一点。一个在创建图表领域工作的员工说："那它们在哪里呢？我们从没见过它们。"随后，流程工程师承认，与我们目前在研讨会中发现的内容相比，这些图表已经落后了。

有时，文化的冲突会发生，人们认为事件风暴不如他们现有的工具好。我尝试与这些人理性交谈，并邀请他们参加研讨会，但如果他们在研讨会期间的行为成为问题，那么他们应该被移除。然而，有时问题会变得更严重，人们认为他们才是公司流程的专家。事件风暴研讨会是一个值得关注的问题，因为它可能会揭示专家不知道的事情，或者专家喜欢囤积知识以保护他们在公司中的地位。这是一个更复杂的社会情境，如何处理这个问题将取决于你与相关人员的关系以及公司的文化。

无法在两天的研讨会中解决所有问题

有时候，人们会感到失望，因为他们在两天的研讨会结束时并没有重新设计整个系统，也没有设计出新的团队拓扑结构。这些都是不切实际的期望，所以不要过度承诺或夸大事件风暴的可能性。确保在研讨会邀请时设定切合实际的期望，并在会议开始时重申这一点。

现场和远程

当 2020 年疫情开始时，许多事件风暴从业者迫切寻找方法来运行远程事件风暴研讨会。他们的重点是在虚拟环境中尽可能重现面对面体验。许多人都很失望，因为远程体验是如此的不同，缺乏面对面的许多好处，比如并行对话和阅读肢体语言的能力。与此同时，社区中的其他人开始寻找优化在线事件风暴体验的方法，并且他们的成果超出了所有预期，不是通过复制面对面的成功经验，而是通过发挥虚拟环境的优势。

面对面的事件风暴研讨会要求所有人必须在同一物理空间内。在许多组织中，这需要大量的协调工作，在一些组织中，这几乎是不可能的。身处同一物理空间的限制也意味着，当大家聚集在一起时，需要在短时间内紧凑地安排一系列研讨会。而在远程进行时，面对面的限制就不存在了（尽管找到一个所有人都有空的时间段仍然很困难），可以在更长的时间内进行多次较短的会议。例如，我在运行远程研讨会时，通常会安排 2 ～ 4 小时的会议。这些会议可以分布在几周或几个月的时间里，每次会议后，我们都有机会重新评估下一步行动和邀请谁参加。

远程研讨会的另一个好处是不受物理贴纸的限制。实际上，像 Miro 这样的虚拟白板工具允许你更丰富的表达，有更多种类的形状、颜色、图片和表情符号来表达领域概念和人们的情感。而且，在进行远程研讨会时的另一个重大优势是能够复制和粘贴。这使你能够复制整个事件风暴，并分解成小组练习，每个小组都获得事件风暴的副本，以便探索和塑造领域边界。

这些是我最喜欢的几个例子，它们优化了研讨会体验以适应给定的场景。我鼓励你不断思考如何优化每一个研讨会，使其适应你将要进行的场景。

你现在已经学习了关于全局视角下事件风暴的内容。这是一种很好的方法，可以用于绘制领域、协调人员以及提升架构现代化潜力。在后续章节中，你还将看到事件风暴是识别领域和子领域的极佳起点。请记住，单靠事件风暴并不能满足你的所有需求。例如，花时间与真实用户交流也是一个好主意——这是第 8 章深入探讨产品和领域现代化的主题。

本章要点

- 重要的现代化决策不应该仅基于表面的、高度抽象的领域知识。使用像事件风暴这样的方法揭示领域中的真实复杂性和细微差别是很重要的。
- 事件风暴是一个灵活的工具，它通过现代化计划提供价值，从构建初始愿景到识别领域和子领域，而这些领域都是团队组织和软件架构的基础（对于一个组织的大部分来说）。
- 事件风暴的核心逻辑是最大化包容性和优化协作。因此，任何参与产品构建的人都可以参加事件风暴研讨会，无须接受培训或学习任何专门的符号。
- 事件风暴使用一种简单的符号和领域事件，将业务作为时间线从左到右绘制出来。
- 领域事件代表在一个领域中发生在特定时间点的事件，并且用过去时来描述，例如“订单已下”和“客户已退款”。
- 橙色贴纸用于在时间线上表示领域事件。
- 一次高效的事件风暴研讨会需要 8 ～ 20 平方米的墙面空间，这些墙面要被纸张覆盖，同时需要移除椅子和桌子等干扰物。
- 事件风暴并不是万能解决方案。你可以根据需要自由使用其他技术，如 Customer Journey Map 和 Service Blueprint。
- 领域事件是一个非常通用的概念；它们可以指代领域中发生的任何事情，比如用户与产品的互动、在生活中发生在产品之外的人身上的事情、组织内部的活动，以及软件执行的规则或计算。
- 事件颗粒度是非常主观的。在事件风暴中的某些部分可能比其他部分描述得更详细，这取决于会议中的人员以及团队认为最值得花时间的部分在哪里。

- 领域事件不应深入细节而忽视了领域的意图。例如“提交按钮被点击”和“项目保存到数据库”这样的事件，并没有揭示领域中实际发生的事情。
- 可以在时间线旁边添加额外的注释来表示领域事件。角色 / 人物形象用黄色小贴纸表示，外部系统用粉色大贴纸表示，而热点则用变成菱形的深粉色贴纸表示。
- 热点用于标记问题或占位符，团队可能会回到这些热点进行更深入的讨论。
- 不同的场景和并行流程可以通过主时间线的分支来表示。没有其他特殊符号。
- 在事件风暴中最好避免使用循环、线条和箭头。
- 规划事件风暴研讨会需要明确研讨会的范围和目的，并确定最合适的参与者，最多大约 22 人，除非团队成熟且有多位经验丰富的引导者。
- 参与者可以包括任何与构建产品相关的角色，如工程师、测试人员、产品经理、UX 设计师、客户支持等。
- 在研讨会开始之前，最好先做一个社交签到练习，并概述会议的目的。也可以从一个热身活动开始，比如绘制角色或人物以及他们要做的工作。
- 事件风暴的第一阶段被称为混沌探索。每个参与者都有一支笔和一些橙色贴纸，沿着时间线添加他们能想到的所有领域事件。
- 在 30 ～ 60 分钟后，时间线会按照关键事件或时间里程碑等技术进行排序。
- 时间线演练阶段涉及沿着从左到右的时间线讲述已经规划好的故事，并描述事件。
- 在时间线演练之后，邀请参与者将他们的问题和机会添加到时间线上。
- 对于什么是问题，什么是机会，并没有严格的限制。例如错失的收入机会、糟糕的客户体验和流程瓶颈。
- 通常，初次接触事件风暴的新手倾向于在事件上保持高层次的描述。这是一个问题，因为许多深刻的见解只有在深入探讨领域的复杂性和细微差别时才会显现。
- “不要建模，要讲故事”是在进行事件风暴时需要记住的一个有用的启发式原则。想象真实的人在执行真实的行动，而不是创建一个涵盖所有用例的通用模型。
- 有时候人们心事重重，很难转换到探索和发现所需的创造性心态。尽量在方便的时间安排事件风暴研讨会。
- 不要把太多时间浪费在那些看起来很吸引人但与时间线无关的谈话上。
- 人们常常会质疑事件风暴的价值，因为他们已经有了现有的文档。文档通常存在缺陷，并不能像“将不同背景的人聚集在一起，并结合他们所有的知识”那样提供相同的学习潜力。
- 事件风暴可以与其他技术结合使用，例如示例映射，它用于在更细颗粒度层次上放大和深入细节。
- 事件风暴可以远程进行，但参与者的活力无法远程传递，需要相应地进行引导。可能更好的做法是避免混乱的方面、举行更有结构的会议、设定特定的角色，并限制谁可以在时间线上放置事件。

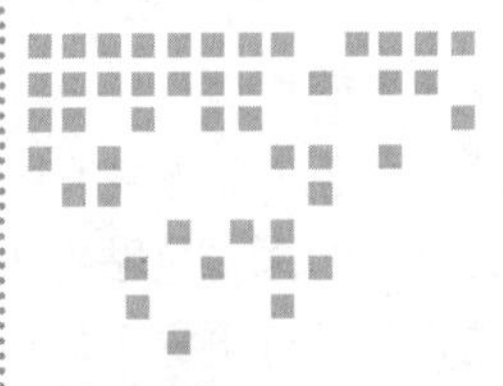

Chapter 8 第8章

产品和领域现代化

本章内容包括：

- 架构现代化的UX、产品和领域；
- 为现代化应用确定更好的需求；
- 为团队配备具有设计和发现专长的人员；
- 使用流程建模事件风暴和领域叙事来设计未来状态；
- 建立通用语言。

为了充分发挥架构现代化的潜力，需要从整体上考虑。架构现代化通常被视为技术变革，但其好处远不止于此。架构现代化同时也是改进UX、提高产品价值、解决根深蒂固的问题，以及消除不必要复杂性的机会。

我们经常会看到，员工对手头的解决方案万般无奈，它有大量的、复杂的手动操作流程，其中还包括绿屏主机和20世纪90年代风格的UI。随着组织规模的扩大或复杂性的增加，这些低效率因素可能会发展成严重的问题。从用户的视角出发，找出用户真正需要的解决方案，会突显出那些不再被需要的解决方案。这些解决方案可以被删除，而不是被纳入架构现代化的范畴，从而节省宝贵的时间和成本。

如图8.1所示，架构现代化的全栈方法包括：改善UX，让用户更快乐、更高效；改进软件，以使用更好的技术并更好地与领域对齐；创建更好的概念领域模型，使人们的思想一致，语言相通，以促进更好的合作和创新。此外，通过识别可以带来新业务类型和客户价值的新能力实现领域现代化的机会也至关重要。

本章旨在帮助读者避免在利用新技术和新框架重建旧系统时保留旧系统的所有缺陷。

本章首先介绍如何识别产品需求并理解哪些需求不再需要。然后，介绍流程建模事件风暴和领域叙事两种方法，帮助读者通过设计领域的未来状态更好地识别通过架构现代化来交付的业务和用户需求。

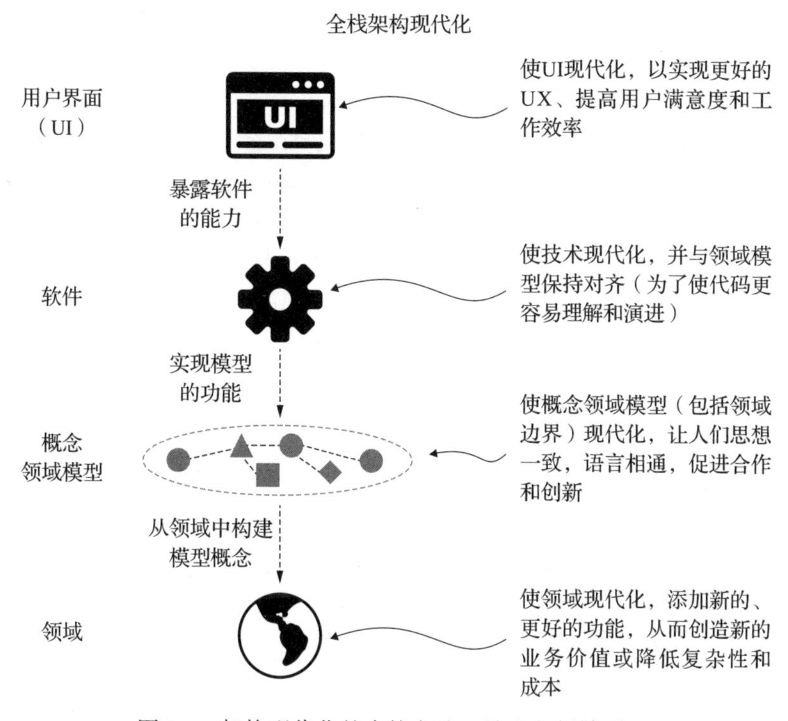

图 8.1　架构现代化的全栈方法：从业务领域到 UI

8.1　行业案例：商业财产税现代化

这个行业案例是我亲身经历过的。我之所以用这个故事开启这一章，是因为我想强调现代化远不止应用于技术领域。在这个案例中，UX、业务规则，甚至是几十年来一直存在的政府政策都在重新被彻底思考。我想强调的是多元化团队的巨大价值：该团队拥有 UX 专家和其他专家，而且整个团队（特别是开发人员）都深入参与到诸如用户研究这样的发现过程中。这个故事还暗示了在政府层面如何成功实施现代化；包括遵循原则和平台而非僵化的框架。

我曾参与过一个政府税务服务的现代化改造项目。该项目是由英国政府数字服务（Government Digital Service，GDS）部门所领导的，属于整个英国政府范围内发生的更为重大变革的一部分，旨在促进政府数字服务开发的现代化。以前，英国政府 IT 系统以糟糕的 UX、大型外包合同、不频繁的大规模部署，甚至是有史以来最大的 IT 故障之一而闻名，该故障造成了大约 100 亿英镑的损失（http://mng.bz/W1al）。GDS 部门通过倡导以用户为中心的设计、持续交付、开发公开代码以及其他现代实践开始现代化工作。

该项目在技术上、组织上和政治上都极为复杂。一切都需要现代化，包括需要定义新政策和新流程。有些旧政策已经实施了几十年，甚至超过一百年。现有的 IT 系统由大型咨询公司所负责而且技术负债高昂。由于目前的方法涉及过多的手动操作，成本过高而且不可持续，因此需要大量投资。

我的许多经历都对我很有帮助。我学到了很多关于产品发现和 UX 现代化的知识，这在很大程度上要归功于 GDS 部门的原则和文化。开发新系统涉及大量的发现工作，包括内部的和外部的。遵循 GDS 服务手册（https://www.gov.uk/service-manual/service-standard）可以让我们把工作做得很好。

服务手册并不是团队必须遵循的强制性框架、开发流程或 Jira 工作流程。相反，它是一些指导性的原则，包括“了解用户需求”“持续进行用户研究”“使体验与 Gov.uk 保持一致”“拥有跨专业团队”以及“频繁迭代和改进服务”等。指导原则的一个例子是团队所需的技能范围。我合作的团队涵盖了架构现代化所需的所有角色，如用户研究员、UX 设计师、内容专家、主题专家、业务分析师、产品经理、开发人员和测试人员。

项目有三个团队，每个团队负责一个或多个子领域。他们紧密合作。开发人员坐在同一个办公室里彼此相邻的位置上，UX 专家需要协作设计一个优化的端到端旅程。用户研究员每周都会采访将要使用新服务的真实市民。他们询问市民目前使用 IT 服务的体验，获取关于所构建原型的反馈意见。GDS 的一项指导原则是整个团队都应参与用户研究。我们的团队很喜欢这样做。即使是开发人员也会参加团队的研究会议。我们还定期举行小组展示和讲解会，重点探讨研究亮点。

在开发应用程序的过程中，我们始终将用户研究放在首位。我们在两周内就从真实用户那里获得了他们对更改的反馈。例如，当在其中一个页面上添加了额外的文本框时，就遭到了很多反对。用户抱怨页面包含了太多无关内容，增加了他们的认知负荷与焦虑。

让所有团队成员都参与用户研究，整个团队就能全力为新产品和领域的改进做出贡献。即使是学徒期的软件开发人员在编码时也会讨论在用户研究中的发现。记得我当时在想：“这正是团队开发软件的正确方式。”一名刚从大学毕业的学徒工程师甚至可以作为唯一的技术代表去伦敦与用户沟通，以确定他们的需求。通常，这是技术负责人的工作。

用户研究还有其他好处。有一次，一位高管命令团队以特定的方式构建一个特定的功能。团队认为这是一个糟糕的主意，但没有发言权。然而，当我们将新的 UI 展示给真实用户时，却收到了负面的反馈。在看到反馈的那一刻，高管退了一步，让团队自主工作。

了解所有可能帮助实现架构现代化的技能和专业角色是有益的。例如，用户研究显示普通市民通常不理解复杂的政府专用术语。有时，这是一个问题，比如当人们被警告提供错误信息（即使是无心之过）可能会被罚款或入狱时。因此，拥有专门的内容专家来处理这项具有挑战性的任务是一种荣幸。

与自主性相比，规模和标准化主题同样是核心。例如，我们必须遵守 GDS 原则“使体验与 Gov.uk 保持一致”。数百个团队在政府的各部门工作。GDS 通过提供开源库和模板（https://github.com/alphagov/govuk-design-system）来解决这一问题，这些库和模板包含了团队所需的大部分 UI 样式和小部件。作为开源项目，所有团队都可以为了自己的利益做出贡献，这也积极地帮助了政府各部门的团队。与规模相关的平台也是一个重要主题。第 13 章给出了一个例子。

8.2　识别产品需求

人们很容易认为，实现单个产品或应用程序的现代化意味着所有现有功能都应保持不变，只是改变了 UI。然而，这很可能是一个严重的错误。首先，一些功能可能不再有用，而另一些功能可能从未被使用过。识别出不再需要的功能可以节省数月甚至数年的时间，并且可以得到更加简洁的现代化架构。

即使那些正在使用的功能可能也没有充分发挥其潜力。用户可能只剩下勉强可用的解决方案，需要依靠技巧和变通的方法来完成工作。于是，就有了改进产品的机会，由于现有架构的设计或复杂性，在以前这是不可能的。尽早发现这些机会是最大化架构现代化的价值和设计能适应未来需求的架构的关键。

本节将提供关于发掘更好的产品需求以进行现代化改造的指导。请记住，需求收集不是发生在开发之前的一个阶段，随着现代化进程的推进，需求可以并且应该不断地演变。第 16 章将探讨如何使用各种方法（例如用于跟踪成功的指标）来构建演进式路线图。第 3 章还展示了定义产品和投资组合北极星，以及对确定产品需求至关重要的输入的重要性。

8.2.1　让合适的人参与进来

为了防止 UX 在以技术为中心的现代化过程中成为事后考虑的问题，首先要确保参与其中的人员具备正确的技能以及经验。例如，对于面向内部的应用程序，通常开发人员期望设计 UI，因为 UX 对内部员工来说相对没有那么重要，它对外部用户而言则比较重要。在面向内部的产品上投入一点努力并不会花费太多，而且收益可能很高。例如，员工满意度和生产力通常与他们所使用工具的质量直接相关。

要摆脱这种思维模式，并且确保现代化为用户和客户提供最大价值，请在现代化过程中包括以下的部分或全部角色：

- 用户研究员：懂得如何与真实用户有效合作，收集反馈意见并将其转化为对团队有用的洞察的专家。
- 产品设计师：通过设计 UI 和其他客户接触点使产品引人注目且易于使用的专家。
- 交互设计师：专注于人们与产品互动时刻（涵盖物理和情感两个维度）的专家。
- 内容设计师：擅长撰写或改写内容以便产品或服务的目标受众能够轻松地理解内容的专家。

- 服务设计师：能看到全局并设计端到端旅程以平衡用户需求和业务成果的专家。
- 主题专家：某个特定主题的专家。通常是在该主题领域工作过或研究过的人员。

与一般的职位头衔一样，有些人可能拥有担任多种角色的经验，而这些角色的定义在不同组织中可能会有所不同。比较好的做法是考虑每个角色为团队带来的特质，并识别可能存在的重要空缺。对于所有这些角色，建议在整个团队进行整合。团队可能并不需要所有这些角色，但同样，实际需要的角色也可能比想象的要多。无论如何，我建议从第一天起就让产品设计师和 UX 设计师参与进来，他们可以帮助塑造流程并就需要哪些额外技能提出建议。

8.2.2 确定不进行现代化改造的成本

识别现代化 UX 投资价值的方法之一是考虑不进行现代化改造的成本。美国最大、最古老的银行之一花旗银行深谙此道。2020 年，该银行的员工犯了一个错误，使银行损失了 5 亿美元。然而，相关的员工并不应该因此而受到责备。问题在于员工使用了落后的 20 世纪 90 年代风格的 UI，如图 8.2 所示。

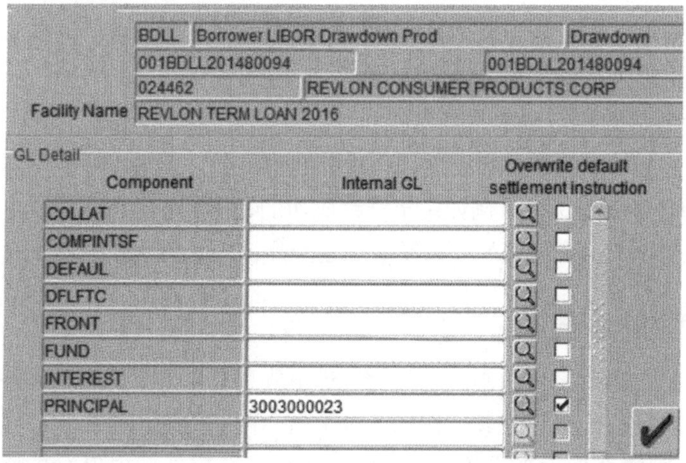

图 8.2 花旗银行员工用来向贷款方支付利息的 UI（来源：美国纽约南区联邦地区法院，http://mng.bz/84J5）

在尝试向 Revlon 支付 18 亿美元贷款的利息时，银行意外地支付了全部尚未偿还的 9 亿美元（而不仅仅是 780 万美元）的利息。许多贷款方归还了错误支付的款项，但有些没有。花旗银行试图追回这笔钱，但在法庭上败诉了，因此损失了 5 亿美元，并因此获得了“史上最大银行失误”的称号（http://mng.bz/E9eX）。尽管三名系统用户认为他们已经正确地处理了交易，并进行了一次干预，如改写图 8.2 中的 PRINCIPAL 字段，但是问题还是发生了。这是不正确的，因为他们没有查阅说明手册，该手册指示需要干预三次。花旗银行非常幸运，最后在 2022 年 9 月的后续法庭诉讼中设法追回了所有的资金（http://mng.bz/NVAv），但这个故事仍然是一个强烈的警告，提醒人们对内部产品的 UX 不重视会带来风险。

在阅读了花旗银行的故事之后，你对自己产品和工具的 UX 有何感想？你的员工是否仍在使用那些具有糟糕UX的20世纪90年代风格的灰色桌面应用程序？他们是否需要记住某些特殊规则和组合，或者查阅系统使用说明手册？你是否知道没有充分实现UX现代化的成本和风险？

我喜欢问人们一个简单的问题："如果一切都保持不变，继续按现状发展可能会发生什么事？"如果想更结构化、更直观地探索这个话题，请查看Jabe Bloom的理想现状画布（http://mng.bz/D9VA）。

8.2.3　不要盲目地对代码进行逆向工程

为了确定现代化的需求，对当前系统进行逆向工程似乎更合乎逻辑。然而，出于多种原因，这也可能很危险。第一个原因是，现有系统中可能存在许多我们不再需要的功能。这些功能在过去可能有用，但是现在已毫无用处。这些功能可能已经被其他功能取代，甚至可能已在UI中被禁用，因为它们实际上没有预期的那么有用。我们还应该记住，大多数新功能都是实验性的。在实际使用之前，人们实际上并不清楚它有多大用处。因此，当前系统可能包含一些不再有用的功能。既然如此，为什么还要浪费时间和精力将这些功能转移到新系统并尝试使其现代化呢？

避免盲目逆向工程现有系统的第二个原因是，即使某些功能仍有一些价值，它们也可能远非最佳。我们都遇到过终端用户不得不即兴发挥或设计奇怪的变通方法来完成工作的情况。我曾与一位客户合作，他们的员工使用两种不同的工具来处理客户申请。这些工具之间无法交流，所以用户不得不手动复制信息。

我见过一些集成工具问题的变种，比如将电子邮件收件箱或电子表格用作工作管理队列。起初，问题可能没那么严重，但随着越来越多的变通方法叠加在一起，以及使用该系统的员工数量的增加，成本可能会变得令人难以承受。在旧系统中解决这些问题的代价可能很高昂，但是现在你正在对这些系统进行现代化改造，修复一些过去的临时解决方案变得可行，从而为用户带来好处。

8.2.4　分析系统信息

虽然对落后系统进行完全逆向工程不是一个好主意，但花时间去理解它们的使用方式是一个好主意。例如，识别哪些功能已经不再被使用有助于找出架构中已经废弃的部分，这样我们就不需要对这些部分进行现代化改造了。我曾与一家汽车制造商合作过，其存储过程中有数百万行的业务逻辑。幸运的是，我们能够确定其中大约30%的内容已经废弃，不需要进行现代化改造。

不幸的是，落后系统通常缺乏分析功能，这意味着要确定哪些部分已经废弃变得更加困难。最快的解决方案可能是增加某种形式的可观察性，可以用日志记录和监控等工具来观察。系统产生的任何信息都可能揭示关于使用情况和价值的有用见解。作为预防措施，明智的做法是与利益相关者和真实用户一起验证从分析中获得的见解。

8.2.5 与真实用户交流

在引导组织开始现代化改造的研讨会中，我总会问工程师和架构师："你们花了多少时间与真实用户交流？"我想了解人们除了考虑技术层面的事情（比如将单体应用拆分成微服务），还投入了多少精力去思考产品和UX。我经常听到的答案大多类似于"没投入多少精力"，这是一个主要问题。

第一，这个问题会导致产品UX较差且缺少有价值的功能。第二，这表明工程师不理解用户需求的问题将会持续存在。第三，这个问题有时会导致现代化改造停滞不前。工程师有许多方式可以实现系统现代化，并且从哪里开始也有很多选择，但他们不理解什么对用户而言才真正有价值。他们的分析和设计陷入了瘫痪状态。

有时候，工程师之所以不与用户交流是因为文化观念。例如，工程师唯一的价值被认为是坐在办公桌前写代码。我曾经接触过一些客户，他们的工程师负责开发公司内部产品以供其他员工使用。尽管在同一家组织中工作，而且一个团队在为另一个团队使用的产品添加功能，但他们几乎不相互交流。如果你在组织中发现了这种行为，那么我建议在现代化进程早期就解决这个问题，否则，工程师可能在缺乏对用户同理心的情况下做出重要的现代化决策。

一些公司甚至要求团队花时间与用户相处。有些公司要求团队花时间在客户服务上，以解决客户问题。有些公司要求团队花时间做用户所做的工作。在可能的情况下，推荐用这两种方法来建立更深层次的同理心。德国公司Bettermile就提供了一个好例子。作为一家物流公司，他们构建软件帮助司机有效地递送包裹。为了帮助团队通过与用户（司机和收件人）的共情来设计更好的产品，员工有机会扮演司机的角色——使用公司的产品投递真正的包裹（http://mng.bz/lVpd）。

如果用户是公司的内部员工，那就培养一个固定的习惯，确保这两个群体至少每两周交谈一次。如果可能的话，让他们面对面交流。要确保沟通渠道始终畅通，以便两个团队在需要时可以轻松联系对方。如果团队中有产品和UX专家来加强这些联系，那么会很有帮助。

"工程师不应该花时间与用户交流，编写代码才有价值"，这种落后的思维方式也必须现代化。我朋友Kacper Gunia（https://www.linkedin.com/in/cakper/）就有正确的思维模式。他会查看授权给员工的数据库访问权限，了解工具在哪些地方没有满足其需求。每当他发现一个未满足的需求，或者有新人申请SQL的访问权限以便查询生产数据库时，他都会花时间与他们进行沟通，了解他们想要实现什么，以及如何利用工具来帮助他们，而不是让他们直接访问生产数据库。基于许多原因，直接访问数据库并不是一个好主意。

8.2.6 持续发现

最好经常（而不仅于项目开始阶段）花时间与用户交流。这有助于让每个人牢记用户需求，并快速获取对新想法的反馈。正如我在政府项目案例中提到的那样，在实践中，这是一个重要的学习时刻。还有一个例子是，位高权重的利益相关者向团队施加压力，要求他们以某种方式构建一个新功能，但在得到真正用户的负面反馈意见后，他们又撤回了决定，这恰恰表明了与用户交流的重要性。

持续发现是在现代化改造中可以应用的一种实践，授权产品团队可以无限期地继续实践。这也正是产品专家 Teresa Torres 在 *Continuous Discovery Habits* 一书中所倡导的（http://mng.bz/BADw）。在对持续发现的定义中，有一部分直接阐明了两个关键点：产品构建团队，每周与客户接触。持续发现意味着每周与客户交谈，应该授权团队自己来做。

Teresa 还指出团队应该注意验证思维模式和共创思维模式的重要差别。验证思维模式的特点是在功能完成的最后一刻，团队才将想法展示给客户。这是为了回答问题“我们做对了吗？”而共创思维模式则要求更早地获取反馈意见，这样就有更多的时间根据用户反馈采取行动，而且改变的阻力也会较小。在实践中，这可能意味着在创建模型之前，仅与客户讨论想法或者勾勒简单的草图。

请记住，仅进行持续发现是不够的，他们还必须被授权去根据所获得的反馈采取行动，并对其负责的产品部分做出决策。Teresa 提出了一种基于三人小组的决策方法，以增强对决策过程的信心。实际上，每个重要决策都应该由团队中的产品、设计和技术代表共同决定。这并不意味着整个团队必须参与每一个决策，因为那样做太慢了。这里只是强调每个专业领域都要有代表参与。

在英国政府工作的经历，让我不断看到具有持续发现习惯的授权产品团队的崛起。这种方法的推动力量与诸如 Teresa 这样的产品管理社区人物的推动力相比，至少不逊色，甚至更强。这并不是要软件工程师承担更多的责任。这似乎是构建更好产品的自然进程，就像我们已经从每年部署转变为每天部署一样。强烈建议重视这一主题，大家不妨从 Teresa 的书籍着手，书中涵盖了在项目启动时所需具备的深刻见解与实践技巧。同时，我也极力推荐大家参加 Mind the Product（https://www.mindtheproduct.com/conferences/）这样的产品管理会议，以获得更多灵感和知识。

8.2.7 人们放弃了哪些请求

在阿姆斯特丹举办的 2022 年欧洲领域驱动设计大会的主题演讲中，来自《纽约时报》的 Olivia Cheng 和 Indu Alagarsamy 分享了他们在现代化改造过程中发现的一个简单但有效的技巧。他们访谈了各类用户和利益相关者，发现了一个深刻的问题：“你放弃了哪些请求？”

通常，人们已经放弃指出某些问题并要求对现行系统进行改造。他们已经学会了通过采用变通方法来适应当下的低效率。当与他们交谈时，由于糟糕的经历，他们甚至可能不愿意提起这些担忧或者只是假设以前的限制现在仍然适用。正是因为这样，你应该明白，如果与用户交谈，他们不会直接给出完美的需求。在识别真正的用户需求方面涉及很多技巧，你需要灵活高效地识别最有价值的现代化需求。这是另一个说明 UX 专家可以为现代化改造带来价值的例子。

8.2.8 我们一直都是这样做的

放弃请求改进的另一层意思是人们不再要求改进，因为他们很满意当前的方法。他们可能正在使用绿屏大型机或 20 世纪 90 年代风格的桌面应用程序，或者将电子邮件收件箱作为工作队列，但他们非常满意这种方法。这是他们所熟悉的，而且让他感到舒适，即使这个过程效率低下且容易出错。

从商业角度来看，现代化可能仍然是正确的方法，即使员工不认同，也可能有更深层次的动机。员工可能有很大的权力和工作保障，因为现有系统使用困难，需要员工具备丰富的经验，所以员工很难被取代。或者可能有一个类似但不那么政治化的原因，用户可能害怕改变，因为改变意味着存在很多未知因素。处理像这样的情况需要很强的同理心。在谈论新的解决方案和改变之前，倾听用户的需求很重要。向他们保证工作的安全性，强调目标是提高他们的生产力和工作满意度，也可能很有帮助。再次强调，这需要一些技巧，所以最好让专家来处理，而不是让没有这方面经验的开发人员来应对。

8.2.9 发现影子 IT 系统

Stefan Hofer 和 Henning Schwentner 在 *Domain Storytelling*（http://mng.bz/ddPg）一书中强调了在绘制现有流程以实现现代化时寻找影子 IT 系统的重要性。影子 IT 系统是指非 IT 人员在没有 IT 管理人员的许可的情况下使用的系统，例如工作管理工具、协作工具和基于 SaaS 的分析工具。有时，当内部 IT 无法帮助人们实现目标时，影子 IT 系统是人们保持生产力的唯一方式，所以不吹毛求疵很重要。然而，发现影子 IT 系统仍然很重要，因为它可以帮助你意识到并且更好地处理整个组织中人员的需求。这也是同理心和与用户建立信任至关重要的另一种体现，有助于让诸如影子 IT 系统这样的重要洞察浮现出来。

8.2.10 行业案例：英国住房和社区发展部

如果你没有在产品开发中使用持续发现方法的环境中工作过，那么这个行业案例将向你展示，可以在实现系统现代化的同时引入这些工作方法，以发现更好的需求并交付更好的结果。Katy Armstrong 和 Dean Wanless 展示了他们如何将不同形式的用户研究付诸实践，以及如何采取数据驱动和反馈驱动的渐进式方法。

Katy Armstrong（http://mng.bz/rjBx）是英国政府住房和社区发展部的数字服务副主任。2018 年，她鼓励该部门做出了一个重要决策，与一个大型外部供应商签订合约，由该供应商负责建筑能效登记（Energy Performance of Buildings Register，http://mng.bz/VRqN），这是一个政府数字服务项目，旨在帮助人们在出售或出租房产时取得所需的能源证书。

当时的共识是与供应商签订一份新的长期合约，但是 Katy 看到了一个机会，既能改善为英国公民所提供服务的效果，又能大幅降低成本。她计划通过以用户为中心和持续交付的方法自主开发服务，以增强部门的服务能力。在之前的合约期内，变动成本非常高昂，导致过去十年服务几乎未见任何改善。这导致无论是内部用户还是外部用户，都很难获取服务的数据，而这些数据原本能为关键政策领域（如实现碳中和）提供深刻的见解。

两年后，局面发生了戏剧性的变化。新的服务正式上线（https://www.gov.uk/find-energy-certificate），Dean Wanless（https://www.linkedin.com/in/dean-wanless-25bb7b5/）被任命为该服务的负责人，一个由内部成员组成的完整团队已就位。这个团队现在每天都在持续地对服务进行改进，并且每天都实现多次生产部署。使用这项服务的英国公民和政府官员的满意度显著提升。同时，成本也减少了一半，大幅降低了向登记处提交能效证书的相关行业费用。

令人印象深刻的是，这项服务开始远远超出为其设定的要求。服务的原始目标是满足欧盟对能效登记的要求，但团队发现服务有很大的改进空间。例如，他们建立了一个数据仓库，它可以迅速汇总数据，这样原本需要通过旧供应商耗时几周才能回答的政策问题现在只需要几分钟即可得到答复。

我问 Katy 和 Dean 能否总结出一些促成这次成功现代化的关键因素。Katy 说，对于敏捷、以用户为中心的工作方式，赢得“业务部门”的人心和认可至关重要。她说：“我们通过展现定期交付的能力并让团队深入了解他们所服务的政策领域来实现这一点，这样团队会感到自己对决策有所有权，并且能看到进展。”

Dean 说，用户研究和持续发现至关重要。持续进行的用户研究使团队能够超越预期的基本要求。例如，在开发之初，团队开始意识到根据用户反馈改进服务的潜力有多大，比如以下的这段话：“这份证书充满了没人关心的东西。”Dean 说这个反馈指出了我们所面临任务的规模！挑战在于我们如何制作用户能理解并关心的能效证书，以方便他们提高能源效率？

他们尝试了几种设计方案，这些方案都经过了真实用户的定期测试，去除了无用的内容，并把对用户而言重要的信息清晰地放在了顶部。团队保留了证书的控制权，以防无用的信息被重新添加进来。随着政策的成熟，证书的设计迭代仍在继续。

该团队发现情境询问和可用性测试这两种用户研究方法非常有价值。GDS 部门这样描述情境询问：“情境询问是与人类学研究相似的过程，不仅调查潜在用户如何与数字产品交互，还探究他们如何与周围环境交互，帮助发现各种可能性。这种方法对少数人进行深入且详尽的探索。”利用这种研究方式，团队能够探究的问题包括“我们的现有用户和潜在用户是谁？”“他们如何利用我们的数据？”以及“如何通过更加以用户为中心的方式提供洞见？”在进行这类研究时，团队集体汇总并分析大量的访谈记录，并通过亲和排序（http://mng.bz/RmGR）识别主题。例如，他们识别出了“频繁预报员”等特定用户角色，并深入了解了这些角色的动机、愿望、期望及其与数据的交互过程。

利用研究成果，团队确定了关键的痛点和关键绩效指标（Key Performance Indicator，KPI）。这为一项重大突破奠定了基础。团队已经发布开放数据，但他们意识到，通过开发两款新产品为公众提供更多价值：“页面上的数字”是一项面向公众的简单服务，可以快速回答有关能源效率的热门问题；API，让数据分析师访问属性级别最新数据。这是功能工厂思维模式与授权产品团队思维模式之间差异的绝佳例证，前者告知团队要构建什么，而后者使团队拥有自主发现新价值类型的自由。

可用性测试是专注于解决方案和验证想法的方法。团队将它作为持续发现的一部分，定期且持续地使用这种方法。他们在新想法被构建之前就将其展现给用户，然后才进行验证。例如，在开发新证书时，他们就是这么做的。

Katy 强调了用户研究的另一个好处："目前，我们正在不断改进服务，并且有专门的团队在做这件事。但我们总是被问到这是否仍然是一项好的投资，以及政府的钱是否应该花在其他事情上。用户研究帮助我们回答了这个问题。通过不断地与英国公民就服务和他们的需求进行交流，我们就可以知道什么时候继续投资没有好处。然而，到目前为止，我们通过持续进行的用户研究仍然发现了许多有价值的机会。"

Katy 想要强调的是，用户研究成功的另一个关键因素是："让内部用户满意的不仅仅是设计更好的 UI，更重要的是，他们有一个沟通能力很强的团队，并且可以快速完成更改。"这又是一个极佳的例证，展示了当组织将"业务"和"IT"作为两个独立的领域时，其实际效果如何。所有参与开发特定功能的人员都紧密合作，无论是执行操作过程的用户还是构建支持这些过程的系统的工程师。其结果是员工更快乐、生产力更高，业务成果也更好。

如果想了解更多关于该案例的信息，请查看该服务的实时评估（http://mng.bz/ZRZN），以及 DLUHC Digital 关于建筑能效登记的博客（http://mng.bz/27Jo）和 Katy 的博客（http://mng.bz/1JwQ）。

8.3 现代化领域模型

系统有一个时常会被忽视的维度。它影响产品提供的价值、产品开发的速度，以及人们沟通的效果。这个维度就是领域模型。更具体地说，领域模型是人们用来讨论与他们的产品和服务相关的业务概念的概念模型。想想你职业生涯中的例子，人们彼此误解，浪费时间和精力朝错误的方向努力，或者争论某些词语和短语的含义。

当我与一位北美智慧城市领域的客户合作时，我清楚地记得一次会议上因为"激活"这个词一位质量工程师和一位解决方案架构师差点儿大打出手。一方面，质量工程师坚持认为设备应该在仓库里激活，以尝试将之连接到服务器并在设备安装到街道上之前发现问题。在设备安装后发现问题意味着需要进行成本高昂的卡车转运，工程师必须到街道现场卸下设备，将其装上卡车，然后带回仓库进行维修。

另一方面，解决方案架构师认为，设备应该在安装到街道上之后再激活，因为它们的物理位置决定了它们将如何配置。这场争论持续了将近 30 分钟（已经酝酿了数周）。没有人能够将他们分开，甚至连插一句话都做不到，尽管我们都知道他们在讨论同一过程中的两个不同步骤。在仓库进行额外检查是可能的，而且在物理安装之后进行额外配置也是可能的。我们只需要一个共享的概念模型，用两个短语来精确地描述每个步骤，如图 8.3 所示。

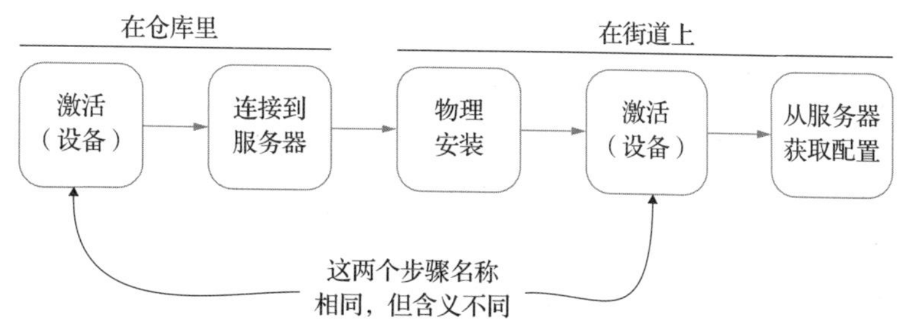

图 8.3　当使用相同的短语描述不同的领域概念时，问题就会出现

这个例子只涉及一个词。在大多数组织中，存在许多令人困惑和含糊不清的术语。由此产生的协作效率低下和生产力损失很快就会累积成高昂的成本。然而，这似乎并不是许多组织有意识地投入大量努力去改进的领域。现代化是一个很好的机会，人们可以借此机会重置这种思维模式，并通过概念领域模型围绕语言的有效使用建立良好的实践。

人们认为专注于语言是一项好投资的另一个原因是，模糊的概念模型更有可能导致它所代表的领域概念的软件过于复杂。这种情况经常发生，以至于业务专家和领域专家使用的语言与代码几乎没有相似之处。因此，将新功能想法转化为需求并在代码中实现它的过程可能很缓慢、成本高昂且容易出错。

创建一个良好的领域模型，使业务专家和技术专家保持思想一致并产生更简单的软件，这并不一定是一项成本高昂的或学术性的工作。你已经看到了全局视角的事件风暴，它为关于领域的讨论创造了空间。稍后，你将看到另外两种方法，它们可以帮助你有意识地塑造领域的未来，并设计专门的模型。当你使用这些方法时，要抓住机会澄清术语并提出改进建议。讨论语言中的细微差别并不是吹毛求疵或鸡毛蒜皮的事情，这是一个培养自己和鼓励他人发展的好习惯。

行业案例：版税领域建模

Rebecca Wirfs-Brock 和 Mathias Verraes 是领域建模领域的两位领军人物。他们对这一领域的研究持续推动着这个领域的发展，并激励着许多学科（比如产品管理、UX 和软件工程）的新一代领域建模者。他们最有价值的贡献之一是一篇题为“Models and Metaphors”的文章（https://verraes.net/2021/12/models-and-metaphors/）。该文章基于 Mathias 与一位客户的合作经验，这位客户充当经纪人，负责为版权所有者处理内容付费事宜。简而言之，这涉及识别作品的版权持有人、追踪使用声明、计算应支付的金额，以及管理支付等事宜。该组织最终建立了一个非常复杂的系统，人们很难理解该系统，并且需要帮助才能重新控制它。

该系统的一个主要职责是进行数据匹配，这是一个基于多个数据来源进行对账的过程，以确定给定内容的所有者，以及需要向谁支付费用。复杂性的一个主要来源是存在各种各样的数据源，包括公司自己做的研究、公开可用的数据、公司购买的私有数据，以及代表版权持有者的机构。数据杂乱无章、不完整、不一致、不断变化，并且可能容易受到欺诈的影响。

这个案例的关键是，该组织最初将数据匹配视为工程问题。在其他业务领域工作且不参与编写代码的人无法解释数据匹配是如何工作的。他们与工程师合作并改进产品的能力极其有限。Mathias 开发了一个共享的概念领域模型，帮助组织解决了这个问题。他们没有使用像“数据匹配”这样的通用技术术语，而是围绕信任的概念构建了一种语言和模型，这在代码中得到了精确的反映。

当 Mathias 主持白板领域建模会议时，他要求团队描述他们所有的数据匹配规则。在团队描述的时候，Mathias 鼓励人们关注这些规则试图实现的目标。Mathias 注意到团队使用了像“可靠”和“信任”这样的词汇，通过进一步的讨论和白板建模，“信任”成为小组关注的焦点。例如，如果某个数据源被认为更可靠，那么它应该被更多地信任。

为了进一步探索信任的概念，Mathias 与工程师一起尝试如何在代码中对信任进行建模。工程师创建了一个表示信任的代码对象，以 −5 ～ 5 来衡量信任级别，这涉及一些隐藏的影响，比如何时可以批准声明。对于这个团队来说，这是一个关键的转折点，也是一个需要牢记的重要教训：当希望在特定领域创建更好的概念模型和语言时，尝试看看该模型作为代码会是什么样子。这可以帮助你更精确地验证模型是否可以作为代码工作。

随着团队开始在对话和代码中使用基于信任的模型，他们继续与领域专家验证这些想法。实际上，他们注意到领域专家开始对这个话题感兴趣，并且开始更多地参与到对话中。与通用的数据匹配技术算法相比，领域专家更喜欢使用信任模型来讨论这一领域。企业非常喜欢关于分配和演进信任的想法，以至于新模型成了整个企业使用的共享概念模型。结果是，工程师和领域专家能够就领域内新增功能进行了更深入的对话，并且能够轻松将这些想法转化为运行中的软件，因为他们用于沟通的模型与软件中使用的模型严格一致。

你可以阅读 Rebecca 和 Mathias 的书 *Design and Reality*（https://leanpub.com/design-and-reality）了解更多相关内容。本章的其余部分将讨论用于发现新的领域创新和设计更好的模型的两种方法。

8.4 流程建模事件风暴

当决定对产品或流程进行现代化改造，或者想看看可能会发生什么事情时，事件风暴是一个有效的方法。第 7 章介绍了以混沌探索为核心的全局事件风暴，旨在帮助团队理解领域当前是如何工作的。而本节将要介绍的是流程建模事件风暴，它不那么混乱、更加结构化，更适合设计未来状态。额外的结构和细节使这种方法所述更接近代码实现，但它并没有引入任何特定于软件的概念，因此，仍然适用于所有类型的利益相关者。事件风暴的创造者 Alberto Brandolini 甚至主张，将流程建模事件风暴转变为协作游戏时效果更好。

8.4.1 符号

流程建模事件风暴基于全局事件风暴中使用的符号。这种建模风格增加了新的概念和语法，限制了每个符号元素的使用时机。例如，橙色的领域事件只能在紫色的系统之后直接使用。以下是符号和语法的完整列表。图 8.4 给出了一个可视化的表示（本书的 Miro board 上有一个交互式版本，参见 http://mng.bz/PRO8）。

- 参与者 / 角色——用黄色小贴纸代表领域中的人物，或者更抽象地说，代表他们所扮演的角色。
- 行动 / 命令——用蓝色方形贴纸表示用户或策略执行的指令或触发器，以尝试在系统上执行任务。
- 系统——用大粉色贴纸代表内部或外部的软件系统或应用程序。
- 领域事件——用橙色方形贴纸代表系统在调用命令后产生的事件。这些事件代表了应用命令后的结果。
- 战略——用紫色方形贴纸代表由领域事件激活的策略。它们就像业务规则或工作流程中的步骤。
- 信息——用绿色方形贴纸代表人们用来做决策的信息。
- 热点——这些是标注或占位符，可以让你回头再看。它们有时用菱形紫色贴纸或红色方形贴纸来代表。

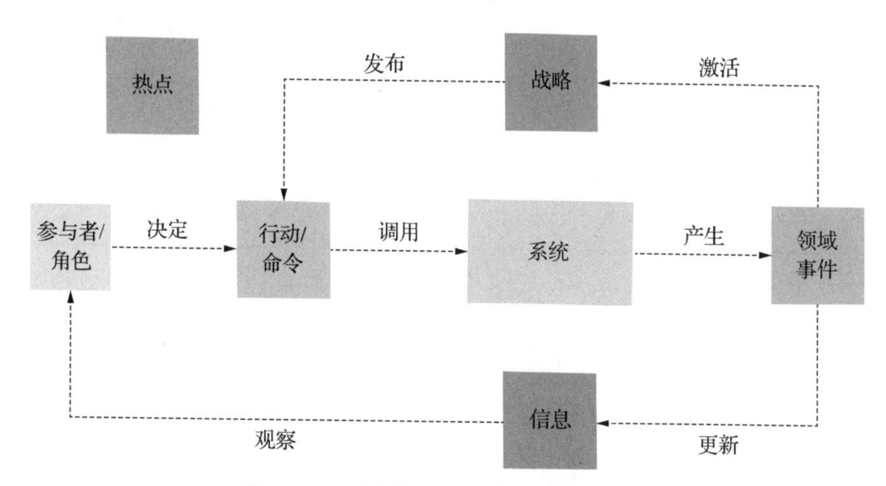

图 8.4 流程建模事件风暴的符号和语法

图 8.5 展示了一个事件风暴的例子，它用于对合同审批流程的一小部分进行建模。流程从销售人员在合同系统中请求批准合同开始。随后，系统会触发领域事件“合同审批请求”，这会触发一个业务战略，该战略要求合同必须得到法律审批。这个战略通过软件自动执行，通过指示审批系统请求对合同进行法律审批。

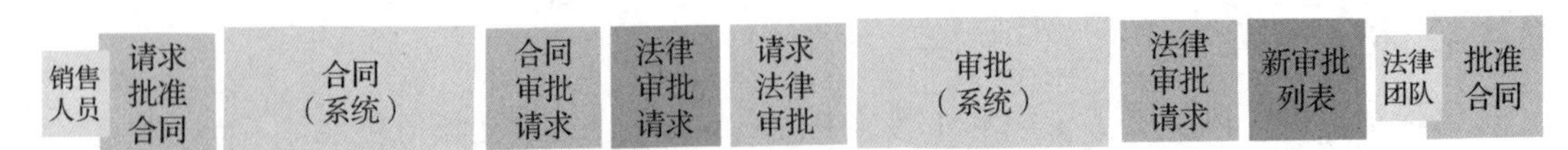

图 8.5 合同审批流程的一小部分

在请求法律审批后，未决的审批将被添加到新审批列表中，所有这些审批项目都在等待法律团队的审批。在实践中，这些信息往往位于网站的某个页面，法律团队可以查看这些页面，了解他们需要做什么工作。看完合同并对内容感到满意后，法律团队将批准该合同。

到目前为止，它只包含一行（通常是"快乐路径"）。但在流程建模中，考虑其他场景和边缘案例也同样重要。图 8.6 显示了一个对其他场景建模的示例。在这种情况下，法律团队可能批准也可能不批准合同。如果合同没有被批准，那么法律团队可能会要求进一步修改合同，把合同退回给销售人员和合同系统进行完善。这一流程被建模为下方的那行，因为流程建模事件风暴一般会尽可能将顶部那行保留为公共路径或快乐路径。

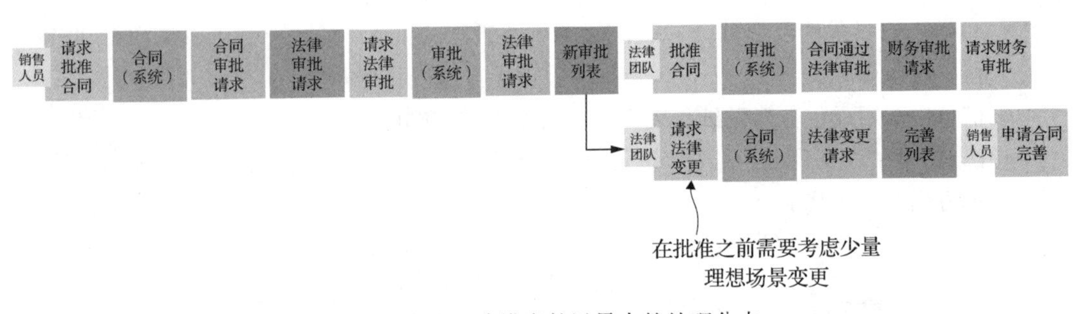

图 8.6 在流程建模事件风暴中的处理分支

提示 在本书的 Miro board（http://mng.bz/PRO8）上可以找到全彩色的速查表，其中涵盖每种事件风暴格式的符号。

8.4.2 规划研讨会

规划流程建模事件风暴研讨会与规划全局事件风暴研讨会有许多相似之处。如果你亲自主持会议，那么将需要大量的墙面空间，无论会议形式如何，你都会希望有多元化的参与者，这些参与者代表所有的关键群体，如产品经理、工程师、UX 专家和领域专家。流程建模事件风暴的不同之处在于，其范围通常要狭窄得多，以允许更细的粒度。因此，来自不同团队和业务领域的代表的数量会减少。另外，由于范围更窄、更具体，因此更容易阐明期望的结果。

8.4.3 引导研讨会

引导流程建模会议相对容易一些，因为一开始没有混沌探索。通常，整个团队会一起工作，在任何给定时间点都只进行一次对话。然而，当整个团队的所有成员试图同时发言时，情况可能会变得棘手，因此需要一些技巧来引导团队成员发言。我的方法是在研讨会开始时设定一些基本规则，解释说明我们不能同时发言，如果想要进行有效的会议，那么应该展现基本的礼貌。

在会议开始后，我发现有两种技巧可以非常有效地控制局面：轻柔地提醒人们以及使用占位符来暂时搁置某些对话。我还发现定期回顾非常有用，因为这样团队可以反思自己的行为。例如，几个小时后，可以告诉团队："我们来做一个快速的回顾。我们围成一圈，每个人都要回答两个问题：在这次会议中学到了什么？下一次会议希望有什么改变？"

启动会议

启动流程建模事件风暴研讨会的简单方法是从流程的第一步开始，然后在整个团队的共同努力下逐步建立时间线。如果团队对这种方法不熟悉，那么最好指定一个人来放置贴纸，并且每 15 到 30 分钟轮换一次。纪律严明的团队可能不需要指定这一角色，每个人都被允许添加和移动贴纸。

同样有帮助的是明确定义前提条件和成功标准，尽管这不是必需的，如图 8.7 所示。会议的目标是有始有终。我确实发现，有一个明确的开始和结束标准可以帮助人们集中注意力，让他们自己知道已经取得了多大的进展。

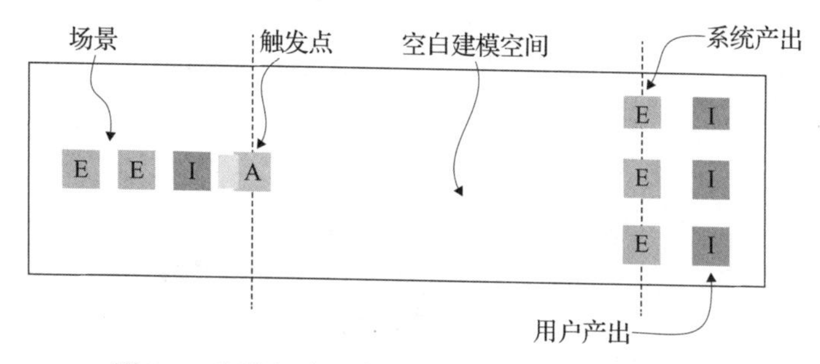

图 8.7　为进行流程建模事件风暴研讨会准备白板

把事件风暴作为一种协作游戏

Alberto Brandolini 是事件风暴的发明者，他非常喜欢将游戏化方法应用于流程建模事件风暴。他推崇游戏化的理由是流程建模事件风暴（用于设计未来状态时）需要把大家的共识汇聚到解决方案。你可能已经意识到，当各个利益相关者都有自己的利益和观点时，这是不容易实现的。将流程建模转变为协作游戏可以消除竞争性质，创造人们需要共同努力的环境。

Alberto 在他的流程建模游戏中定义了四条关键规则：所有流程路径都完成了；颜色语法（如图 8.4 所示）得以保持；没有空洞或间隙；每个可能的热点都得到了解决，所有利益相关者都相当满意。想要了解更多关于将事件风暴游戏化的信息，我强烈推荐 Alberto 的演讲"Software Design as a Cooperative Game"。

提出好问题

提出好问题是一项重要的引导技能。好的问题可以让你找到排除某些方法的洞见，还可以为团队引出新的可能性。需要记住的一点是，提问是为了将知识带入整个团队或让团队以不同的方式思考，这反过来又能让团队进行更好的对话并深入理解情况。不要仅将提问视为你个人获取决策所需信息的方式，要像一个好的引导者一样思考和行动，这种区别是至关重要的。本节提供了几乎可以在任何研讨会中使用的通用引导问题。

"有多少人将承担这个角色（或扮演这个角色，或能够做这项工作）？"提出这个问题是为了确定规模。是一个由五个人共同负责的小团队，还是一个有五千人的呼叫中心？例如，自动化五个人的工作可能无法证明构建和维护软件的成本是合理的，但如果有五千人，情况就大不相同了。

另一个与之相关的问题是："一个人能扮演多少角色？"这个问题可以开启关于如何提高个人生产力的对话，如果一个人扮演三个角色，但他的专业知识只能够支撑其中一个角色，那么意味着让他扮演其他两个角色是对他才能的浪费。图 8.8 将这些问题应用于处方验证流程中的角色。然后，我们来设计新的流程以优化每个相关人员的价值。

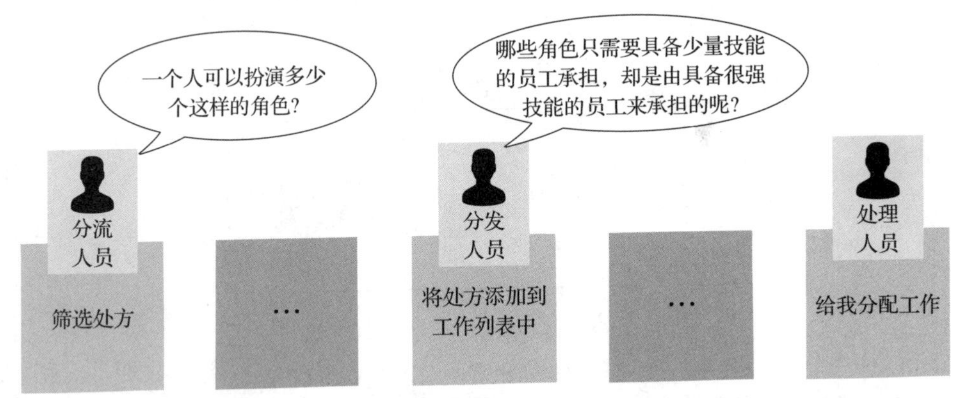

图 8.8　向领域内的人员提问以开启有价值的对话

当一个流程有多个触发点或入口时，"每种情况发生的可能性有多大？"或者"哪种情况最常见？"是一个好问题。你甚至可以像图 8.9 所示的那样应用百分比划分。明确这些信息可以更好地理解有价值的机会可能在哪里。一方面，通过单一触发点流入的案例百分比较高意味着更多用户将从该场景的优化中受益。另一方面，通过特定触发点流入的案例百分比较低，也可能是需要在该领域投入更多的理由。我见过的一个例子是，只有少数用户通过自动聊天机器人寻求帮助，而大多数用户更愿意与真人交谈。这种进入流程的方式由于涉及大量人工处理而使企业成本更高，因此对这一流程进行现代化改造可以使更多用户选择这种流程，最终结果是降低运营成本。

最重要的问题之一是："这种情况经常发生吗？"如果你对时间线上的每一个事件和政策都提出这个问题，那么一定能发现隐藏的边缘案例和业务规则。例如，考虑一项政策，它规定在销售合同的审批请求之后需要请求法律审批。如果我们问："销售团队请求合同审批时，是否总是需要请求法律审批？"我们可能会得到这样的回答："实际上并不总是需要请求法律审批。如果销售人员重用了已经获得批准的客户的现有模板，那么就不需要请求法律审批。"同样，你可以问相反的问题："在任何情况下 X 都绝对不应该发生吗？"或者"你们是 100% 不可能允许 X 发生吗？"

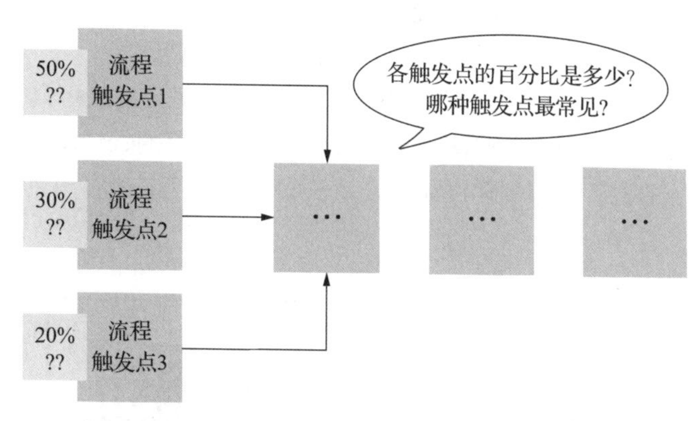

图 8.9　明确标出领域中每个流程的触发点百分比

由于流程建模事件风暴更倾向于面向解决方案，因此未雨绸缪，考虑将来需要实现的需求并无不妥。思考服务水平协议（Service Level Agreement，SLA）和一般的容忍度是开始提出这类问题的良好起点。例如，提问："合同审批请求和法律团队响应之间允许的最长时间是多少？"你不需要确定涵盖每个场景的具体需求。

8.5　领域叙事

工具箱中拥有多种研讨会技巧总是一件好事。环境、领域和人都可能是决定哪种技巧在哪种特定情况下最有效的因素。我们还可以将多种技巧应用于同一挑战，看看从不同的视角出发是否会产生不同的见解和观点。因此，领域叙事（https://domainstorytelling.org/）是一个很好的方法，你可以把它和各种形式的事件风暴一起放入工具箱。

领域叙事的理念在于所讲的故事是引人入胜的、具体的，并且围绕着领域中的人展开。这些特点导致人们能更深入地融入领域。领域叙事通常采用逐步的方法建模和讲述故事，以单一对话线索进行。这种方法并不要求人们必须站起来四处走动，形成不同群组，同时进行多个对话。这是一个相对平静的过程，尽管如同许多协作方法一样，需要一定的引导技巧来防止群组成员同时讲话和陷入无关的细节讨论。

8.5.1　符号

领域叙事包含一些基本的符号元素，我们利用这些经过优化的元素表达人、系统和其他实体之间的交互，以此讲述关于领域的故事。

- 参与者：在领域故事中扮演角色的人、软件系统或其他实体。
- 工作项：参与者使用和沟通的领域概念。
- 活动：对工作项进行操作的参与者，通常涉及另一个参与者。
- 序列号：表示每项活动发生的顺序。
- 注释：用于表达其他符号难以明确表述的内容（例如决策原因或动机）的文本。
- 群组：用于显示故事部分之间的关系，类似于领域边界。

图 8.10 展示了用于表示这些概念的通用建模图标。然而，使用更具代表性的图标来使故事栩栩如生也是可能的，因为这些图标更能代表正在被建模的领域中的概念。例如，如果你正在设计司法系统的流程，那么你可能会使用法官图标来代表法官角色，而不是使用通用的角色图标。

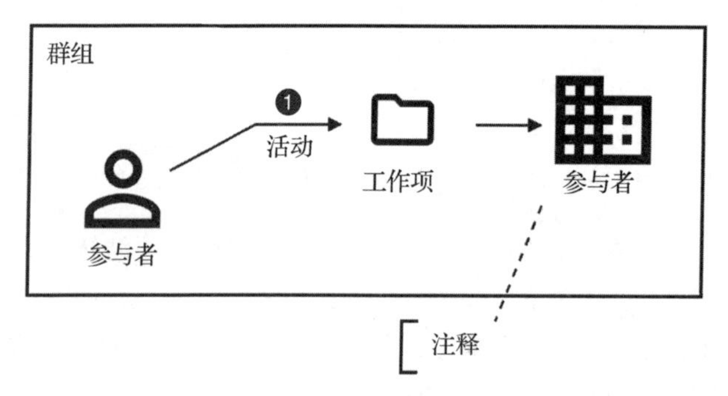

图 8.10　领域叙事的六个基本符号元素

图 8.11 使用领域叙事方法设计了期望的未来状态流程，用于自动验证处方。故事从顾客在公司网站的订单区域下医嘱订单开始。这由顾客图标表示，接着是执行活动“下单”，这是一个带有序列号 01 的箭头。箭头指向“医嘱订单”工作项，其后跟着第二个箭头，箭头指向“订单”系统 / 功能。这读作“顾客在订单系统上下了一个医嘱订单”。下一步用下一个序列号（即 02）标识。在这个例子中，这一步指同一个顾客执行上传处方到网站的处方验证区域的活动。然后，处方验证服务通过电子邮件向医生确认处方是否有效，一旦收到电子邮件回复，处方验证服务就会与订单系统确认细节，以便接受并完成订单。

8.5.2　规划和引导研讨会

在前一个例子中，你可能已经观察到，不同于事件风暴，这里只有单一的流程。没有替代场景或边缘案例。这是有意为之，它触及了领域叙事理念的另一个方面，这个方面通常通过 Stefan 和 Henning（*Domain Storytelling* 一书的作者，http://mng.bz/Jdzz）喜欢使用的陈词滥调来表达：“好的例子胜过糟糕的抽象。”他们还引用了 Cyrille Martraire 在 *Living Documentation* 一书（http://mng.bz/wjlB）中的话：“一个图表，一个故事。”因此，领域叙事研讨会更加结构化和聚焦点更明确，并且需要进行更多前期规划。本节涉及规划和引导领域叙事研讨会的关键方面。

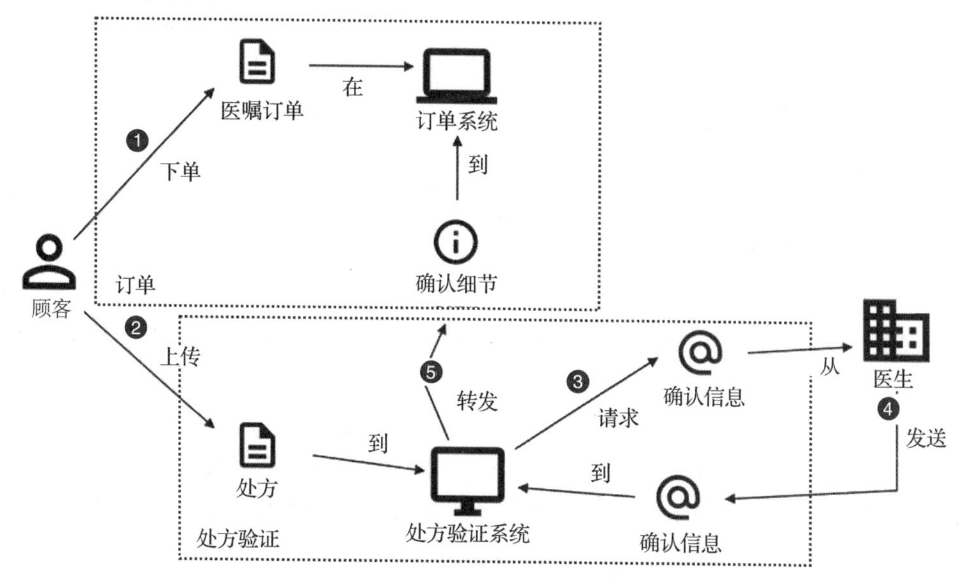

图 8.11　使用领域叙事方法设计未来状态的处方验证流程

设定范围

领域叙事涉及用单一流程准确讲述故事且不使用条件语句，因此我们应该事先明确范围。Stefan 和 Henning 提出了规划研讨会时需要考虑的三个范围因素：粒度、时间点和领域纯度。粒度指的是细节水平，有三个宽泛的级别：粗粒度、中粒度或细粒度。粗粒度指的是最高水平的粒度。通常，粗粒度故事将涵盖涉及多个领域和团队的大部分业务，而细粒度故事将会更加详细，可能只介绍粗粒度图表中的一个活动，并将其细化为 10 个或更多步骤。建议每个领域故事都严格按照单一粒度级别建模。

时间点描述故事是基于当前的现实，还是基于尚未实现的期望未来改进。这两个选项分别被称为现状和预期目标。确定时间点是一个好主意，因为它可以澄清会议的结果，防止人们在研讨会期间不断在两个时间点之间切换，不断在两个时间点之间切换可能会导致团队偏离轨道并且失去参与感。在建模预期目标时，管理期望是一个好主意。这不仅仅是绘制当前的知识地图，而是探索未来的可能状态并做出决策。产出可能会减少，人们可能会觉得取得的进展更少，所以必须强调的是，集中思想和做出决策是有价值的。这不是争论观点的借口，所以和往常一样，当时间没有被有效地利用时，介入和引导很重要。

领域纯度指的是故事中是否应该包含软件系统。包含软件系统的故事具有“数字化”的领域纯度，而不包含软件系统的故事则被认为是纯粹的。当想要专注于领域概念并且不让软件系统干扰整体画面时，选择纯粹的领域故事是一个好主意。然而，有时候理解软件系统所扮演的角色对于理解限制和局限性至关重要，因此将它们展示出来是一个好主意。

邀请合适的人员

正如事件风暴和其他用于设计新领域能力的方法一样，拥有合适的人员是产生高质量想法和团队快速前进的关键。同样，研讨会中的人越多，就越难控制局面并取得进展。领域叙事的活力并不真正影响应邀请谁参加研讨会，建议与事件风暴方法的相同。第一步是确定希望在研讨会期间提出的问题，第二步是思考谁在研讨会中最有价值，这可以帮助回答这些问题。当设计未来状态流程时，这意味着需要那些了解新系统愿景和用户需求的人，以及那些将要设计和实现软件的人。此外，你可能还想邀请那些想倾听故事来学习而不参与项目的人。对于此情况，领域叙事是一个很好的方法。

准备空间

领域叙事在建模空间上相当灵活。不需要用到几米长的墙面，事实上，可能根本不需要墙面。在我参与过的领域叙事研讨会中，一个大白板就足够了，甚至使用数字建模工具在一个大屏幕上进行面对面研讨会也可以。我在参加由 Stefan 和 Henning 主持的培训研讨会时学到的一件事是，他们更喜欢一种“巨石阵”座位布局，如图 8.12 所示，座位几乎完全呈圆形或马蹄形，统一面向建模白板或者屏幕。我发现这种布局让人们既舒适又能深度参与，我真的很喜欢它。它说明在出色的建模会议中，人们不需要站立和四处移动。

如果你正在举办线下研讨会，并且更倾向于使用实体工具而不是数字工具，那么有几个选项可供选择。每当我在会议上遇到 Stefan 和 Henning 时，他们实际上会打印出领域叙事图标，将之贴在白板和翻页板上。另一种选项是使用贴纸，但我认为使用真正的图标看起来更好。我还发现使用数字工具很有趣，即使是面对面的时候。我推荐的两个数字工具是 Miro board 和领域叙事建模器（https://egon.io/），这是一个可以免费在线使用的开源工具。

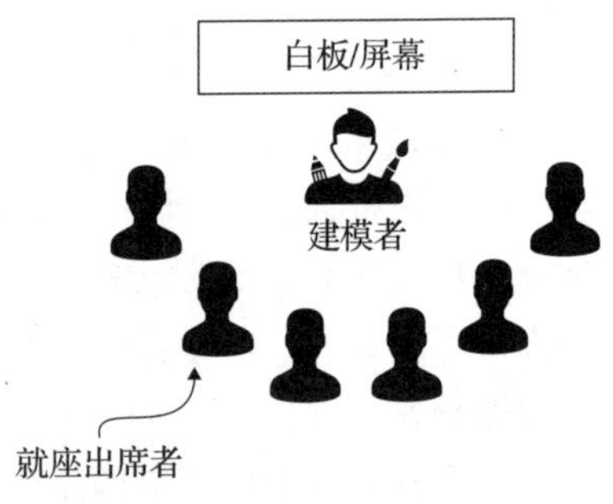

图 8.12 “巨石阵”座位布局

研讨会角色

没有必要在领域叙事研讨会中引入角色。然而，它可以帮助确保对话不偏离主题，并且能让他们在陷入无意义的讨论时停下来。引入角色还可以帮助确保每个人都有机会发言，而不是由几个声音大的人主导会议。我发现即使有一群有经验的建模者，引入角色也仍然是有益的，我个人也喜欢它们带来的结构化方式。以下是可以考虑在研讨会中增加的角色：

- 主持人：这个角色负责在研讨会之前组织会议并邀请参与者，以及在研讨会期间最终决定如何分配时间（例如为哪些场景建模）。
- 建模者：这个角色负责通过在建模空间添加符号来构建故事，通常这个角色只由一个人担任。

- 引导者：这个角色负责管理空间和对话，确保团队进行高效的、与主题相关的讨论，并且每个人都有公平的机会发言。
- 故事讲述者：这个角色负责分享建模者将要描绘为领域故事的知识。
- 听众：这个角色是指参加研讨会来学习的人。他们可以提问和发言，不必强迫自己保持沉默。

你可以将其中一些角色组合起来。例如，同一个人可以既是建模者也是引导者。在可能的情况下，我认为最好由不同的人来扮演这些角色。然而，建模者和引导者都要求注意力集中且专注。故事讲述者和听众的角色也可以结合起来，特别是在设计未来状态流程时，需要结合领域专家和技术专家来设计解决方案。

保持故事易于理解

领域叙事的一大挑战是如何保持图表的清晰易读。人们很容易在流程中不断添加步骤，超过临界点后，流程图中将有太多的线条、箭头和图标，使得人们很难理解发生了什么。当注意到图表开始变得有些难以承受时，停止重新组织是一个好主意。一种选择是结束这个故事，并从前一个故事结束的地方开启一个新的故事。当存在一个相对清晰的过渡点时（比如导致下订单的步骤和下订单后的步骤），这种方法是可行的。

另一种选择是采用多个粒度级别。首先，创建一个高层次的粗粒度图表，然后放大到需要更多细节的领域。很难确定何时停止，但我不建议过度深入，如超过 20。有些建模空间（比如白板）可能根本不允许你构建那么大的故事。作为引导者，我喜欢定期停下来，从头开始回顾一下进展。在这些时刻，当图表过大或我们混合了多个粒度级别时，进展通常会很明显。

8.5.3　回放故事

在 2022 年领域驱动设计欧洲大会上，Stefan Hofer 在第一天下午参加了我的培训研讨会（https://dddeurope.academy/domain-driven-analysis-indu/）。这是预先计划好的，这实际上是 Indu Alagarsamy（https://www.linkedin.com/in/indualagarsamy/）的想法，我和他一起主持研讨会。Stefan 进行了一场现场建模会议，扮演了建模者和引导者的角色。研讨会的一位参与者扮演了新流程中关键利益相关者的角色。在使用建模工具（https://github.com/WPS/domain-story-modeler）绘制出流程的前 9 或 10 个步骤后，Stefan 将工具切换到回放模式。这种模式会在屏幕上逐步回放故事。研讨会的参与者们倒吸一口气，利益相关者则扬起眉毛说：“这太好了！”这捕捉到了领域叙事的一个卖点（当使用专用的数字工具时）：能够逐步讲述故事非常引人入胜而且很酷！

8.5.4　何时使用领域叙事

如你所见，领域叙事的符号和理念与事件风暴有很大不同。事件风暴基本上是一个基于时间线的格式，应从左到右阅读，很少或没有箭头。领域叙事则没有时间线，并且允许灵活地嵌入符号，依靠序列号来展示流程如何随着时间的推移而展开。另一个需要比较的方面是范围。事件风暴渴望一个大型的建模空间，以捕捉端到端的流程和各种边缘案例，所有这些都在同一个模型中。领域叙事则通过为不同场景创建多个故事，以不同的细节级别进行不同方式的扩展。然而，这两种方法都是以循序渐进的方式构建流程的，因此在研讨会活力方面也有一些相似之处。

如果你喜欢站着、保持活跃并在单一的建模空间中捕捉一切（包括所有变量），那么事件风暴可能是最佳选择，尤其是当你不想担心如何布局元素和绘制连线时。另外，如果你更喜欢使用专为此目的构建的数字工具，想要保留故事的电子副本，希望随着时间的推移不断演进故事，并且希望能够回放故事，那么领域叙事可能更合适。我们很难划定一个确切的界线来决定何时使用哪种方法，个人偏好有时会发挥很大作用。你可能会认为事件风暴更适合面对面交流，而领域叙事更适合远程交流，但这并不是在现实中观察到的模式。这两种方法在两种模式下都有使用。

对于流程建模，选择事件风暴还是领域叙事？你需要逐一尝试这两种方法并自己做出决定。而且，你还应该了解本书未涉及的其他方法，如服务蓝图（Service Blueprints，https://servicedesigntools.org/tools/service-blueprint）和顾客旅程映射图（Customer Journey Mapping，https://servicedesigntools.org/tools/journey-map）。

本章要点

- 仅把架构现代化认为与技术和软件相关意味着利益相关者可能会失去对 UX、产品、领域和领域模型进行现代化的机会，而这会在用户和业务方面付出巨大代价。
- 确定将要现代化的应用程序的需求并不是简单地复制所有现有功能和对当前代码库进行逆向工程。
- 让 UX 专家参与对于确保现代化交付最大价值至关重要。
- 考虑不对 UX 进行现代化改造的成本。随着公司计划发展，当前的 UI 会成为公司发展的障碍或带来风险吗？
- 花时间与真实用户交流是确定现代化需求的关键：一些现有功能可能已经废弃；一些功能虽然可用但非常低效，需要手动进行大量变通工作；还有一些功能可能完全无法使用。
- 为了获得最佳结果，需要将来自系统的知识（如当前特性、日志和指标）和从与用户沟通过程中获得的见解结合起来。
- 我们建议采用持续发现方法，这意味着开发产品的团队应该每周都与用户进行交流，以获得关于潜在的新改进和刚刚实现的功能的反馈。
- 投资更好的概念领域模型意味着改善人们讨论领域的方式，即改进协作方式、简化代码，以及消除业务语言和 IT 语言之间成本高昂且容易出错的转换。

- 像事件风暴（让业务专家和软件专家一起花时间讨论领域）这样的方法是专注于语言和建立通用术语的绝佳机会。
- 流程建模事件风暴是一种可用于设计领域的未来状态、UX 和领域模型的方法。这是在做出技术相关决策之前识别现代化需求的绝佳方法。
- 就像每一种发现和建模方法一样，提出一些很好的问题（比如“一个人可以扮演多少个角色?”）将有助于揭示对应用程序进行现代化的洞察和澄清需求。
- 领域叙事是另一种方法，可用于探索领域的未来状态，并确定现代化过程中最有价值的需求，同时建立更好的概念领域模型。
- 领域叙事使用形象的文字语言讲述故事，能够对长达 20 步的单个场景进行建模，这与事件风暴相反，事件风暴将许多分支的端到端流程按单一时间线进行建模。
- 你可能想在研讨会中引入角色，以管理团队活力并最大化利用可用时间。
- 在流程建模事件风暴和领域叙事之间的选择取决于个人偏好和场景限制。最好两种方法都尝试一下，然后决定哪一种最适合自己。

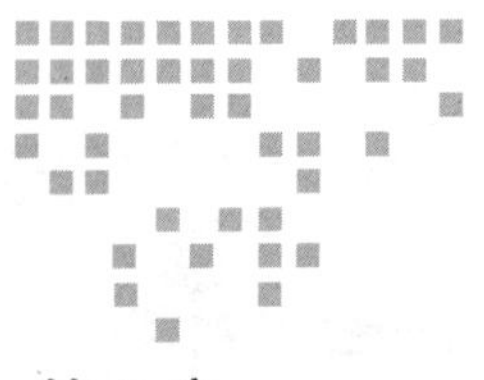

Chapter 9 第9章

识别领域和子领域

本章内容包括：

- 理解领域和子领域的识别原则；
- 用启发式方法探索可能存在的领域边界；
- 使用事件风暴识别领域和子领域；
- 将子领域分组到领域中；
- 评估和细化领域边界。

无论你希望通过架构现代化实现何种雄心勃勃的成果，有效地构建团队和设计松耦合架构都将发挥重要作用。良好定义的边界减少了组织内部和软件内部的依赖性，使团队能够快速交付新变更，减少阻碍。良好定义的边界的好处还扩展到价值发现。一旦团队的边界被清晰定义，他们就相当于被授权在特定商业领域发展专业知识。这样的团队可以贡献的远不止编写代码。他们可以结合自己的领域知识和技术专长来提出新的产品创新。总之，良好定义的边界赋予团队权力，并有助于释放全部的团队潜力。

那么，松耦合组织和软件架构的设计秘诀是什么呢？如果架构设计的主要目标是减少依赖，那么回答这个问题的关键就是理解哪些依赖是不可以避免的，哪些依赖是可以避免的。事实上，只要愿意付出足够的代价，几乎任何依赖都可以避免。更实际的问题应该是：在不引发高昂成本的前提下，我们能避免哪些依赖？因为去除这些依赖的代价过于昂贵，哪些依赖我们不得不接受？第二个问题的提法更加精准，因为它揭示了架构设计所面临的根本挑战：如何设计架构完全由我们自己控制。是否存在一个流程图，只要按图索骥，就能找到完美的架构设计方案？答案是没有。每个组织都是独特的系统，有众多因素会影响最佳架构设计。而且每个组织都处于不断变化的环境中，这意味着目标总是在移动。

定义清晰的边界和减少依赖是一对需要权衡的设计因素。尽可能接近最优权衡的关键是从分析业务开始，更具体地说，分析业务领域概念之间的关系。例如，在实现新功能时，哪些领域概念可能共同变化？通过内聚共同变化的概念来组织业务，并称之为业务领域（在本书中业务领域与领域互换使用），团队和软件可以与领域对齐，从而降低耦合度并加快流程。

本章将展示如何识别领域和子领域，从一些基本概念开始讨论，然后是一系列启发式方法。本章还将展示如何运用事件风暴的原则和实践来确定领域边界。

实际上，本章涵盖了识别 IVS 的第一步（见图 9.1）。每个子领域都是建立价值流的候选。然而，在向现代化架构转型之前，需要从战略、组织和技术角度对子领域进行验证。然后这个子领域才可以被视为一个目标价值流，这也意味着你有足够的信心开始向架构现代化转型。

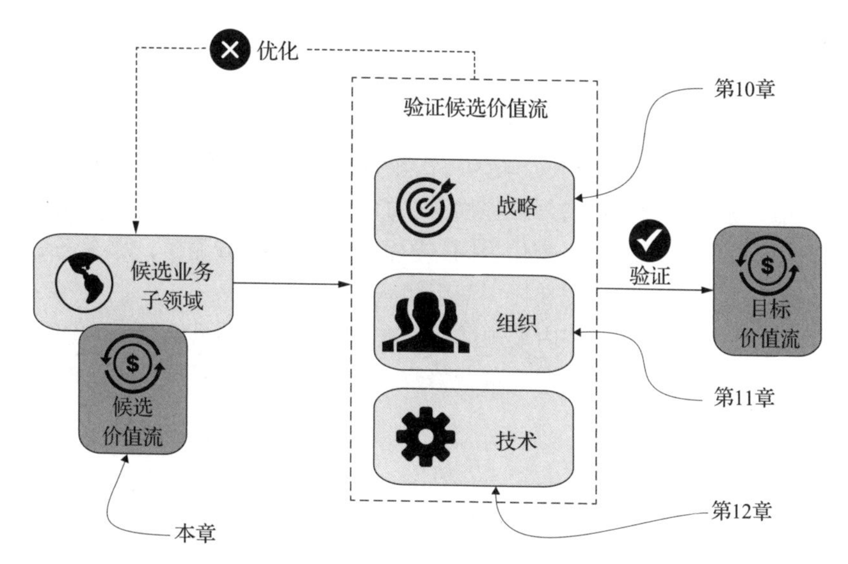

图 9.1　潜在的业务子领域是需要从多种角度验证的候选价值流

9.1　良好的领域边界的价值

良好的领域边界非常有助于组织层面的改进和技术层面的改进。如图 9.2 所示，松散耦合会使依赖性减少和流程加快，并且，根据个人经验，团队会更加快乐。将相关概念组合在一起的内聚边界能够带来更清晰的目标感，从而协调和激励团队，并激励可持续的实践。内聚性还使对领域的学习变得更加容易，进而帮助团队超越编码，为产品和领域创新做出贡献。

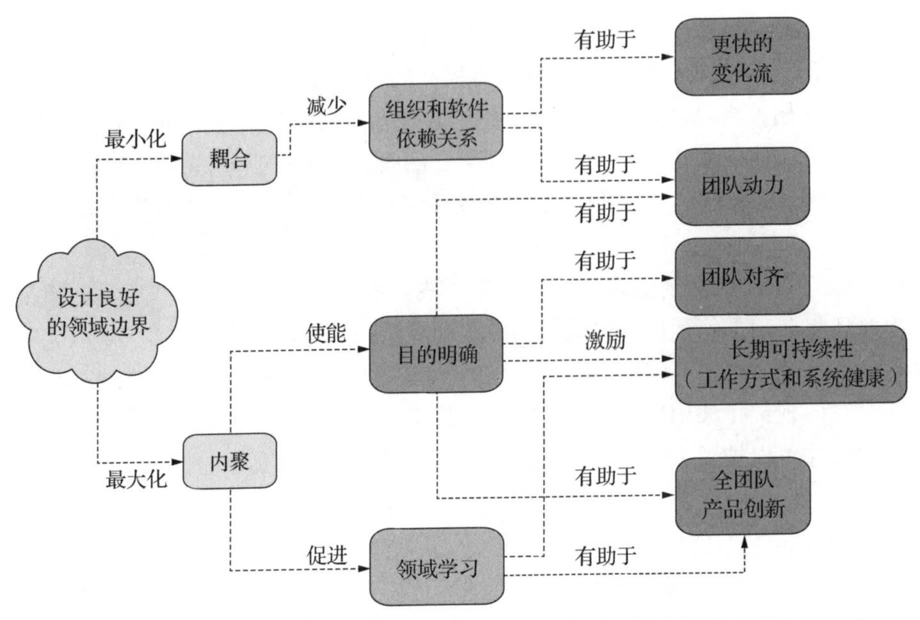

图 9.2　清晰的领域边界可以最大化内聚并最小化耦合，有助于提高团队表现和改善产品质量

考虑一个旅行公司的例子，该公司为每次旅行提供忠诚度积分。公司想引入一个新的忠诚度等级功能，根据客户的消费习惯提供更好的奖励。这需要改变忠诚度账户、忠诚度积分和奖励的概念。如果这些概念没有作为同一子领域的同一部分建模，那么三个子领域将需要与三个代码库一起更改，并且需要协调三个团队的工作。

或者，如图 9.3 所示，当这些内聚领域概念被建模为单一的概念领域时，实现忠诚度等级功能只需要由单个团队对单一代码库进行修改，更少的依赖关系导致更快的变更流程。

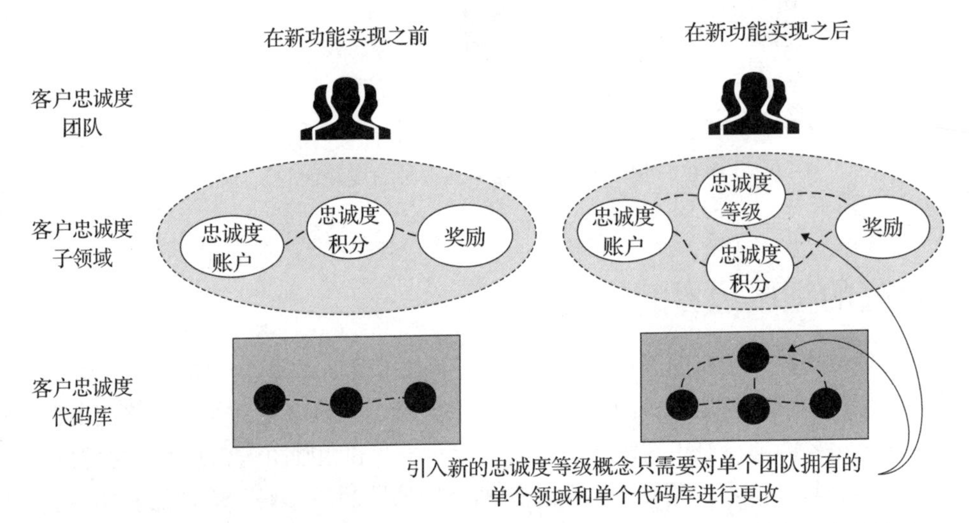

图 9.3　根据业务概念识别领域，这些业务概念共同变化以减少团队依赖和软件依赖

由于高度的内聚性，可以明确定义具有客户价值和业务价值的长期目标：奖励客户的忠诚度并提高其终身价值（Lifetime Value，LTV）。团队有动力不断寻找实现目标的新方法，这使他们希望保持代码健康与可演进性。团队的目标高度一致，并能够与相关领域专家紧密合作，这样可以帮助提高其领域知识，并在代码中更好地反映出领域概念。

9.2 领域识别原则

遵循良好的原则是识别有效领域和子领域的关键。本节将介绍一些基本原则，这些原则将引导你进行良好的设计，同时避免常见的陷阱。

9.2.1 领域边界取决于目标

在划分领域边界时，首要原则是这些边界应当为组织服务。对于如何模型化领域边界并没有一种内在的、普遍适用的正确方法。最佳的边界设定取决于想要达到的目标，因此，决策必须基于具体情况来做。虽然学术研究、专业书籍、行业标准以及其他公司的做法可能会对决策产生影响，但在大部分情况下，没有必要完全模仿它们。虽然遵循已有的做法可能是明智的选择，但最终的决策应该是经过深入考虑后的个人选择。

9.2.2 概念可以通过多种特征相互耦合

要理解为什么没有完美的解决方案，以及为什么做出自己的决定很重要，请参考图 9.4。图中有不同大小和颜色的形状，代表领域概念。这些概念可以根据不同的特征以不同的方式组织成子领域：所有绿色概念可以有一个绿色子领域，所有圆形概念可以有一个圆形子领域。

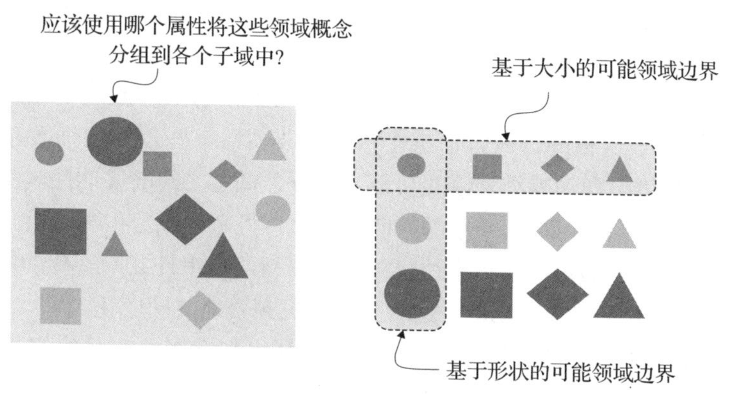

图 9.4　领域概念可以通过多种特征相互关联（耦合）

分组特征可能是重量、质地或材料。从这个角度看，图 9.4 中概念分组的最佳特征可能并不明显。但这强调了对领域深入理解和研究的重要性。

在第 8 章的研究案例中，Rebecca 和 Mathias 展示了即便是单个领域概念也是非常主观的。他们决定把信任概念作为隐喻引入到他们的领域中，用来核实竞争信息来源以确定版税。假设你与同行业试图解决相同问题的竞争对手进行交流。即使他们的产品提供类似的功能，他们也可能会以不同的方式来看待这个领域，并用不同的语言和概念来描述该领域。

选择合适的边界通常需要理解所期望的系统如何发展，以及减少这类更改所需要的工作量。以抽象的形状和颜色为例，如果产品战略需要基于形状改变概念的新功能和业务规则，那么形状将是最重要的标准。然而，如果根据形状选择边界，而需要实施新的业务规则，这些规则要求改变所有的红色概念，则会以对多个子领域进行更改的形式出现高耦合。这种额外的耦合通常意味着实施变更的成本会更高，而且需要更长时间。

9.2.3 并非所有的依赖都耗费同样资源

虽然划分领域边界的主要目标是最小化子领域之间的耦合，但重要的是要认识到并非所有耦合的成本都相同。领域之间总会有些耦合，因此必须根据具体情况来辨别其影响，而不是简单地将所有耦合都视为坏事并予以避免。在与一个客户合作时，我主持了一个研讨会来帮助多个团队更有效地协作。我们向 CEO 提出了几种解决方案，并问他认为哪种方案最能优化产品战略。他的回答是："这些选项我都不喜欢。你们应该重新划分领域边界，使之没有任何的依赖关系。"偶尔我会遇到的这种观点，但这种观点不切合实际。重要的是要接受某些依赖关系的存在，并且能够舒适地处理耦合的细微差别。

为了更现实地处理耦合问题，以及减少在判断哪种耦合更有问题时的主观性，我推荐 Vlad Khononov 提出的公式：痛苦值 = 强度 × 波动性 × 距离（http://mng.bz/n1ve）。痛苦值被用作衡量两个概念之间给定耦合实例的成本。分数越高，两个概念之间的耦合成本越高，这种耦合越不受欢迎，并且有更充分的理由投资于用来消除耦合的替代解决方案。强度指的是两个概念之间的耦合类型。强度是根据耦合类型在软件（如共享数据库和事件驱动架构）中的实现方式来衡量的。这将在第 12 章中更详细地讨论。

波动性指的是两个概念共同变化的频率。如果两个概念很少共同变化，例如，每年一次，那么即使其他变量值很高，痛苦值也会很低。波动性有些重要的细微差别。第一个细微差别是基于所实现策略和功能类型改变而造成的两个概念之间的波动性。例如，从历史上看，波动性可能一直很低，但是基于产品方向的变化，将来可能会很高。第二个细微差别是当前波动性与期望波动性的对比。现有约束可能会限制两个组件共同变化的频率（如落后架构代码），但是企业可能希望开发创新，这就要求其更频繁地共同变化。

距离指的是两个概念之间的距离。这对组织和技术都有影响。从组织的角度来看，如果两个相互关联的子领域由坐得很近且向同一经理汇报的团队负责，那么组织距离会很近。这些团队应该能够轻松地协调他们的工作。但如果这两个团队在完全不同的部门工作，向不同的经理汇报，甚至管理者们位于世界的两端，那么组织距离很可能会更远。技术距离的含义将在第 12 章中讨论。

9.2.4 探索多种模型

这可能看起来显而易见，但还是值得明确地指出来：确定清晰的领域边界需要共同协作探索多种可能性。因为领域概念通过各种特性相互连接，所以在确定最佳领域和子领域时，探索多个模型并对其权衡评估很重要。有些选项可能会促进单个产品的自主和优化，但代价是重复和缺乏跨产品的UX一致性。相比之下，其他选项可能采用更高水平的复用，但代价是造成更多的依赖。在过于执着于第一个看似合理的选项之前，建议将多个选项摆到桌面上。然后，比较决定哪种设计最适合要实现的结果。使用多种启发式方法和技巧是发现多个模型的关键。

9.2.5 行业案例：英国广播公司

英国广播公司（British Broadcasting Corporation，BBC）是英国最大的国家电视广播公司，自20世纪20年代以来一直如此。如今，它运营着世界上浏览量最高的新闻网站之一，每月页面浏览量约为15亿次，每月视频观看量为6100万次（http://mng.bz/vPl1）。然而，BBC网站远不止是一个新闻中心。它提供了一系列其他的服务，如电视直播、广播直播、体育、天气和教育。当BBC开始一个名为WebCore的重大现代化计划时，其高层次领域边界与这些服务对齐（http://mng.bz/46eD），如图9.5所示。

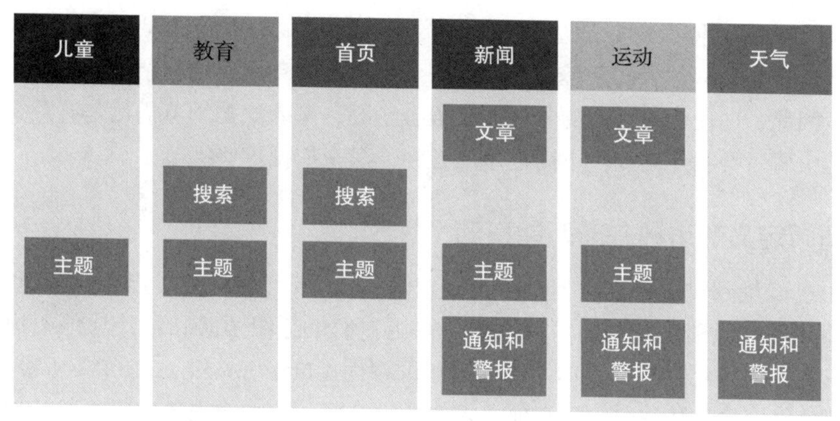

图9.5 在WebCore现代化计划之前的BBC高层次领域边界

Graeme Lindsay当时担任BBC工程经理，他解释说："每个都是重要的独立服务，每周有数百万次访问量，在过去几年时间里各自独立发展。这反映在组织结构上，不同的部门拥有各自的数字服务。"这些高层次领域定义了由多个独立团队组成的部门边界。

你可能已经注意到，在图9.5中，不同垂直领域之间存在着共性，比如主题和文章的概念。这导致了个别产品的高度优化，也带来了一些更高层次的后果，但正如Graeme Lindsay所解释的："跨多个服务的UX并不像它们本来可以的那样丝滑无缝……尽管许多功能在概念上相似，但却被实现了多次，维护的总成本也支付了多次。像个性化和分析这些跨领域的能力是每个产品开发团队必须自己解决的主要任务。”作为现代化计划的一部分，BBC 希望通过为所有服务创建一个网站，构建共享的横向服务，并允许团队共享通用组件来解决这些问题。

BBC 想要达到的结果是更好地利用技术，为观众打造更多创新的功能。因此，BBC 重新设想了其领域边界，包括文章、搜索和主题等横向领域，如图 9.6 所示，并开始转变其社会技术架构，以与领域边界对齐。负责面向观众的垂直领域（如新闻）团队可以利用这些横向领域。

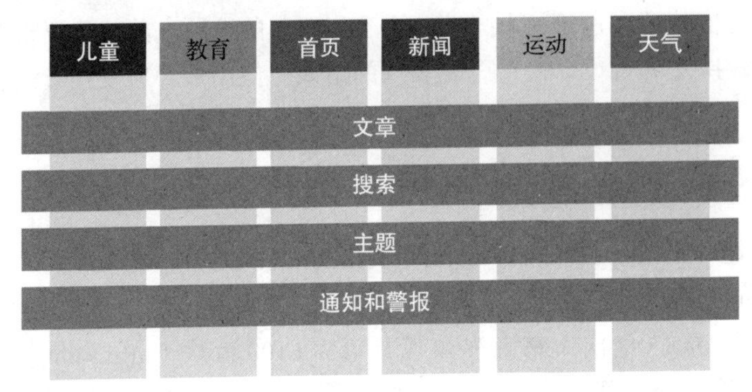

图 9.6 作为 BBC WebCore 现代化计划一部分的横向领域（来源：BBC）

9.2.6 不要依赖肤浅的知识

我看到的最常见错误之一是基于对领域的肤浅理解做出重要的架构决策。有些领域边界从高层次上看是非常适合的，但是当你深入到细节并发现更多的复杂性时，它会完全改变你的观点。因此，即使你对可能的领域边界很有信心，深入挖掘细节仍然是有意义的，通过组织召开集中研讨会和使用提供不同视角的各种方法来挖掘这些细节。

9.2.7 清晰定义的边界并非万能良药

本书中已经提到过这一点，但是值得在这里重复强调，因为它与识别领域和子领域密切相关：即使能够识别出完美的领域边界，并用它们来组织团队和设计软件架构，仍然不能保证可以实现现代化目标。正如结构和过程的谬误（http://mng.bz/QR0R）所警告的那样，仅有结构不足以创建高绩效组织。其他需求也非常重要，比如优先考虑正确的计划，激励可持续的实践，以及营造学习环境。

9.2.8 准备迎接持续的演变

划分领域边界不是一次性的活动，这是一个持续的挑战。领域边界演变的原因有很多。可能会遇到的一种情况是，由于新增了许多新功能，一个子领域对于单个团队来说变得过于庞大。另一种情况是，最初的假设缺乏关键洞察。在过渡到新的领域边界后，会出现更多的复杂性和依赖性，而且成本很高。

根据我的经验，在第一次尝试划分时，你的领域边界很可能不正确，因此应该假设领域边界会发生变化，并确保有足够的灵活性来适应变化。当组织请求我以一次性任务的形式帮助划分领域边界时，我总会解释这么做并非明智之举。如果你也遇到类似的情况，那么我建议绝不要把自己置于必须一次性完成完美设计的境地。更为重要的是要探究这种一次性期望的来源。理解触发变革的因素是了解何时以及如何演进领域、团队和软件边界的关键，这将在第 11 章中详细介绍。

9.3　领域边界的启发式方法

没有能帮你划分最佳领域边界的流程图。正如在 9.1 节所讨论的那样，因为领域概念可以根据多种相互竞争的标准组织成领域和子领域。但这并不意味着确定清晰的领域边界完全靠运气，或是一种天生的技能。这就是启发式方法的重要性所在。启发式方法建议各种可能的行动方案，比如假设你的目标是尽可能快地到达工作地点，那么最好“乘火车上班”。学习有关领域边界的启发式方法有助于识别各种设计选项并评估权衡取舍。

启发式方法虽有价值，但并不总能保障找到最佳解。比如，在火车罢工或严重延误时，乘坐火车去上班显然不是最快的选择。另外，启发式方法之间可能存在冲突，例如，选择“骑自行车上班”与“乘火车上班”是互斥的，虽然你可以尝试结合它们创造新的策略。启发式方法不同于流程图，它只提供方向性的指引，但在实际应用时往往需要更多工作和判断。

尽管启发式方法不能给出完美的解决方案，但当你将它与事件风暴以及领域消息流建模等多种方法和技巧结合起来时，就能获得定义清晰的领域边界。在本节中，你将了解到识别领域边界的各种启发式方法，接着，在 9.4 节，你将看到如何在事件风暴的实际场景中如何应用这些启发式方法。

9.3.1　五个指导性的领域边界启发式方法

有许多识别领域边界的启发式方法。作为起点，我推荐五个主要的启发式方法，它们代表了在识别和评估领域边界时的五个顶级关注点：

- 业务启发式方法：根据业务重要性定义领域边界。
- 领域启发式方法：根据领域概念之间的关系定义领域边界。
- 组织启发式方法：为激发团队潜力和提高生产力定义领域边界。
- 技术启发式方法：考虑软件和技术约束及机遇的领域边界。
- UX 启发式方法：为了最佳 UX 定义领域边界。

业务启发式方法鼓励通过将领域概念按照战略重要性的区别选择领域边界。根据业务成果目标，这可能是在具有更高战略重要性的子领域中更快的创新，通过更多复用提高效率，或优化构建与购买和合作伙伴决策。将高价值概念与低价值概念解耦可以在关键领域加快创新，因为每一个额外的概念都会增加认知负荷，并提高相应代码变更的成本。任何可以移除的价值较低的东西都将导致较低的更改成本。在 BBC 的例子中，减少重复成本和启用新的创新类型是两个关键业务成果。识别最具战略重要性的子领域是第 10 章的主题。

领域启发式方法鼓励根据领域的内在本质来选择领域边界，例如领域概念之间的关系，如订单与订单项之间的关系或食谱与食材之间的关系。本质上，这种方法关于寻找领域耦合和内聚，并揭示领域的真实复杂性。这些好处对于最小化相应软件中的耦合和复杂性至关重要。在 BBC 示例中，出现在多个领域的概念（如主题）之间的关系足够强，可以将它们整合到一个横向领域中。

组织启发式方法鼓励选择能够满足优化构建系统人员需求（如目标、自主和精通）的领域边界。例如，对于单个团队来说过于复杂的子领域可能会带来许多问题，如倦怠、不可维护的代码和不可靠性。这个话题在第 11 章中有更详细的讨论。

技术启发式方法鼓励出于技术原因选择领域边界，例如落后系统的局限。看到这个启发式方法，你可能会感到惊讶。软件架构毕竟不是应该基于领域吗？这在理想世界中是正确的，但在现实世界中，改变现有的落后系统很困难，而且中短期内将它们调整到期望的边界成本可能不可行。因此，尽管有长期的愿景，仍然可能需要定义短期内可以实现的领域边界。总之，软件不应该是驱动领域边界的主要因素，但理解技术关切和限制很重要，这样选择才切实可行。

UX 启发式方法鼓励选择能够提供最佳 UX 的领域边界。这是 BBC 重新架构其领域边界的关键原因之一。当前的领域导致了孤岛效应，其中每个产品都得到了很好的优化，但是 BBC 所有产品和服务的一致性体验却因此受到了影响。领域边界可能不是优化 UX 的最重要因素，但也不应该忽视。

有时候，这些启发式方法会朝着大致相同的方向发展，这很好，但通常它们会朝着不同的方向发展，你必须决定哪一个方向优先。没有自然的先例或简单的答案。在比较了各种选项之后，你需要花更多时间来构建行业案例。记住，边界需要不断演变，而且无论如何第一次都不太可能做到完美，所以选择一个感觉最对的选项可能会更好，并确保在了解更多信息时有缓冲空间来进一步调整优化。

通过确保你涵盖所有关键考虑因素并平衡竞争力量，这些启发式方法将引导你朝着正确的总体方向前进。但这些方法的抽象层次较高，在定义特定的领域边界时仍然留下了很多想象空间。这就是为什么当它们与更细粒度的启发式方法结合起来用于识别独立子领域时最有效，下面将介绍这些子领域。

可以在本书的 Miro 白板上找到本章介绍的所有启发式方法的备忘单，网址为 http://mng.bz/PRO8。

9.3.2 子领域边界启发式方法

本节中的启发式方法用于定义各个子领域边界。子领域边界实际上是团队（一个团队也可能负责多个低复杂度子领域）和软件架构部分的边界。这些启发式方法都不是规则，因此在大多数情况下，需要考虑所有这些方法并选择最合适的，还应该寻找可能与相应场景相关的新启发式方法。

将子领域与流程和旅程步骤对齐

开始识别子领域的最简单方法之一是将一个流程或用户旅程分解成一系列步骤或子流程，每个步骤或子流程都可能成为一个候选子领域，由不同的团队负责。例如，在电子商务环境中，“下订单”用户旅程可能被分解成图 9.7 所示的步骤和子领域：搜索和浏览、产品详细信息、购物车和结账，以及评论。

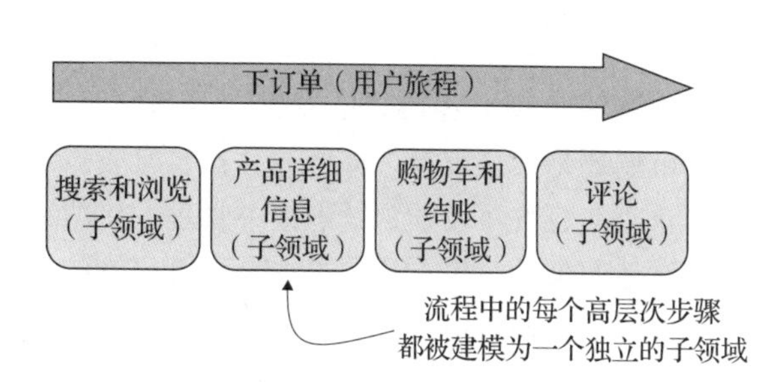

图 9.7　将子领域与用户旅程中的步骤对齐

这种启发式方法是一个很好的起点，因为每个人都熟悉如何绘制流程和用户旅程图，并且只需稍微努力就可以将其分解成更小的部分。当流程中的步骤基本上是自包含的，并且共享的概念很少时，这种方法在找到边界时非常有效。如果“评论”子领域只需要了解很少其他子领域的信息，比如产品的 ID 和购买该产品的客户 ID，那么它就符合这种确定边界的标准。然后它可以允许客户添加评论和评分，同时基本不受其他子领域中的“客户”和“订单”概念的任何变化的影响。

基于流程的分解方法有一个缺点，即很多时候，某些能力和概念会出现在多个步骤或旅程中，而重复的成本可能过高。下一个启发式方法将解决这一问题。

将出现在多个流程或步骤中的概念集中

如果你从绘制流程图并将其分解成步骤开始，则下一步是寻找步骤和流程之间的共性，这些共性应该被提取到专门的子领域中，如图 9.8 所示。将领域概念集中到单一子领域中有几个好处，包括将共同变化的相关概念进行分组，以及减少其他子领域内的复杂性。BBC 的例子就是这种情况，其中的主题、搜索、通知和警报被集中起来。

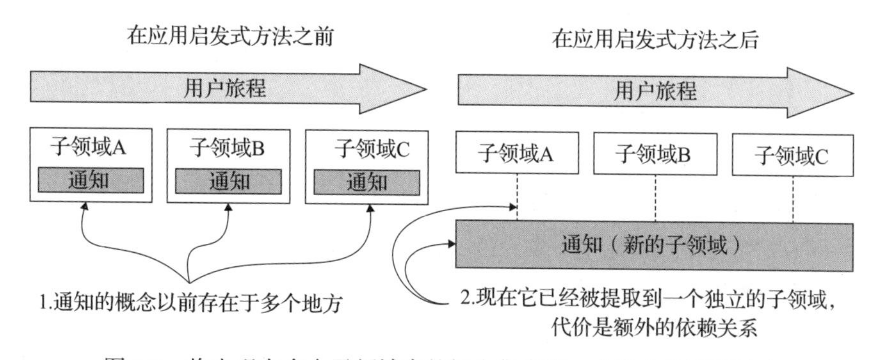

图 9.8　将出现在多个子领域中的概念集中到一个独立的子领域中

使用这种启发式方法时必须小心。如果基于对领域的肤浅理解来应用，那么很容易在系统中造成瓶颈和其他问题。我经常观察到一些架构师在没有充分了解成本的情况下，却强烈希望复用和集中化。这种情况发生在我与旅游行业的一个客户合作时，他们提供的服务既有针对大众市场的，也有针对高端市场的。大众市场通常客户数量高且利润边际低。利润在预订时产生。

在高端市场，客户数量虽少，但每位客户能带来的利润却很高。架构师注意到无论是高端市场还是大众市场，都普遍存在着套餐概念，比如包含日常出行这样的预订选项。因此他们希望在套餐建设子领域中集中管理，供所有用户旅程使用。高端市场团队立即发现了问题。对他们来说，构建套餐能力是高度定制的过程，有助于增加销售给每个客户的价值。作为集中服务，如果由另一个国家的另一个团队负责，那么将极大地限制团队不断改进这部分产品的能力。幸运的是，高端市场团队说服了架构师，这个一刀切的解决方案不可取。

以下是一系列问题，可以通过提问来决定在现代化场景中遵循启发式方法并创建共享子领域是否有意义：

- 共享子领域的客户会失去任何能力吗？
- 客户会获得新的能力吗？
- 客户会有更多时间专注于自己的核心使命吗？
- 新的依赖关系会减慢客户的速度吗？
- 拥有集中子领域的团队是否有可能对所有客户的需求做出响应？
- 随着时间的推移，客户数量会增长到成问题的程度吗？
- 客户迁移的成本会很高吗？
- 客户是否可以选择不迁移到共享能力？

通过回答这些问题，可以进一步回答一个更根本的问题：你希望实现什么业务和组织成果，你对实现这些结果有多大信心？除了这些问题之外，下一个启发式方法——决定何时应该或不应该将某些概念合并到一个子领域中，也同样至关重要。

将子领域与既定语义边界对齐

判断两个概念是否本质上一致，进而应该被视为同一子领域的一部分，往往需要仔细探究领域语言的细微差异。寻找的一个清晰模式是同一个概念在不同时间被不同名称所指代的情况。假设你在一个机构工作，“发起者”“骑手”和“报告者”这几个术语都可能指的是同一位顾客。每个词在不同的场景中使用，具有不同的含义，它们代表潜在的子领域，如图 9.9 所展示的，其中“发起者”用于营销子领域，“骑手”用于旅程子领域，而“报告者”（报告问题的人）用于负责维护车队的维护子领域。

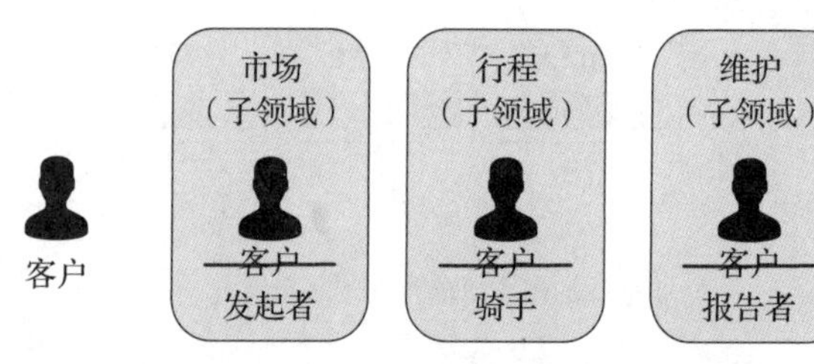

图 9.9　将子领域与既定语义边界对齐

另一个需要注意的模式是同一个

词或短语在不同场景下具有不同的含义。例如，番茄在植物学领域被认为是一种水果，因为它是由花的受精子房发育而来的。同时，在烹饪领域，番茄被认为是一种蔬菜，因为它被用于制作美味菜肴（http://mng.bz/Xqp1）。为了消除歧义，有时会用更精确的词语“植物水果”和“烹饪蔬菜”。将子领域与既定的语义边界对齐是塑造领域边界很好的启发式方法，正如这个番茄的例子所指出的，这种方法围绕着特定目的确定领域边界，比如制作美食。

在确定语义边界时，理解一些基本的语言学概念是有帮助的。尝试在你的业务领域中找到以下每个语言学概念的示例词语和短语：

- 同音异义词：发音相同但意义不同，例如，seller（卖家）与 cellar（地窖）。
- 同形异义词：拼写相同但意义不同，例如，saw（锯）和 saw（看见）。
- 同形异音异义词：拼写相同但发音和意义不同，例如，live（活着的）与 live（正在发生的）。
- 同义词：意思相同，但拼写或发音可能不同，例如，drink（饮料）与 beverage（饮料）。
- 提喻：用部分来描述整体，例如，“都到泵站来搭把手”，意味着需要每个人来帮忙，而不仅仅是他们的手。
- 隐喻：被用作修辞手法的概念，但并非字面意义，例如，“低垂的果实”暗示某些目标比其他选择更容易实现。在第 8 章中，Rebecca 和 Mathias 的例子展示了信任隐喻作为一个领域概念被引入。

词源是另一个至关重要的语言学概念，需要牢记在心。这涉及词语含义随时间的变化，这是许多业务领域中经常发生的事情。这个概念意味着我们必须持续关注语义的演变，并确保软件同步演变。意味着我们必须不断了解演进的语义并确保并行软件的发展。花点时间，试着想想在你的业务领域中，与几年前相比，哪三个短语的含义现在有所不同。

语义边界的一般概念存在于不同的领域中。在语言学中，有一个被称为语义域的概念（https://www.semdom.org/description），而在 DDD 中，有一个类似的概念被称为有界场景（https://martinfowler.com/bliki/BoundedContext.html）。

定义有目的的语义

之前的启发式方法是分析领域的当前状态，以确定既定的语义边界。这意味着领域和语义边界之间的一种单向关系，但实际并非如此。定义有目的的语义边界，确定相同概念可能有不同含义的地方，这是你可以控制的。未能定义语义边界很可能导致高度复杂且耦合的软件。以客户概念为例，可以将关于客户概念的所有内容放入称为客户的子领域。这将包括任何看似与客户相关的内容，如他们的个人资料、订单历史、支付详情、配送偏好、忠诚度等。其结果是构建单体的、紧密耦合的客户系统，这些系统难以理解和维护。即使在没有现有语义可循的情况下，定义有目的的语义也有助于避免该问题。

为了定义有目的的语义边界，我们可以确定线索是启发式方法的名称：首先识别领域中的不同的目的，然后反向工作，确定特定概念对于那个特定目的所带来的价值。基于相对于那个目的所提供的价值来定义语义，然后去除定义中与此无关的任何内容。例如，如果你的产品允许客户查看其订单历史，那么与此目的相关的客户语义就是已经下过历史订单的实体。与此目的相关的业务规则或逻辑都不需要了解客户的忠诚度积分、支持票据或通知偏好。它们不是与此目的相关的客户语义的一部分。基于这一点，如图 9.10 所示，订单历史可以被视为与这些语义一致的单独子领域。

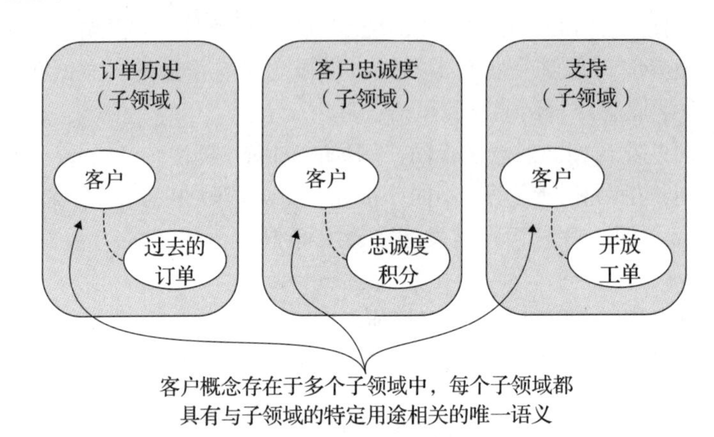

图 9.10 用明确定义的语义对齐子领域

根据变化速率解耦子领域

作为一个基本准则，子领域越大，变更成本越高，变更速度可能就越慢。这是因为当领域概念以代码形式实现时，更多的代码可能会导致以下部分或全部的负面效果：学习代码库更困难，理解代码更困难，修改代码更困难，以及测试和部署代码更耗时。

所有这些负面效果都会增加更改代码所需的成本和时间。因此，删除除不经常变更的代码，经常变更的代码的变更成本会降低。相应地，按变更频率解耦子领域的启发式方法的主要目的是定义领域边界，以便在最需要的地方实现更快的变更速度。请记住，这是一种过于简化的说法。其他许多因素，如代码质量和团队技能，也会影响变更成本。

从 Vlad 的耦合公式的角度来看这个启发式方法，如果两个概念之间的耦合波动性很低甚至为零，那么耦合的痛苦值也会很低甚至为零。因此，即使两个概念之间的变更成本很高，如果这种情况几乎不会发生，那么也不是问题。这里的风险在于准确确定变更率。这实际上是对未来的一种赌注，所以不能百分之百确定。不过，这也并非纯粹猜测。首先，你可以查看历史变更率，然后查看产品战略和路线图，以了解哪些领域具有最重要的战略意义。它们很可能会获得更高的投资并会更频繁地变更。

我经常用这种启发式方法，特别是在对紧密耦合的落后架构单体系统进行现代化改造的场景中。通常会有人说类似于“万物互联，不可能把这个领域分解成子领域。”剧透一下：到目前为止，从未证明这种说法的正确性。我通常探索潜在领域边界的做法，找人画出他们认为紧密相连的各个部分。然后，一步一步地研究每个关系，我会问这样的问题：“这个部分多久变更一次？”“你们多久上线一次新功能？”“你多久开发一次需要把这两个部分一起更改的新功能？”通常会听到类似于“那部分不经常变化”或者“我们可能每隔几个月做一次小改动，增加一种新的 < 东西 >”的回答。在这些情况下，你已经确定波动性很低甚至为零；因此，可以非常有信心地解耦这两部分，因为两者之中至少有一个很少变化。

关于这个话题要补充的最后一点是当前变化速度与理想变化速度之间的区别。现行系统可能会限制实施变化的速度，或者可能完全限制某些类型的变化。现代化的目标是在每个子领域中实现理想的变化速度。在计算痛苦值时，请记住这一点。

按子领域角色解耦

在许多不同类型领域中，有一种十分有效的启发式方法，即按子领域角色解耦。这是关于观察每个子领域的运行机制及其所承担目的的类型。图 9.11 展示了子领域可以承担的三种常见角色。第一个是规范角色。这意味着子领域的目的是为必须发生的事情创建规范或描述。

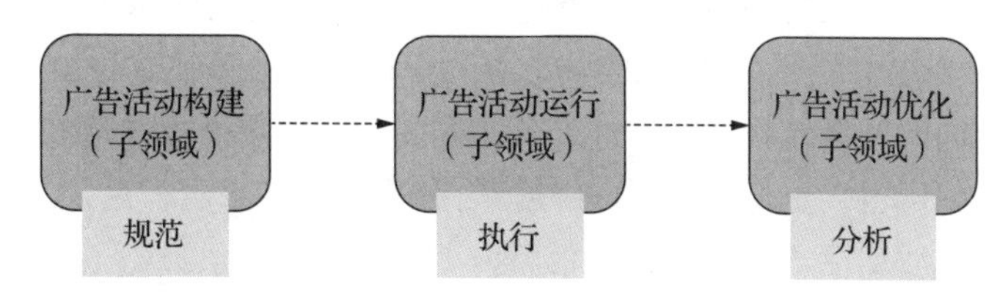

图 9.11　三个子领域角色：规范、执行和分析

规范本身通常不提供价值，而是描述了一些有价值的东西。在图 9.11 中，广告活动构建子领域扮演了这样的角色，因为它的目的是收集运行广告活动所需的所有信息。然后，它将规范交给广告活动运行子领域，后者将根据提供的规范执行某些过程或指令。因此，广告活动运行担当执行角色。第三个子领域是广告活动优化，它具有分析角色，因为它从多个来源接收数据，并产生关于提高广告活动性能的洞察。

正如所有启发式方法一样，该方法并不保证 100% 的成功率。有时候，将多个角色（如规范和执行）合并在一个子领域中可能会更好。当一个角色的复杂性不足以成为一个独立的子领域时，就会出现这种情况，比如，构建规范的步骤可能只涉及收集少量信息。然而，从长远来看，这样做是值得的。当子领域增长并且对于一个团队来说变得过于庞大时，基于角色进行拆分可能是最理想的方法，因此，通过在代码中保持规范相关和执行相关的概念的松耦合来为此做准备是明智之举。

在关键转变点上分割子领域

目标的改变往往伴随着一个转变发生的定义性时刻。运用这种启发式方法的一个好办法是提问：“什么时候是……的确切时刻？”比如“一个人成为成年人的确切时刻是什么？”从英国法律的角度来看，答案是：“一个人在他们 18 岁生日那天成为成年人。”这就是转变点：在那天开始之前，一个人被定义为未成年人，从那天开始之后，这个人被定义为成年人。我发现这种提问格式，“什么时候是……的确切时刻？”有时能揭示出非常深刻的见解，所以我强烈推荐你在研讨会中使用它。

关键转变点的另一个标志是一个过程 / 子过程停止，而另一个过程 / 子过程开始的地方，通常伴随着从一个人 / 角色到另一个人 / 角色的某种交接。例如，在餐馆厨房中：一旦一桌顾客就座并下了订单，服务员就会据此生成订单。这将触发开胃菜准备的过程，由开胃菜厨师负责。准备主菜的过程由主厨负责，并由服务员在他们从桌上清理掉开胃菜后触发。

9.3.3 子领域分组启发式方法

无论你如何在子领域级别划分领域边界以创建松耦合软件和独立团队，它们之间总会存在一些依赖关系。良好的领域边界可以最小化不必要的耦合，但不能完全消除耦合。在实现新功能或交付特定类型的工作时，有时会发生跨多个子领域的联动变更，相应地涉及多个代码库和团队。许多因素有助于解决这个问题，结构是其中之一。通过识别关系密切的子领域，并将它们分组到第二范畴领域（第 6 章定义了架构范围），可以降低耦合成本。

将子领域分组到更高级别领域中的好处是，一起变化的子领域将由一起工作的团队拥有，这些团队向相同的领导结构汇报，并朝着相同的业务成果努力。他们之间的沟通将自然更加频繁，合作的障碍也会更低。从 Vlad 的耦合公式的角度来看，这是一项有意识的行动，可以用来减少具有高波动性子领域之间的距离。

本节中的启发式方法侧重于通过观察子领域可以如何分组的各种方式来识别第二范畴领域的边界，以最大化协同效应和降低依赖的成本。与子领域启发式方法一样，五个指导性启发式方法也适用于这一层面。业务、领域、组织、技术和 UX 都是需要考虑的因素。同样的警告也适用：没有一种启发式方法在每种情况下都是正确的，因此你需要根据具体情况做出决策，并理解你想要优化的结果。

定义良好的第二范畴领域的另一个好处是能够发展子领域边界。如果多个子领域的边界结果不如预期那样理想，但它们是同一第二范畴领域的一部分，那么距离会更小，集体发展这些边界应该会更容易。在塑造第二范畴领域边界时，记住这一点很重要。

将子领域名分组到以产品或服务为中心的域中

以产品为中心的领域或以服务为中心的领域都是由子领域组成的领域，这些子领域都致力于为单个产品或服务提供能力。这种启发式方法通常鼓励在单一产品内更快地变更流程，因为参与构建产品的所有团队彼此更近、更对齐。遵循这种启发式方法的缺点之一是跨多个产品的体验可能被忽略，并且重复的程度可能非常高。这是 BBC 案例中突出的两个关键症状，它们从以服务为中心的领域开始，后来引入了一些横向领域。

在具有第三范畴复杂性的极大且复杂的产品的组织中，可能无法应用这种启发式方法。在这些情况下，可以将第二范畴领域视为专注于产品能力的领域。这些是由子领域组成的第二范畴领域，这些子领域致力于为单个大型产品的某个部分提供能力。

将子领域分组到横向领域中

横向领域是由子领域所组成的领域，这些子领域向多个其他领域使用的平台提供能力。

当使用得当时，这种启发式方法可以定义领域边界，从而降低成本和复杂性，并缩短所有平台消费者的上市时间，为整个组织带来可观的价值。在第 6 章中，你看到了一个例子，即优步的履约平台，该平台每年处理超过 100 万并发用户和 10 亿次出行，同时支持超过 10 种产品和服务，如 UberX、食品、杂货、出租车和包裹。

遵循这种启发式方法有许多潜在的缺点。最常见的是横向部门往往会成为瓶颈，因为所有客户都要求增强功能，而团队无法在期望的时间框架内满足所有需求。另一个风险是横向部门与用户之间的界面设计不佳，以及横向部门的可靠性差，导致用户的服务中断。优步在这些方面投入了巨大的努力："我们花了六个月的时间仔细审计栈中的每个产品，从利益相关者团队那里收集了 200 多页的需求，用数十个评估标准广泛地讨论了架构选项，对数据库选择进行了基准测试，并对多种应用框架进行了原型设计。"（http://mng.bz/yZzo）你不需要完全按照优步的方法，但确实需要认真对待横向部门的设计和演变，并像对待外部客户一样对待内部团队，因为糟糕的决策会影响许多团队。

将子领域分组到以流程或旅程为中心的领域

一个以流程或旅程为中心的领域，包括致力于提供完成端到端流程或用户旅程所需全部能力的子领域。这种启发式方法通常鼓励跨团队快速变更流程，这些团队与关键业务结果保持一致，并共同负责从头到尾创建优化的 UX。在我第 8 章提到的企业财产例子中就是这种情况。

企业财税被视为第二范畴领域。在此范围内，多个团队各自负责流程中的一个步骤，如审查、重新提交和重新谈判（这些并非真实使用的术语，但不影响关键信息）。团队坐在一起，每天共同参加日常的活动，而且与用户研究人员一起工作。即使你只负责流程的一部分，每天自然而然地考虑端到端的过程也是常态。记得要密切关注在多个用户旅程中共同的事项。

将子领域分组到以客户或用户为中心的领域中

面向客户或用户的领域是由致力于为单一类型的客户或用户提供能力的子领域组成的领域。这种启发式方法鼓励团队完全致力于服务特定类型客户或用户的需求。在 21 世纪 10 年代初 OpenTable 公司的现代化改造过程中就是这种情况。客户领域涵盖了所有专注于想要预订餐馆桌位的人的团队，而餐馆领域则涵盖了所有专注于餐馆工作人员的团队。

这种启发式方法的一个不足之处在于，我们通常无法将每一个子领域都明确划归到某一类用户。许多流程和交易活动会涉及多种不同类型的用户。OpenTable 的 Orlando Perri 解释了这一点，他说："许多事情，如用户评论和餐馆可预订情况，都同时关联到用户和餐馆两个方面。因此，我们必须为每个子领域选择更为合适的一方，并且特别关注它们之间的相互依赖性。"

按地理位置对子领域进行分组

以地理为中心的领域包括专门提供仅适用于特定地理区域的能力的子领域。因此，当想要更快的变更流程和更自由地在不同的区域做不同事情时，这种启发式方法有用。如果客户在世界不同的地方，有着不同的需求、期望，法律、社会习俗和监管，那么这些好处就很重要。另外，更大自主权（在地理区域内）的成本必须与重复和缺乏一致性（活跃在多个地区的客户可能会注意到）的成本相平衡。

9.3.4 行业案例：航空公司的领域分解

2015 年，一家大型航空公司开始了一场现代化之旅，驱动力包括四个主要的商业成果：差异化的客户体验、加速创新和交付速度、未开发的收入机会，以及在降低成本的同时提高运营性能。它们的架构是一个复杂且变更风险高的混乱的单体系统，也是它们的主要障碍。每次变更必须部署整个系统。尽管在生产环境中有一千多台服务器在支持系统运行，然而在每年的三个网络高峰日（流量高峰日），系统仍然不稳定。缺乏日志记录、监控和一般的可观测性加剧了这些问题。

这种系统和作业方式，对航空公司而言，已经到了难以为继的阶段，显而易见要进行现代化改造。真正的问题是如何完成这个系统的现代化改造，以及从哪里开始解决这个大问题。Javiera Laso 和她的同事利用事件风暴研讨会来了解当前状态，并探索未来的机会和领域边界。

该团队确定了目标领域和子领域，包括一个优惠或订购领域、一个兑换和忠诚度领域、一个值机与登机领域，以及一个行程管理领域。每个领域都包含了多个子领域，如图 9.12 所示。

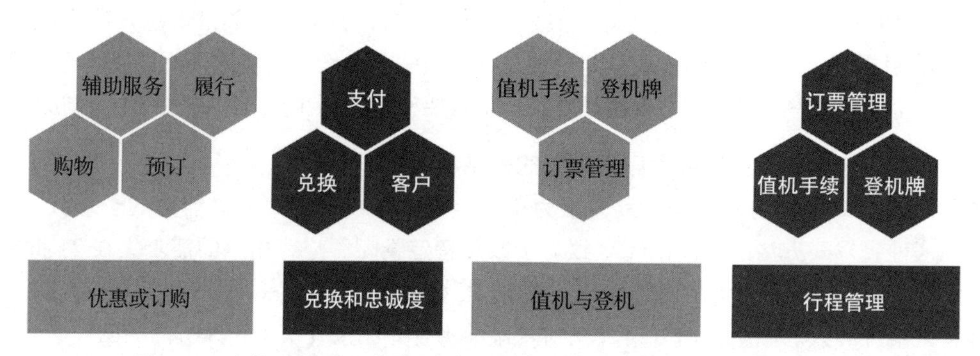

图 9.12　在航空公司业务中识别的领域和子领域（来源：Javiera Laso）

在这个例子中需要注意的一点是命名。所有的命名都遵循领域术语。所有这些名称都是根据许多利益相关者（包括主题专家）提供的信息共同定义的。良好的命名有助于识别出每个领域中的子领域是内聚的。例如，优惠或订购领域旨在提供客户可以购买的优惠，并处理预订和履约过程。每个关注点都模型化为一个独立的子领域。因为人们认为它们之间的耦合程度不是太高。单个团队将能够拥有这些子领域中的任何一个，并且在很大程度上独立工作。然而，概念之间还是有一些耦合的。一些功能触及了多个子领域，因此将它们一起视为一个单个领域并相应地组织团队是有意义的。

你可能已经注意到，值机与登机和行程管理领域包含相同名称的子领域。对于许多架构师来说，这与重用和标准化等原则相悖。然而，基于在事件风暴和其他会议期间出现的洞察，Javiera 和同事们识别出了与不同目的相关的不同语义。采用独立模型更好，因为建立统一模型会增加耦合度和复杂性，且收益甚微。

在确定了领域和子领域之后，该航空公司拥有了一系列现代化改造的机会。根据现代化每个子领域的成本和收益基于价值做出优先级决策。例如，Javiera 解释说："选择预订领域作为现代化的第一步，是因为它是业务流程中的关键部分，我们可以在这里确保支付，但由于高度耦合，我们很难扩展和创建新的业务规则。"经过现代化改造之后，系统的稳定性得到了提升，在用户流量高峰期，利润也随之增加。在过去，页面经常关闭好几个小时。

Javiera 还阐述了采用演进方法对领域建模和现代化的必要性。在航空公司对系统的第一部分进行现代化改造后，团队继续在旧的单体系统中发现他们之前甚至没有意识到的特性、功能和边缘用例。因此，将所有这些移植过来的工作量比预计要多。在某种程度上这也挑战了他们对领域和提出的领域边界的理解。这是典型的现代化。由于落后系统的复杂性，因此从 A 到 B 的步骤很少一帆风顺。

9.4 使用事件风暴识别领域和子领域

到目前为止，本章已经探讨了识别领域和子领域的原则和启发式方法。但是，如何从阅读这些概念性的想法转变为实践应用，以便现代化你的组织架构呢？并没有唯一正确的方式来做这件事。实际上，可以用多种方法来识别领域和子领域。完全依赖一种方法从来都不是一个好主意，但在大多数情况下，我推荐事件风暴作为一个好的起点。这可能是我最常使用的方法，因为它允许不同的参与者参与其中，并揭示了许多与识别领域和子领域相关的重要信息。

更重要的是，不同风格的事件风暴可以互补。全局视角非常适合识别更高层次的、模糊的边界，而流程建模和软件设计则非常适合深入细节，从而对提出的领域边界有非常高的信心。软件设计事件风暴将在第 12 章介绍。

9.4.1 关键事件

在将事件风暴划分为不同领域和子领域之前，一个重要的准备步骤是识别出关键性事件。这些关键性事件是领域内最重要的事件，能为我们寻找理想的边界提供线索。它们是 9.3 节提到的，在关键转变点上应用启发式方法分割子领域的实际案例。由于关键性事件仅仅是重要事件的标识，因此并不直接等同于领域边界。它们更多用于探索可能存在领域边界的领域。这一步骤很有帮助，因为一旦确定了领域边界，人们很容易迅速对某些想法形成偏好。从关键性事件出发，有助于维持探索状态，并发现确定边界的更多可能性。

要回答"什么是最重要的事件？"这个问题，并没有简单的流程图可以遵循，也没有明显的东西可以参考。这是非常主观的，意味着确定什么是重要的标准会因领域和个人而异。在研讨会结束后，关键性事件就不值得关心了。关键性事件不需要被正式记录或文档化。更好的做法是将它们视为在研讨会期间识别边界的垫脚石。简单地让人们说出他们认为最重要的事件可以引发很好的对话，这些对话能揭示出确定边界的线索。如果某个特定团队需要更多的指导，那么我会将任务细化为："领域中的关键转折点或里程碑是什么，比如潜在客户变成客户的那一刻？"

图 9.13 展示了一个名为"申请会员资格"的关键性事件示例，它是金融机构申请应用程序流程的一部分。非会员安装应用程序后，提供他们的个人和银行详细信息，然后他们可以申请会员资格。申请会员资格后会发生两件事：欺诈检查人员需要进行一些安全检查；客户经理需要进行加入评估。你认为这是一个有用的关键性事件吗，它是领域边界的标志吗？

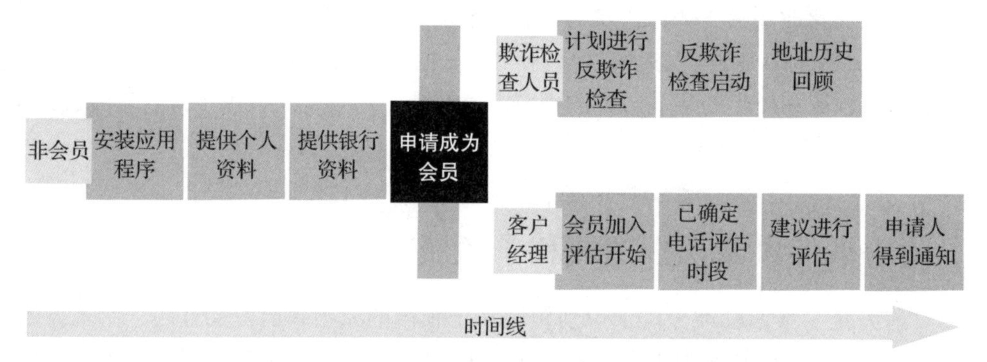

图 9.13　申请成为会员的关键事件及其相关领域事件

有很多原因可以解释为什么"申请成为会员"这一事件是一个有用的关键性事件，同时也是很好的领域边界标志。想象你在研讨会上，产品主管说："申请成为会员是最重要的事件之一，因为产品严重依赖于网络效应，每月的申请数量与收入之间有很强的相关性。"小组中的许多人可能没有意识到这一步的重要性，他们一直把精力集中在其他方面的改进上。现在，他们在什么是重要的问题上与产品主管达成一致。

在这个例子中，用于识别边界的其他一些启发式方法也很明显，这些方法在图 9.14 中被特别强调。首先，值得注意的是描述客户的术语在事件前后有所不同：事件发生之前，他们被视为非会员，而事件发生之后，他们则被称为申请人。其次，这个事件触发了两个新流程，活动随之转移到了两个新的参与者身上。你还将观察到不同类型的领域角色变化。事件发生前，目标是建立一个规范，即申请请求。而事件发生后，焦点转移到了根据规范执行的流程上。

有时候，团队可能会努力限制关键性事件的数量。它们可能会觉得几乎每个事件都是关键性事件。这通常发生在高层次的研讨会上，其中涉及的业务部分较多，但事件较少。因此，对于某些子领域来说，时间线上可能只有一两个事件，这意味着大多数事件都可以被视为关键性事件。

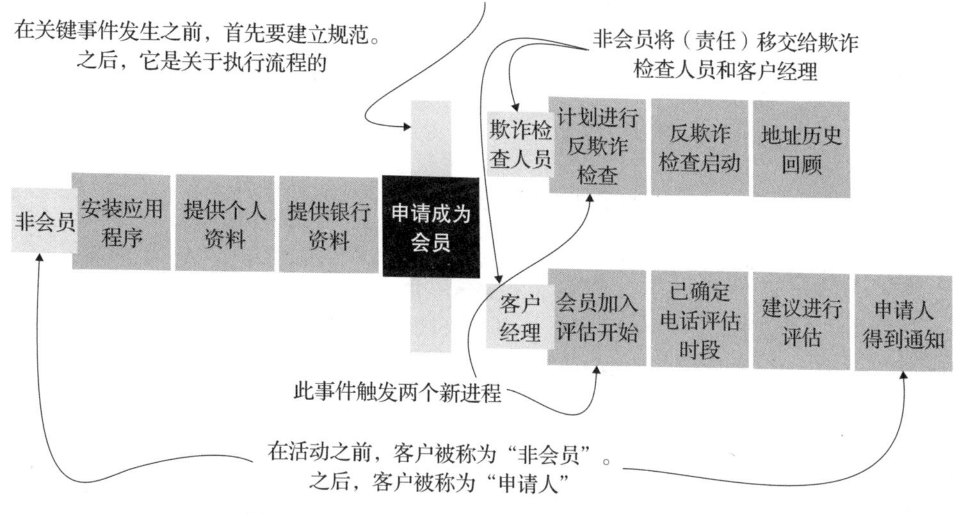

图 9.14　多个标志表明关键事件接近领域边界

为了在这些高级别研讨会中有效地利用关键性事件，我会提供两条建议。第一条建议是推动与研讨会层次相关的关键性事件。如果在一个涵盖许多第二范畴领域的领域中举办高级研讨会，那么要寻找在该级别上重要的关键性事件。一个好的启用约束是添加一个硬性限制，比如“请确定在这次事件风暴中的 5 ～ 8 个关键转变点”。如果在这个级别上确定了正确边界，那么可以继续进行更详细的研讨会，以确定每个第二范畴域中的子领域。

我要提供的另一个建议是，把注意力集中在两个非常接近的关键性事件上，并试图理解其中的原因。通常，这是因为缺少了很多信息，这可能是因为那些理解该领域部分的人没有参加研讨会。在过于深入之前，获取他们的见解可能很重要。记住，墙上的贴纸并不能完全代表该领域，它们只代表参加研讨会中的人决定放上去的内容。

9.4.2　时间线分块

通过讨论领域中的各种转换和交接，关键性事件让团队小组很好地热身。在此基础上，可以开始通过将事件风暴分块来识别领域和子领域。关键性事件可能已经帮你完成了一部分工作。本质上，这就是遵循 9.3 节中的与过程和旅程步骤相匹配的启发式方法。这涉及选择彼此关联的事件序列。在这一步，我的指导原则非常简单，大致包括“将似乎属于同一组的事件序列进行分组”“将时间线分解成步骤”以及“判断哪些事件看起来是彼此相关的”。这样模糊的表述是故意的，因为有时人们希望精确定义领域的概念，这在初期可能会分散注意力。有时在多个层面上对边界进行可视化是有益的，正如图 9.15 所展示的。

在虚拟环境中，可以复制和粘贴事件风暴，以便人们可以在较小的分组中工作。这是一种好方法，可以让团队确定多个选择并比较利弊。较小的分组让每个人都能更多地参与。

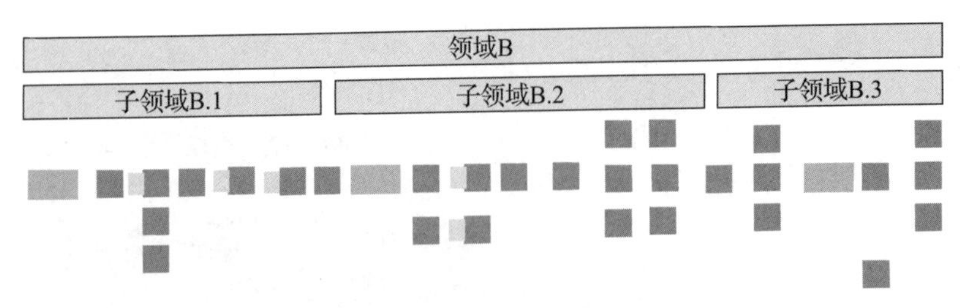

图 9.15 通过事件风暴可视化由多个子领域组成的域

9.4.3 寻找分散子领域

并非所有子领域都会作为一系列整齐排列的事件出现在事件风暴图上。有些子领域会通过分散在时间线多个部分的事件来表示。在事件风暴会议的场景中，我将这些称为分散子领域。在将时间线分块之后，或者甚至是在分块的同时，开始寻找分散子领域是个好主意。寻找出现在多个地方的特定领域概念，或者只是一个单词，并将其视为潜在的子领域。这是将出现在多个流程或步骤中的概念集中的启发式方法的实际应用，在 9.3.2 节介绍过。

同时，你需要平衡这种启发式方法与符合现有语义边界的启发式方法，并定义有目的的语义，如图 9.16 所示。即使一个概念出现在多个地方，将它们视为不同的子领域可能是更明智的做法，每个子领域中的概念相对于子领域的目的具有不同的语义。一如既往，你需要在做出最终决定之前分析这两个选项以及其他选项。

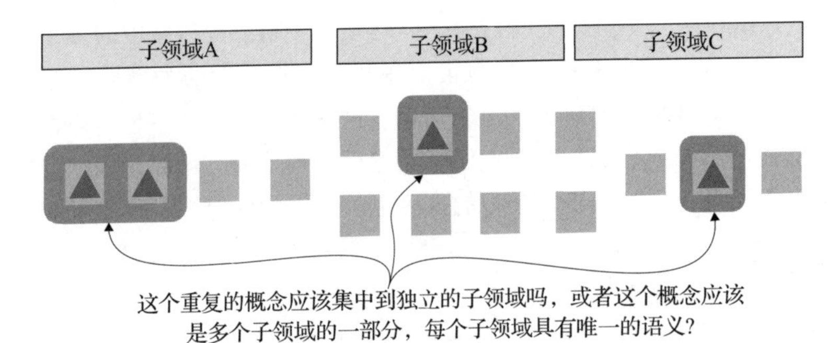

图 9.16 并非所有子领域在时间线上都有相邻的事件

9.4.4 子领域对比用户旅程 / 流程

初学者在使用事件风暴确定领域边界时常犯的一个错误是，假设过程和过程中的步骤总是与领域边界对齐。正如 9.3 节所讨论的，将子领域与旅程和过程步骤对齐只是确定子领域的可能启发式方法之一，然而这并不总是最佳选择。

为了帮助澄清流程 / 步骤 / 旅程与子领域之间的关系，我通常发现描述这些概念可以用相关联的三种不同方式：

- 完全对齐：一个子领域与流程、旅程或流程步骤的名称完全对齐并共享名称。
- 委派对齐：类似于前一个概念，不同之处在于子领域将一些规则或逻辑委派给其他子领域。
- 没有对齐：没有子领域与流程、旅程或流程步骤对齐，相反，流程 / 步骤 / 旅程是由多个对齐到其他目的的子领域组成。

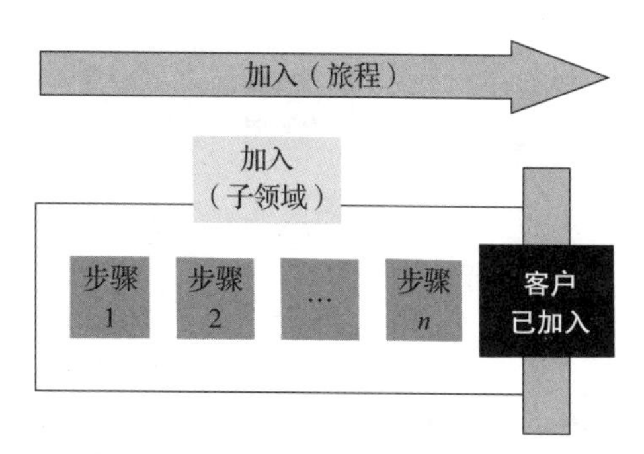

图 9.17　子领域和用户旅程完全对齐

让我们用一个通用的加入流程作为例子来演示三种可能的情况。图 9.17 展示了完全对齐的情况。有一个加入子领域处理加入用户旅程的所有步骤。

如果独立子领域的复杂性太高，或者多个概念和能力不相关且不应该耦合，那么完全对齐的模式就不适用。在这种情况下，加入子领域仍然管理加入过程，但会将某些方面委托给其他子领域，例如身份验证子领域或钱包子领域，如图 9.18 所示。

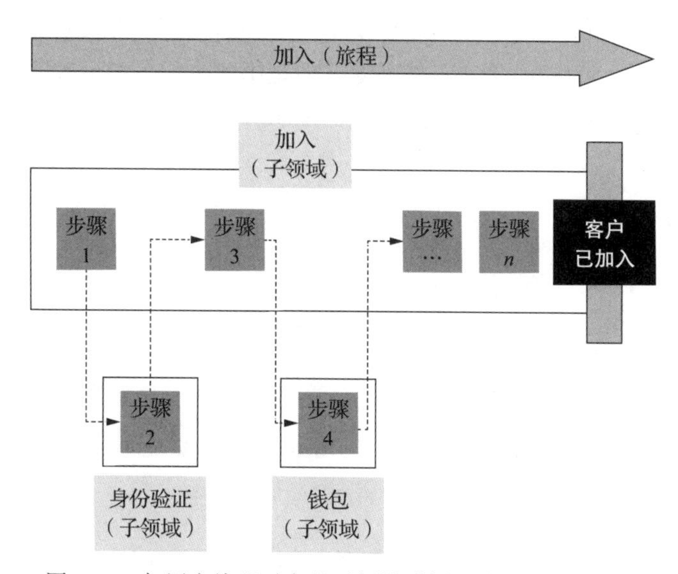

图 9.18　与用户旅程对齐的子领域委托了流程的某些部分

当一个过程、旅程或过程步骤中的每个步骤都涉及截然不同的领域概念，而这些概念在用户旅程之外的其他地方也有使用时，那么就需要不对齐模式（见图 9.19），在这种模式中，根本没有加入子领域。

事件风暴基于时间线的形式倾向于我们按照过程、旅程和步骤来思考。有时这些会是领域边界，有时则不是，因此重要的是要记住这三种模式，并根据具体情况决定哪一种最合适。接下来介绍的分析技巧可以提供帮助。

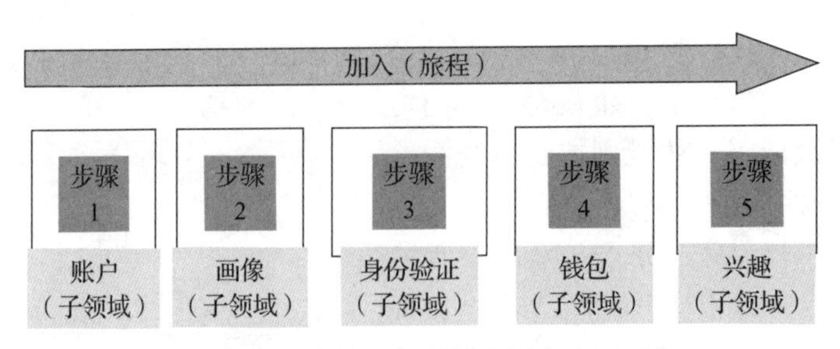

图 9.19　用户旅程与领域边界完全不对齐

9.4.5　分析子领域

在确定了候选领域边界后，花些时间分析其内聚性并探索其他选择是有用的。一种方法是编写子领域的简短描述：它的目的是什么，以及它是如何实现这一目的的？然后，可以提出以下问题："子领域中的每个事件是否与子领域的名称和描述保持一致？"以及"所有事件是否彼此相关？"

图 9.20 使用了来自在线汽车经销商的取货子领域和送货子领域的示例。这个子领域的目的是将汽车交付给客户并带走他们的旧车。乍一看，前三个事件似乎与名称和目的明显相关：从仓库提取新车、到达客户家、卸载新车。但是第四个和第五个事件感觉不同，给新车主新车使用指南和激活故障保险，因此在它们的下面有一个问号。

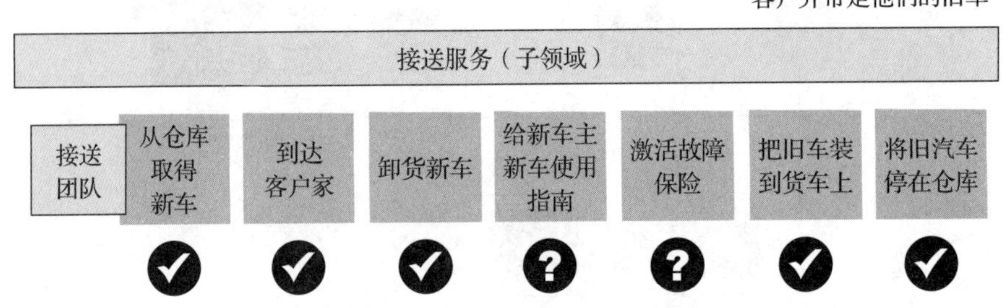

图 9.20　分析候选子领域的内聚性

在这一点上，如果你感觉某些东西不对劲，那么即使你无法准确表达原因，放一个问号也是可以的。在这个例子中，两个问号表明与委派子领域对齐。接送服务关注的是移动汽车的物流。虽然给新车主提供车辆指南和激活故障保险是同时发生的，但领域概念和逻辑与子领域中的其他步骤关系不大，因此这两个事件可能是其他子领域的一部分。

我建议在评估和完善各种情况下的选项时使用一些基本的、用于检验合理性的问题：

- 让一个团队负责所有活动合理吗？
- 是否有（或者将来是否有）业务规则和特性，要求这些概念一起改变？
- 是否有人（内部或外部）只关心其中一些概念，而不关心其他概念？

在进行这个分析过程时，我也发现使用图 9.21 所示的子领域概览画布来可视化每个子领域的关键细节非常有价值。可以在本书的 Miro board 上找到这个画布（http://mng.bz/M9OD）。

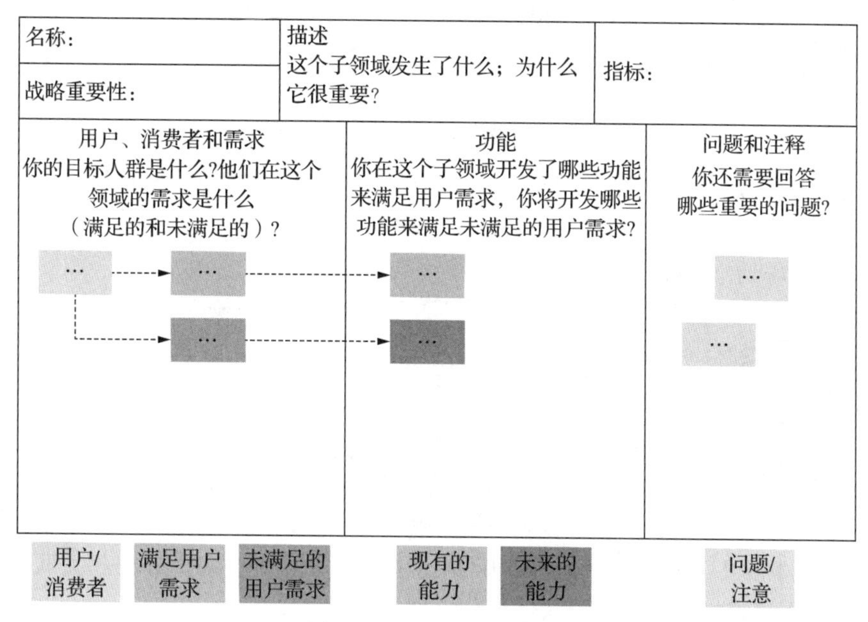

图 9.21 子领域概览画布

9.4.6 规划一系列研讨会

识别领域和子领域需要的时间不仅仅是几个小时或几天。可以用全局视角的事件风暴来绘制高层次的边界，然后使用流程建模和软件设计事件风暴，以及在后续章节中介绍的方法进一步深入细节，允许验证和完善这些边界，并有信心承诺需要的时间。这意味着需要与所有利益相关者对进展速度设定相应的期望。不幸的是，我不敢给出一个大概的时间估计，因为不同组织之间的差异极大。有些领域要复杂得多，需要考虑已经运行数十年的落后架构软件，以及那些不适应像事件风暴这样的协作方法的人。在这些环境中，进展的速度要慢得多。

如果想了解识别领域和子领域所需的时间长度和工作量，那么我建议从一个大的事件风暴会议开始，针对一个重要的端到端过程或第二范畴领域——基本上是一个覆盖大约 5 ～ 8 个团队并包含合理域复杂性的领域。如果太简单和容易，就不足以代表复杂领域中的预期情况。应该为全局会议预留两到三整天的时间。研讨会之后，可以为识别出两到三个候选子领域组织更深入的研讨会。这些研讨会的范围将更狭窄，更详细，使用流程建模事件风暴来绘制当前和可能的未来状态，以及在后续章节中介绍的一些方法。我建议为每个子领域预留两整天的时间。至此，你将大致了解需要多长时间和多少努力了。尝试选择一个复杂的子领域，以确保你的发现具有代表性。

现在已经到了本章的结尾。当涉及确定有效的领域和子领域时，有很多事情需要考虑，但令人欣慰的是，有许多经过尝试和测试的原则和方法。然而，IVS 需要的远不止清晰的领域边界。第 10 章将探讨验证候选子领域的战略匹配度。可以在本书的 Miro 白板上找到本章内容的交互式示例（http://mng.bz/amd9）。

本章要点

- 一个业务被划分为概念性的业务领域，以识别以某种方式相关的业务不同部分。
- 更大的领域由多个更细粒度的子领域组成。
- 业务领域和子领域被用作定义组织和软件架构的基础。
- 明确定义的子领域封装了相关联且共同变化的内聚领域概念，使团队拥有清晰的目标并减少了软件中的耦合。
- 在一个给定的组织中，有许多方法来塑造领域边界。所有方法都有利弊，通常没有完美的解决方案，因此探索多种模型非常重要。
- 你可能会受到外部因素的启发，比如竞争对手和专业领域文献，但最终，你要选择对实现你所期望的业务和组织成果最有效的领域边界。
- 有许多方法可以塑造领域边界，因为领域概念通常通过多个标准相关联——例如，彩色图形可以根据颜色或形状进行分组。
- 一些依赖项的移除成本或支持成本比其他依赖项更高，因此理解移除和支持每个可能依赖项的成本是关键。
- Vlad Khononov 的公式是评估依赖成本时减少猜测的好方法。他用于评估耦合的公式是痛苦值 = 强度 × 波动性 × 距离。
- 领域边界是重要的决策，因此在承诺之前深入了解领域的细节非常重要。有些想法在高层次上看似合理，但当更多的复杂性显现出来，假设被打破时，这些想法可能被证明是次优的。
- 定义领域边界不是一次性活动，你应该从持续演变的角度开始。
- 启发式方法有助于识别业务可以被建模为领域和子领域的不同方式。每种启发式方法提供不同的视角，从而导致不同的选择。
- 本书提出了五个指导性启发式方法，用于从业务、领域、组织、技术和 UX 相关的视角找到领域边界。
- 更细粒度的启发式方法被用来定义各个子领域的边界。这些启发式方法提供了一些思路，比如将子领域与流程中的步骤对齐或将重复出现的领域概念集中到单一子领域等。
- 语义边界允许同一个概念在不同的子领域中有不同的含义，例如，在植物学领域中，番茄是一种水果，在烹饪领域中，它是一种蔬菜。

- 将子领域分组到第二范畴领域中很重要，因为它通过指示如何组织软件和团队，有助于降低跨相关子领域的变更成本。
- 各种启发式方法被用来确定如何对子领域进行分组，例如将子领域分组以形成产品，以及根据特定类型的用户对子领域进行分组。
- 事件风暴是一种推荐的技术，用于识别领域边界。
- 关键事件是重要的事件。识别它们可以引出关于在何处放置领域边界的重要对话和洞察。
- 事件风暴可以通过将看似相关的事件分组，划分为领域和子领域。
- 并非所有子领域中的事件都会整齐地排列在时间线上，因此寻找这些事件也很重要。
- 分析候选子领域时，写下子领域的目的并检查每个事件是否足够相关是很有用的。
- 子领域概览画布是一种实用的技术，用于可视化单个候选子领域的关键信息，以帮助决定它是否看起来是一个好选择。
- 通常需要一系列研讨会来定义领域边界，从全局视角的事件风暴开始，然后通过流程建模事件风暴和其他方法更深入地探讨细节。

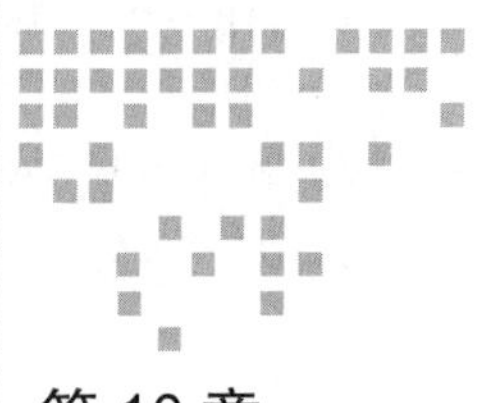

Chapter 10 第 10 章

战略性 IT 投资组合

本章内容包括：

- 将架构视为一个投资组合；
- 区分实用性 IT 和战略性 IT；
- 使用核心领域图表来绘制核心、支持和通用子领域的投资组合；
- 在每个子领域中进行最优投资：财务上、组织上和技术上。

现代化领导者面临的一个关键性挑战是确保现代化工作能够带来最大的业务影响，这意味着要避免在高优先级领域上投资不足以及在投资回报有限的领域上过度投资。一个错误的决策可能会导致成千上万的人时被浪费在实现低价值能力的现代化上，并错失在关键性战略领域上推动业务向前发展的机会成本。对于技术人员来说，至关重要的是要认识到，在一个简单的 CRUD 界面就足以支持的领域里，使用最新技术和模式构建出色的技术架构是一个错误的决策，无论技术多么出色。架构现代化的目标之一是启用和支持细粒度的商业投资，这需要基于价值驱动的、组合式的方法。

业务子领域是将投资组合思维应用于架构现代化的完美模型。每个业务子领域都是投资组合中的一个投资机会。每个子领域中的架构现代化水平可以根据潜在回报不同而有所不同。在对实现期望的业务成果起关键作用的子领域中，可以投入更多的资金；而在对业务战略影响较小的子领域中，投资显然可以较低。在需要最大速度和控制的情况下，战略子领域可以内部构建，而在不太重要的子领域中，可以使用现成的工具和外包选项。

投资组合的适用范围广泛，远远超出了金融领域。投资涉及组织层面的方方面面，比如团队成员的类型以及他们如何协同工作。对于战略意义较大而且创新潜力大的子领域，采用诸如事件风暴这样的投资产品发现和协作方法往往更容易做出判断。投资还涉及架构的技术层面。在重要性较低的领域里，重点是以最低成本提供足够好的解决方案，简单的技术解决方案（如基于数据的简单表单或低代码解决方案）通常会是性价比高的解决方案；而在更复杂且战略价值更高的领域，更高级的架构模式可能更为适宜。

本章的目的是提供原则和工具，以支持基于投资组合的方法，使你能够做出全局最优的决策。它们还将帮助你从战略角度验证候选价值流是否适合（见图 10.1）。例如，一个领域边界可能同时包含高度战略性和高度通用性的概念，将其作为具有不同战略的独立子领域可能更好地服务业务。

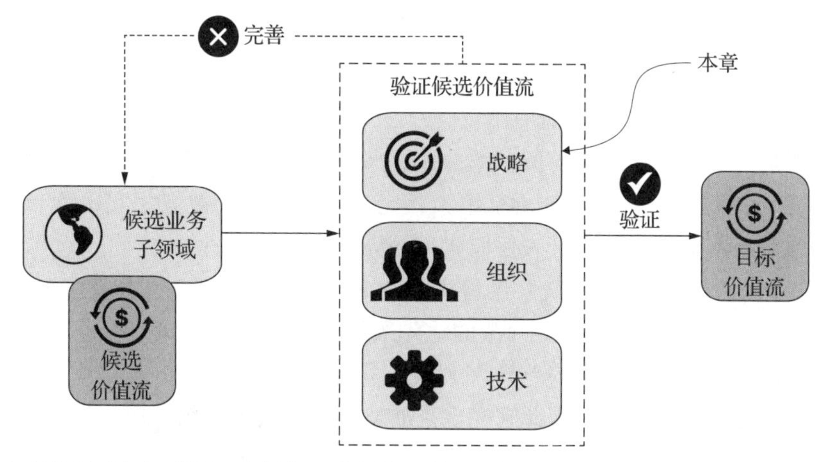

图 10.1　本章将展示如何采用一个投资组合视角，并验证每个候选价值流是否可以融入更大的图景

本章将介绍核心领域图，这是一种将领域作为投资组合进行绘制并确定每个领域最佳投资战略的方法。该方法还有助于通过选择与期望的战略业务投资最为匹配的候选领域边界来定义目标领域边界。此外，本章还将介绍一些示例模式，并提供如何在每种类型的领域中适当地投资的指导。在此之前，本章首先审视 Martin Fowler 关于实用性 IT 与战略性 IT 的二元分类法，以便更好地理解该领域的一些基本原则。

在阅读本章时，请记住，必须保持对整个投资组合的总览，而不仅仅关注每个领域内的孤立投资，以避免局部最优。这是因为不同领域之间总会存在依赖关系。对两个领域分别进行的最佳投资策略可能并不是总体上的最佳投资策略。一些妥协和综合思考是必要的。特别是在涉及落后系统时，每个子领域的代码之间存在着紧密耦合而且缺乏良好定义的边界。

10.1　实用性 IT 与战略性 IT 二元分类法

确定投资组合每个部分的最佳现代化战略将由技术所能带来的潜在业务价值水平来驱动。在某些领域，软件可能是创造业务价值的主要因素，而在其他领域，即使该领域是业务战略的关键部分，软件也可能提供很少的价值。为了帮助确定架构在每个领域的潜力，现代化领导者应该问："在这个领域，IT 是否发挥了战略性角色，还是仅仅是一种实用工具？"这就是 Martin Fowler 所指的实用性 IT 与战略性 IT 二元分类法（http://mng.bz/lVod）。

Martin 判断 IT 是否具有战略性的标准是："关键在于底层业务功能是否具有差异化。如果执行这项功能的方式是优于竞争对手的关键部分，那么支持这项功能的软件就需要尽可能地好。"简而言之，当软件在帮助企业实现差异化能力方面有所贡献时，IT 就具有战略性，就需要尽可能好。否则，IT 被视为实用性 IT，只需要足够好即可。它需要可靠地工作，但达到一定程度后，开发新功能的回报微乎其微，应该把这些努力更好地用于战略性 IT。重要的警告是实用性 IT 不是创造低质量软件的借口，因为这可能会导致负面影响，如降低员工生产力或客户满意度。

当我在一家大型运输公司工作时，它们优化货物装载到卡车上的能力、规划行程以及动态计算实时预计到达时间非常具有战略意义。它们的软件使它们能够比竞争对手做得更好，帮助赢得更多业务，提高客户留存率，并提高效率，从而降低运营成本。相比之下，这家公司有许多应用程序对差异化的贡献不大，比如发票系统，被视为实用性 IT，原因是建立更好的发票系统不会在市场上带来任何竞争优势。

与其简单地进行二元分类，我建议将实用性 IT 与战略性 IT 二元分类法视为一个范围，如图 10.2 所示，因为这允许进行更细微的优先级划分和现代化决策。在范围的最左端，IT 不影响公司的市场份额，它提供的差异化很小。因此，它具有明显的实用性。在最右端，软件是决定市场份额的唯一因素，因此它完全是战略性的。大多数软件应用将位于这两个极端之间，并且随着时间的推移甚至会发展变化，正如沃德利地图所展示的那样。

图 10.2　从实用性 IT 到战略性 IT

10.1.1　定制化运营模式

请记住，实用性 IT 与战略性 IT 二元分类法并不是一个没有现实世界适用性的学术讨论。恰恰相反，将 IT 在特定领域内分类为实用性或战略性的，应该从根本上影响投资的水平和类型，包括财务、组织和技术方面。作为一般指导原则，IT 对业务差异化的贡献越大，就越有理由在每个运营模型方面进行更高水平的投资。以下是一些应该根据 IT 的战略性贡献为每个团队量身定制的运营模式的方面的示例。

- 团队规模：在战略性 IT 领域，团队的人数通常应该更多，因为更大的投资会带来更高的回报。

- 团队构成：团队中的技能和态度应根据具体情况进行调整。战略性 IT 通常更受益于由更高级和更熟练的人员组成的团队。
- 协作：领域专家与软件工程师之间通过事件风暴等技术进行更高层次的协作对战略性 IT 更有价值，因为它促进了更具创新性的环境。
- 发现：当业务差异化的机会更多时，增加更多的探索工作可以提高发现新的差异化方式的机会。
- 优先级排序：IT 的战略价值越大，在做出优先级决策时应该赋予它越高的优先权。
- 依赖性：减少战略性 IT 变更率的依赖性比减少实用性 IT 变更率的依赖性要昂贵得多。这意味着投资于消除和减少影响战略性 IT 的依赖性更加合理。
- 架构：在战略性 IT 中，投资于更先进的架构模式以实现更快的变更速度、更高级的产品能力或更好的可扩展性是更合理的。
- 领域建模：开发丰富的领域模型需要时间，但能够促进更大的协作，并有助于长期维持变更速度。在战略性 IT 中，这是一个很好的权衡。
- 代码健康：代码质量始终很重要，但在战略性 IT 中，代码健康使企业能够在较长时间内以较低成本、较少风险持续高速度变更，不断添加差异化功能，因此至关重要。
- 构建 vs 购买 vs 合作：当差异化机会很少时，使用现成的解决方案很有意义。Martin Fowler 认为，采用现成产品比定制更有意义。对于战略性 IT，内部构建提供了最多的差异化机会，因此这种方法几乎总正确。
- 风险容忍度：对于战略性 IT 而言，风险在于被竞争对手超越；而对于实用性 IT，风险则在于不可靠或成本过高。

10.1.2　识别战略性 IT

成功的架构现代化完全在于优化战略性 IT 的业务影响。因此，准确确定哪些 IT 是战略性的，哪些 IT 是实用性的至关重要。但这说起来容易做起来难，并且不应该依赖直觉，因为直觉容易受到认知偏见和政治因素的影响。首先，重要的是清楚地理解每个领域如何贡献于业务差异化，然后需要确定 IT 对创造这种差异化的潜在贡献。如果一个领域是高度差异化的，并且 IT 在其中扮演重要角色，那么该领域就需要战略性 IT。

为了解决任务的第一部分，沃德利地图将揭示业务差异化可能性最高的领域。定制构建阶段的能力已经得到验证，重点是开发它们以发挥其潜力，而产品阶段前半部分的能力正处于最盈利状态，仍有一些发展空间。商品化不太可能成为战略性的，因为这一阶段的能力高度趋同，几乎没有差异化的潜力。早期创世阶段的能力可能被视为战略性的，但它们的潜力高度未知，因此最好通过研究和实验来增加对想法的信心，然后再考虑将其作为战略性的选择并进行大规模投资。图 10.3 突出显示了沃德利地图中可能找到的战略性 IT 候选者的区域。

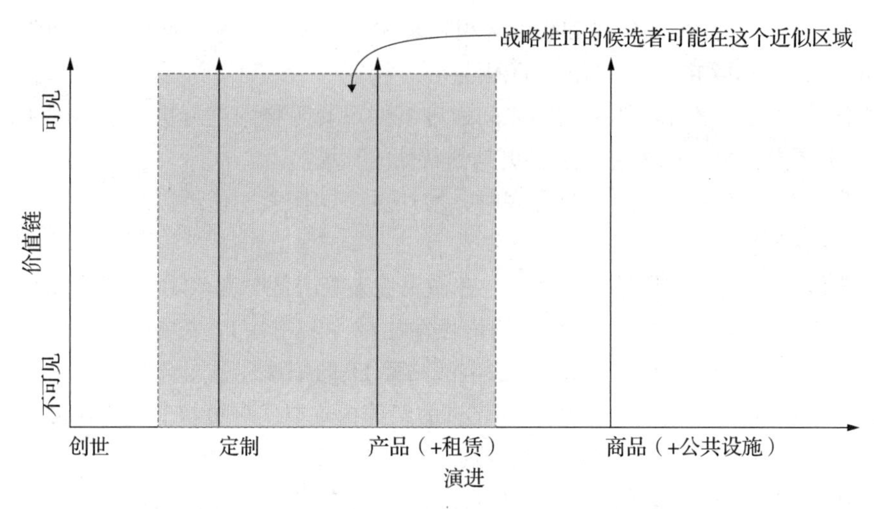

图 10.3　在沃德利地图上识别战略性 IT 候选者

图 10.3 中阴影区域的每个组件的战略价值都不相同。有些组件甚至在战略价值上足够低，以至于仍然被视为一种实用工具，并非所有内部构建的软件都是战略性的。Martin Fowler 认为，公司的 IT 中只有 5% 到 20% 是战略性的。无论如何，沃德利地图应该被视为识别战略性 IT 候选者的起点，而不是演进阶段与战略性 IT 之间 1∶1 映射的依据。通过深入了解每个组件的细节并准确理解它如何通过创建业务影响来为战略做出贡献，这一点非常重要。这也将有助于理解 IT 的角色。

使用产品战略来帮助识别战略性 IT

一个好的产品战略是识别战略性 IT 的最佳信息来源之一。它有助于从高层讨论转入具体细节研究，了解 IT 如何为业务成果做出贡献。根据当时的首席产品官 Gibson Biddle 所说，以下列表是教育科技公司 EdTech 的 Chegg 平台在 2010 年产品策略中的“难以复制的优势”（http://mng.bz/BAYw）。公司的愿景是成为教科书租赁市场的领导者，并扩展到诸如工作和实习这样的其他学生服务。

- “创建一个‘学生图谱’。(我们构建了一个包含每个校区所有课程的数据集。它包括了课程中所有的教材和内容。)”
- “开发独特的个性化技术。(我们利用上述学生图谱数据构建了这项能力。)”
- “通过大量购买二手教科书来实现规模化经济。”
- “打造一个快速传播品牌，通过大型醒目的橙色盒子在校园内广泛传播。”
- “通过一个‘家庭作业帮助平台’，在 Chegg 平台上，由来自世界各地的导师提供答案，从而创造一个网络效应。”

在 Chegg 的产品战略中，“难以复制的优势”部分特别指出了哪些能力将帮助企业脱颖而出，并且难以被复制，如学生图谱、个性化技术和家庭作业帮助平台。这些似乎都是战略性 IT 的候选者，因为软件在使它们成为可能方面扮演了重要角色。然而，并非所有的业务差异化因素都需要战略性 IT。在这种情况下，建立一个病毒式品牌也是 Chegg 的一个关键差异化因素，但在校园里放置大型橙色盒子并不太可能需要战略性 IT 方法。

Chegg 的产品战略还包含了具体的标准，关于它们的能力如何有助于实现差异化（类似于第 3 章展示的北极星方法）。例如，它们的学生图谱战略有一个明确的成功指标——具有完整班级、课程和教材数据的校园百分比——以及实现这一指标的策略，比如从 100 个校园抓取和解析数据。此外，该策略还包含了每个季度的高层次路线图项目。

技术应该影响产品战略

10.2 节将提供一种用于绘制投资组合并识别战略性 IT 的实用方法，在那之前我想澄清一个重要的细微差别，并不仅仅是技术领导者应该逆向工程产品战略来确定架构的哪些部分是战略性的。技术领导者应该在定义产品战略中发挥重要作用。他们的贡献是必需的，以理解技术的真正潜力和实现这一潜力所需的努力。简而言之，协同构建产品战略的行为引发明确的战略性 IT 计划识别。根据我的经验，当产品人员和技术专家作为一个紧密合作的团队共同定义产品战略时，会取得最佳结果。

10.2 核心领域图

核心领域图（https://github.com/ddd-crew/core-domain-charts）是 DDD 社区中的一种方法，旨在帮助解决实用性 IT 与战略性 IT 之间的挑战。它根据业务差异化和模型复杂性将架构绘制成一系列子领域的组合，如图 10.4 所示。模型复杂性是衡量发现、设计、构建和维护

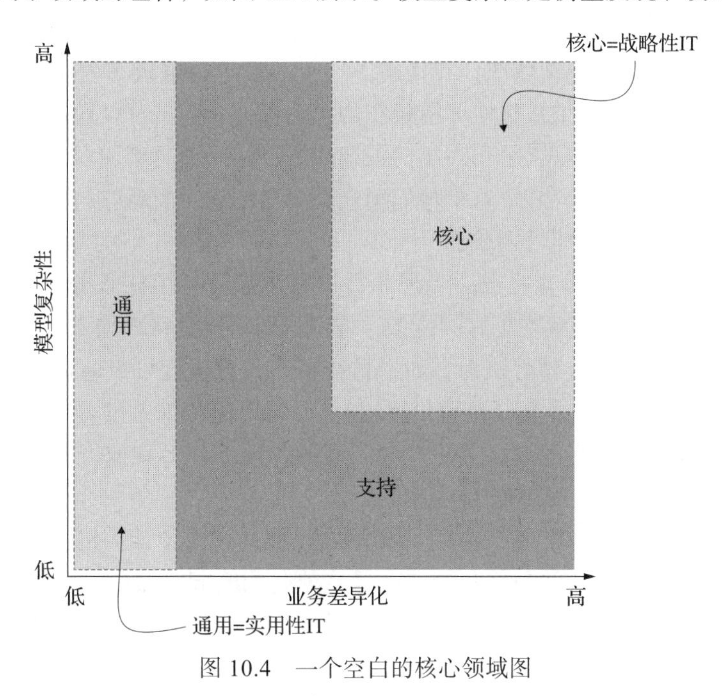

图 10.4 一个空白的核心领域图

一个业务子领域的软件模型所需的工作量的指标。这个工具既是一种合作和讨论 IT 在每个子领域中价值的方式，也是一种捕捉输出的可视化手段。当领域、业务、产品和技术专家共同合作、集体定义，并对每个子领域的战略重要性和复杂性达成一致时，该方法最为有效。

在 DDD 的术语中，核心领域是既高度差异化又复杂的子领域。它符合 Martin Fowler 对战略性 IT 的定义，位于核心领域图的右上部分，如图 10.4 所示。通用子领域是业务差异化潜力极低的子领域，对应于 Fowler 对实用性 IT 的定义。介于两者之间的是支持子领域，它与 Fowler 的任何分类都无法完全对应。从有助于在核心域创造差异化的意义上来说，支持子领域是战略性的；从提供差异化的有限意义来说，支持子领域是实用性的。

尽管核心领域被视为一个子领域，与其他两个子领域一样，但它几乎总是被称为核心领域，而不是核心子领域，尽管核心子领域也是正确的。这是一个有用的简称，因为核心领域被讨论的更多，而且“核心领域”发音更快，听起来也更好。需要注意 DDD 中的这种不一致性，这无关紧要。

核心领域图主要用于子领域层面，其中每个条目都代表一个足够小的区域，能够被一个单独的团队所拥有，并具备自己的专用领域和代码库。这是因为在此层面上可以就团队、领域模型和软件进行细致的投资决策。在同一个领域（第二范畴）内部，即使是管理子领域的不同团队，运营模型也常常展现出不同的特点。

10.2.1 核心领域图示例

为了演示如何使用核心领域图，我构建了一个共享电动滑板车公司的假想例子。这家公司的商业模式基于在街道上放置实体滑板车的想法，公众会员可以通过下载应用程序并扫描二维码来轻松地使用滑板车。公司当年的关键战略目标是通过增加客户的出行次数来增长收入，并使顾客对出行更感兴趣，这是他们树立公司酷炫和时尚品牌的核心。为实现这些目标，这家公司确定了三个战略性领域：

- 改善滑板车的放置位置：产品经理和数据科学家进行了深入分析，得出的结论是，如果将电动滑板车放置在更好的位置，客户的骑行次数将增加 25% ～ 50%。
- 忠诚度计划：首席产品官认为，如果执行得当，忠诚度可以通过增加客户的终身价值，从而使产品与众不同（差异化因素）。公司以前从未做过类似的事情，因此关于如何有效执行有很多问题。但是这种类型的计划在许多其他行业都已经实施过，因此有一些既定的模式可以作为灵感来源。
- 机器人导游：新任 CTO 想要在公司留下自己的印记，他认为机器人导游能够规划个性化、动态的行程，并与客户交谈，这将使公司看起来很酷，并导致出行次数，特别是游客的旅行次数大幅增加。目前还没有多少证据支持这一想法，但如果成功的话，这将是一项革命性的创新。

图 10.5 展示了该团队如何感知每个子领域在实现战略目标方面的战略重要性。

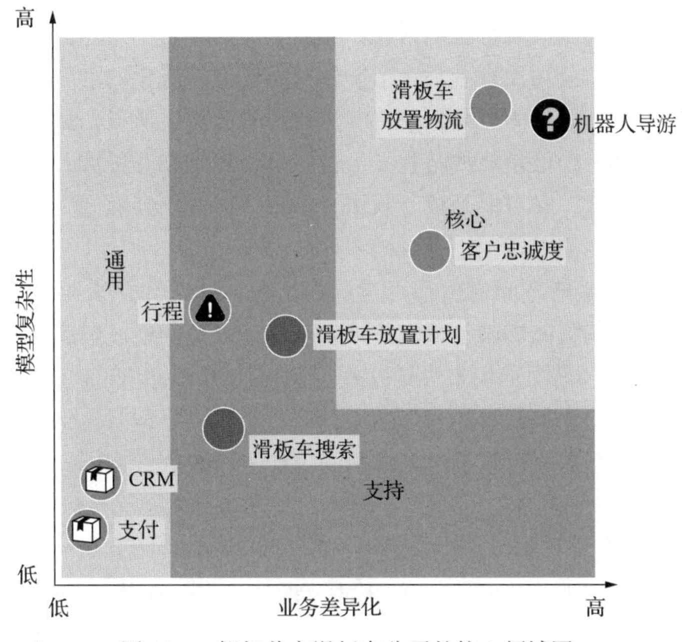

图 10.5　假想共享滑板车公司的核心领域图

滑板车放置规划子领域被认为是一个潜在的高差异化来源，是增长市场份额的重大机会。从工程的角度来看，得出的结论是可能改善放置，但非常复杂，需要增加许多新数据源，并构建更大规模、更丰富的计算引擎。这被视为一个长期机会，需要在多年的投资中持续推动差异化，并且很难被复制。

为了在滑板车放置规划核心领域实现差异化，公司必须对电动滑板车放置的物流支持子领域进行额外投资。这个子领域负责将电动滑板车从一个地方移动到另一个地方。它是内部软件和实际移动滑板车的技术人员的结合。目前不支持更加动态、实时的流程。

图表上的另一个核心领域是忠诚度。差异化程度高，但复杂性较低。这反映了它是一个更容易从中提取价值的子领域，但这也意味着竞争对手更容易复制，它不会保持在高价值核心领域超过一年。虽然可能在短期内有很大影响，但是随着行业的趋同，它将逐渐演变成为行业标准。相反，机器人导游子领域有潜力成为至关重要的核心领域和长期差异化的来源，但提取价值将更加困难，因为这个概念非常新颖，而且尚不清楚客户是否会感兴趣。这种高潜力和高不确定性的混合在核心领域图上用问号表示。

“行程”被认为是一个相当高复杂性的支持子领域。它管理着从骑手开始使用滑板车出行，直到他们到达最终目的地并完成行程的整个过程。这一子领域的软件需要具备高度的可扩展性，并且尽可能可靠。这个子领域的任何停机时间都意味着骑手无法进行行程，也无法产生收入。核心领域图上的警告图标表明，这个子领域的故障可能会对客户、业务和品牌声誉产生重大影响。

你可能会问为什么行程子领域不是核心领域。毕竟，骑行滑板车不正是客户在使用公司服务的核心能力吗？如果没有行程能力就没有业务，这难道不是业务核心吗？从差异化角度看，行程并不是核心。公司没有看到这个子领域有任何差异化的潜力，完成行程是基本要求。公司只需要保持行程的稳固可靠，并持续进行小幅改进。所以，虽然这个子领域可能是公司价值主张的核心部分，但是从战略意义上说，行程不是核心领域，因为几乎没有差异化的机会。在公司刚起步时，它可能是核心领域，但现在行业已经发展变化，这个组件已经演进到了后期产品和早期商品阶段。

无论如何，客户关系管理和支付都不被认为是业务的差异化来源。只被认为是做生意的成本，因此公司宁愿购买能够满足基本需求且价格最合理的现成解决方案。因此我们认为这些子领域是通用的。包裹图标用来表示这些子领域使用 SaaS 产品。滑板车搜索也不被认为是业务差异化的因素。它是基本的入门功能，但它确实需要定制代码和逻辑，这些不是现成可得的，因此被认为是需要更多投资来维护的支持子领域。

10.2.2 评估模型复杂性

简而言之，模型复杂性是指在发现新想法、设计模型、在软件中实现模型、发展模型和软件，以及维持软件过程中涉及的总体复杂性。因为有许多因素会影响复杂性，并且最终总会存在主观元素，所以没有精确的公式来确定子领域的模型复杂性。但是，核心领域图的主要目的并不是创建精确的定义，其目的是在所有利益相关者之间就每个子领域的价值和所需工作量达成一致，这将成为投资决策的基础。在通常情况下，通过逻辑推理并结合多种视角的输入得出的近似值就足够好了，但不是单凭个人的直觉。

本节列出了导致模型整体复杂性的不同类型的复杂性。让团队意识到这些不同类型的复杂性可以帮助减轻认知偏差的影响，并确保整个团队对模型复杂性拥有相同的定义，从而走向更准确的评估和更有效的对话。

用户需求发现复杂性

用户需求发现复杂性指的是在识别未满足的用户需求时所涉及的工作量和不可预测性水平。在沃德利地图创世阶段的子领域中，由于概念是新颖的且未经验证的，需要大量的研究和实验，用户需求发现复杂性很高。随着概念逐渐成熟走向商品化，整个行业在功能上趋于一致，找到新的差异化方式变得越来越困难，用户需求发现复杂性也很高。确定这种类型的复杂性需要来自产品和 UX 专家的输入。

产品设计复杂性

在发现了未满足的用户需求之后，需要设计新的和增强的产品功能，以有效且用户友好的方式解决这些未满足的用户需求。所需要的工作量将根据具体情况不同而有所不同。正如在第 8 章的企业财产税案例中提到的那样，设计解决方案以满足一些未满足的用户需求可能需要数月的线框图[1]和用户测试。确定这种复杂性也需要产品和 UX 专家的意见。

领域模型设计复杂性

领域模型设计复杂性指的是在给定子领域中，设计和演进概念性领域模型的难度。有些子领域要比其他子领域拥有更复杂的计算、算法、业务规则和业务流程。因此，设计能满足所有产品需求并涵盖所有必要快乐路径和边缘用例的模型将需要更多的时间和努力。

这方面的例子是 *Gran Turismo*，这是一款为 PlayStation 设计的赛车游戏，它具有在线模式。每个用户都会对惩罚系统感到沮丧，这个系统决定你是否违反了规则，比如切弯越线或撞到另一辆车。有时，另一辆车会撞到你，但受到惩罚的却是你。*Gran Turismo* 的制作方（Polyphony Digital）意识到了这一点，他们多年来一直在努力改进这个模型，以使体验更加有趣，减少挫败感。尽管用户对产品功能的需求很明确，但设计能适应所有情况并提供出色 UX 的有效模型被证明是极其复杂的任务。

避免软件复杂性（CRUFT）

Martin Fowler 将 CRUFT 定义为"当前代码与理想状态之间的差异"。从理论角度，在不影响软件的情况下，实际上可以移除软件中存在的可避免的复杂性。CRUFT 是一个重要概念，因为软件越复杂，就越难以理解，更改起来风险更大，成本也更高。CRUFT 可以在软件系统中以多种形式存在，比如，代码的不同部分之间的界限和交互定义不清、耦合过紧、命名混乱等。一个业务越是能够使用子领域来实现差异化，CRUFT 的成本就会越高，因为它降低了变更速度，而这是影响上市时间最关键的因素。

规模复杂性

一些子领域由于运营所处的规模水平所以更复杂。虽然业务规则和领域逻辑可能比其他子领域更简单，但是由于规模巨大，可能出错的事情更多，出错的可能性更大，出错的后果也更严重，因此整体的复杂性可能更高。运营规模越大的业务需要的鲁棒性就更强，进而增加了复杂性和维护成本。这就像每天处理数万个订单的预订系统和每天处理数十个订单的预订系统之间的区别，前者几乎不能容忍任何停机时间，而后者受到的停机时间的影响微乎其微。

集成复杂性

当子领域必须与许多其他子领域和系统集成时，集成复杂性会显著增加，特别是当这些系统各自采用独特或非标准的数据格式并且稳定性不足时。虽然内部领域模型可能不包含复杂的领域逻辑，但实现与其他系统的互操作、数据转换和错误处理所需的所有代码的复杂性都会大幅度增加。

每个软件开发者都有过高度集成带来复杂性的经验。我曾经参与开发一个假日预订应用，它的业务规则相当简单。然而，它需要与 10 多个其他系统集成，以获取和整合假日优惠和元数据。每个集成都是完全定制化的，因为每个系统都有自己完全不同的 API、数据格

[1] 线框图是在数字产品设计的早期阶段创建的粗略示意图，用于帮助可视化和传达产品或网站的结构

式、错误代码、故障等。文档质量大多不高，而且从 API 开发者那里得到的响应很慢。

运营复杂性

运营复杂性在于软件之外和组织之内的复杂性，例如涉及员工使用各种工具进行计算和决策的手工处理过程，这些工作通常用电子表格完成。运营复杂性通常是由产品和软件设计不良所引起的。在默认情况下，我们并不认为运营复杂性是模型复杂性的一部分，因为它是在软件之外管理的复杂性。然而，很多时候，阐明存在于软件之外的复杂性及其相关成本也很重要。通常，在提出构建软件以替代运营复杂性的提案时，这将是必要的。当出现这种情况时，我发现在核心领域图上添加一个注释以指示包含了运营复杂性非常有用，如图 10.6 所示。

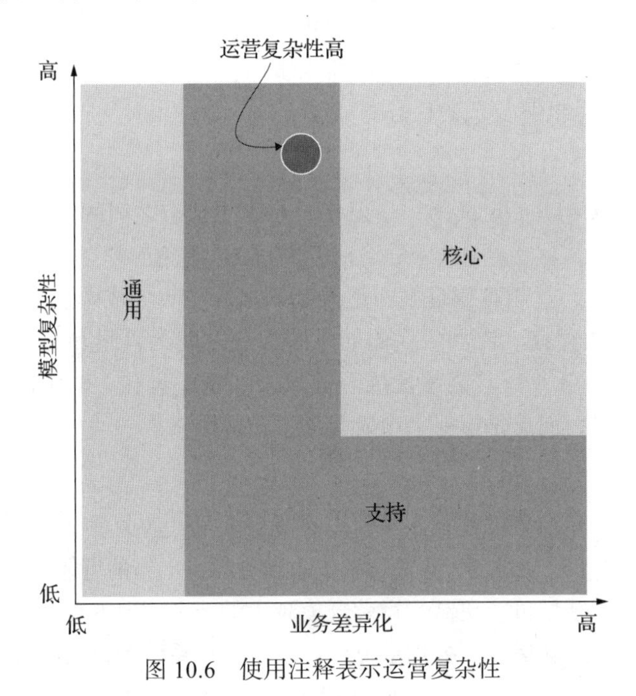

图 10.6 使用注释表示运营复杂性

因为模型复杂性是一个综合性指标，它涵盖了多种类型的复杂性，所以有时候添加注释来阐述子领域内主要的复杂性类型是有用的，即便这种复杂性不是运营复杂性。

10.2.3 核心领域演进

将子领域分为核心、支持和通用是相对于某一时间点而言的。今天被视为核心的，未来随着环境的变化和业务增长领域的改变，可能会变成支持或甚至是通用的。这种演变可以在核心领域图上使用箭头来实现可视化。如图 10.7 所示，通常，向上的箭头表示通过开发新的功能和能力来拥抱更多的复杂性以提高差异化，而向下的箭头则意味着减少复杂性以降低成本。

即使对某个子领域不进行任何投资，它也会随着时间的推移自然发展。随着竞争对手的开发创新，它会变得不那么有差异化并向左漂移；随着技术栈和基础设施逐渐滞后，它会向上移动并变得更加复杂。这意味着，即使是为了保持子领域的当前位置，也需要一定程度的投资。

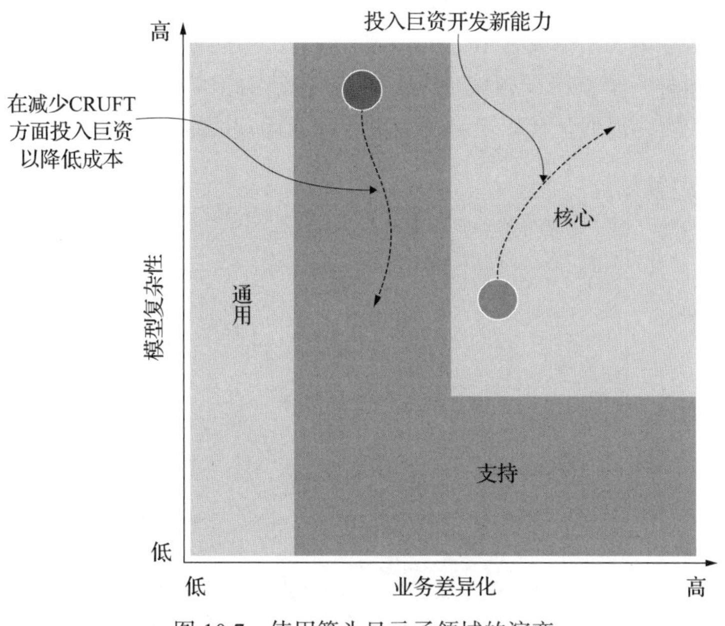

图 10.7　使用箭头显示子领域的演变

10.2.4　行业案例：活动行业规模扩大

我和两位同事有机会与一家从事活动行业的公司合作。刚接触时，该公司正处于一个重要的转型点。它们成功建立了一个成功的初创企业，并围绕着活动价值链的一个小方面进行创新，这些活动通常是音乐会。基于拥有完整价值链的雄心壮志，公司最近完成了一轮重大融资，包括自己的组织活动、与音乐明星建立关系，以及为客户管理旅行和住宿。因为该组织将显著增长，所以 CTO 开始寻求帮助，以了解他们的架构和组织需要如何演进才能支持增长。

显而易见，公司当前的运营方式与众多初创企业类似。它们注重快速发展，却忽视了长期可持续性，缺乏对所有权的明确划分，导致每位软件开发人员都需要接触代码库的各个部分。在员工人数约为 30 人时，公司已经开始感到了一些困扰，而如果工程师数量增长为两倍或三倍，那么现有的模式将难以持续。因此，一个关键的改进方向是为各独立团队划定清晰的责任区域。

该公司需要将架构和设计技能普及到整个公司，以帮助识别业务领域，并围绕这些领域设计软件和打造团队。虽然组织面临的挑战很明显，但选择从何处开始却不那么清楚。工程主管已经汇总了大约 100 个与架构和工作方式相关的问题和挑战。因为过度分析且害怕做出错误的选择，结果他们无法决定从哪里开始建立责任领域和引入新的工作方式。

因此，我们利用核心领域图有效地可视化并发现了机会，并制定了一个针对首阶段现代化改造的提案。我们作为一个团队集体讨论了每个子领域，并根据子领域的当前差异化和复杂性将它们定位于核心领域图中。接着，我们探讨了每个子领域内存在的挑战和机会，并为每个子领域标注了代表潜在投资方向的箭头。图 10.8 展示了三个被列入最终考虑的子领域。其中两个核心领域（子领域 A 和子领域 B）的箭头指向右上方，表示将对关键新差异化功能进行投资。另外一个支持子领域（子领域 C）的箭头指向下方，代表了减少技术负债和改进设计所需的投资，以便让代码更易于演进并降低运营成本。

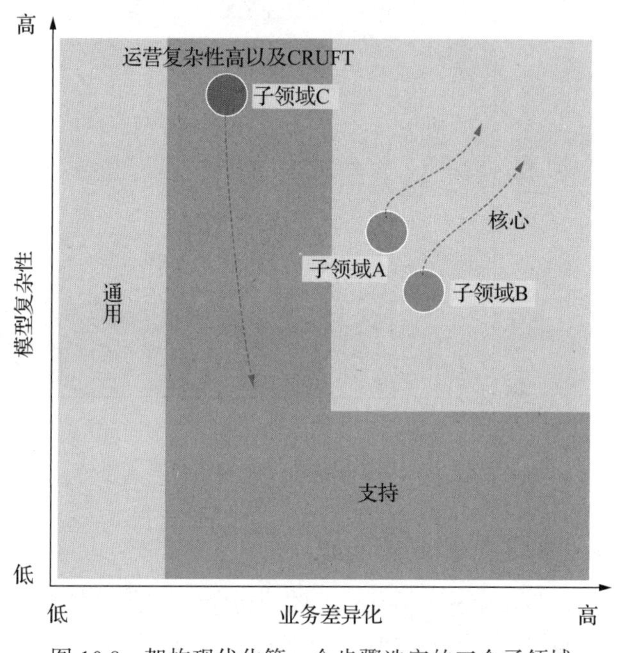

图 10.8 架构现代化第一个步骤选定的三个子领域

核心领域图提供的主要好处是为我们的讨论提供了结构，并且以可视化的形式展示了团队如何感知各子领域的相对重要性和复杂性。几个小时的对话帮助我们聚焦于明确的前进步骤，并且我们开始和一个行业案例结合。最初，子领域 A 和子领域 B 是主要的候选对象。这些是能推动业务向前发展的核心领域，因此团队自然想要在这些领域进行投资。然而，团队突然做出了 180 度大转弯，一致决定选择子领域 C，即支持子领域。

公司出于业务和组织的原因，选择子领域 C 作为架构现代化的第一步。在业务方面，它将消除一个复杂的手动过程，这个过程占用了很多重要人员的时间，导致该过程的前置时间很长，交付周期很长。这个视角对于获得领导层的支持至关重要。在组织方面，这是一个好计划，因为当前的代码分散在多个代码库中，公司没有意识到分散的代码作为一个子领域的意义。这为团队提供了一个练习使用像事件风暴这样的方法对领域进行建模和设计松耦合架构的机会。他们可以将这些学习和洞察应用到整个业务中。另一个好处是子领域 A 和 B 依赖于子领域 C。通过减少子领域 C 中的冗余和繁杂（CRUFT），当团队转向在子领域 A 和子领域 B 创新时，子领域 C 就不会成为瓶颈。

核心领域图也可以作为提交给领导层提案的一部分，以获得对该计划的支持。核心领域图证明团队仔细考虑了整个投资组合，并根据业务和组织的因素选择了最合适的选项。这证明了他们不仅仅是想要尝试新技术和新架构模式的技术人员。

10.2.5　与沃德利地图的比较

有人评论说核心领域图和沃德利地图之间存在着相似之处。考虑到在本章中多次提到沃德利地图，这些评论显然很有见地，所言非虚。根据我的经验，尽管这两种方法之间存在着相似和重叠之处，但它们服务的目的不同。

沃德利地图关注的是从行业宽度角度绘制全局景观，而核心领域图旨在捕获关于哪些部分是战略性 IT 架构的选择。核心领域图只关注两个方面：复杂性和差异化，这是评估战略性 IT 的关键。你也可以用沃德利地图来做这件事，但需要依赖额外的注释来强调复杂性和差异化，这些仅从演进阶段无法推断出来。

沃德利地图提供了更多关于为什么某些事物具有差异化的背景。演进阶段表明了概念的成熟度，价值链则显示了组件是如何相互连接和影响的。沃德利地图还可以包括所有类型的组件，并且可以应用于所有范围，这也意味着它随时可用。与此同时，核心领域图通常只在子领域级别使用，并且只显示子领域而不显示价值链。它通常在识别出候选子领域之后使用。总的来说，我发现这两种技术都非常有用。沃德利地图更先进且有用，但核心领域图对于达成和沟通战略性 IT 决策非常有帮助。

10.3　核心领域图模式

本节将探讨出现在核心领域图上的不同模式及其对投资和定制运营模型的意义。这个列表并不全面，也不推荐尝试将每个子领域强行归入这些模式之一。本节的目标是涵盖广泛的可能性，以展示在每种类型的子领域中采取适当的方法可能差异很大，这种差异比简单的实用性与战略性选择更为微妙。

提示　可以在书中的 Miro board 找到以下模式的交互式版本，这些模式被组合成一个备忘单（http://mng.bz/ddxg）。

10.3.1　决定性核心领域

如图 10.9 所示，靠近右上是一个决定性核心领域，这意味着它既具有高度的差异化又具有高度的复杂性。任何在该域获得优势的公司都将在市场上拥有决定性的优势，就像已经成为市场领导者或者正在追赶现有市场领导者的公司。高复杂性反映出开发有效的解决方案极其困难，这也意味着它很难被复制，这就是一个公司有如此差异化潜力的原因。

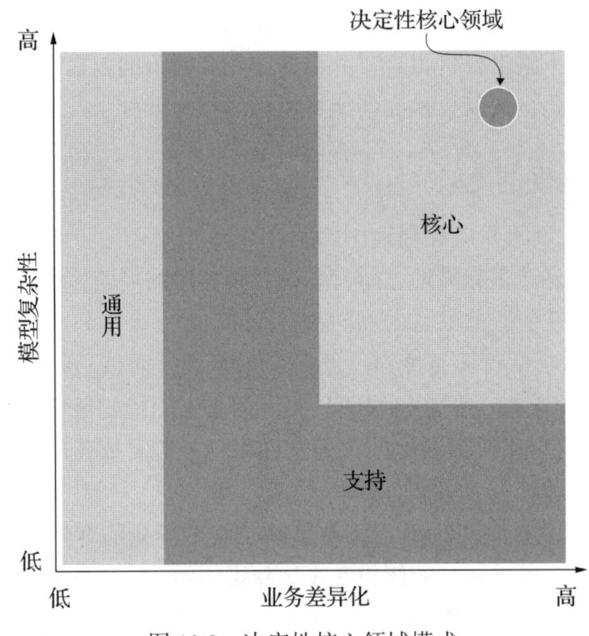

图 10.9　决定性核心领域模式

决定性核心领域的思维模式旨在最大限度地利用业务机会并快速应对变化，因为在这一子领域进行更多创新很可能比其他子领域有更高的投资回报率。然而，可持续性同样重要，因为一个决定性核心很可能是中长期投资。由于决定性核心领域具有最高的战略重要性和复杂性，因此显然应该选择由内部团队构建，以便完全掌握。

拥有一支充分投入到这一子领域的精干团队至关重要。应该组建一个由多数资深和高技能人员组成的团队。跨角色合作也很可能带来丰厚的回报。在发现和开发阶段，工程师、产品专家、UX 专家和主题专家之间的更紧密合作将增加识别新的创新的机会并更快地实施。因此，像事件风暴这样的协作方法是一项很好的投资。任何减少决定性核心内部变更流程的事情都可能比在其他子领域产生更高的负面成本。因此，需要谨慎管理依赖关系，优先考虑决定性核心。

从技术角度来看，架构设计、领域建模和代码健康可能很重要。一个设计良好的架构与精心划分的领域边界相匹配会减少耦合。此外，在这里应用更高级的架构模式和技术也合理。一个设计良好的领域模型在决定性核心中非常重要，因为领域的基本复杂性很高，任何不必要的复杂性都可能使团队的认知负荷超过限度。保持代码健康也很重要，因为只有这样领域才能长期持续发展。任何影响代码健康的捷径到最后都会付出昂贵的代价，因为它们会降低变更速度。

在考虑这种类型的子领域时，有几个问题需要思考：

- 子领域的边界能否进一步细化以移除那些价值不高的概念？
- 是否已经确定了多个决定性核心？如果是的话，组织是否能够在不做过多妥协的情况下对所有这些领域进行投资？

- 如果决定性核心并没有如预期那样具有差异化，结果会怎样？

10.3.2 无法防御的核心领域

一个无法防御的核心领域位于右侧，但其复杂性远低于决定性核心领域。由于复杂性较低，竞争对手能够开发出自己版本的可能性大大增加，因此，这一子领域提供的差异化仅存在较短的时间，例如，如图 10.10 所示的 6 ～ 12 个月。我总是记得一位首席产品官在一次研讨会上对他们无法防御的核心领域所发表的精辟评论：“尽管很难长期保护我们的优势，但我们希望被视为总是率先推出创新产品的公司。这对我们的品牌有很大的影响。”

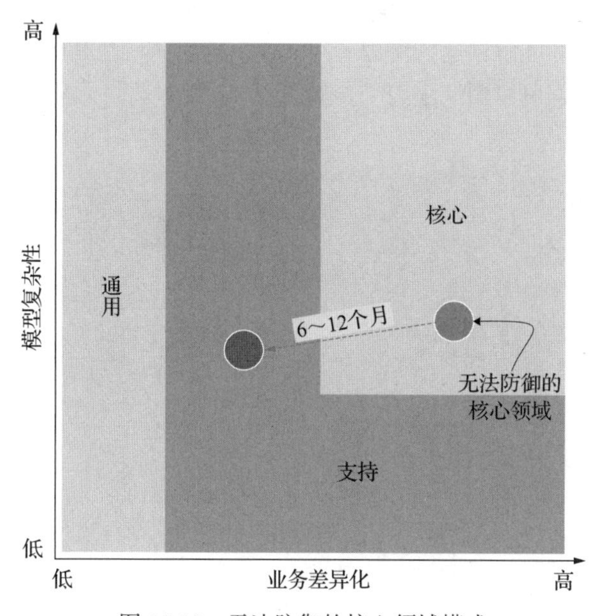

图 10.10 无法防御的核心领域模式

在第一年的产品战略中，一个无法防御的核心可能是关键组成部分，但在第二年的产品战略中，随着焦点转移到其他有差异化机会的领域，其作用可能会大大减弱。因此，应该有一种思维模式，旨在利用短期机会，并知道何时减少投资。在初期阶段，应该用多数资深和技术熟练的工程师来配置团队。在这个时期，工程师与领域专家的协作、像事件风暴这样的方法，以及产品发现方法，很可能会非常有效地将新能力率先推向市场。因此，这也受益于内部团队构建。

在架构设计、领域建模和代码健康方面的投资需要采取平衡的方法。一方面，需要首先进入市场并利用子领域提供差异化的有限时间窗口，因此在设计上花费太多时间可能会产生负面影响。然而，另一方面，复杂性可能会很快累积起来，甚至会在 6 ～ 12 个月的时间里降低开发速度。软件很可能还会存在很多年，所以需要持续进行改进和修复错误，因此不建议减省物力和人工。

在使用这类子领域时，有几个问题需要思考：

- 它能发展成为一个决定性核心吗？你是否投入了足够的时间去寻找方法，使得子领域更具有差异化和防御性？
- 当这个子领域不再是一个主要差异化因素时，您是否有一个关于什么将成为核心领域的计划？或者你只是过于专注于短期？

10.3.3 豪赌未来核心领域

豪赌未来核心领域是一个有潜力成为决定性核心的子领域，但首先需要验证的是高度的不确定性。实际上，这种类型的子领域正处于早期形成阶段，并且具有非常高的未来价值潜力，但需要大量投资才能解锁这些潜力。因此，内部团队构建是明显的选择。为了在核心领域图上进行区分，我们可以用一个问号，如图 10.11 所示。

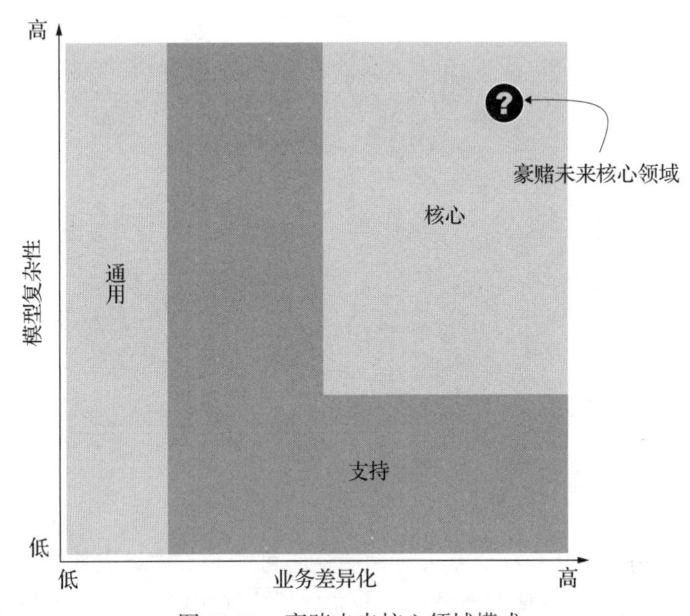

图 10.11 豪赌未来核心领域模式

即使豪赌未来核心是一种核心领域，但团队的思维模式需要与决定性核心和无法防御的核心截然不同。在这种子领域工作的人需要能够在不确定性中茁壮成长。软件工程师需要习惯于做实验和定期改变方向。他们还需要习惯创建低质量、一次性的代码。这种类型的团队不适合那些喜欢结构化和可预测工作的开发者。

一旦差异化的潜力被验证为豪赌，未来核心领域就会成为决定性核心领域，功能也会随之改变。在这个转折点上，可能需要更换团队中的一些成员，或者交接给另外一个更专注于质量和长期可持续性的团队。由于在实验阶段积累了大量的无用代码，此时往往有必要重构代码。

对于即将到来的豪赌未来核心领域而言，我发现优先级是关键话题。因为这类子领域尚未产生价值，其他正在产生价值的子领域看起来更为重要。我多次看到团队成员被从豪赌未来核心拉走，去协助其他子领域的工作。这是有问题的，因为它可能有助于短期内满足交付日期，但会严重妨碍长期成功。

在使用这种类型的子领域时，有几个问题需要思考：

- 如何传达这个子领域的重要性以确保它被同等对待，甚至比已经提供价值的子领域更重要？
- 公司会以同等方式（同等于考评更成熟子领域的团队的方式）公平考评这个团队的成功吗？
- 需要哪些迹象来验证这个想法的潜力，并决定增加投资或终止投资？

10.3.4 高杠杆支持子领域

高杠杆支持子领域是一种复杂性介于中到高的支持子领域，它被多个其他高优先级子领域所依赖，如图 10.12 所示。依赖关系的存在至关重要，因为在这个子领域内做出好或坏决策的成本将被放大，并可能影响所有依赖它的其他子领域。例如，如果团队没有明智地投资于架构设计、领域建模和代码健康，那么这个子领域很容易成为瓶颈，减慢其他团队在最高业务优先级上的工作速度。

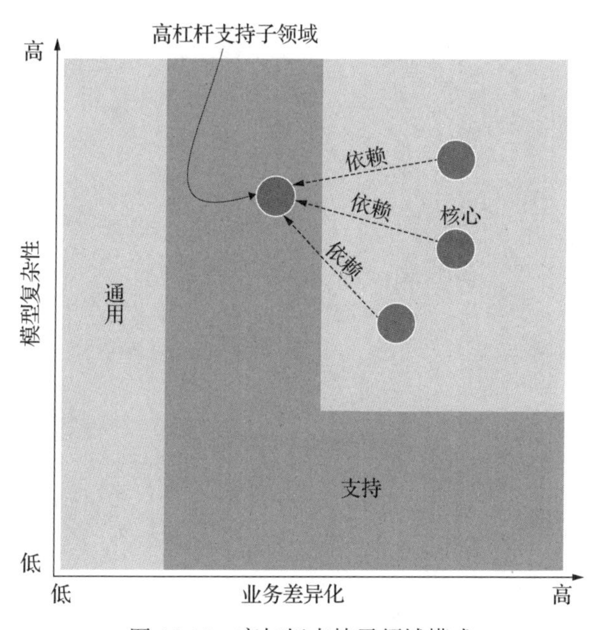

图 10.12 高杠杆支持子领域模式

尽管高杠杆的支持子领域不是核心领域，但它确实发挥了非常重要的支持作用，并且高度复杂，这需要由经验丰富和技能熟练的成员组成的团队。此外，依赖关系的重要性要求团队成员不仅要擅长与其他团队建立关系，还要能够理解他们子领域中的概念，以便构建他们所需要的东西。

在这些类型的子领域中，像事件风暴这样的协作技术可能非常有价值，通常与这个子领域如何支持其他子领域的更大景观有关。这也是领域建模的关键挑战之一：创建一个模型，既能满足多个消费者的需求，又能保持灵活性和易于演进。所以，那些能够保持低变更耦合度和高可靠性的架构模式特别值得投资。

在使用这种类型的子领域时，有几个问题需要思考：

- 如果一个支持子领域非常复杂，并且在帮助许多其他子领域中扮演重要角色，那么它在贡献差异化方面的作用可能比你认为的要大——应该把它视为核心领域吗？
- 需要存在依赖关系吗？这是否表明领域边界划分有误？例如，图 10.12 中的高杠杆支持子领域可以被切分为三个部分，然后将它们移入三个核心领域。

10.3.5 基础支持子领域

图 10.13 所示的基础支持子领域是复杂度和差异化程度都相对较低的子领域。识别到足够好的水平并且又不过度投资是关键，同时确保支持核心域改进所需的任何变更都能迅速有效地实施。总的来说，通常建议由内部团队来构建基础支持子领域以避免对核心领域中的任务打折扣。

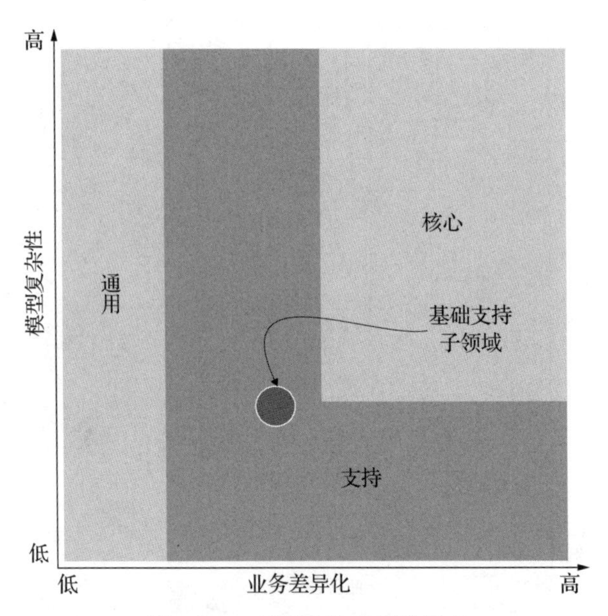

图 10.13 基础支持子领域模式

与更具复杂性和更具差异化的子领域相比，在基础支持子领域中的所有投资往往都相对较少。基础支持子领域的团队往往会更小，在团队内配置经验和专业知识水平更低的成员也合理。例如，这类子领域可能更多是初级员工工作和积累经验的好机会。同样，在这类子领域中投资先进的架构模式、像事件风暴这样的实践和编码模式不太合理。

我曾合作的一家媒体公司将搜索确定为基础支持领域。搜索并没有提供太多积极的差异化，但如果没有在搜索上的投资，则客户就不会使用该产品，这意味着在核心领域开发的所有创新都将白白浪费。该公司组建了一个由四名工程师组成的团队，其中两名是高级工程师，另外两名是初级工程师，他们最初花了六个月时间构建了搜索 API。六个月后，搜索能力已经达到了一个临界点，进一步改进不会有什么明显的效果，团队决定将其重点转移到推荐子领域，该领域被视为差异化机会更大。同时，该团队继续负责搜索子领域，并对其进行了小的改进，但大部分时间都花在了开发推荐子领域能力上。

在使用这种类型的子领域时，有几个问题需要思考：

- 持续投资是否仍然合理，或者该软件的开发应该被终止吗？
- 在核心领域中，有多少工作将涉及该子领域的变更？
- 如果这是一项基本功能，那么是否有现成产品可以提供这种功能，而且是最近才推出的？
- 在投资水平较低的情况下，如何确保公司内部保持该子领域和代码的足够知识？
- 在重要性不高的子领域工作，团队是否会有动力？

10.3.6 关键支持子领域

关键支持子领域面临高度负面差异化但有限积极差异化的风险。负面差异化是指对品牌声誉造成损害的因素，需要不惜一切代价避免。尽管复杂性较低，但团队内部构建仍然可能是首选方案，以便完全控制并防止造成品牌受损的事件。在核心领域图上，使用警告标志来突出关键支持子领域，如图 10.14 所示。

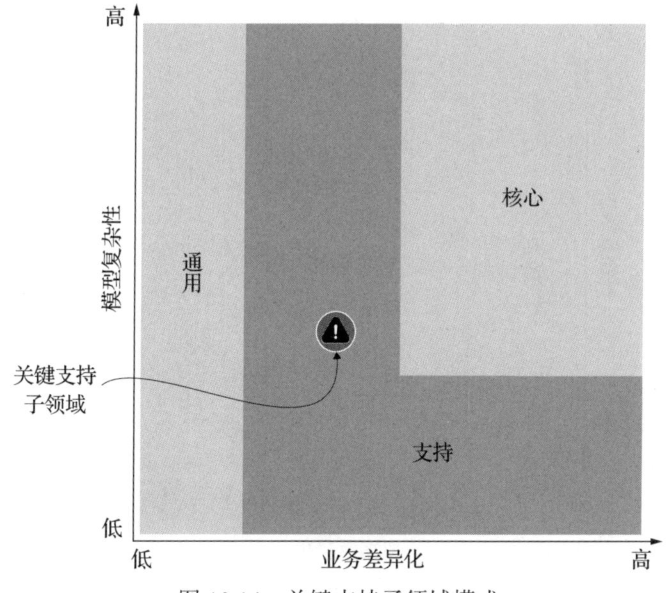

图 10.14 关键支持子领域模式

对于积极差异化而言，关键支持子领域仍然是支持领域，但内在风险要求采取一些不同的方法。团队中需要有资深和专业的人才，同时需要更高级的架构模式和代码健康度，尤其是那些能够限制潜在风险的模式，这将是合理的。与团队互动的利益相关者需要有成熟的管理经验，不要对团队施加压力，以免他们走捷径或偷工减料。即使没有新增功能，也需要持续的投资来保持系统更新。

2022 年 12 月，美国西南航空因其调度系统出现故障而不得不取消 15 000 个航班（http://mng.bz/rjPx）。新闻网站和社交媒体上充斥着对该航空公司的负面宣传，公司品牌遭受重创。Bob Jordan 是该航空公司的 CEO，他全力挽救损失并在媒体上露面道歉并请求原谅（http://mng.bz/VRPN）。

报告显示，该航空公司的关键任务调度系统仍在数十年前的软件上运行（http://mng.bz/xjl7）。

在使用这种类型的子领域时，有几个问题需要思考：

- 公司里的每个人，特别是高层领导，都意识到这个子领域存在的风险了吗？
- 这个子领域所用的技术有多么落后？
- 如果发生重大事件，你能提供证据证明自己已尽一切可能来避免问题了吗？

10.3.7 可疑支持子领域

在图 10.15 所示的核心领域图中，有一个可疑支持子领域位于左上角。通常，一个具有高度复杂性的支持子领域是一个警示信号。一个不具有高度差异性的东西怎么会具有高度复杂性呢？有时，这是一个优先级错误。过多的投资被倾注到了回报不成正比的子领域中。最

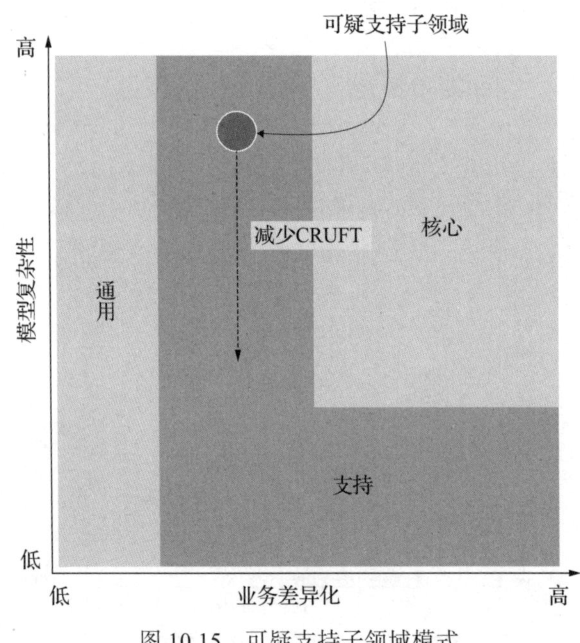

图 10.15 可疑支持子领域模式

常见的是由于可避免的软件复杂性。由于繁杂和冗余（CRUFT）的积累，现有解决方案变得不必要地复杂，以至于难以维护。识别该模式很重要，因为高度复杂性导致很高的维护成本，可能会占用更多的投资，而这些投资本可以更好地用于更具差异化的子领域。

对于可疑支持子领域，可以采取多种可能的行动方案。如果需要在接下来的几年里继续发展子领域，增加新功能或增强功能，那么降低复杂性就是主要目标，以减少变更成本并使新功能的构建成为可能。这需要一个高技能的团队，他们能够处理并使落后架构软件现代化。然而，如果不希望或不需要更改子领域，那么组建由高技能工程师组成的大型团队将是一种浪费。更有效的可能是组建一支较小的团队，由那些愿意维持系统运行并解决出现的小问题的成员组成。

通常，当软件的繁杂和冗余水平很高时，边界就划分得很模糊，代码可能看起来像一团巨大的泥球，其中许多子领域的代码是单一且紧密耦合的。如果是这种情况，那么将所有受影响的子领域作为一个整体来看待可能很重要，团队需要非常紧密地合作，共同制定一个通用的现代化策略。当软件紧密耦合时，不可能有细粒度的策略，因为团队需要协调工作和部署。

有一种风险，即一些复杂度较高的支持领域可能会给人一种误解，使人认为它是一个优先级高的核心领域。在与一家大型欧亚公司合作时我就遇到了这样的情况。在我和一位同事绘制核心领域图时，我们注意到该团队把他们的订单管理子领域定位在了图表的右上方，几乎触及顶端。这让我们感到疑惑，因为它似乎并不具备强烈的差异化特点。然而，工程师们坚称它必须是核心领域，因为它异常复杂，并且在公司内部是一个常被讨论的工程挑战。但是，团队未能明确解释这个系统如何帮助他们与竞争对手区分开来。经过深入讨论，我们认定这个子领域虽然对业务至关重要，但提供的差异化潜力却很小。

其复杂性之所以如此之高，是因为系统正处于新旧两个版本并行运行的阶段，而迁移到新系统的过程被证明是一个旷日持久且充满挑战的任务。由于新系统尚未完全覆盖旧系统的所有功能，因此内部用户不得不同时依赖这两个版本。我们一致认为，继续投入资源优化支持领域，以降低系统复杂性并为内部用户提供更佳体验是至关重要的。更为关键的是，在这一过程中，团队意识到了他们真正的核心领域所在。

在使用这种类型的子领域时，有几个问题需要思考：

- 如果复杂性降低了，那么如何将工程资源更有效地投入到其他地方呢？
- 降低复杂性需要多长时间？
- 大家都同意在代码现代化的过程中，需要减少或停止开发新功能吗？

10.3.8　隐藏核心领域

隐藏核心领域指的是那些被认为具有高差异化但低复杂性的子领域，通常是因为软件之外存在复杂性。如果将这些外部复杂性整合到软件中，那么软件将更具有差异化特性，如图 10.16 所示。位于核心领域图右下角的任何子领域都应该引起我们的警惕：如果一个子领域在复杂性上很低，那么它代表的能力容易开发，这意味着竞争对手同样能够轻松开发。当领导层讨论一些看似高优先级的计划时，我常常会好奇，尤其是当这些计划基本上涉及的仅是简单的 CRUD 系统时。位于右下角的子领域并不总是一个隐藏核心领域。存在充分的理由解释为什么一些领域的差别化复杂性存在于软件之外，并不能简单地整合进软件，例如那些严重依赖人类知识和技能的领域。

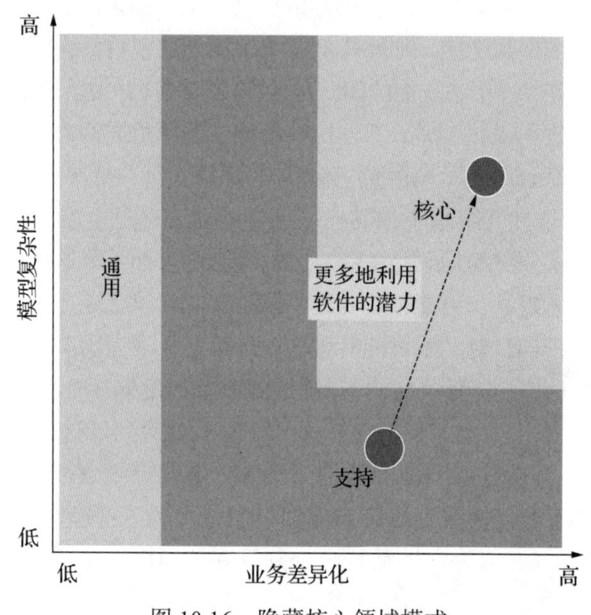

图 10.16　隐藏核心领域模式

为了在这种子领域中找出最有效的方法，我们首先必须量化将复杂性转移到软件中所能带来的好处。跨技能合作，如事件风暴和产品发现方法可能是获得这种清晰洞察的关键因素。工程师需要理解领域目前的运作方式，并就用更先进的数字化能力替代当前手工方法的潜力提供建议。这将需要既擅长合作又有产品和领域发现经验的资深工程师。如果确认子领域是一个隐藏核心，那么应该应用核心领域的投资特性；而如果将更多复杂性引入软件没有好处，那么它应该继续被视为一个支持子领域。

在使用这种类型的子领域时，有几个问题需要思考：

- 谁在使用这个子领域提供的能力，他们试图实现什么？软件能否提供更多帮助？
- 有什么证据可以证明这是高度差异化的呢？

10.3.9　黑天鹅核心领域

黑天鹅事件指的是那些极其罕见、影响深远且在事发之后似乎完全可以预见的事件（http://mng.bz/A8Ne）。黑天鹅核心领域则是从一个通用领域演变而来并最终成为核心领域的领域，展现出了黑天鹅事件的这些特征，如图 10.17 所示。理论上，这种转变不应该发生，因为通用领域是标准化的服务，几乎不具备差异化的潜力。因此，当这种转变确实发生时，它带来的惊讶和严重后果是巨大的。

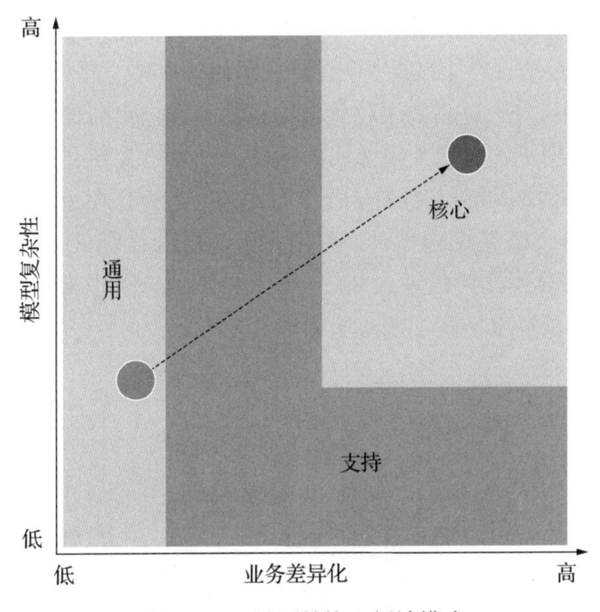

图 10.17 黑天鹅核心领域模式

Slack，一个广受欢迎的企业聊天系统，最初是作为一个黑天鹅核心领域诞生的。它起初只是 Tiny Speck 公司为内部使用而开发的聊天工具，当时该公司正忙于开发一款名为 Glitch 的视频游戏。虽然那个时期 IRC 已经是一款流行的聊天工具，但团队还是决定构建自己的内部聊天解决方案。Glitch 项目的失败意外地导致了将这个内部聊天系统转化为后来大名鼎鼎的 Slack 产品（http://mng.bz/ZReN）。2020 年 12 月，Salesforce 以 277 亿美元的价格宣布收购 Slack（http://mng.bz/RmPR）。AWS 的发展在某种程度上也与此类似——虽然管理基础设施并非亚马逊的核心业务，但它们在这一领域的卓越表现最终使其能够演变成一个独立的商业实体。

传统上，对于通用领域，推荐采用 SaaS、开源或现成的解决方案，这通常是明智的选择。然而，如果你相信自己面对的可能是一个罕见的黑天鹅核心领域，那么考虑团队内部自主开发可能是值得的，以便保持灵活性和选择性，尽管这不应成为自主构建所有解决方案的理由。

10.3.10 投资组合模式

本节讨论的所有模式主要关注独立子领域或一组紧密相连的子领域。这种做法很有价值，因为对每个子领域或每个团队的投资和战略应当是定制化的。然而，从整体上审视投资组合并关注大的趋势也同样重要。我建议大家提出这样的问题："如果这个核心领域图上没有任何文字，那么你能从可视化的模式中了解到什么？"下面是一些建议，旨在激发你的灵感，并帮助你在自己的核心领域图中进行分析：

- 一个核心领域正在向支持领域左移——这引发了一个问题：接下来会发生什么？公司有没有长期计划？公司现在应该投入资源到这些移动中吗？未来的豪赌核心领域在哪里？
- 五到六个核心领域——这引发了担忧，即可能存在过多高优先级领域，投资太散。
- 所有 / 大多数通用子领域均为内部团队构建——为什么有这么多通用能力是内部团队构建的？公司在内部构建、购买与合作的方法上是否存在根本问题？

在审视整体投资组合以寻找趋势时，指出每个团队的投资额是有用的。财务通常过于复杂，因此我使用团队规模作为代理。如图 10.18 所示，这可以揭示需要调查的重要趋势，比如在支持子领域上的投资水平高于核心子领域。

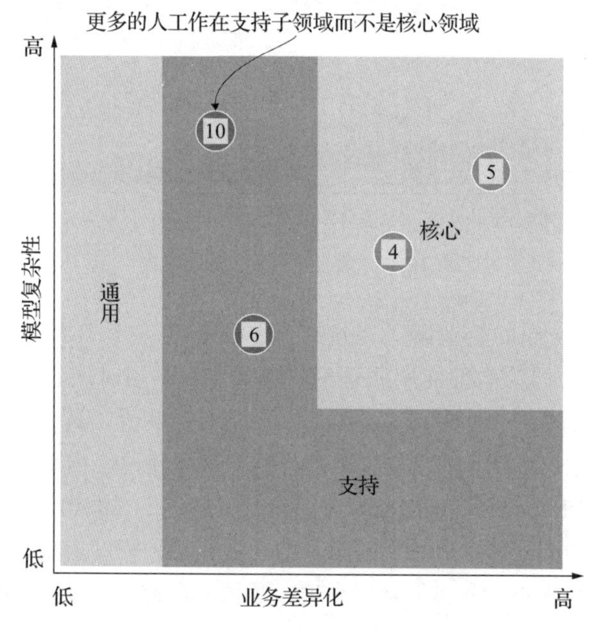

图 10.18 将核心领域图上的投资情况可视化为团队规模

10.4 行业案例：Vinted 的战略架构对齐

Vinted 成立于 2008 年，是立陶宛第一家科技独角兽公司。Vinted 是一个全球性的 C2C 在线市场，会员可以在许多不同类别中交易他们喜爱的时尚和生活物品，例如服装、宠物护理、书籍和视频游戏等。最初，Vinted 专注于单一的垂直领域（即女性服装），并逐渐扩展到其他领域。

> 提示 这个行业案例是与 Vinted 的敏捷教练 Ornela Vasiliauskaite 合著的。我强烈建议大家去看看她出色的 DDD 以及与社会技术架构相关的讨论（https://www.youtube.com/watch?v=joSgTOUy7eQ）。

随着公司从 2018 年在立陶宛共同办公的 30 名工程团队成员增长到 2023 年初遍布欧洲多个地点的 460 人，成长的烦恼开始变得明显。随着越来越多的开发人员都在同一个代码库中工作，在 IT 系统中实现新功能所需的时间也在不断增加。增加新功能之所以比预期的更复杂，一个原因是架构中内置的假设。许多核心抽象仍然严重依赖于单一垂直领域（女性服装）的假设。IT 系统支持多个垂直领域是被迫适应当前模型的，而不是从零开始重新设计的。

到了 2021 年，不断增长的烦恼已变得难以忍受，所有人都同意是时候进行现代化架构改造以加快创新了。开发人员发现很难理解代码，而且编译、测试和部署代码需要很长时间。雇用更多的开发人员并没有带来预期的生产力提升，而且让他们上手的时间也变得更长。随着系统的脆弱性增加，一个领域的变化开始破坏不相关的功能。

技术领导层，包括员工工程师，一致认为需要一个松耦合的模块化架构，以及拥有系统各部分所有权的团队，以恢复他们快速创新的能力。这被视为从一个成功的初创企业成长为一个更加成功的快速成长型企业的先决条件。

他们成长的烦恼的一个例子是在类别领域。正如 Ornela 所解释的：“ Vinted 的分类是按层级进行的，使用了树状的比喻。最宽泛的类别被称为‘根’；Vinted 使用如‘女性’或‘男性’这样的类别来进行更广泛的分组。从这些分类开始，我们有父子关系：根会有一个或多个子类别，每个子类别的范围都比父类别狭窄，使用‘ is a’的关系。例如，女性根类别可以有如‘鞋类’或‘服装’的子类别，因为这些子类别比女性时尚这个更广泛的概念要狭窄。父子结构可以根据结构需要的颗粒度无限延续。”（见图 10.19）

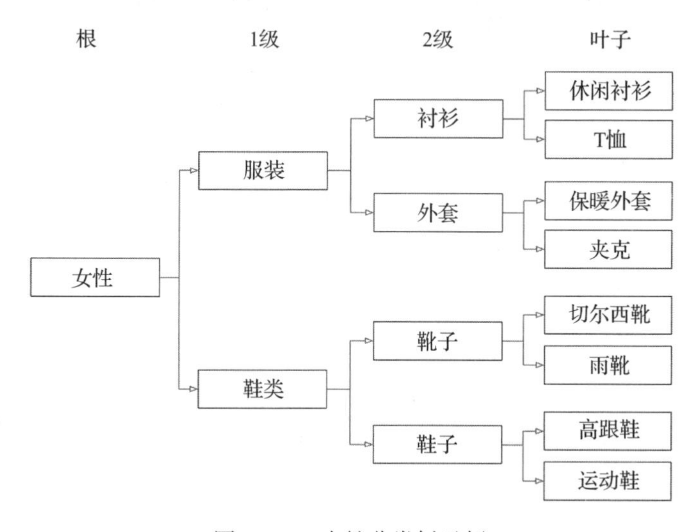

图 10.19　女性分类树示例

多年来，在 Vinted 平台上交易的物品种类越来越多，现在有六个不同的部门（女性、男性、儿童、家庭、娱乐和宠物护理），Vinted 会员可以选择出售和购买物品。深化和扩大分类树是至关重要的，因此 Vinted 成立了一个新的团队来专注于这一领域。然而，软件架构是一个障碍。

从创立之初，新成立的类别团队就面临着交付价值的挑战。在代码中，类别并未被清晰地定义为一个团队能够独立操作、且不需依赖其他团队的模块。相反，类别功能遍布于架构的多个部分。因此，要理解现有代码并引入新功能，所需的努力异常巨大。

为了应对这一挑战，团队决定尝试 DDD 作为一种方法，将类别建模为一个独立的、松耦合的子领域，这将使类别团队拥有明确的目标并实现快速运转。如果事情进展顺利，组织希望更广泛地应用 DDD 和团队拓扑等概念。

然而，事情并没有一个好的开始。正如 Ornela 解释的那样："我们运行的第一次会议真的很困难。有很多不一致的地方。一些人认为选择的方法 DDD 是问题所在，而实际上领域本身就非常复杂。这对领域专家来说尤其沮丧。他们对现有模型的坚信使他们很难听取别人的意见，看不到其他选择也是可能的。我也确信我对领域模型的理解是正确的。"

引入像 DDD 这样的新方法总是需要时间和耐心。因此，尽管开局不稳，Ornela 和她的同事们还是坚持了下来。他们寻找了一位外部专家来帮助启动他们的事业，并决定聘请领先的 DDD 顾问 Marco Heimeshoff。聘请一位在领域建模方面有技巧的公正的外部引导者似乎是完美的解决方案，事实证明确实如此。Marco 帮助他们更深入地研究领域，并定义了两个潜在的模型，如图 10.20 所示。

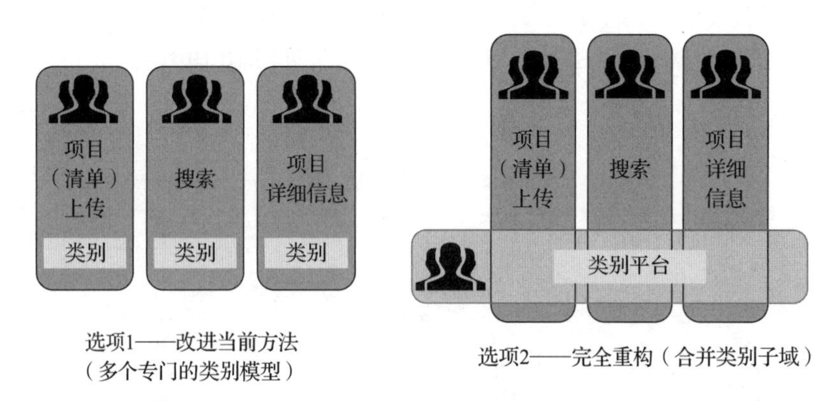

图 10.20 类别的两个竞争模型

但小组成员仍然意见不一。一半的人喜欢其中一种模型，其余的人喜欢另一种。经过几次事件风暴和场景对齐之后，小组意识到，他们的分歧比选择哪种模型更为根本。两个小组对产品战略有着根本上的分歧，并且他们选择了最符合他们对产品目标理解的模型。"当没有一个清晰的产品战略来组织时，很难定义领域边限和团队结构，"产品经理 Doug Wieand 说。

Ornela 和团队已经清楚地认识到，架构决策必须由业务和产品成果来驱动："在我们选择正确的模型之前，我们需要与产品战略保持一致。然而，这又是一个障碍。我们对于我们想要优化的目标并没有达成一致。我认为我们不习惯于将架构决策与产品目标结合起来思考。因此，看到两种不同的方法需要两种完全不同的团队和代码结构，迫使我们思考每种模型将帮助我们实现什么，以及在这些情景中我们实际上更倾向于哪一个，以符合我们的长期目标。”

在清楚地了解了他们所面临的关键挑战之后，团队改变了方向，开始探索战略建模方法。Ornela 解释说：“我们从核心领域图开始，因为仅仅关注类别是不可能确定我们想要优化的内容的。我们需要在更广阔的背景下看待这个问题，这样我们才能理解每个选项会给整个系统带来的不同类型的复杂性，以及与我们正在考虑的其他投资相比，类别提供的差异化如何。”

在使用沃德利地图和核心领域图进行多次战略建模会议后，小组开始趋向于一个首选方案。图 10.21 展示了团队在其核心领域图的最新迭代中提出的战略模型的片段。它展示了小组是如何达成共识的，即类别将是他们核心领域（如能力 B）的一个重要推动者，同时也支持其他重要领域（如能力 A）。在提高类别的力量和快速迭代的能力上投入越多，他们就能越好地实现最终的业务成果。

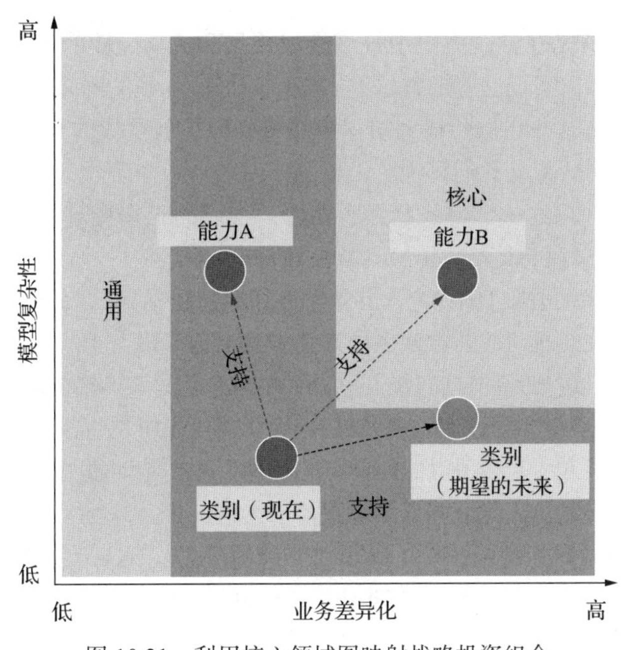

图 10.21　利用核心领域图映射战略投资组合

将战略建模纳入投资组合帮助团队闭合了完整的反馈循环，并从代码结构、团队结构以及产品和商业策略的角度考虑现代化工作。最终，每个人都 100% 对社会技术架构应该优化的方向达成一致，小组一致选择了最适合产品愿景的模型类别，Ornela 说：“在开展所有 DDD 工作之前，我们仅仅专注于按现状向系统中添加新类别，我们的速度越来越慢。在采用各种建模方法后，我们开始看到我们如何能够以更快的速度添加这些新类别。考虑到更长的时间范围，看到并讨论我们面前的不同模型，使我们能够建立信心，证明某些技术投资的合理性，并就长期愿景达成一致。我们选择了投资于类别平台的方法，该平台支持所有其他需要类别场景的领域。”

小组面前仍然有一项巨大的工作，那就是解耦架构，但每个人都确切知道他们需要做什么以及为什么这很重要。正如团队的分类学家 Charlie Lapin 所说：“对类别进行全面的重新设计意味着我们既更加主动（比如在趋势方面，捕捉趋势并允许在该框架内进行分类），也要更加被动，比如删除那些令人困惑、重叠或与用户无关的类别。”整个团队都充满动力，并能够集中全部精力去实现他们期望的结果。

这个故事的一个关键收获是坚持不懈。尽管最初几次会议很混乱，但团队还是坚持采用领域驱动的方法来改进他们的架构，并且最终取得了成功。他们的工作成果和采取的方法足够令人印象深刻，足以引起来自其他业务领域的业务领导和同事的注意。Vinted 市场 CEO Adam Jay 的这句话很好地捕捉了这种情感：“在 Vinted 运营的规模上，我们需要我们的团队能够完全授权做出产品和架构决策。我很高兴看到这样的奉献和坚持不懈，在我们的组织结构和架构中进行必要但困难的变革，以推动 Vinted 的成功。”

另一个关键的收获是在整个组织中分享学习成果和成功经验的重要性。人们对小组所取得的成就以及他们如何实现这些成就感到兴奋。Ornela 和她的团队被要求在其他领域分享他们的学习成果，并将这些想法传播到组织中面临类似扩展挑战的其他团队。“凭借他们的成功，Ornela 和她的团队帮助我们解锁了工程生产力的下一个阶段，并为其他团队树立了一个榜样。虽然我们还在旅途中，但我已经有信心，他们的工作将对 Vinted 的技术团队产生积极的影响。”工程副总裁 Mindaugas Mozūras 评价道。

这个故事表明，仅仅精通 DDD 方法并不是获得有价值见解的关键。Ornela 和 Vinted 团队专注于他们试图解决的问题，并尝试多种方法来找出他们最有信心的解决方案，这种方式对他们来说是有效的。这是一种自由式的问题解决方法，从多个来源汲取灵感，并根据需要将其适应到自己的情境中。为了建立这种信心，团队使用了可视化模型，并通过比较和评估这些模型，收集来自各方利益相关者的反馈，并快速、协作地对模型进行迭代，他们设法相对较快地提出了解决方案，并在全体成员中获得了支持。

本章到此就结束了，你已经了解了如何识别战略性 IT，这对于做出关键的现代化决策至关重要，比如如何塑造领域边界以及如何有效地组织团队。这两个主题将在第 11 章中继续讨论，第 11 章将更加深入地探讨架构的社会技术方面：如何使用团队拓扑的原则和模式，共同设计团队和架构以实现最优的整体系统。

本章要点

- 架构应当被视为一个投资组合，根据每个领域的具体情况量身定制投资水平和运营模式。

- 一个设计精良的技术架构可能只是华而不实的金箔，浪费了本可以更好地投资于更具战略性领域的努力。
- Martin Fowler 的实用性与战略性二分法将 IT 应用程序根据它们对业务差异化的贡献分类为实用性 IT 或战略性 IT。帮助组织实现差异化的软件被视为战略性的，而被认为仅仅是开展业务的成本，几乎没有或没有差异化的软件被视为实用性的。
- 将 IT 分类为实用性或战略性并非出于学术或理论目的。这种分类会对运营模式的许多方面产生具体影响，包括团队规模、团队组成、产品发现、优先级排序、领域建模、架构、代码健康以及是内部构建还是购买还是合作。
- 战略性 IT 的候选者很可能在沃德利地图上找到，介于后期创世到中期产品之间。这不是一条硬性规则，并且这些领域内的所有组件不一定都是战略性 IT。
- 通过研究和数据共同定义产品战略的行为将明确哪些 IT 部分是战略性的。
- 业务领域是一个很好的模型，可以将架构视为与业务成果一致的投资组合。每个业务领域和子领域都可以有定制的投资和运营模型特征。
- 核心领域图是 DDD 社区中的一种技术，它有助于识别和决策战略性 IT 以及在每个子领域中采取的方法。
- 在定义核心领域图时，一个涉及业务、产品、技术和其他利益相关方的协作方法是理想的。
- 在 DDD 中，基于业务差异化和模型复杂性的组合，子领域可以分为核心子领域、支持子领域和通用子领域：
  - 核心子领域（也是子领域）在差异化和复杂性方面都很高，因此它们几乎总是应该由内部团队构建。它们与 Fowler 对战略性 IT 的定义一致。
  - 支持子领域的复杂性和差异化都较低，但需要特定于行业和公司的领域逻辑，因此通常由内部团队构建。
  - 通用子领域几乎没有或根本没有差异化潜力，而在可能的情况下，现成的解决方案通常是明智的选择。它们与 Fowler 对实用性 IT 的定义一致。
- 子领域的分类会随着时间而变化。在某一时刻被视为核心的子领域，很可能在未来某个时间点向左漂移成为支持子领域。在核心领域图上可以使用箭头来表示这种演变。
- 模型复杂性是一个综合衡量标准，代表了发现用户需求、构建和发展领域模型、在软件中实现以及在生产中支持所需的工作量。
- 运营复杂性通常不被认为是模型复杂性的一部分，但通常在战略讨论中扮演重要角色，因此可以通过注释在核心领域图上突出显示。
- 核心领域图和沃德利地图之间存在一些重叠。然而，沃德利地图是一种更高级的技术，它采用全行业的视角，并且可以应用于所有范围。核心领域图更具体地用于可视化战略性 IT 的选择（基于差异化和复杂性）。

- 在核心领域图上可以观察到多种模式，如决定性核心、无法防御的核心、可疑支持和基础支持领域。每种模式对如何处理子领域都有不同的含义。
- 一个决定性核心领域通常需要对人才、协作实践（类似事件风暴）以及更高级的架构模式进行大量投资。
- 基础支持领域只需要较小的投资就能实现足够好的解决方案，前提是不会对核心领域产生负面影响。
- 在每个子领域 / 每个团队的基础上可以进行细粒度的投资，但重要的是要从整个投资组合的角度来看待这些投资，因为子领域之间存在依赖关系，而在一个子领域中做出的决策可能会影响其他子领域。

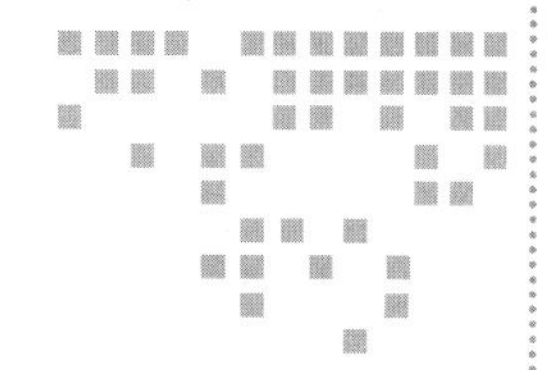

第 11 章 Chapter 11

团队拓扑

本章内容包括：

- 设计团队拓扑；
- 验证候选价值流；
- 感知和演化团队拓扑；
- 将致力于相关挑战的团队进行分组。

现代化架构设计需要社会性的技术手段。为了达到最优的组织绩效，组织与软件架构必须同步优化。要实现流程的高效运转，除了依赖于精良的软件架构，还需考虑团队的组织结构，因为组织结构可能会导致摩擦并形成瓶颈。团队成员需要在同一代码基础上协作，因此，他们必须协同进行代码的修改和部署，避免相互干扰。

理想状态下，各个团队应形成 IVS。正如第 6 章所阐述的，价值流是指团队从识别所负责领域内未满足的用户需求，到设计解决方案，再到在软件中实现，以及在生产环境中部署和支持的全过程。快速的工作流是通过 IVS 实现的，团队负责从概念化子领域到实现子领域能力所需的软件，覆盖价值流的全部环节。

独立并不等于孤立。实际上，依赖关系总会存在，大部分的价值流不会完全独立。但是，我们仍应该尽可能追求价值流的独立性，挑战团队工作流中的每个依赖关系和障碍，例如由团队外部人员做出的影响团队工作流的决策。

2019 年，作者 Matthew Skelton 与 Manuel Pais 联袂推出了著作 *Team Topologies*。该书包含了一个实用工具箱，旨在塑造与时俱进的社会性技术架构，并为团队的快速工作流提供支持。本章将深入探讨团队拓扑的基本原则和模式，并指导读者如何运用这些原则和模式来精确划分领域边界，同时对候选价值流进行组织层面的验证，确保其如图 11.1 展示的那样。

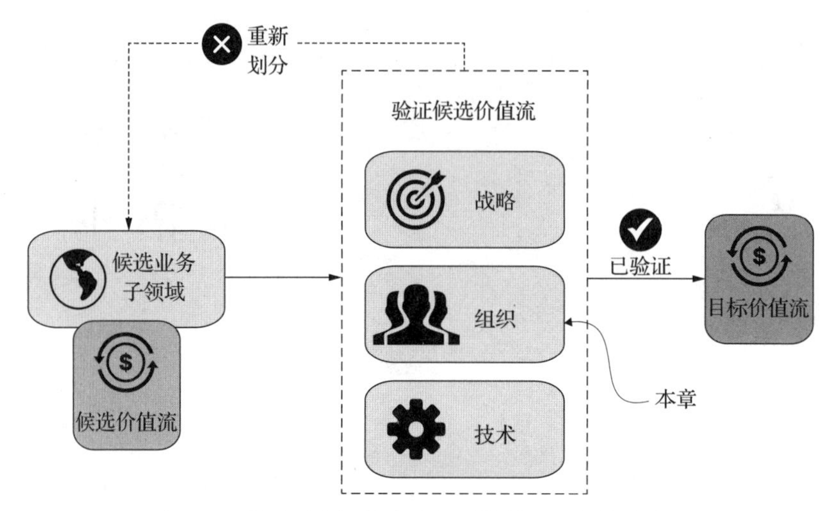

图 11.1 利用团队拓扑来重新划分并验证领域的边界

11.1 团队拓扑原则

团队拓扑的精髓在于一系列的原则，这些原则旨在组织团队实现快速的工作流。*Team Topologies* 一书对这些原则进行了汇编，它们在快节奏产品开发的组织中已被证实具有显著效用。虽然具体的模式极具指导价值且易于铭记，但团队拓扑的核心原则才是至关重要的，应时刻被铭记于心。笔者逾十年的亲身经历同样验证了这些原则的有效性。很可能，你的公司已经不自觉地运用了一些这样的原则。团队拓扑并不是彻底重塑组织设计的专有框架，其许多理念已在行业中被证明是有效的。

11.1.1 可持续的快速工作流

Team Topologies 这本书的副标题是 *Organizing Business and Technology Teams for Fast Flow*（组织业务和技术团队以实现快速的工作流）。有些人误解这意味着尽可能快速地输出代码，而忽视了质量。因此，首先要记住的是快速工作流意味着可持续的快速工作流，即能够在多年时间里仍保持高速。另一个重要的事情是，速度与质量的对立是一种谬误。通过减少代码冗余来保持代码库的健康，意味着代码更容易理解、更容易修改，且不太可能出现错误或导致停机（http://mng.bz/27Xo）。这些是降低变更成本和改善流程的关键因素。

在 2018 年出版的 *Accelerate*（http://mng.bz/1JzQ）一书中，Forsgren 等人展示了一些研究结果，这些结果显示高绩效团队每天可以在生产环境中实现多次部署，拥有更少的生产环境停机时间，并且在出现问题时能够更快地恢复。对许多人来说，实现可持续的快速工作流需要深层次的变革，从技术实践到领导者心态，不仅仅是组织结构，还包括构建产品的每一个方面。

11.1.2 将小型的长期团队作为标准

Team Topologies 建议，理想的团队应当是一个稳定的集体，由五到九人组成，他们齐心协力追求共同的目标。虽然存在一定灵活性，但这样的配置被认为是明智的选择。对团队规模的这一建议植根于对信任的考量。*Team Topologies* 指出，一旦团队规模超过九人，成员间维持同等高水平的互相信任将变得颇具挑战。根据我个人的经验，超出这一规模会使个体难以跟进团队内部的所有动态，子团队的形成在所难免。另外，成员不足五人可能会导致团队能力有限或在成员离开时面临失去大量专业知识的风险。然而，“稳定”并不意味着团队是静态的。11.4.3 节将探讨团队灵活性的各种模式。

团队的持久性对于其内在的社交和技术层面均至关重要。从社交视角来看，持久性赋予了团队成员更深入地了解彼此并持续优化合作方式的机会。他们对产品某一部分负有责任，并致力于不断地对其进行改进。从技术视角来看，持久性激励着团队保持代码的健康性和可演进性，因为团队成员清楚地知道他们需要维护自己编写的代码。糟糕流程背后的罪魁祸首之一便是落后的代码，这也是修复成本最高昂的问题之一。因此，组织团队以促进代码长期健康的重要性不可小觑。

11.1.3 团队至上的思维

在一些传统管理模式中，软件工程师常被视作“资源”，仿佛是可互换的单元，其工作受到微观管理的束缚。他们可能同时被分配到多个项目中，并随意地被调换岗位。然而，现今这种管理方式的弊端已经显而易见。频繁的场景切换对生产力造成极大损害，而当工程师深耕于特定领域并与业务目标保持一致时，他们所能贡献的价值远超编写代码本身。*Team Topologies* 采纳了以人为本的思维模式，将团队视为一个整体单元。团队成员共同协商，决定各自承担的职责。所有任务都分配给整个团队而非个人。

团队至上的思维同样适用于目标设定和认可机制。当团队成员各自设定个人目标时，他们将倾向于作为个体行动；而当团队设立共享目标并因集体成就获得认可时，倾向于团队合作。我曾在一个组织任职，该组织的目标层层递进，从 CEO 一直延伸至每位员工。一个令人印象深刻的例子是，一位团队成员与其直属经理合作设定其个人目标——编写一定数量的存储过程。这一目标令人费解，因为团队几乎没有需要编写存储过程的工作。结果，这名成员不得不寻找与团队产品目标不一致的任务来完成他的个人目标。

在缺乏团队至上思维的组织中，需要警惕的反模式是标准化的流程和工作方法。有观点认为，若所有团队遵循相同的敏捷流程并使用一致的 Jira 工作流程，那么每个团队都将高效产出，且人员在不同团队间的轮转将变得轻松。然而，我在实际工作中从未见证过这一点。我所合作过的最出色的团队都有自己的流程，并能够持续对其进行优化。统一标准的工作流会扼杀团队改进的动力并导致生产力下降。一致流程的好处实际上是一种误区。作为一名软件工程师，当我从一个团队轮转到另一个团队时，流程是最易掌握的部分。相比之下，学习代码库、领域知识以及与团队成员建立关系则需要更长时间。标准化的工作流程和处理方式往往忽略了这些人性化的因素。

11.1.4 谁构建，谁运维

21 世纪 10 年代，DevOps 领域出现的一个显著趋势是“谁构建，谁运维”的实践（参见 http://mng.bz/PRA8）。这一模式赋予了团队对他们所开发软件的完全控制权。从设计、编码到将代码部署至生产环境并在生产环境中为其提供支持，团队全程参与。这种模式的核心理念在于，当团队对产品全面负责时，他们将更有动力去创造更可靠的软件。“谁构建，谁运维”促进了更多 IVS 的形成并加速了工作流，同时减少了交接环节。正因为这些优势，它成了 *Team Topologies* 一书中的核心理念。

我个人在 2012 年供职于 7digital 期间首次体验到了“谁构建，谁运维”的工作方式。每天早晨，在例行的站立会议中，我们每个团队都会关注挂在各自团队区域墙壁上的显示器所展示的仪表盘数据。我们会检查 API 流量、性能指标、错误代码，以及与各个子领域相关的自定义指标。在开发新功能时，我们总会思考可以整合哪些监控工具来确保功能正常运行，或者在生产环境中出现问题时能迅速定位问题所在。这种将可运营性（参见 https://www.stevesmith.tech/blog/category/operability/）纳入功能开发考量的做法，在我过往经历的那些不亲自运行所创建代码的团队中是闻所未闻的。

对于未深入了解“谁构建，谁运维”模式的人来说，这似乎增加了软件工程师的工作负担，可能会降低生产力。但根据我个人的经验，实际效果恰恰相反。由于每个团队对软件的各个方面都负有责任，他们每天会多次将软件部署到生产环境，从而省去了与其他团队协调发布的时间损耗。当生产环境中出现问题时，相关团队能迅速介入并解决问题，而这种模式也意味着生产环境中遇到的问题和缺陷已经大为减少。

当然，并不是所有场合都适合采用“谁构建，谁运维”的模式。在某些情况下，可能更适宜沿用传统的模式，即由独立的运维团队负责在生产环境中运行代码。正如 Steve Smith 所指出的，随着产品需求的增长以及对可靠性要求的提升，“谁构建，谁运维”的重要性愈发凸显（参见 http://mng.bz/Jdyz）。

11.1.5 清晰的边界可以减少认知负荷

过度的认知负荷是可持续快速工作流的主要障碍之一。当团队承受过高的认知负荷时，会面临多种风险：工作质量可能下降，团队可能以难以持久的方式运作，团队成员可能在努力跟上所有预期任务的过程中感到疲惫不堪。此外，当团队频繁在不同的项目间切换场景、缺乏明确目标时，团队动力可能会受到挫败。团队能够应对的认知负荷量根据团队的规模和成员的专业知识等因素而有所差异。

为了保持团队认知负荷在可控水平，有几个关键措施可以采纳。设立明确的边界至关重要。任何子领域的规模或复杂性都不应超出单个团队所能承受的认知负荷上限。一旦子领域过于庞大或复杂，就应当将其拆分为更小、更易管理的单元。同样，如果一个团队负责多个子领域，这些子领域的总体复杂性也不应该超出团队的认知负荷范围，包括团队在不同子领域之间切换工作时所需承担的场景切换成本。

子领域的复杂性有多种形式，包括前一章所述的软件当前状态，这种大粒度的粗略抽象可能导致复杂性增加。在核心领域图中可视化地标示团队边界，是一种迅速识别可能出现高认知负荷区域的有效手段，如图 11.2 所示。

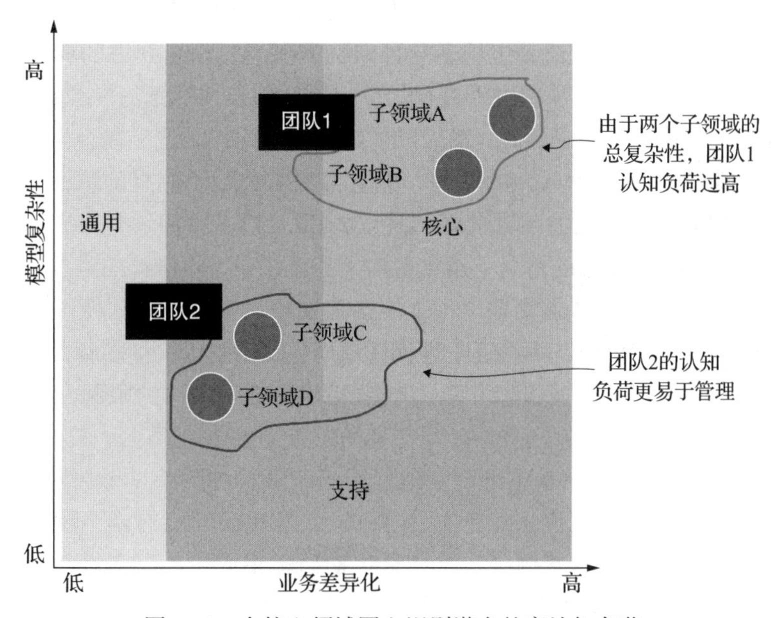

图 11.2　在核心领域图上识别潜在的高认知负荷

Team Topologies 一书区分了三种不同类型的团队认知负荷，每种类型都需采取不同的战略来应对：

- 内在认知负荷：此类认知负荷源自任务本身的固有复杂度。例如，设计一个函数来计算简单订单的总价，这要求的认知负荷远低于学习一门新的编程语言。若不影响任务的核心要求，降低这类认知负荷颇具挑战。
- 外在认知负荷：此类认知负荷由与任务无直接关联的环境要素引起，它往往是可以避免的。例如，将不相关概念耦合在一起的落后代码可能令提取完成特定任务所需的概念变得更加费劲。
- 关联认知负荷：此类认知负荷涉及将新学的知识结构化并整合进长期记忆所需的心智努力，如掌握新的业务领域概念。

我们没有精确的公式来衡量认知负荷，但可以通过与团队进行深入交流，了解他们在完成任务时的表现能力以及所感受到的工作强度，从而得到全面而合理的认知。随着团队责任的不断增加，其认知负荷可能会相应增加，因此这种交流应该是一个持续的过程。

11.1.6 拥抱康威定律

组织结构与沟通模式对软件架构影响深远，其理论基础可以追溯至 1968 年，当时 Melvyn Conway 提出了后来人们熟知的康威定律："任何设计系统的组织都将生成一个反映该组织沟通结构的设计。"正如本书第 2 章所述，鉴于组织与软件架构之间的紧密联系，康威定律对于现代化架构至关重要。

康威定律是 *Team Topologies* 中的一个关键组成部分，因为它极大地影响着工作流和效率。为了实现高效的独立价值流，组织和软件架构需要经过深思熟虑的构建并联合进行优化。例如，如果组织依照一套领域边界进行划分，而软件架构基于另一套不同的领域边界，那么各团队在相同的代码库内工作时，就必须协调彼此的工作，这往往会导致互相干扰。

尽管康威定律是一个广为人知的话题，但它常常未被赋予应有的重视。Martin Fowler 曾深入剖析过组织中普遍存在的问题核心："行业中常见的一大问题是，人们往往忽略了康威定律，或是在没有深思熟虑的情况下制定架构，甚至忽视组织设计的重要性，自欺欺人地认为这些因素与软件无关。结果便是出现了不匹配现象，即人们在软件设计上努力实现某些目标，而他们的组织结构却在阻碍这一进程，从而导致产生了大量的摩擦和问题。"（参见 http://mng.bz/wjBB）有时，情况恰恰相反，组织变革忽略了架构的限制，但最终结果是类似的。

为了拥抱康威定律，领导者应当不断地检视组织结构如何影响软件架构。遗憾的是，在我与一家旅游公司合作的案例中，情况并非如此。那家公司设有两个团队：一个负责面向客户开发功能，另一个则运营内部 API 平台。面向客户的团队向市场部门汇报，其职责是通过展示公司产品吸引顾客及处理度假订单。而平台团队则归属于 IT 部门，掌握着行程、定价以及市场应用中的特惠信息等真实数据资源和数据库。这两个团队之间的关系紧张至极，他们尽可能地避免交流。正如康威定律所预示的，这种组织结构直接映射到了软件架构之上，导致了过度复杂的系统设计，并引发了严重的问题，不仅给客户带来不便，也影响了内部利益相关者的工作。

市场营销的 IT 团队对于不稳定的平台 API 深感沮丧，这些 API 不仅响应速度缓慢，还容易出错。问题在于，公司客户和管理层将这视为网站问题，并期望市场营销的 IT 团队来负责解决。当市场营销的 IT 团队因为等待后端 API 的更新而推迟新功能的部署时，他们会遭到指责，并感到自己受到了不公正的对待。

这里的问题本质上是社会性的：两个团队需要携手合作，共同为有问题的 API 寻找解决方案。组织在市场营销的 IT 团队面对无法控制的问题时不应责怪他们，而应鼓励团队合作。然而，实际采取的解决方案却是技术性的。市场营销的 IT 团队开发了一个数据导入工具，从平台 API 中提取所有必要数据并将其存储在本地数据库中。这一计划显著提升了网站的性能和可靠性，并且使他们能够更迅速地推出新功能，无须与平台团队产生冲突。

不幸的是，新架构引入了一系列新问题。除了在建立同步系统上的巨大投资外，还出现了诸如数据一致性出错的问题：新的度假产品无法在网站上显示或者价格信息失效。这会导致市场营销的 IT 团队与平台 IT 团队之间出现互相推诿责任的局面。甚至其他团队（如内容管理团队）也不得不介入两个团队之间的纷争，以确定问题的根源。

从总体上看，团队的认知负荷都被大量耗费在了维护同步系统上。软件架构真实地反映了组织沟通功能的障碍。这个公司会因未能遵循康威定律而付出沉重的代价。如果两个团队能够努力改善关系并愿意合作，系统本可以设计得更简单，问题也会少得多。然而，人际关系的冲突并不总能迎刃而解，这意味着领导层需要意识到这些问题的潜在影响，并在事态失控之前及时介入。

11.2　团队拓扑模式

Team Topologies 介绍了用于建模组织的各种模式，其中包括四种团队类型和三种交互模式。这些模式基于一系列原则，构成了设计和演进组织的实用工具，并且在这些组织中，这些原则已经得到了充分的认可。值得注意的是，仅仅应用这些模式而不同时采纳这些模式背后的原则，可能不会带来显著的改进。这正是结构和流程的谬误思维所在。

11.2.1　四种团队类型

Team Topologies 介绍了四种不同的团队类型，这些类型为组织提供了一种结构化建模方式。明确识别每个团队所属的类型对于帮助团队成员理解他们的角色和预期行为至关重要，同时也有助于揭示潜在的问题。例如，当团队感觉自己同时符合多种团队类型时，这可能表明他们的职责过多或过于复杂化。

图 11.3 所展示的四种团队类型构成了一种理想模型。这意味着在你所在的组织中，现有的团队可能并不完全契合这一模型。我们可以明确指出，某些团队将暂时不被纳入团队拓扑模型的范畴内，直至这些领域完成现代化改造。采取这种方法而不是机械地将每个团队强行归类到某一类型，可以避免简单地“新瓶装陈酒”。

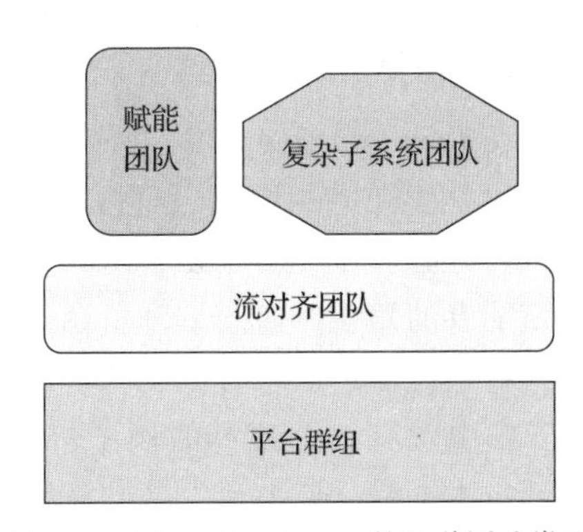

图 11.3　*Team Topologies* 的四种团队类型

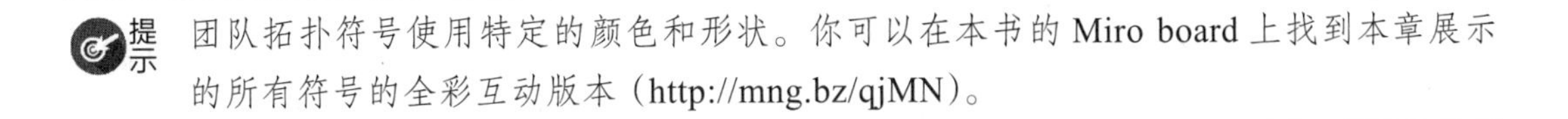

提示　团队拓扑符号使用特定的颜色和形状。你可以在本书的 Miro board 上找到本章展示的所有符号的全彩互动版本（http://mng.bz/qjMN）。

流对齐团队

组织内的大多数团队都是流对齐团队。这种类型的团队完全负责 IVS，这些价值流往往涉及构建产品能力的全过程，包括识别子领域中尚未满足的用户需求，以及实施“谁构建，谁运维”的运营模式。流对齐团队应当包含其价值流所需的全部技能集合，如产品经理、测试人员和 UX 设计师等所具备的技能。流对齐团队不应仅被视为与“业务”隔离的 IT 团队，相反，他们承担着业务和 IT 的双重责任。

常见的流对齐团队包括：

- 负责领域 API 的团队；
- 为硬件设备构建嵌入式软件的团队；
- 纯粹的 UI 团队，比如移动应用团队或网络前端团队；
- 全栈团队——负责端到端产品功能（如搜索组件）的后端 API 和前端的 UI 页面。

平台群组

平台群组提供一系列共享的能力，以减轻流对齐团队的认知负荷。这样一来，这些团队就能够更集中精力去处理他们的核心任务并提升工作效率。在 *Team Topologies* 中，“平台”一词被赋予了广泛的含义。它可以是 IDP，这类平台为团队提供了构建软件所需的资源，如基础设施和工具。它也可以是包含领域逻辑的横向结构，如第 6 章所讨论的优步履约平台。

对于平台而言，一个关键优先事项是确保自身不会成为瓶颈，不会增加流对齐团队的认知负荷。因此，DX 便成了平台团队需要特别关注的要点。简而言之，这意味着平台团队应致力于实现自助服务能力这样的概念，不断提升平台的易用性并确保这些能力配有完善的支持文档。如果流对齐团队经常需要向平台团队提交工单，那么这就可能是一个值得关注的警示信号，暗示着需要进一步的调查和调整。关于平台及其对 DX 的影响将在第 13 章进行更深入的探讨。

在 *Team Topologies* 中，所谓的平台可以指代一个独立的团队，也可以是一群各自负责特定平台内聚功能的小团队或者充当赋能者的角色，如图 11.4 所示。甚至，平台群组内还可以包含嵌套的平台群组。第 6 章中就有一个这样的例子，即 NAV 内部技术平台，该平台由基础设施平台、数据平台和设计系统等组成。

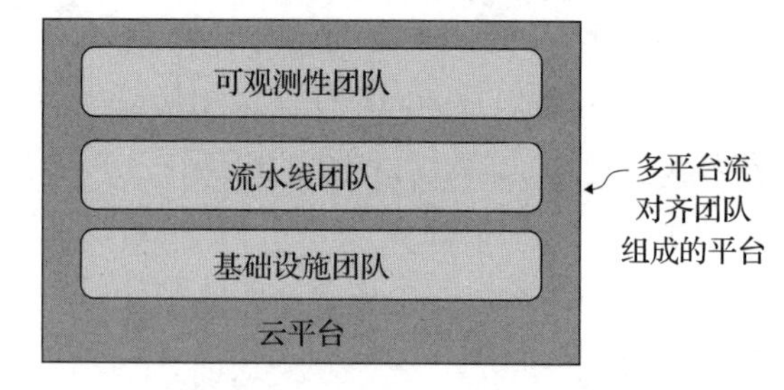

图 11.4　平台群组通常由多个团队（这些团队可以是四种团队类型中的任意一种，包括嵌套的平台群组）组成

复杂子系统团队

复杂子系统团队的存在是为了应对需要高水平专业知识来处理的复杂问题。这种做法的优势在于，专业技能无须分散到多个流对齐团队中，而是可以集中于一个专门的团队，从

而有效地封装复杂性，使其他团队成员更容易流转。对于复杂子系统团队而言，存在多个潜在的专业领域，比如那些需要超低延迟软件或成员专业学位（如物理学）非常高的领域。然而，这也会带来一些潜在风险，比如招聘团队成员可能需要更长的时间，并且团队成员离职可能会导致更高的成本。

赋能团队

赋能团队的存在是为了帮助其他团队提升效率和自我管理能力。区别于其他三种类型的团队，赋能团队不直接负责产品或基础设施的任何部分。他们的职责是通过培训和授权来支持其他团队，而非替代他们去执行具体任务。

通常，赋能团队的建立是为了弥补组织在特定技能——比如持续集成 / 持续交付（CI/CD）、事件风暴、研讨会引导或者混沌工程等上的不足。赋能团队会以多种方式与其他团队互动，如传授新理念、举办研讨会，甚至在必要时与团队一起深入合作，以确保新思路的有效实施。赋能团队也可能是基于项目而设立的，例如创建一个专门的赋能团队来确保某个关键项目能够按时完成。我建议成立 AMET，以确保架构现代化进程得以正确推进并保持势头。第 15 章将对 AMET 进行详细介绍。

关于赋能团队，有一点至关重要：应该为团队设定明确的终止条件。也就是说，当赋能团队的目标实现后，这个团队就应当解散，该团队的成员可以流转到新的挑战任务。尽管这与本章前面提到的一些原则相悖，但正如前文所述，赋能团队有其独特之处。

11.2.2 三种交互模式

图 11.5 描绘了支持四种团队类型的三种交互模式，这些模式阐述了团队间可能存在的各种关系。*Team Topologies* 指出，增加协作频率并不总是提升团队效率的关键。原因在于某些交互模式相较于其他模式会带来更高的认知负荷，因此它们的维护成本也相应更高。因此，挑选最为高效的交互模式很重要。团队间的交互应当根据情境的变化进行调整，例如随着特定领域工作量的增减而相应变化。

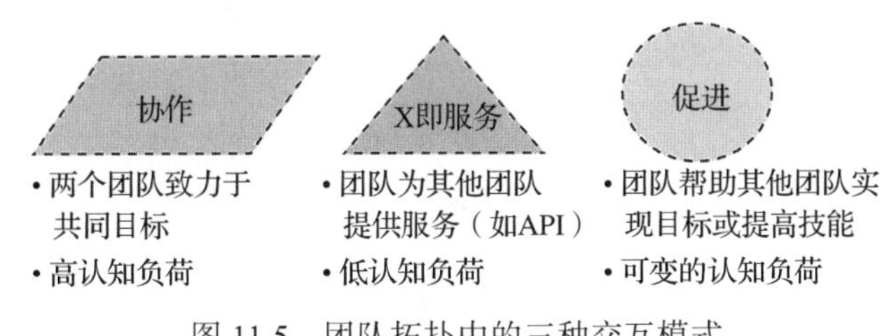

图 11.5 团队拓扑中的三种交互模式

协作

在协作模式中，两个团队携手并肩，致力于实现共同的目标。每个团队都在自己的领域内做出贡献，而取得的成就则属于整个集体。由于这种紧密的协作关系，团队必须通过共享程序、共同决策以及多种沟通方式来确保工作同步进行。这意味着，协作可能会带来较高的认知负荷成本，从而影响到团队的整体产出。当目标一致性成为首要任务时，选择紧密协作显得尤为重要，因为齐心协力向同一目标迈进比各自为战以追求最大产出更关键。但是，如果紧密协作所带来的好处不足以抵消生产力的损失，那么应当考虑将交互模式转变为“X即服务”模式或直接解除协作关系。

X 即服务

X 即服务（X as a Service，XaaS）是一种认知负荷较低的交互模式。在这种模式下，团队能够利用另一个团队的能力（例如调用其 API），而无须进行工作上的烦琐同步、共享程序或高水平的异步协作。尽管可能需要一些新员工培训成本、功能请求和不定时的支持，但与协作模式相比，这些成本通常很小。

促进

团队支持另一个团队以实现整体目标，这种交互模式被称为促进。它对应的团队与赋能团队的角色相似，但不同之处在于，任何团队都可以在需要时暂时采用“促进”交互模式来支持另一个团队。例如，当一个团队面临紧迫的截止日期时，另一个团队可以转变焦点，协助他们。

促进交互模式也可能涉及技能提升，例如一个团队的成员将花费部分时间教授另一个团队新的技能。我曾经的一位客户就通过引入群体编程实现了这一点。一个团队尝试成功并明显看到好处后，他们会积极地帮助其他团队学习并应用这项技术。

11.2.3 行业案例：全球化妆品品牌

通过团队类型和交互模式对团队拓扑结构进行可视化，我们能够揭露组织中的潜在问题或帮助阐明已知的困难。这正是我与我的同事 Maxime Sanglan-Charlier 在远程协助一家全球化妆品品牌公司启动其架构现代化计划时遇到的情况。在我们进行“倾听之旅”的所有会议中，有一个团队的名字频频被提及，而且通常是在负面语境中。这个团队负责一个集成平台，他们的使命是确保不同地理位置的团队能够访问所需的所有数据，这些数据不仅用于构建客户产品体验，也用于内部分析。

我们决定与负责集成平台的团队进行一次深入的对话，以了解他们对这个问题的看法，并尝试理解所有关于他们的评论背后的原因。在对话过程中，我们开始绘制他们的团队拓扑结构，如图 11.6 所示，这有助于我们更深入地理解当前的状况。

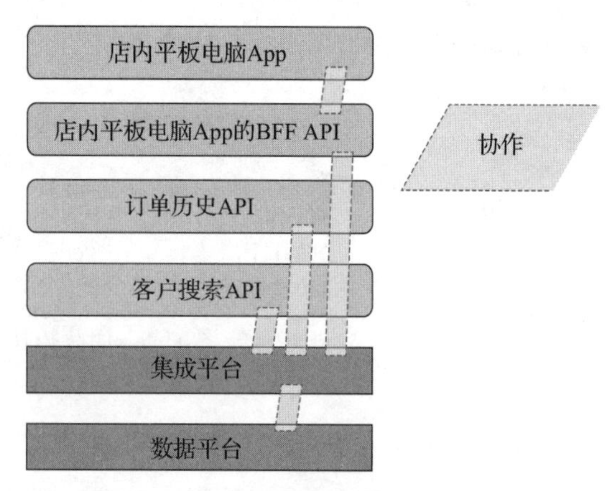

图 11.6　集成平台团队因需要进行太多协作工作而负荷过重

问题的核心逐渐明朗：该团队至少与其他四个团队在协作模式下交互。这种交互模式由于需要进行高度协调工作而导致了较高的认知负荷，这也解释了为何该团队会被视为其他团队的瓶颈。是什么原因导致该团队最终形成了这样的拓扑结构呢？

最初，我们认为该团队在描述他们与其他团队的关系时，仅仅是在泛泛而谈地使用“协作”这个词。然而，在我们深入探讨集成平台团队的每个依赖关系时，他们澄清说，由于流对齐团队缺乏完成这些工作所需的技能或预算，集成平台团队不得不为每个团队构建和维护自定义的端点。

集成平台团队付出了大量精力进行高度协调的工作，甚至还得维护他们为其他团队建立的集成环境。这导致集成平台团队陷入了一个艰难的局面，他们竭尽全力去满足每个人的需求。不幸的是，这种协调工作的量远远超出了他们的承受能力。

借助团队拓扑的原则和模式，我们很快就能直观地识别出问题所在，并达成共识。每个人都同意，团队需要停止承担不属于平台的工作，并且明确了解哪些现有职责需要转移。尽管愿景已经非常清晰，但要撤销之前的决策并在全公司内树立新的思维方式，仍然需要持续的努力。为了避免这类问题的重演，管理者和团队成员应该密切关注团队的认知负荷，并将其作为常规议题纳入回顾期间的讨论。

11.3 验证候选价值流

本章目前讨论的团队拓扑原则和模式，通常是现代化领导者应当时刻铭记的核心概念。验证潜在的价值流时，这些原则和模式同样具有重要价值：它们可以帮助验证所提议的领域边界是否合理，并从团队和软件的角度审视边界设置，同时确保支持团队高效运作的其他条件已就位。为了利用团队拓扑的理念来验证候选的价值流，我们可以采用一种称为“独立服务启发式”（Independent Service Heuristics，ISH）的方法（http://mng.bz/7vXV）。这是一套用于评估价值流独立性并识别潜在问题的启发式规则集。除此之外，也有其他技术可用于从组织层面审视价值流，比如11.3.2节将讨论的John Cutler提出的授权等级模型。

11.3.1 独立服务启发式方法

ISH是一个由十条启发式规则组成的清单，每条规则都包括一个问题和相应的指导，以便指导其实际应用。这份清单的核心目的是确保合适的人员就价值流的所有关键方面进行深入讨论，并在决定实施变革之前进行全面评估。将每条启发式规则应用于候选价值流之后，我们就更有信心确认是否应该推进该价值流，能够明确指出不确定性所在，识别出需要在未来会议中解决的特定问题。这种方法最适合多方人员（如业务领导、产品经理、工程技术人员等）协作时使用。

对于每条启发式规则，设定一个满意度标准是必要的。我推荐采用一种简单的评估体系，比如“支持”“反对”或“需进一步调查”。本小节将介绍一些启发式规则，以展示 ISH 的大致内容和应用方式。请记住，当应用 ISH 来评估候选价值流时，重要的是要逐一检查所有的启发式规则，并且可以根据需要自由地用其他工具和技术来对每条规则加以补充。

ISH：影响力 / 价值

影响力 / 价值的关键在于明确目标：负责价值流的团队是否会在一个充满乐趣和吸引力的领域内工作，以及是否被产品挑战所激励，从而能够为企业和客户创造出真正的价值？

在讨论这个 ISH 时要问的一些问题是：

- 这个范围是否大到可以产生影响吗？
- 这个范围会吸引有才华的人吗？
- 客户和组织是否能清晰地认识到所提供的价值足够与否？

在回答这些问题时，肯定的答案表明该价值流具有很高的影响力和价值，所有利益相关方都明确支持团队的目标。这种评估结果是“支持”。但是，这些问题的否定答案并不一定表示评估结果为“反对”。现实情况是，并非所有领域都像一些支持性通用子领域那样引人入胜。如果我们相信有些人有动力参与这个价值流中的工作，只要局限性得到明确说明，评估结果依然可以被视为“支持”。另外，对领域边界或者价值流的其他方面进行改进可能更有助于提供更明确的目标感。

价值流提供的价值不确定性绝不能被忽视。如果无法清晰阐述它将带来的确定性或可能的价值，那么如何确保正在做出明智的决策呢？最佳做法是继续跟进有关沃德利地图和事件风暴等技术的研讨会，以更清晰地了解所提供的价值。

ISH：产品决策

在现代产品管理理念中，越来越多的人认为，构建产品的团队成员是产品创意的重要来源之一。他们对产品的运作方式有深刻理解，持续追踪客户的使用反馈，并且清楚技术的可能性。

产品决策的目的在于判断价值流是否足够独立，以便团队能够发现尚未满足的用户需求，制定自己的发展路线图，创造出更优秀的产品，同时确保团队不只是单纯地执行他人或其他团队的命令。由于价值流易受外部因素的影响，因此对创新、团队动力和流程都可能产生不利的影响。

当团队掌握自己的发展路线图时，他们能够在内部做出更多决策，这不仅可以提升工作流的效率，而且可以将决策权赋予那些最接近客户的人。

在讨论这个 ISH 时要问的一些问题是：

- 该组件是否在明确的执行领域内提供了独立的价值？
- 团队是否有能力根据他们对产品及用户最有益的洞察来制定自己的发展路线图，是否总是受到其他团队需求和优先事项的推动？

如果团队几乎没有或完全没有产品决策的自主权，那么这是一个明显的警示。尽管产品决策的自主程度可能因各种原因而有所差异，但对于那些支撑子领域价值流的团队，合理地评估他们对核心领域价值流中工作的影响很重要，这些工作会对他们的发展路线图和待办事项列表产生重大影响。我的主要担忧在于，团队是否在决策过程中几乎没有发言权，只是被动接受上级的指示去构建特定功能。支撑子领域的团队应参与到发现和设计的整个过程中，并对价值流中的工作拥有最终的决策权。他们需要理解某工作的重要性，并因为这是正确的事情而主动去做，而不仅仅是因为外部的命令要求他们去构建某些功能。

ISH：团队（认知负荷）

认知负荷是团队拓扑中的一个基本概念，在ISH中也被特别强调。在评估候选价值流时，应当全面考虑团队负责的所有任务，以衡量他们的总体认知负荷，而不仅仅专注于正在评估的特定价值流。

在讨论这个ISH时要问的一些问题是：

- 团队的认知负荷（包括话题范围和场景切换）是否受到了限制，能否让团队集中精力并取得成功？团队是否拥有清晰的责任清单，考虑到场景切换的成本，这些责任是否确实是可管理的？
- 是否需要重大的基础设施或其他平台抽象？换句话说，团队的许多能力是否会被基础设施工作或与核心任务无关的额外工作所消耗？

这些问题旨在探究团队可能面临的不同类型的认知负荷，以确保在评估中全面考虑这些负荷。如果任何一个问题揭示了潜在的问题，就应采取相应措施，如调整领域边界、降低发展路线图的期望，或是将复杂性从团队转移至平台层面。*Team Topologies*还在其GitHub页面提供了一份认知负荷评估问卷（http://mng.bz/mjBy），大家可以借此更深入地理解和管理这些挑战。

ISH：成本跟踪

成本跟踪有助于确定价值流的成本与投资回报率（ROI）是否容易单独界定。价值流的运行成本和所产生的价值越容易明确区分，该价值流就越能够被独立处理。当成本和ROI难以单独识别时，便存在投资风险，例如无法判断价值流是否提供了可接受的ROI。如果无法区分团队的贡献，可能会给团队成员带来压力，这对于那些在共享平台上工作的团队而言是一个普遍问题。

在讨论这个ISH时要问的一些问题是：

- 运行这个价值流的全部成本是否透明？需要考虑基础设施成本、数据存储成本、数据传输成本、许可成本等。
- 组织是否可以单独跟踪这个价值流？

在内部平台仅由其他内部团队使用的大型组织中，并不总是能够确定价值流的精确ROI。这不是不执行价值流的理由，但需要所有相关人员充分理解，以确保团队的工作得到认可，他们不会受到进一步的负面影响。有一些方法可以通过指标和内部客户调查来衡量内部平台的价值。这一 ISH 的目的是确保提前考虑这些问题，以便及时采取措施。

ISH：依赖关系

过度依赖其他价值流会妨碍价值流的独立性，使其难以快速响应变化。我们必须深入挖掘，透过表象识别出那些不明显但可能导致问题的依赖关系。运用 ISH 方法来分析依赖关系，是一道重要的防线，它能够将熟悉价值流各个方面的人员集结起来，共同审视价值流。这样做增加了发现意外依赖关系的可能性，从而确保价值流的健康和高效运作。

在讨论这个 ISH 时要问的一些问题是：

- 这个子领域在逻辑上独立于其他子领域吗？
- 团队能否以非阻塞方式从平台自助处理依赖关系？

正如前文章节所讨论的，某些依赖关系总是不可避免的。独立服务启发式（ISH）方法为我们提供了机会，可以让我们合理地评估哪些依赖关系是可以接受或不可避免的，哪些依赖关系成本过高，应当通过重塑领域边界、允许一定程度的冗余或是将责任上移至共享平台来解除。

与不同团队就依赖关系进行对话是一个良好的开端，但仅对话往往不足以全面解决问题。接下来，我们将探讨如何利用领域消息流建模等技术来设计端到端的业务流程，并将其作为揭示子领域间依赖关系的架构手段。同时，审视产品的发展路线图并确定每个计划中需要调整的子领域，也是确保流程顺畅的重要战略。

行业案例：受监管电子商务的 ISH

在与 Matthew Skelton 及其他同事合作期间，我有机会协助一家位于北美、在受严格监管的行业运营的电子商务市场领军企业开启其现代化进程。我们采用 ISH 方法来评估某个候选价值流是否适合作为现代化架构的首个模块。成为市场领军企业十多年后，该公司正着手建立两个新的垂直市场，从而转型为多产品的综合性公司。在过往十年中，该公司作为现有垂直市场的领军企业，仅见证了有限的未来增长潜力。然而，这两个新兴垂直市场提供了巨大的增长机会，特别是其中一个，若开发成功，有望使公司收入增长三到五倍。

该公司期望通过发掘多个垂直市场间的共性降低运营成本并加快产品推向市场的速度。因此，被考量的价值流应是横向的，有潜力支持这三个垂直市场。一旦成功实施，现代化架构的首个模块不仅将直接带来商业价值，还将助力公司建立一个用于开发其他横向价值流的操作模板。他们以前未曾尝试过此类整合，而且关于其有效性以及如何适应组织独特的运营环境，仍有许多待解决的问题。

图 11.7 用沃德利地图生动地描绘了我们面临的挑战。我们需要解答以下关键问题：三个处于不同发展阶段的垂直市场能否真正被一个统一的横向价值流所支撑？鉴于每个垂直市场的独有特性，横向价值流是否会引起冲突或不协调？横向价值流的团队会不会成为效率瓶颈？考虑到产品、领域、软件和运营的复杂性，我们应该如何正确划分垂直市场与横向价值流间的界限？

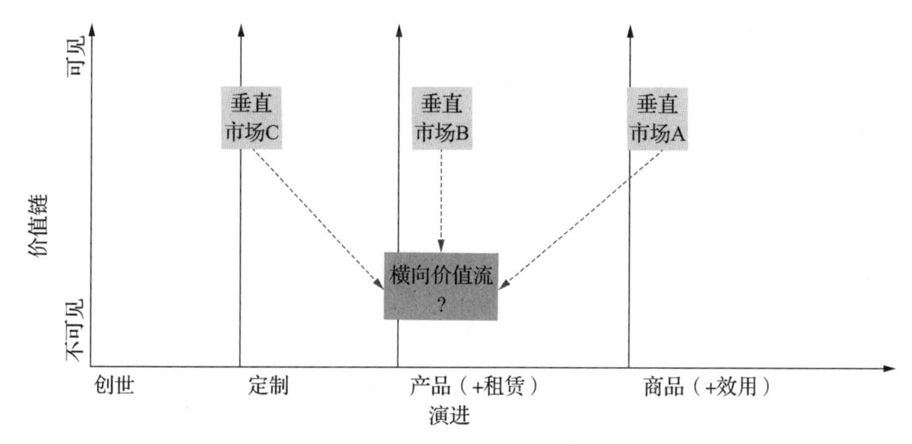

图 11.7 一个单一的横向价值流能支撑三个不同的垂直市场吗

起初，我们采用事件风暴等技术举办发现与建模研讨会，旨在描绘出领域和技术的边界。接着，我们运用独立服务启发式（ISH）方法来深化对组织架构的理解。从价值主张的角度看，一切似乎都很理想：不难想象这个平台作为一个完全独立的产品存在，并且有潜力在未来对外提供服务。

然而，从组织的视角出发，存在一些不利条件。最显著的是，团队没有独立的预算，完全依赖业务部门的资金支持，这导致他们的发展路线图严格受限于业务部门愿意支付的项目。此外，团队没有被赋予做出符合公司长远利益的产品决策的权力。而且，现有的能力是建立在多个落后系统之上的，仅有三名工程师在维护，这无疑导致了过高的认知负荷。

令人惊讶的是，尽管面临种种挑战，该公司依然决定推进这一计划。这突显了一个关键观点：警告信号并不等同于前进的终止符。这意味着我们需要意识到存在的问题，并明确应对这些问题的战略。某些问题（特别是根植于文化的）可能需要很长时间来解决，因此宜早不宜迟，在行动中逐步克服这些难题。即使务实主义是架构现代化过程中不可或缺的要素，也不应将务实作为回避难题的借口。

对于现代化项目的领导者来说，最关键的是在问题尚未变得棘手且解决成本最低时，及时识别并采取行动。集结不同利益相关者，利用他们对拟议价值流各方面的独到理解，并以 ISH 为工具来促进对话和活动规划，是全面审视价值流组织结构的有效途径。

提示 欲了解更多关于此案例研究以及独立服务启发式（ISH）方法的信息，可参阅 Matthew Skelton 和我在 2022 年欧洲领域驱动设计大会上的联合演讲（https://bit.ly/ms-nt-ish）。

11.3.2 授权等级模型

在探讨 IVS 的过程中，往往会含糊地使用“自主”和“授权”这样的术语。John Cutler 的授权级别模型（http://mng.bz/5oaZ）为评估价值流的独立性提供了一种极佳的工具，它给出了对自主性的精确而结构化的定义。这使我们能够进行明确而有效的对话，捕捉话题的细微差异，从而更深入地评估候选价值流，确保不遗漏任何关键的细节。

授权等级模型给出了九个等级，即A级到I级，不同的团队可能有不同的授权等级，如图11.8所示。每个等级别对应工作的一个具体程度，从高度具体化到高度概括化。A级授权最为具体："根据这个预定的规格进行构建。"仅有A级授权的团队拥有极低的自主权，因为他们被直接指示具体的构建内容。影响他们工作的许多决策都是在价值流之外制定的，因此，这样的价值流并不独立。相对而言，I级授权则极为概括："产生长期业务成果。"拥有I级授权的团队可以做出几乎所有影响其工作选择的决策，因而这样的价值流将是高度独立的。

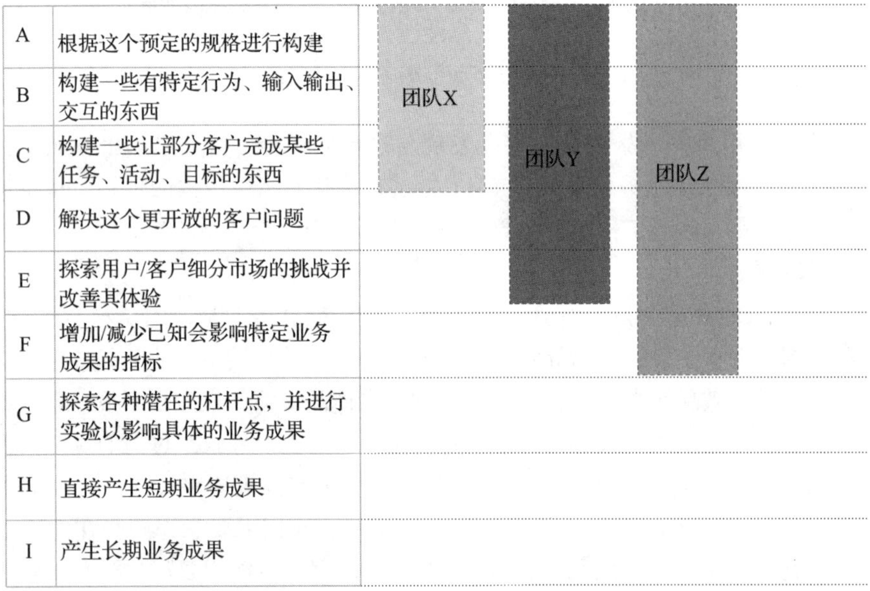

A	根据这个预定的规格进行构建
B	构建一些有特定行为、输入输出、交互的东西
C	构建一些让部分客户完成某些任务、活动、目标的东西
D	解决这个更开放的客户问题
E	探索用户/客户细分市场的挑战并改善其体验
F	增加/减少已知会影响特定业务成果的指标
G	探索各种潜在的杠杆点，并进行实验以影响具体的业务成果
H	直接产生短期业务成果
I	产生长期业务成果

团队X
团队Y
团队Z

图 11.8 不同的团队可能有不同的授权等级

并不存在一个普遍适用的授权等级，它不会适合所有的价值流。不同团队可能有不同的授权等级。然而，在很多情况下，如果价值流的授权等级没有达到C级（如图11.8中的团队X所示），我们可能会担心这个团队的自主性不足，这可能对产品质量和流程产生不利影响。

即便某个团队拥有更高的授权等级，也并不意味着他们的价值流就完全独立。他们虽然有权做出决策，但这并不能避免在需要改动多个子领域以适应新产品功能时，产生横跨多个价值流的依赖问题。授权等级模型确实能够说明决策自主性问题，但它并不能说明价值流的独立性。

11.3.3 优秀 / 糟糕的产品团队

另一个评估价值流组织结构的重要清单工具是Marty Cagan提出的优秀与糟糕的产品团队特征对照表（http://mng.bz/6nQZ）。这份清单涵盖了19条标准。虽然这些标准并非一概适用于所有类型的团队，有些组织可能还需时日才能发展至所有团队都能达到这些标准的成熟度水平。但是，这份清单无疑提供了一个普遍适用的参考基准。

以下是 Marty 列出的部分标准。针对每项标准，我们应探讨其在价值流中的可实施性；若无法实现，则需讨论对这一理由是否认可或者是否需要进一步的优化。

- 优秀的团队怀抱着一个吸引人的产品愿景，他们如同充满热情的传教士一般追逐这一愿景。与此相对，糟糕的团队则像雇佣兵，缺乏真正的热忱和激情。
- 优秀的团队从设定的目标（例如目标和关键成果指标）中汲取灵感，他们通过观察客户的挑战、分析用户使用产品的数据，以及不断探索运用新技术解决现实问题来激发创新思维。相比之下，糟糕的团队仅仅从销售和客户那里搜集需求。
- 优秀的团队将产品管理、设计和工程紧密集成，他们推崇功能性、UX 及底层技术之间的协同增效。而糟糕的团队则各自固守在自己的职能领域内，要求他人通过文档和会议安排提出服务请求。
- 优秀的团队确保其工程师每日都有时间去尝试和探索原型，这样他们就能够为制造更优质的产品提供意见。与此相反，糟糕的团队往往仅在冲刺计划会议中向工程师展示原型以进行估算。
- 优秀的团队明白，许多他们喜欢的想法最终可能并不符合客户需要，即便是那些可能合适的想法，也需经过多次迭代才能达到期望效果。而糟糕的团队则只是依照发展路线图构建产品，并且满足于赶上预定的日期和确保质量。

11.4 感知和演进团队拓扑

团队拓扑的一个核心主题是持续感知和发展社会技术架构。这并非线性过程，即从设计一个理想的未来状态开始，然后进行大规模重组。相反，它是一个没有明确结束状态的持续过程。由于内外部压力的不断变化，组织始终处于不断发展中，因此组织架构中各层级的利益相关者都需要充分接受这种不断演变的现实。

11.4.1 组织感知

组织感知涉及持续监测现有团队拓扑结构以识别其不再最优且可能从变革中受益的迹象。以下迹象表明团队拓扑可能需要演进。然而，这些迹象也可能指向其他非团队拓扑问题，如团队实践或领导行为的问题。

- 过度协作：如果多个团队之间存在过度的协作，则可能暗示他们的领域概念过度耦合，原因可能是领域边界划分不明确或交互模式本身存在问题。
- 过度场景切换：当团队尝试同时处理过多责任时，他们可能会遭遇认知负荷过载。这可能是因为边界和交互模式缺乏清晰的定义，也可能是因为领域过于庞大而难以管理，还可能是因为企业试图同时推进过多的工作。

- 交付节奏放缓：部署频率的降低可能是团队认知负荷过高的另一个迹象。这可能是因为团队承担的领域或基础设施责任增加，也可能是因为代码库混乱程度加剧。
- 高度交付协调：如果取得业务成果需要频繁协调多个团队的工作，则可能影响团队的自主性和组织内的流程。这也可能是一种迹象，表明随着领域的演变，现有的边界未能与之保持同步。

团队成员通常是直接面对这些情况的人，并且他们往往是最先察觉到问题的人。因此，感知和促进团队拓扑结构的演进不应仅仅是管理层和架构师的职责，每个团队成员都应当对次优拓扑的迹象保持警觉，并在感受到相关问题时勇于发声。然而，许多人可能意识不到自己正受到次优拓扑结构的影响，正如案例中的化妆品公司那样。

这表明，至关重要的是投资学习机会，以此培养能够持续演进的感知型组织，避免每隔几年就得进行一次大规模的重组。

11.4.2 行业案例：多产品时的尴尬交互

我曾经与一家规模较小的物流公司合作过，该公司成功地通过推出首款产品在市场上占据了一席之地，目前正在积极开发第二款产品。显然，这对公司来说是一项重要的进展，但同时也引入了额外的组织复杂性，因为新产品依赖于第一款产品。如图 11.9 所示，负责新产品的团队目前正处于初始创新阶段（即“创世”阶段），正在迅速验证产品理念。但是，现有产品团队已经处于全面产品运营阶段（即“产品”阶段）——他们已经扩展了一个庞大的客户群，并需要在确保产品稳定性和引入新功能之间找到平衡。

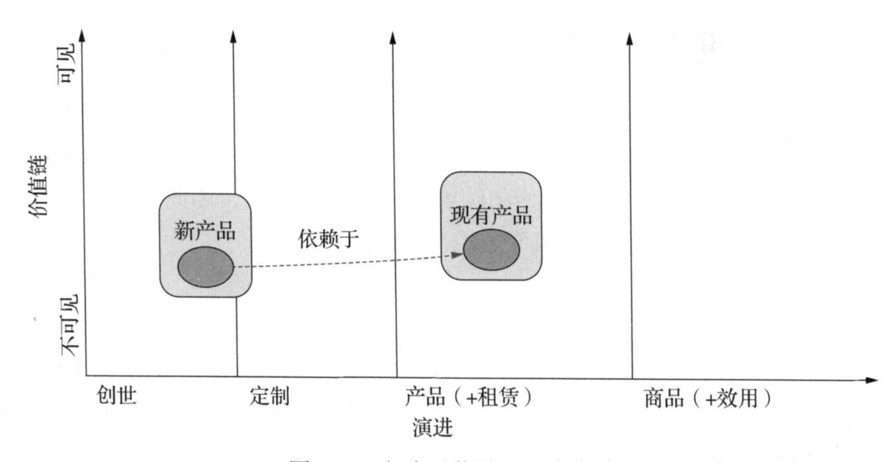

图 11.9 新产品依赖于现有产品

新产品团队不断追求日常的微调与提升，而现有产品团队缺乏跟上节奏的信心或面临过高的认知负荷。两个团队相互将对方视为障碍，且找不到迅速解决问题的方法。他们都怀揣着宏伟的目标，但相互依存的现实意味着必须有一方做出让步。团队间的交互变得异常尴尬，这正是表明团队拓扑结构需要在某些方面进行调整的信号。

对于物流公司来说，一种选择是模仿电子商务案例，从第一个垂直市场提炼出一个平台，将之与多个其他垂直市场共享，从而重塑边界。然而，仅仅通过调整边界和重组团队并不总能解决所有棘手的问题。如果核心问题依然存在，那么这样的变动不仅代价高昂，甚至可能加剧现状的恶化。因此，更深入地分析形势，寻找更深层次的核心问题显得尤为重要。

物流公司急需解决的核心问题是两个团队之间存在竞争态势。双方都有各自的远大目标，但在需要紧密合作处理彼此的依赖问题时，却导致双方产生分歧。领导层必须确保整体优先事项明确，并明确可以在哪些方面做出妥协：是让现有产品承担更多风险，还是允许新产品追求更快的发展速度。明确了这些，两个团队就可以共同承担责任，并为实现最佳的整体解决方案而协作共赢。

关键要点在于，公司整体的优先事项必须明确，并且应当奖励团队对公司整体目标的贡献，即便这意味着团队需要支持其他团队而非仅仅最大化自身的成就。我观察到的一个普遍问题是，领导层给各个团队设定了相互竞争的优先级任务，并持续施加压力让所有团队尽可能多且快地交付成果，哪怕在团队间存在深层依赖关系且需要妥协时也是如此。

如果现有产品团队能够以新产品团队所需的速度前进，同时不冒影响产品可靠性的风险，那么两个团队之间的交互就不会尴尬。正如前文所讨论的，当团队被授权并受到激励去维持代码健康，并且采纳“谁构建，谁运维”的运营模式，兼顾速度与可靠性绝对是可能的，这将使两个团队更接近各自理想的结果。因此，投资于持续交付的核心能力是值得的。

提示　如图11.10所示，沃德利地图是一个预测潜在尴尬交互的有用工具。这提醒我们，定期进行沃德利地图会议能够帮助我们及早识别这些警示信号，方便在问题变得过于棘手之前采取相应措施。

11.4.3　演进模式

在感知到机会之后，有效地调整和优化团队拓扑结构变得至关重要。同时，深入了解各种原则和模式非常有益。团队拓扑的演进可能包括重塑边界、转变交互方式或剔除不必要的交互。两个团队在某个时刻选择合作并不等同于他们必须永远保持这种合作状态。*Team Topologies*一书介绍了一些演进模式，但技术领导者还需涉猎该领域的其他杰出成果，特别是Heidi Helfand关于团队动态重组的研究。

“发现并建立”模式

在图11.10中，我们观察到了一个常见的拓扑演进模式。这个模式的特点是，最初团队在一个新领域内进行紧密合作，采用协作的交互方式。然而，随着领域确定性的提升，对紧密合作的需求逐渐降低，交互模式逐步转变为XaaS（X即服务），甚至可能完全不需要交互。

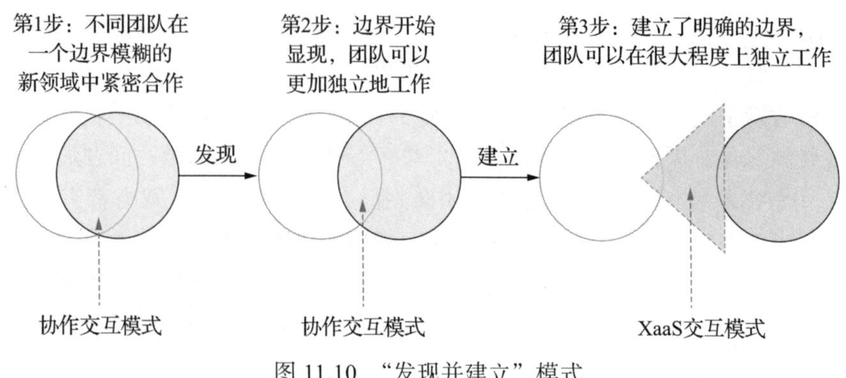

图 11.10 “发现并建立”模式

“发现并建立”是一种普遍的模式，适用于所有环境中的各种组织。当组织着手构建平台时，这种模式尤其常见。

我曾供职于一家金融服务机构，该机构通过开发其首个基于云的应用程序开启了现代化进程。该机构计划让首批流对齐团队构建他们的应用程序——考虑所有必要的平台需求，这些需求随后会从团队的代码中逐渐分离出来，形成一个独立的平台。在初始阶段，平台工程师紧密合作，比如参与团队的日常站会。他们致力于为团队提供在 AWS 上开发无服务器应用程序所需的支持，并为将来打下基础，届时他们将拥有一个被组织内多个团队使用的平台。

在初始阶段，他们的重点是帮助团队实现目标，而不是花费过多时间去构建平台。这需要在短期需求和中期需求之间找到一种微妙的平衡，但他们处理得恰到好处。过早尝试构建平台可能会减缓团队在现代化成果交付方面的初始速度，而且可能导致基于假设而非实际需求和使用模式的平台设计。

团队动态重组模式

与团队拓扑相关的一个误解是认为长期团队等同于静态团队，即认为相同的成员必须始终共事。这种观点过度简化了一个复杂的概念。“长期”指的是团队应保持稳定，而非固定不变。团队中某种程度的灵活性不仅是可接受的，实际上在优先事项和限制不断变化的情况下，为了维持团队的活力和适应性，我们鼓励保持这样的灵活性。甚至有人认为，团队成员合作时间过长可能会导致团队思维变得陈旧。Heidi Helfand 是这一领域的权威人物，她的著作 *Dynamic Reteaming*（第 2 版，http://mng.bz/orP2）是该领域的重要参考资料之一。Heidi 倡导的一个核心理念是：“团队改变是不可避免的，因此我们需要学会应对。”这一理念强调了组织不断发展的特性，因为总有新成员会加入，也总有老成员会离开。

Dynamic Reteaming 一书中提到了几种拓扑演进模式。这些模式基于以下五个需要团队变革的关键原因：

- 规模增长与缩减：规模增长通常是自然而然的，例如初创公司需要获得更多资金且需要扩大规模来实现投资者的宏大愿景，规模增长会对组织文化产生深远影响；同样，有时缩减规模也是必要的，这也可能会产生显著的影响。

- 新工作或优先事项：转变战略或投资新的增长机会（如进军新市场）可能会促使团队进行重组。
- 知识共享：当一个团队拥有可以惠及其他团队的专业知识时，为了传播知识，暂时或永久性地轮换人员可能是明智之举。
- 停滞与学习：当员工的工作不再提供新颖而有趣的挑战时，他们的工作动力可能会降低，因此，将他们转移到其他团队以培养不同的技能并学习新事物，是变革的一个有力理由。
- 意外因素：需要组织变革的意外事件（例如疫情的冲击）也可能导致组织结构调整。

以下是 Heidi 的团队动态重组模式示例，以及它们与变革原因的关系：

- 成长与分裂：当团队过于庞大，超出有效管理能力时，便需要将其拆分为若干个较小的团队。团队变得过大的迹象包括会议拖沓、内部沟通烦琐且难以跟进，以及形成了围绕不同目标的小团体。
- 合并：与成长和分裂相对的是合并，即将多个团队融合为一个团队。这通常是处理紧密依赖关系的战略，例如，当两个团队之间的依赖关系非常密切，以至于作为一个单一团队运作更高效时，就可以进行团队合并处理。
- 隔离：有时，特定的工作需要在组织当前文化之外进行，如在引入新方法的时候。隔离模式涉及建立一些独立团队，使其免受组织某些方面的影响。
- 场景转换：场景转换模式涉及让团队成员从一个团队流转到另一个团队，旨在传播知识和丰富工作经验，增加工作的趣味性和多样性。这是一个提高员工留存率的有效策略。
- 逐个加入：当新人加入团队时，团队需要时间去适应新同事，新同事也需要时间熟悉。逐个加入模式建议一次只向团队添加一名新成员，这样可以让团队和个人都能逐步适应变化。

我是团队动态重组的拥护者。在我担任初级软件工程师的时光里，我最难忘的经历就是经常短暂地流转至不同的团队工作。通过与众多不同的同事进行结对编程，我汲取了丰富的知识，这种经历不断为我的职业生涯注入新鲜血液，让我始终保持工作热情。然而，这一过程涉及诸多考量，例如流转频率以及各个子领域的复杂性。每位成员都独一无二，拥有各自的偏好，因此我们应当谨慎实验，逐步推进，确保相关人员参与到决策过程中，同时有机会分享他们的反馈。

在讨论人员调动时，我经常被询问关于估算工作量的问题。一些组织采用故事点来衡量团队的生产力，例如，预测每次冲刺迭代能够交付的固定数量的故事点。但是，当人员的流动导致团队产出不一致时，这种方法便不那么可行了。我个人从未加入过依赖故事点或类似估算技术的团队，因此无法根据亲身体验回答这个问题。我的观点是，团队动态重组模式所带来的好处是巨大的，绝对值得尝试。因此，我建议以一种灵活的方式调整估算技术，使其足够灵活以支撑我们在独特环境中采纳这些做法。

行业案例：连锁超市团队成员每月轮换的场景

2018 年，我有幸目睹了团队动态重组在一家大型连锁超市的实际应用效果。超市所负责的领域由四个不同的团队处理，每个团队负责一个细分的子领域。为了促进跨团队的知识和技能共享，每个月都会有来自每个团队的成员轮换到另一个团队，如图 11.11 所示。这种轮换机制使得每个人都能够全面理解整个领域的运作方式，并有能力对领域内的任何代码库做出贡献。这种做法有助于促进四个团队之间的集体思维和紧密合作，同时也有助于加强团队成员之间的社交联系。

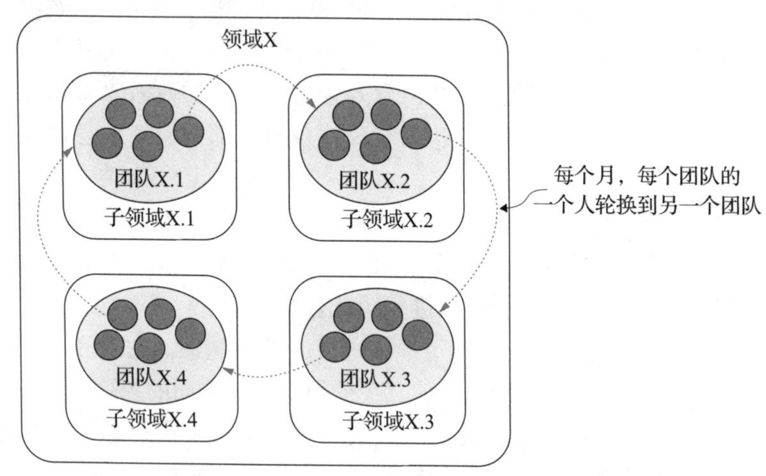

图 11.11　在超市所负责领域内，每个月都有来自每个团队的一名开发者轮转到其他团队

这种机制的另一个优势在于，当团队成员离职时，不会造成知识的断层。得益于每月的人员轮换以及结对编程等实践，知识共享达到了极高的水平。这一点尤为关键，因为团队中全职员工与合同工的比例大致为 50 ∶ 50，这自然会有相对较高的人员流动率。知识共享有助于将成员更替所带来的影响降至最低。

综合来看，我目睹了极为正面的效果，并深受触动。团队内部协作默契，团队之间也能够顺畅地协同工作。团队成员时常一同享用午餐，团队间还会定期举行分享会议，共享计划安排，这些都能营造出一种极为积极的工作环境。自那以后，我一直倡导其他组织尝试这样的工作模式，并且我也热切地推荐大家采纳这一模式。

11.5　团队分组模式

致力于应对特定挑战的团队（比如负责同一领域、产品的某个部分或平台的团队）通常需要一定的沟通带宽来协调工作，进而设计出最优的端到端解决方案来满足客户需求。第 9 章详细讨论了将子领域分组到领域中的各种启发式方法，以确定哪些团队应该被整合在一起，例如按照以产品为中心的领域、横向领域或以流程为中心的领域来组织子领域。

在考虑如何对团队进行分组时，团队内部的技能构成也是一个重要因素。例如，是应该让团队同时负责UI以及后端逻辑和数据，还是应该分别设立专门的后端团队和前端团队？这个问题并没有一成不变的答案。因为有些团队成员更倾向于成为前端或后端的专家，并希望在这一领域继续深耕；而在某些情况下，一个后端系统可能会服务于多个前端应用，这时让一个团队负责所有的UI实现是不现实的。

当领域逻辑与其UI部分必须共同变化时，同时负责UI和后端组件的团队可能更有优势。如图11.12所示，一个领域可以由多个团队共同负责，每个团队都负责特定子领域的UI和后端开发。

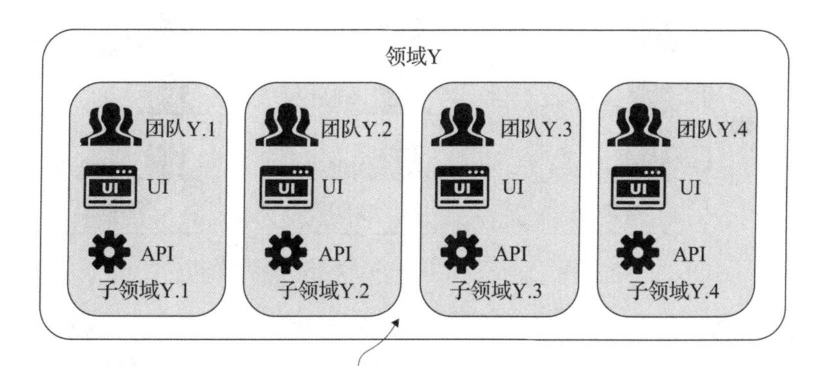

图11.12 由多个前后端团队共同负责一个领域

如果UI的不同部分经常需要一同更新，那么更合理的做法可能是设立一个专注于整个领域前端的团队，并配备多个后端团队，如图11.13所示。通过这种分组方式，子领域可以稍微扩大一些，这是因为后端团队不需要付出一些认知负荷来处理UI相关的问题。

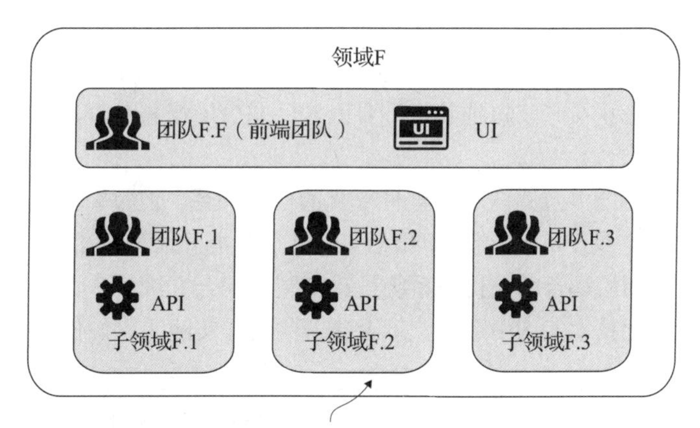

图11.13 由专门的前端团队以及后端团队共同负责一个领域

极为普遍的是前后端彻底分离。负责前端特定部分的多个团队会被集结在一起——例如形成前端 Web 组与移动应用组。接着，领域组则由那些仅负责各自子领域后端逻辑的团队构成，如图 11.14 所示。

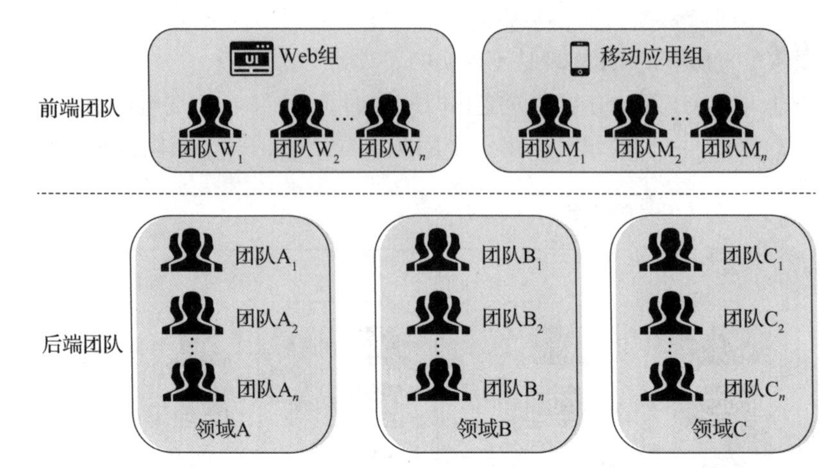

图 11.14　前端和后端彻底分离的团队分组

在这种分组模式下，所有负责前端工作的人员被集结在一起，这样做是为了确保他们能够共同优化最终用户的体验，使之更加流畅和统一。然而，这样的布置也使得前端团队与后端团队之间的物理距离被拉远，导致团队间协作的不顺畅，这往往会成为工作流中的一个障碍。

基于我个人的观察，这些模式都相当普遍，并且存在许多细微的差别，可以肯定的是，并没有所谓的完美解决方案。虽然某些特定的领域和产品可能更适合采用某些特定模式，但也很大程度上取决于个人的职业发展路径以及他们偏好的工作方式，这是一个高度个性化的选择。重要的是要记住，我们的目标是寻找到最佳平衡点，即 BVSSH（Better Value Sooner Safer Happier）平衡。尽管如此，我确实见过一些情况：人们不愿意融合前端团队与后端团队（他们希望保持各自的独立），即使这会导致过多的依赖和沟通不畅，他们仍然坚持如此。但是，个人的喜好并不应该超越其他重要因素，减少依赖和改进流程的重要性同样不容忽视。

尽管每种模式都可能涉及团队之间某种形式的依赖关系，但每个团队仍应该具备独立部署其技术产出物的自主权。例如，前端团队应有能力独立于后端 API 部署前端，反之亦然。这一目标可以通过采用松耦合的架构子系统设计和契约耦合方法（详见第 12 章）来实现。即使这些方法代表社会化技术架构中最小化耦合痛苦的最佳实践，它们仍可被视为 IVS。

注意　关于前后端分离的团队与全栈团队的辩论已经持续了一段时间，两种团队划分各有利弊。如果这对你而言是一个相关问题，深入研究此话题并获取更多意见是非常值得的。

本章要点

- 联合优化组织和软件架构是实现快速工作流的必要条件。
- 团队和软件边界对齐不当可能导致资源共享的问题，例如多个团队负责同一块代码，这会导致变更成本更高、风险也更高。
- 团队拓扑是一个社会化技术工具包，用于围绕IVS来组织团队，以实现快速的工作流。
- 快速工作流应该是可持续的，这意味着它可以持续多年。这需要对技术实践和良好的工程文化进行投资。
- 团队通常应包含五到九人，以便建立高度信任的团队并避免信息过载。
- 团队应该是长期存在的，保持稳定可以使他们在相应子领域内保持专业，贡献新的产品想法，并且有动力持续工作并保持代码健康。
- 软件开发人员不应被视为可以分配到多个工作流的资源。这会导致频繁的场景切换，不能为人们做出最佳成果创造条件。
- 标准化的流程和工作方式会束缚团队，阻碍持续改进。
- 团队拓扑鼓励团队至上思维，即由团队来决定谁负责哪项任务以及他们的工作方式。
- “谁构建，谁运维”模式意味着由团队负责在生产环境中支持他们自己负责的代码。这种模式可以通过减少交接工作和激励团队构建更可靠的软件来改善工作流。
- 团队认知负荷需要被谨慎管理。当认知负荷过高时，团队的工作速度和质量可能会下降，且存在倦怠的风险。
- 良好的领域边界通过将团队责任范围缩减至可管理的水平来降低认知负荷。
- 在核心领域图上叠加团队边界可以显示认知负荷可能过高的团队，例如负责多个高度复杂的子领域的团队。
- 有三种类型的团队认知负荷：
  - 内在认知负荷：源自任务的固有复杂度。
  - 外在认知负荷：源自环境增加的额外复杂性。
  - 关联认知负荷：涉及学习新概念。
- 康威定律意味着组织的沟通结构将会影响软件架构的设计。
- 康威定律的影响无处不在，在系统架构设计时应始终牢记这一概念。
- 团队拓扑中有四种团队类型：
  - 流对齐团队：负责一条对产品有贡献的工作流。
  - 平台群组：一组拥有共享能力的团队，这些能力赋予了流对齐团队一定的自主权，降低了他们的认知负荷。
  - 复杂子系统团队：负责系统中需要专业知识的复杂部分。
  - 赋能团队：帮助其他团队成长。

- 团队拓扑中存在三种交互模式：
  - 协作：两个团队朝着一个共同的目标努力。
  - XaaS：团队能够利用另一个团队的能力。
  - 促进：团队能够为另一个团队提供支持。
- 协作会产生很高认知负荷，因此应谨慎应用，过度协作并不总是好事。
- 如果不结合原则，单独应用团队拓扑模式收益甚微。
- 独立服务启发式（ISH）方法是一份启发式规则清单，可用于评估候选价值流或现有价值流的独立性。
- ISH 共有 10 条启发式规则，涵盖了价值、产品决策、依赖关系等内容。
- ISH 应该用来为不同利益相关者构建沟通渠道，而不是仅作为架构师的勾选式任务清单。
- John Cutler 的授权等级模型包含一个团队自主权结构，可用于评估价值流的独立性。
- 组织始终在发展，因此团队拓扑总是处于不断变化的状态。
- 团队应不断感知尴尬的交互和表明团队拓扑结构应该演变的迹象，例如协作过度或交付节奏减缓。
- 对于“发现并建立”模式，两个团队初始通过协作交互模式紧密合作，随着边界和责任变得更加明确，交互模式逐渐向 XaaS 转化。
- 团队动态重组是 Heidi Helfand 记录的一系列原则和模式，涉及团队的灵活性和团队拓扑。
- 团队动态重组定义了五个重组团队的原因：规模增长与缩减、新工作或优先事项、知识共享、停滞与学习，以及意外因素。
- 有五种团队动态重组模式：成长与分裂、合并、隔离、场景转换，以及逐个加入。
- 团队拓扑与团队动态重组的原则和模式也存在于分组的层面。
- 团队可以按不同方式进行划分，例如划分为专门的前端团队和后端团队，或者同时负责子领域前端和后端部分的团队群组。
- 选择合适的团队分组方式需要分析产品、领域、组织以及相关人员的偏好。

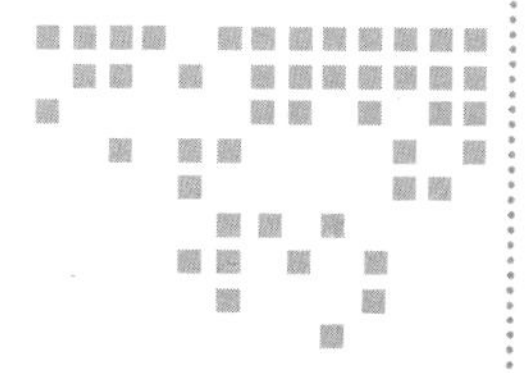

第 12 章 Chapter 12

松耦合软件架构

本章内容包括：

- 在软件架构中尽量减少耦合；
- 设计与业务领域相匹配的软件架构；
- 对各个子系统的设计进行验证；
- 为每个子系统确定最合适的现代化程度；
- 实现子系统从当前状态到目标状态的迁移。

在软件开发过程中，实现 IVS 至关重要，而这需要依托于松耦合的软件架构。所谓的“松耦合”是指各个价值流之间的变更耦合度较低，从而减少流程中组织依赖关系的影响。对于一些领导者来说，理解松耦合架构的重要性可能需要一定的时间。但如果没有快速解决方案来应对快速工作流的技术要求，那么处理落后系统的艰苦工作将不可避免。

要实现松耦合软件架构，首先需要深入理解松耦合的概念。由于描述软件耦合程度的既定标准尚不存在，因此即使是工程师也可能难以把握这个稍显模糊的概念。但是，已经有人在尝试开发模型来描述耦合。本章将介绍 Vlad Khononov 的现代方法。

设计松耦合的软件架构涉及将软件子系统与目标子领域进行对齐。软件设计和实现的反馈可能会反向流动，从而促使对领域边界和团队结构进行细化。本章将介绍各种由领域驱动的软件架构设计技术。

子 系 统

在本章中，我们使用“子系统”这一术语来指代软件架构的一个组成部分。子系统可能是微服务的形式，也可能是单体应用中的一个模块，还可能是其他类型的结构。

除非特别说明，本章中的大部分概念对于这两种情况都是适用的。理想情况下，子系统应当与最适宜的子领域保持对齐，但当我们讨论落后系统中的子系统时，这样的一致性并不一定能得到保证。

现代化的过程不仅涉及为每个子系统设计目标状态，还需要确定每个子系统应当现代化的程度，并制定从当前状态迁移到目标状态的策略，这通常被认为是最具挑战性的任务。深入理解当前状态的复杂性对于确定每个子系统的最佳现代化投资回报率（ROI）和迁移方法至关重要。本章提供了相关指南和推荐资源，以帮助读者驾驭架构现代化这一方面的复杂内容（见图 12.1）。

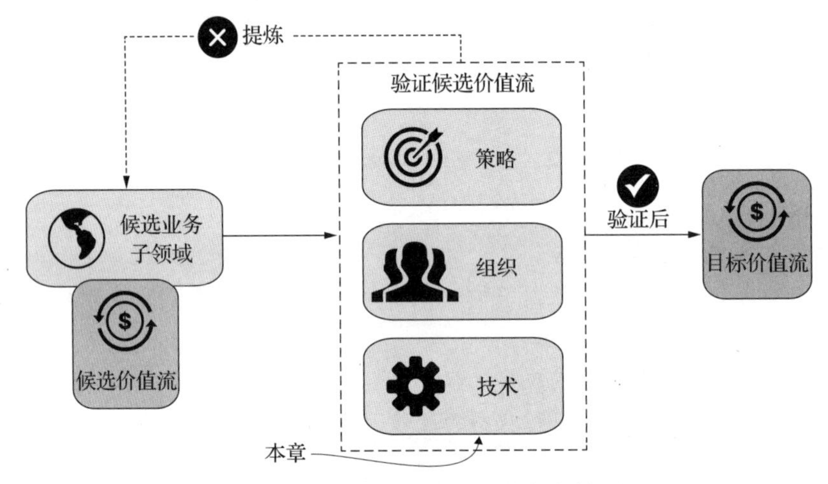

图 12.1 本章内容涉及 IVS 的软件架构层面

第 13 章将深入探讨架构现代化的另一个技术层面——内部开发者平台，这些平台对于流程至关重要，它们使团队能够频繁且迅速地对架构进行更改。

12.1 耦合类型和耦合强度

设计松耦合的软件架构需要仔细考虑权衡。深入理解不同类型的耦合及其复杂性对于做出明智的架构决策至关重要。尽管多年来人们已经提出了各种方法来描述软件系统中不同类型的耦合，但并没有一种方法获得了广泛接受。

幸运的是，经验丰富的架构师 Vlad Khononov 对传统方法进行了广泛研究，并制定了一种现代分类法。这个分类法在前人工作的基础上进行了改进，以适应当代环境。Vlad 识别了四种类型的耦合，并将它们按照集成强度排列。集成强度反映了一个组件对另一个组件的了解程度。

了解其他组件

Vlad 使用“了解”这个术语来描述两个组件之间的耦合程度，这只是一种比喻，而非表明组件具备思考和推理的能力。这代表从一个组件中可以获取关于另一个组件信息量的多少。举例而言，如果审查组件 A 的代码库，能获得有关组件 B 的哪些信息？这些信息可能包括公共接口、数据库持久化格式、私有方法等。如果组件 A 了解了这些内容，若组件 B 中的这些内容发生变化，可能导致组件 A 遇到问题。

图 12.2 按照集成强度递增的顺序展示了耦合的类型。耦合越强，级联变更的可能性越高，因此，相应的变更风险也越大。

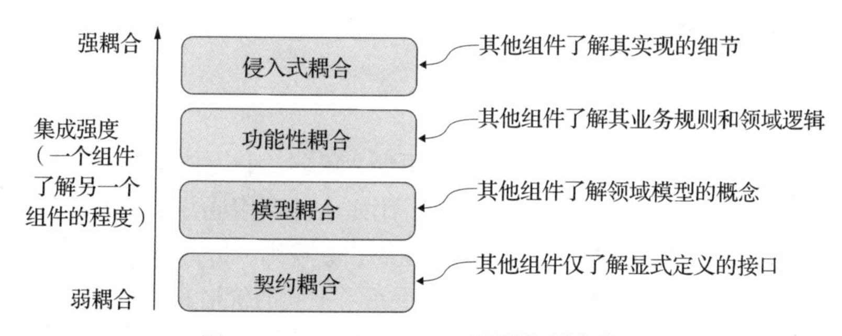

图 12.2　Vlad Khononov 识别的耦合类型

根据 Vlad，耦合程度最强的形式是侵入式耦合。如图 12.3 所示，这种耦合下组件可能了解另一个组件的一切，使得每次变更都充满了风险。

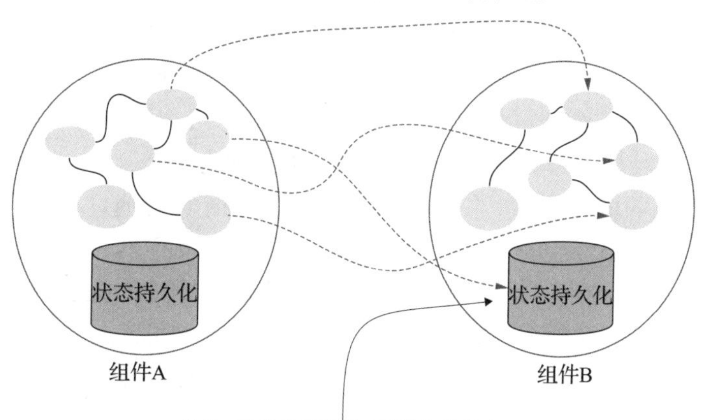

图 12.3　侵入式耦合增加了变更的风险

在具体情况下，侵入式耦合可以采取多种形式，例如通过反射访问私有方法、直接访问持久化状态或共享代码。共享代码的一个极端例子是“上帝类”（god class），这是软件中的一个大型类，它综合并且紧密耦合了来自多个子领域的不同逻辑。

非封装的持久化是架构层面上一种常见的侵入式耦合形式。仅通过改变其状态的持久化格式，子系统就很容易在无意间破坏其他子系统。

什么是组件？

根据Vlad，“组件”是一个通用术语，用来指代软件系统的任何部分。它可以是一个函数、一个类、一个微服务，甚至是整个系统，这取决于所进行分析的层次，例如，分析微服务系统与分析同一代码模块中的类可能对“组件”的范围有不同的界定。

在不同的背景下，“组件”可能具有更具体的定义。在本章中，我们将“组件”定义为架构子系统，类似于微服务或单体应用中的模块。

功能性耦合比侵入式耦合要弱一些，但也不那么脆弱，它可能仍然非常棘手。在这种耦合形式下，即使组件之间没有显式的可见连接，比如API调用或共享代码，它们仍需要一同变更。常见的体现是在不同的组件中重复了相同的业务规则，因此这些组件需要同时进行更新。在我曾经参与开发的一个系统中，不同UI展示了不同的价格。最终发现，计算价格和折扣的逻辑在三四个组件中被多次复制（其中一个地方是嵌入在HTML中的JavaScript）。当开发人员进行更改以引入特殊折扣的价格时，他们没有意识到所有这些地方都需要进行修改。

模型耦合是一种较弱的耦合形式，但在某些条件下，可能仍然会带来严重的后果。在这种耦合形式下，组件了解另一个组件的领域模型，包括概念的名称、结构以及它们之间的关系。例如，在Salesforce中，广告子系统的领域模型就是从Facebook的营销API复制过来的。最初，这个决定是有益的，因为它有助于缩短上市时间。

理解Salesforce代码与Facebook的关系原本是件轻松的事。然而，随着时间的推移，Facebook推出了新版本的营销API，这些API对领域模型进行了全面的修订。而Salesforce的领域模型未能跟上这些变化，使得理解Salesforce代码与Facebook领域模型之间的关系变得困难。这种情况使学习和修改代码库变得既费时又费力。

契约耦合是最弱的耦合形式。在这种耦合形式下，两个组件通过显式定义的接口进行集成，而并不需要了解接口背后的任何内容。在设计松耦合子系统时，无论是微服务还是单体应用中的模块，契约耦合都是一个明智的默认选择。有了这种耦合形式，只要契约保持不变，就可以更自信、更迅速地改变子系统接口后的任何内部实现。如图12.4所示，变更是安全的。

尽管内部变更通常具有较低的风险且更容易实施，但对子系统契约的变更则需要更加谨慎，甚至可能需要进行版本控制。因此，认真设计接口显得至关重要。任何通过契约暴露的内容，其变更成本都高于内部实现细节的，良好的设计应该只暴露所需的内容，以避免不必要的耦合。本章剩余部分将更详细地涵盖这一点。

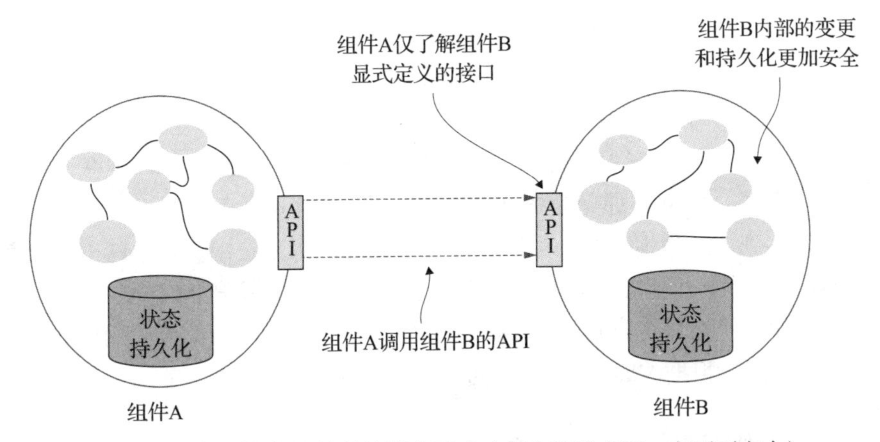

图 12.4 契约耦合是最弱的耦合形式（在这种形式下，变更更安全）

各种耦合形式并不是互斥的。例如，两个组件可能通过一个显式接口耦合在一起，同时还存在着功能性耦合。在进行评估时，比如确定需要多少投资来实现现代化（本章后面会讨论）时，安全的选择是指定最强的耦合形式，以避免低估所涉及的工作和风险。

正如第 9 章所介绍的那样，Vlad 提出了一个用于评估两部分之间耦合程度的模型：痛苦值 = 强度 × 波动性 × 距离。当两个部分虽然紧密耦合，但由于它们很少一起变化而导致波动性较低时，即使存在侵入式耦合，整体的痛苦程度也可能相对较低。需要强调的是，波动性不仅反映了事物在过去变化的频繁程度，也预示着它们未来可能的变化频率，因此，理解产品的发展方向对于准确判断波动性至关重要。而所谓的距离，指的是实现变更所需的社会技术协调的程度。第 9 章通过具体例子探讨了社会性因素，例如，向不同经理汇报并位于不同办公室的团队之间的距离就更大。在技术层面，距离从代码行开始计算。同一个 10 行函数中的两个变量的距离非常小。同一代码库中的两个类的距离稍大，而分布在不同微服务中的两个类的距离则更大，它们可能位于不同的代码库中，并在运行时通过网络进行集成。在这个距离上的变更可能需要在两个代码库中进行协调和部署，涉及多个团队的合作，相比单个团队在一个函数中修改几行代码，这需要更多的协调工作。

注意 本章仅涵盖了 Vlad 在耦合和复杂性方面的一些核心概念。然而，Vlad 的研究内容更深入，更多详细信息可参阅他的著作 *Balancing Coupling in Software Design: Successful Software Architecture in General and Distributed Systems*(Addison-Wesley Signature Series[Vernon])。

局部复杂性与全局复杂性

在设计系统架构时，认识到规模对耦合的影响至关重要。在初期的微服务探索阶段，我们常听到这样的陈词滥调：“每个微服务应只包含 100 行或更少的代码。这样一来，它们将易于理解和修改，甚至可以轻松地被替换和重写。”尽管“小即是简单”这一观点在一定程度上成立，但它仅仅说对了一半。因此，Vlad 还强调了平衡局部复杂性和全局复杂性的重要性（http://mng.bz/Xq0E）。

将微服务的代码量限制在 100 行以内确实会使微服务相较于包含 10 000 行代码的微服务来说更加简洁明了。然而，那剩余的 9900 行代码的逻辑和复杂性并不会神秘地消失。这些复杂性只是转移到了其他地方——可能分散在数百个微服务之中。这意味着整个系统的复杂性实际上更高了。换句话说，由于微服务间的交互增多，全局复杂性随之提升，如图 12.5 所示。此外，由于每个微服务都通过网络进行通信，因此这种复杂性可能比单体应用要高得多（网络增加了距离，根据 Vlad 模型，这同样增加了痛苦程度）。

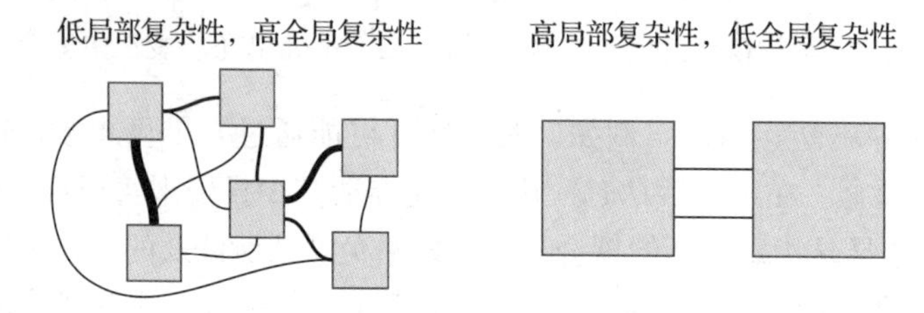

图 12.5　平衡局部复杂性与全局复杂性

在不断演变的系统架构中，寻求局部复杂性与全局复杂性之间的理想平衡是一项很难实现的任务。最为理智的战略是确保所有参与系统工作的工程师和架构师深刻理解各种类型的耦合与复杂性以及它们之间的权衡关系。这可以保障他们在设计过程中作出明智的决策，并及时识别出设计偏离最优状态的时刻。接下来我们将介绍一系列技术，这些技术对于探索架构设计的各个方面，寻找那个最佳平衡点，有极大的帮助。

12.2　建模架构流程

在架构设计中，识别耦合的最佳方法之一是绘制流程图。这些图展示了多个子系统之间的交互序列，作为端到端用例或过程的一部分。子系统之间的这种交互即耦合。一旦耦合被可视化，我们就能够对其进行评估，并探索可能具有较低或较少有害耦合的替代设计。

12.2.1　探索漩涡模型

我推荐一种有效的设计过程方法，该方法是 Eric Evans 模型，其中的探索漩涡（https://www.domainlanguage.com/ddd/whirlpool/）是一种有价值的工具，它通过不断用具体场景挑战设计揭示出耦合的存在。从设计一个子领域的领域模型到构建多个子领域交互以完成端到端流程的模型，这个迭代设计过程可以适用于不同的范围，如图 12.6 所示，它强调了通过具体场景进行工作的重要性。

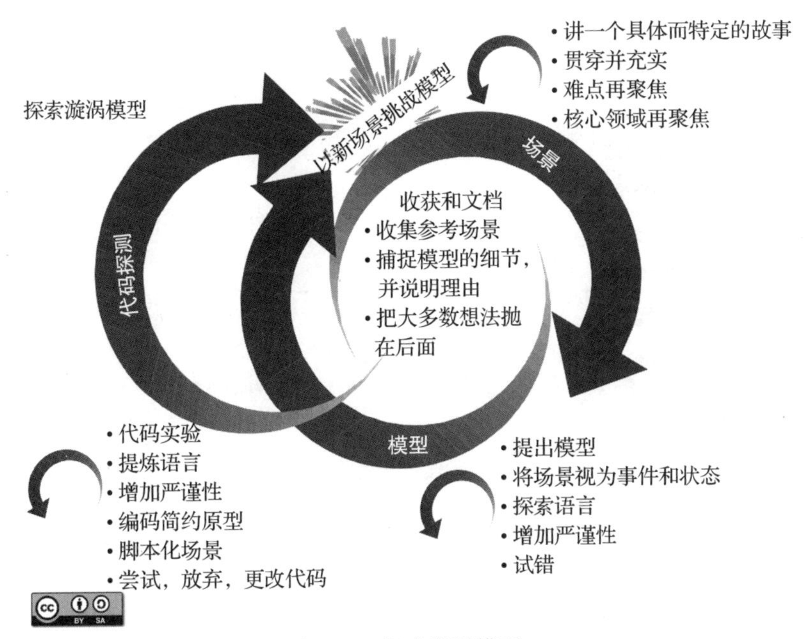

图 12.6　探索漩涡模型

通过在具体场景中进行反复的实践，关键的细节便不太可能被忽略，这些细节在追求高层次和抽象化时经常面临风险。实际上，漩涡模型提倡在必要时深入挖掘细节，通过构建代码探针来验证概念模型在实际应用中的有效性。

在漩涡模型的不同阶段，我们可以根据所处的环境选择最为合适的技术手段。接下来，我们将讨论如何运用宏观的事件风暴作为参考场景的来源，并利用领域消息流建模技术来构建与领域一致的架构流程。此外，在本章的后续内容中，我们还将探讨如何运用软件设计事件风暴进行更深层次的分析，以达到与代码探针类似的目的。

12.2.2　领域消息流建模

领域消息流建模（http://mng.bz/yZre）是一种高级技术，用于设计和可视化涉及多个子领域的流程。它能够用于设计或揭示代表各个子领域的架构子系统间的耦合关系。这项技术简化了对架构模型的探索和迭代过程。

提示　你可以在本书附带的 Miro board（http://mng.bz/amwX）上查阅本章所有图表的交互式全彩版本，以及所提及的所有技术的链接。

如图 12.7 所示，我推荐的领域消息流建模符号以领域为核心，同时也与实际实现紧密对应。这种方法能够让架构师基于特定领域的术语进行设计，同时合理地保证将纸上设计良好的系统转化为现实中的有效架构。

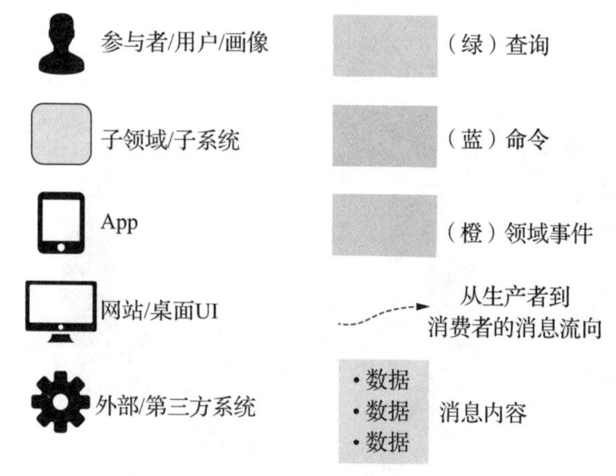

图 12.7　领域消息流建模的基本符号

在研究漩涡模型时，首要步骤是搜集一系列参考场景。图 12.8 呈现了一个源自宏观事件风暴研讨会的场景示例，这是一个经过简化的、假想的在线汽车经销商案例。具体场景涉及在拍卖活动中成功竞拍一辆汽车的过程。图 12.8 描绘了该场景中的前七个领域事件，从采购团队对汽车进行检查开始，一直到系统建议采购汽车为止。

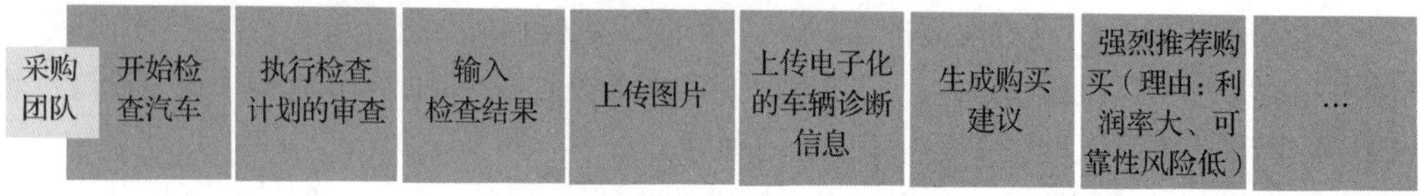

采购团队	开始检查汽车	执行检查计划的审查	输入检查结果	上传图片	上传电子化的车辆诊断信息	生成购买建议	强烈推荐购买（理由：利润率大、可靠性风险低）	…

图 12.8　从宏观事件风暴中提取场景

我更喜欢逐步构建消息流模型。我会依次审视每个领域事件，并设计出促使事件发生的架构元素。然而，在构建之前，有一个核心的建模原则需要明确：努力创造出最贴合业务需求的设计，而不是力求对现实世界进行过度的仿真。简而言之，架构无须与事件风暴（见图 12.8）或其他领域工件实现一对一的映射。

那么，让我们开始吧，看看在实际操作中这会是什么样子的。场景中的第一个事件是“开始检查汽车”。设想一下，假设我们请求领域专家再次引导我们完成这一步骤，他们可能会回答：“采购团队的成员将在 iPad 屏幕上查看检查详情（比如漆面是否有划痕），并开始对汽车进行检查。”如果我们试图将其简化为最基本的方案，那么软件所需要做的便是在 iPad 屏幕上展示检查详情。图 12.9 显示这可以通过一个查询（即 iPad 应用向检查子系统发送获取检查详情的

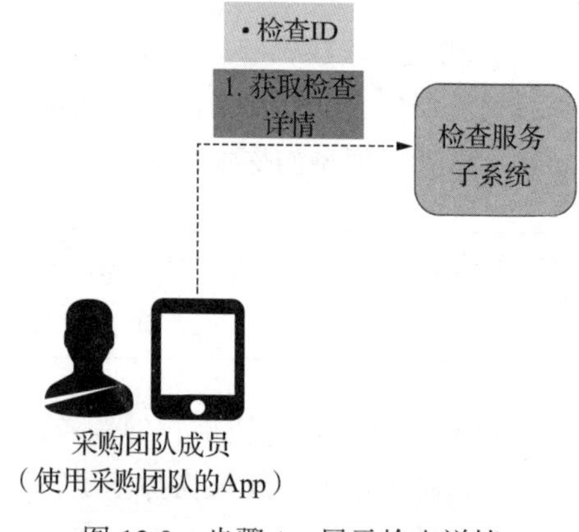

图 12.9　步骤 1：展示检查详情

查询）来建模。

你或许已经留意到，我们的模型中实际上并没有包含“开始检查汽车”事件。这是因为似乎并没有需求要求在软件中追踪这一过程。然而，最佳实践是通过测试各种尚未考虑的需求与领域专家进行确认：

我们：如果两个人同时查看检查详情，并且他们都试图检查同一辆车，会发生什么情况？

领域专家：实际上，这种情况永远不会发生，因为工作人员在检查之前就已清晰知晓他们被分配的车辆，而且从来没有一个以上的团队参与同一场拍卖。

我们：那检查发生的时间呢？您不想跟踪这些信息吗？

领域专家：只需要知道检查发生在哪一天的哪个时段便足够了，我们已经能够获取这个信息了。准确到几时和几分对我们的工作并没有任何实际帮助。

基于这次对话，系统似乎无须跟踪检查何时开始。尽管这是现实世界中的一个领域事件，但当前的软件模型（暂时）并不需要它。因此，我们可以继续使用目前只涉及一个查询的模型设计。

优秀建模者面临的挑战

我们已经初步观察到健康建模中的一个关键活动：挑战需求。优秀的建模专家从不仅仅停留在需求的表面含义。在本次案例中，我们审视了那些可能提升产品价值或未来可能新增的需求。同样，这个过程也可以反过来执行，尝试对需求进行简化、移除或者细化，进而使架构更简洁。

这些洞察可能会对你的系统构建方式产生深远影响。更早地识别这些问题（例如，在设计会议期间）意味着以后不必围绕错误的假设（例如，尽管在最初的架构假设中无须追踪检查的开始时间，实际却有必要）调整架构。

回到图 12.8 中的场景，我们会遇到下一个事件，即“执行检查计划的审查”。想象一下，我们与领域专家之间的对话是这样的：

我们：您能详细解释一下这一步骤吗？

领域专家：在这一步，采购团队会在 iPad 屏幕上查看检查项目并执行所有检查，比如检查车身是否有划痕。

我们：在这种情况下，这个 App 如何提供帮助？它应该如何处理检查结果？

领域专家：嗯，那时我们唯一的目标就是生成购买建议。但是，仅有检查结果是不够的。我们还需要图片和车辆诊断信息。因此，单独的检查结果没有任何价值。

我们：那么，当这三种信息都收集完毕，且可以用于生成购买建议时，您会称那一刻是什么？

领域专家：我们真的没有找到准确的词来描述那个时刻。但实际上，那是检查结束的时候，我们就称它为“检查完成”吧。

在设计中细化领域

注意在这里我们定义了一个新的领域概念“检查完成”，这在事件风暴中并没有被发现。这是一个重要的启示：在设计模型时，仍然可以改变或细化领域。

就像需求一样，这不是单行线。尝试构建系统时会带来新的见解，使我们从不同的视角深入思考领域，从而引发改进领域或对它的推理的新想法。

那么，在掌握了这些信息后，你会如何演进图 12.9 中的设计呢？你可以在图 12.10 中看到我提出的解决方案。我再次试图以最简洁的方式实现已明确的需求。命令“完成检查”需要输入生成购买建议所需的全部信息。我本可以选择用一条命令来代表每个步骤（输入检查结果、上传图片、上传车辆诊断信息），但目前并没有这样的需求。领域专家的建议似乎暗示这是一个全有或全无的情形，因此检查子系统没有必要追踪不完整的信息。出于技术原因，这个解决方案可能并不可行，因此我们可以停下来，创建一个代码探针进行验证。不过，现在我们将接着对这一场景继续建模。

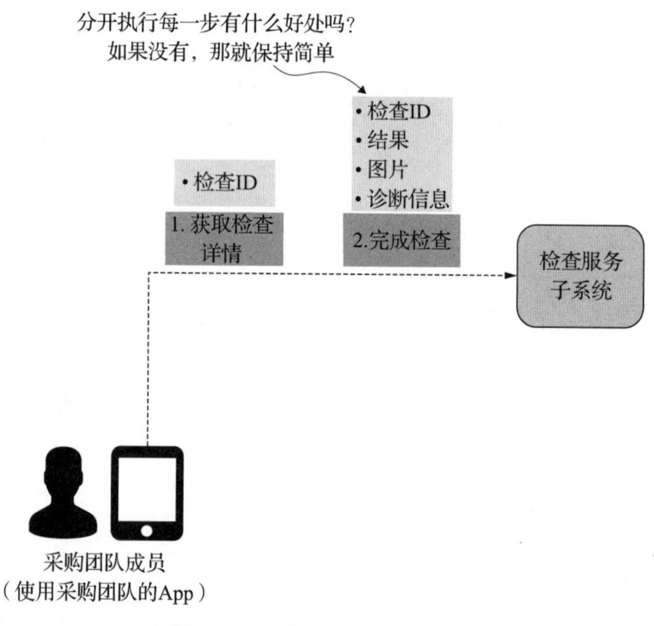

图 12.10　步骤 2：完成检查

在完成检查之后，系统便拥有了生成购买建议所需的一切信息，“生成购买建议”便是场景中的下一个事件。你会如何演进模型来实现这一功能呢？

生成购买建议似乎并不属于检查职责范畴内的任务。我们可以选择扩展检查的职责范围并相应地对其进行重命名，或者可以新增一个专门负责生成购买建议的子系统。鉴于这两项职责在本质上有着显著的差异，我们倾向于选择后者，因此决定引入一个名为“购买建议”的子系统，这也是领域专家用于描述该综合能力的术语。

在设计过程中发现并细化领域边界

一个新的子领域“购买建议”被引入，这是定义领域边界的迭代和演进性质的一个很好的例子。

并不是所有的子领域都会在像事件风暴这样的发现会议中出现。当开始构建系统时，你可能会发现新的边缘案例和需求。反过来，这些可能会促使你定义新的子领域或演进现有的子领域。甚至在开始实现软件时，新的见解也可能使你重新思考领域边界。它们从来都不是固定的。

沿着这一设计方向前进，对于新引入的购买建议子系统，我们现在需要明确它将如何得知何时生成购买建议，以及如何从检查服务子系统中获取所需信息。对此，检查服务子系统可以发布一个事件，也可以执行一条命令。图 12.11 呈现了一个更新后的模型，展示了步骤 3 中这两种可能的选择。

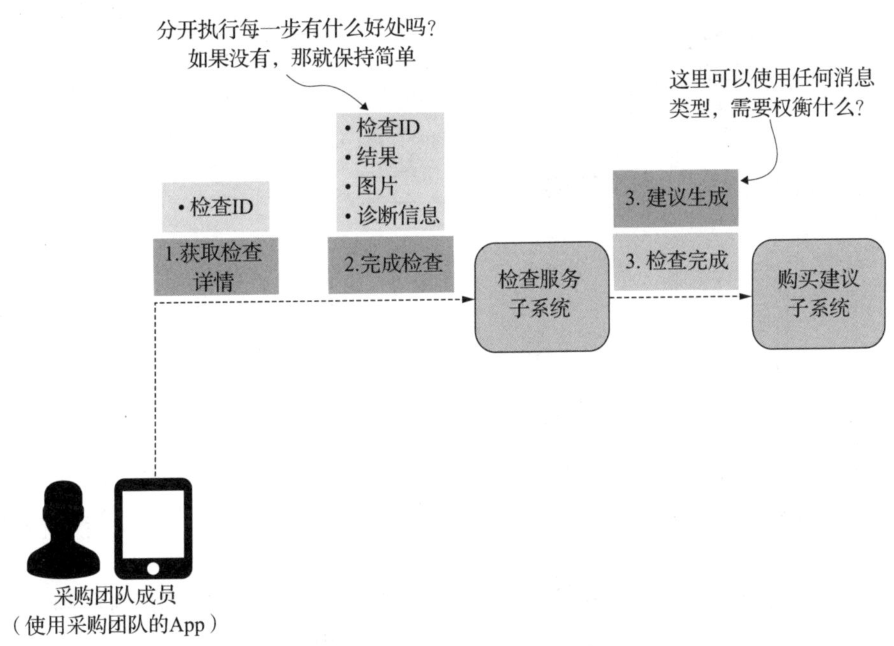

图 12.11　步骤 3：启动生成购买建议步骤

此次讨论凸显了基础设计原则“决策耦合”的重要性。在命令模式中，发起者决定接下来的行动。具体到此案例，检查服务子系统会通过发出生成建议的命令来启动流程的下一阶段。相对地，在事件模式中，是由接收者选择是否采取行动。具体到此案例，检查服务子系统仅宣布检查完成，而购买建议子系统在接收到该事件之后，会自行决定是否生成购买建议。那么，我们应该如何选择呢？

同时评估两种选项并考量它们对整体复杂性的影响是非常有益的。采用事件的一大优势在于，当有新的子系统需要获悉某事件时，事件的发布者无须做出任何修改。假设在此案例中，其他子系统也需要知道检查何时完成，并且将来可能还会有更多类似需求，那么我们选择使用“检查完成”的事件而非命令来建模这一步骤。

下一步是由购买建议子系统生成购买建议。参考场景（见图 12.8）展示了购买建议包含的三个部分——利润率元素、风险元素和整体建议。应由购买建议子系统负责这三项职责，还是应当引入多个子系统各自负责？图 12.12 呈现了引入专门负责利润率计算和风险计算的子系统的方案。

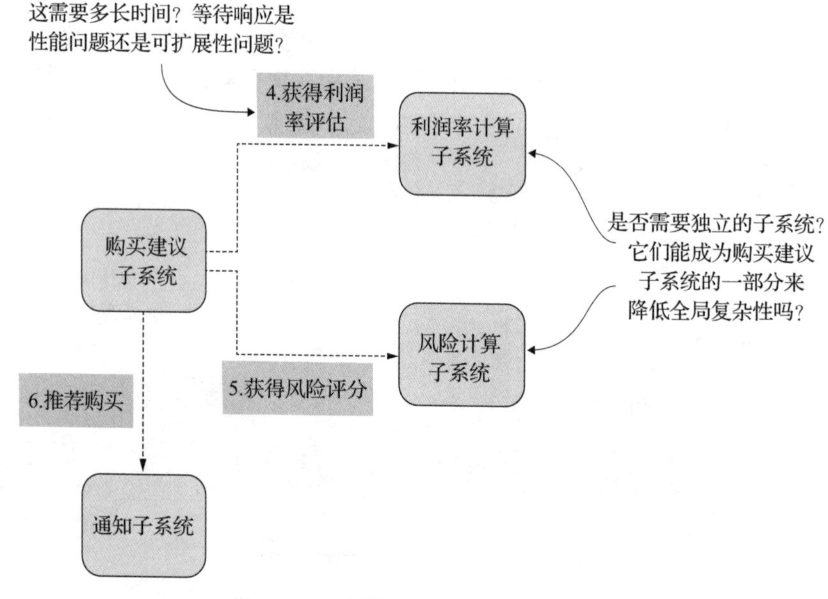

图 12.12 步骤 4 ～ 6：生成购买建议

在建模子系统间的交互时，我们总能找到多种多样的路径。图 12.12 深入探讨了两种查询（步骤 4 和步骤 5）的可行性。在接收到所有响应后，购买建议子系统将综合这些信息，做出全面评估（步骤 6）。

但查询是一种好的选择吗？通常，查询是同步的，这就意味着调用者必须等待响应才能继续执行后续操作。如果利润率计算需要花费几秒来生成响应，那么，出于可扩展性和性能的考虑，采用涉及事件的异步工作流可能会更合适。同步通信往往更易受到干扰。如果利润率计算子系统或风险计算子系统正在经历停机，购买建议子系统就无法履行其职能。购买建议子系统的正常运行时间与这两个子系统的正常运行时间紧密相关。这就突显了一个设计上的微妙之处：虽然设计应受领域驱动，但技术因素也必须纳入考量。

在上一步中，我们决定引入两个新的子领域（见图 12.12），这一决策似乎略带随意性。

我倾向于从一开始便过度细化，这种做法并未引发对边界问题的深入探讨。但是，如果这种细化过度了，是否会导致分布式设计的混乱？如何才能做到恰当的细化？我们可以依托漩涡模型：通过探索更多场景揭示该层面的耦合关系和复杂性；或者利用代码探针深入挖掘细节；抑或运用其他技术手段，如软件设计中的事件风暴（本章后续将进行详细介绍）。这些方法更贴近编码实践，不仅便于可视化与协作，还能快速进行实验。

本案例的讲解到此为止，但为何不投入时间，亲自尝试并掌握这一技巧呢？你可以尝试模拟自己业务领域中的一些流程，也可以继续依托书中的汽车经销商案例进行探索。书内附带的 Miro board 上有更详尽的信息可供参考。若你更喜欢与他人一起学习，那么，何不在接下来的几周内安排一场为期两小时的会议，与同事共同学习这一技巧呢？

12.2.3　行业案例：现代化会计系统

Maxime 是一位 DDD 资深顾问，擅长与来自多个行业的客户合作。他的职责包括绘制详尽的领域图，明确领域边界，并在代码层面构建领域模型。他曾服务于一位客户，该客户致力于为农民、栽培者和葡萄酒生产者提供一系列产品。客户期望通过将传统的桌面富客户端应用转变为 SaaS 模式来实现产品的现代化升级。这一转型不仅需要对脆弱的落后系统进行深度的现代化改造，而且不存在轻松的提升和转移方案。即便有，他们也迫切需要能够迅速创新的能力，这要求他们拥有比现有架构所允许的更加迅捷的变更流程。

提示　本案例研究是与 Maxime Sanglan-Charlier 联合撰写的。Maxime 在 DDD、架构构建以及现代化工程实践方面积累了丰富的经验，是我合作过的最为娴熟的指导者之一。

公司选择将会计领域作为他们迈向现代化道路的首站，并聘请了 Maxime 来协助其转型。在会计领域内，固定资产子领域被认定为启动点的理想选择。于是，由 Maxime 领导的宏观事件风暴研讨会拉开了序幕。此次会议让所有利益相关方达成了共识，并在同一理解水平上确定了 MVP（Minimal Viable Product，最小可行产品）关注的重点区域；至关重要的是，为了加快产品上市步伐，明确了可以从 MVP 中剔除的部分。此外，团队还特别关注了领域术语，致力于构建共享的语言体系。

宏观事件风暴研讨会的成果是一系列候选子领域的诞生。然而，作为一位经验丰富的领域建模专家，Maxime 深知需要进一步深化建模工作：“宏观事件风暴研讨会的成果为我们提供了在领域中划分边界的完美起点。我们运用一系列设计启发式原则迅速划定了边界，并开始塑造未来的架构蓝图。但我们必须认识到，这些边界绝非一成不变！我们需要进一步细化它们。”因此，Maxime 组织了一系列领域消息流建模研讨会：“这正是领域消息流建模发挥作用的时刻！这一工具帮助我们通过与领域的真实用例对比来检验和优化领域边界。”

图 12.13 呈现了固定资产销售场景下的折旧消息流。这是团队针对固定资产子领域建模的首个场景，涉及了三个其他子领域以及 10 条消息。

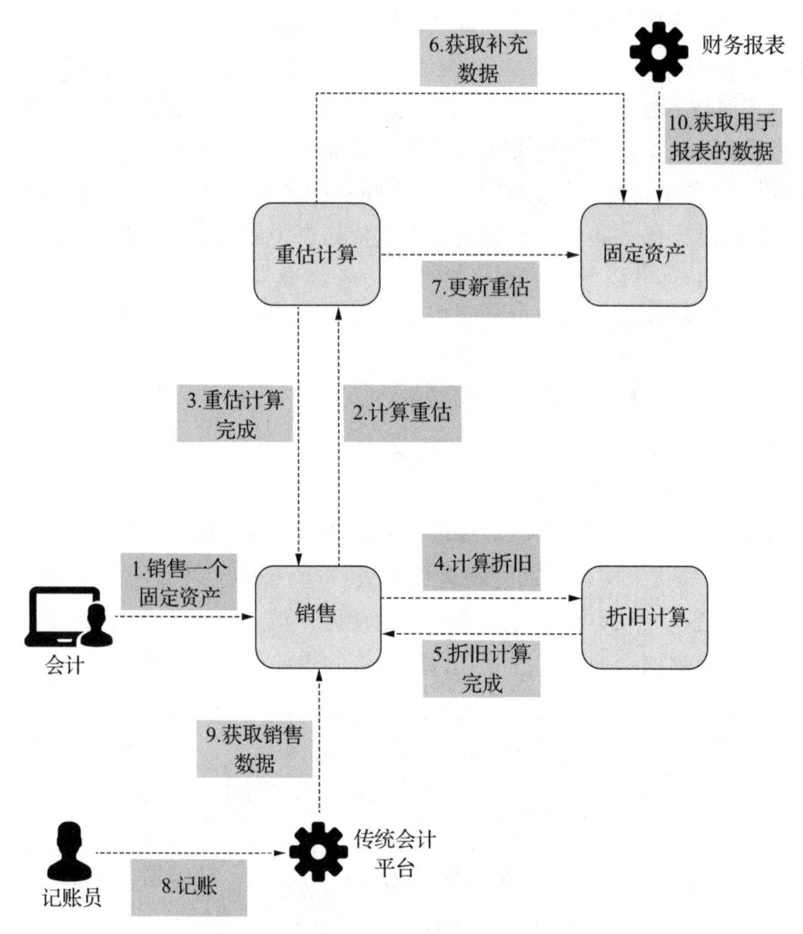

图 12.13 第一次迭代中的细粒度边界

对于团队而言，构建首个业务场景的模型成了一个关键时刻："可视化协作工具的威力不可小觑：仅仅通过观察这张图，团队成员便意识到，在一个看似平常且简洁的场景完成过程中，竟然需要发送如此繁多的消息。这激发了一连串富有成效的讨论，讨论中显现出一个观点：在现实世界中，重估和销售总是同步进行的。基于这一洞见，我们决定尝试将它们融合，统一为一个单一的子领域。"（见图 12.14）。

图的混乱

请注意，在本书中展示的图已经过调整和优化，以适应纸质书的格式。在实际工作中，这些图通常更粗糙、更具动态性。当运用领域消息流建模技术或其他设计、探索及完善模型的技术时，不要因追求完美的图而分散注意力，而应当将精力集中在建模上。

那些看似杂乱无章的图并没有任何问题，它们就像是在白板上快速勾勒出的思路草图。你可以在本书附带的 Miro board 上找到 Maxime 原始的、未加修饰的版本（http://mng.bz/amwX）。

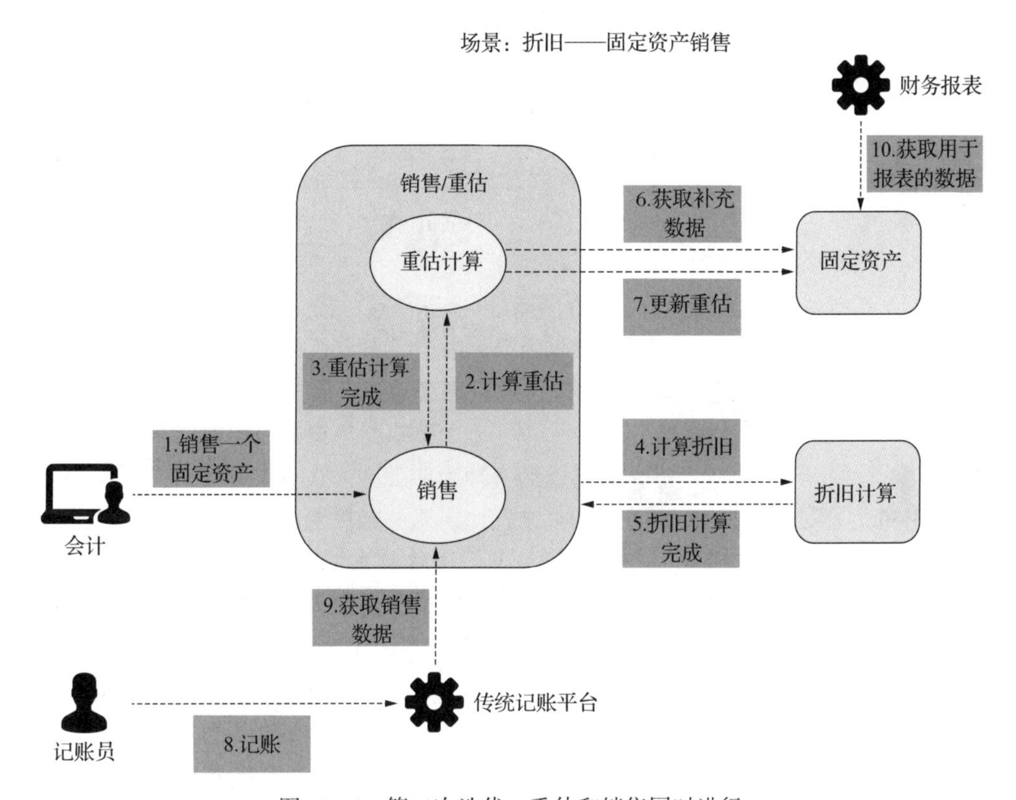

图 12.14 第二次迭代，重估和销售同时进行

与大多数建模工作一样，每一次的优化都带来了新的洞见，为模型的进一步完善提供了可能："团队成员一致认同改进的必要性，然而，有人提出了新的见解：销售实际上是属于固定资产子领域的业务活动，而重估与折旧则是计算性质的业务活动。因此，我们进行了第三次迭代，这一次，我们决定把销售划归到固定资产的职责范畴，并为处理计算任务划定了一个专门的边界。"图 12.15 描绘了第三次迭代中的模型演进。

正如本章前面所述，仅仅缩减系统的一部分并不意味着整个系统会变得更加简洁。平衡局部复杂性与全局复杂性至关重要。这正是 Maxime 和团队在实践中领悟到的真理：更精简但更大规模的子系统的设立，实际上降低了整体的复杂性："经过调整的图相较于前两次迭代显得更清晰、更简洁。我们增强了各个边界内要素的凝聚力。团队成员普遍感到每个部分都各得其所。最初，我们设立了四个不同的边界，但最终仅保留了两个。我们常常以为细化过程必然导致边界缩小，然而有时候情况却恰恰相反！在这个案例中，一开始划定的边界过于精细，如果基于那样的设计构建新架构，无疑会带来过多复杂性。"

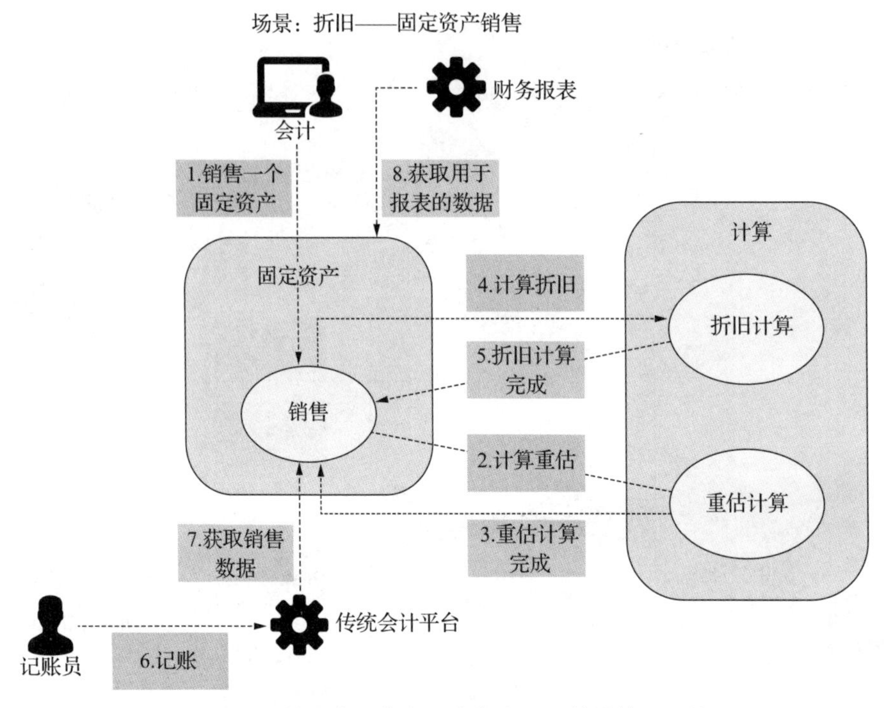

图 12.15　第三次迭代的固定资产和重估计算子系统

Maxime 及其团队的实践也展示了为何具体场景是探索漩涡模型的关键所在："通过真实用例进行验证极为有益，它能够让人们轻松想象系统的通信方式、轻松识别依赖关系。通常，这样的过程可以轻易揭示设计上的问题，并激发团队尝试新的解决方案的决心。它有助于更精确地定义所有团队成员一致认可的边界。在这个项目上，这种方法确实实现了降低耦合度、增强内聚性的目标。"

12.3　单个子系统设计

在决定采纳架构方案之前，审慎地对每个子系统的整体设计进行评估是明智之举。检验多种不同场景能够显著提升设计的质量。同时，将从不同场景下获取的信息融合在一个协调一致的全局视图中，对于确保设计的全面优化极为有益。

依据探索漩涡模型，深入挖掘细节层面以增强对设计方案可行性的信心同样至关重要。在代码中构建概念验证是一种手段，而软件设计的事件风暴则是另一种途径，它不仅触及代码层面的细节，还保持了可视化和协作的特点，这让实验过程更高效迅捷。

12.3.1　使用画布

画布作为可视化子系统整体设计的工具，极大地促进了更广泛的协作。有界场景画布

（https://github.com/ddd-crew/bounded-context-canvas）便是一个极佳的选择。这一工具源自 DDD 社区，它帮助验证单个子系统的设计是否实现了松耦合以及与领域的紧密绑定。画布分为八个部分，每一部分代表了一个关键的设计维度。

图 12.16 呈现了一张示例画布，用以阐释每个部分的内容。该图展示了折扣子系统的画布，折扣子系统是一个专门实现组织折扣子领域功能的软件子系统。

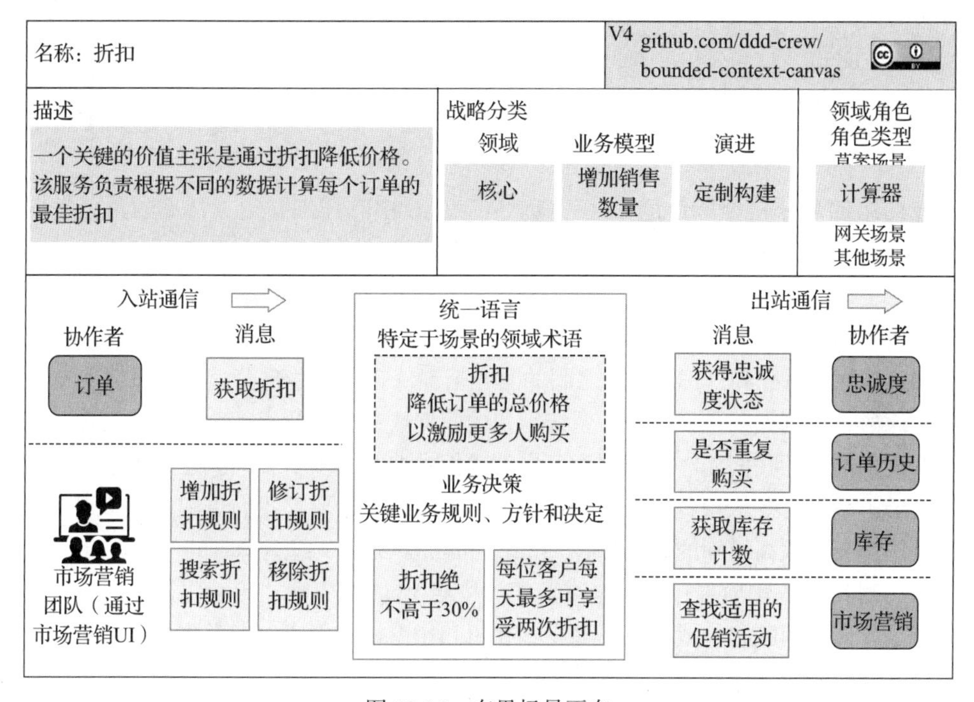

图 12.16　有界场景画布

画布的第一部分是名称。它看似简单，却对子系统的设计和未来发展有着深远的影响。泛泛的名称容易吸引各类行为，也就是说，名称越泛化，就越可能将不相关的功能聚集在一起。而精准的名称则有助于识别不应结合的职责何时被不慎合并。

画布的第二部分是描述。这部分旨在概述画布的目标和职责。明确阐述目标是一种凸显团队内部思维分歧的有效方式。团队成员或许在名称上达成一致，但当各自阐述其理解的定义时，差异便显现出来。图 12.16 中的示例清晰地以商业术语阐释了折扣子系统的价值所在。

画布的第三部分是战略分类，即子系统如何与业务战略相融合。这里提供了三个建议的定位点。第一个定位点是第 10 章介绍的核心、支持和通用分类。第二个定位点是子系统在业务模型中所扮演的角色。在这个案例中，折扣子系统的作用是促进销售数量增长。其他可能的作用包括提升生产力、增强用户参与度、降低成本或提高合规性。第三个定位点是在沃德利地图框架下的演进。

有界场景的定义

“有界场景”一词最早由Eric Evans在其2003年出版的*Domain-Driven Design*一书中提出。他将之定义为“它界定特定边界的概念，通常对应于子系统或特定团队的职责范围。在这一界限内，将制定并应用一套独特的模型。”（详见http://mng.bz/p1zw）因此，在具体实践中经常互换使用“有界场景”“模型”和“子系统”这些术语。例如，在折扣子系统这一界限（即有界场景）内，相应的折扣领域模型便是适用的。

Eric倡导有界场景应当保持松耦合：“这涉及在团队结构、应用的具体部分的使用，以及代码库和数据库模式等物理层面的明确界定。”这与Vlad提到的契约耦合有相似之处。

画布的第四部分是领域角色，这一概念在第9章中有详细介绍。常见的角色类型包括规范、执行和分析。在折扣子系统案例中，我们确定了“计算”这一角色，因为该子系统的核心职责在于计算（如计算折扣）。

画布的第五和第六部分则聚焦于入站通信和出站通信，这些部分展示了子系统与外部协作者（如其他子系统和外部服务）之间的交互情况。通过这些部分，我们可以直观地看到关键的设计信息，例如耦合程度、子系统承担的职责数量，以及子系统接口的设计质量。在折扣子系统案例中，我们能够立即注意到出站通信中涉及了多个查询。在订单子系统请求折扣时，这个子系统需要依赖其他四个子系统来满足需求。这要求我们更细致地审视和理解这样的设计是否会导致高级别的变更耦合（http://mng.bz/OPva）或运行时的可靠性风险。

通常，对每个依赖项进行挑战是有益的。按照Vlad的原则，我们应该询问：每个依赖项的痛点是什么？消除它的成本又是多少？在折扣子系统案例中，考虑将折扣功能与市场营销功能合并，以消除其中的一项依赖。这样做可以降低全局复杂性，但我们需要评估合并后的子系统是否会过于庞大和复杂，以致超出了单个团队的认知负荷？

画布的最后两个部分位于入站通信和出站通信之间，旨在捕捉关键的领域术语和至关重要的业务规则。一个高效的做法是让团队列出五个最关键的领域术语以及五条最重要的业务规则。这样的做法并不耗时，但它能有效揭示团队成员间的理解差异，促进重要知识的共享。

尽管画布的每一部分都各有价值，但真正的优势在于它能让我们从整体上审视整张画布。所有部分是否构成了和谐统一的整体？例如，通信部分的命名和消息内容是否与名称和描述部分相吻合？

提示 本章介绍了多种技术，这些技术使得架构和软件设计可以借助可视化和协作的方式。若想进一步探索这一主题，我强烈推荐Evelyn van Kelle、Gien Verschatse和Kenny Baas-Schwegler合著的*Collaborative Software Design*一书（http://mng.bz/YRxa）。这本书不仅提供了软件和架构设计的指导，还广泛涵盖了促进技巧、决策制定过程，以及设计中的认知偏差的影响等。

12.3.2　软件设计事件风暴

软件设计事件风暴（也被称为设计级事件风暴）是该技术的一种变体，专为软件设计领域定制。它融入了与软件相关的特定符号，用于对较为狭窄的范围进行更精细的建模。通过这种方式，团队能够以接近软件实现的详细程度来可视化模型，这在深入验证设计方案时显得尤为有效。得益于其协作本质以及快速迭代和精炼模型的能力，它成了一种极佳的技术，用以检验所提议架构边界的合理性。

图 12.17 呈现了软件设计事件风暴的全部符号。与流程建模事件风暴相比较，主要加入了大型黄色聚合体图形这一新元素。这个符号代表的是代码中那些被视为单一原子单元的对象集合。

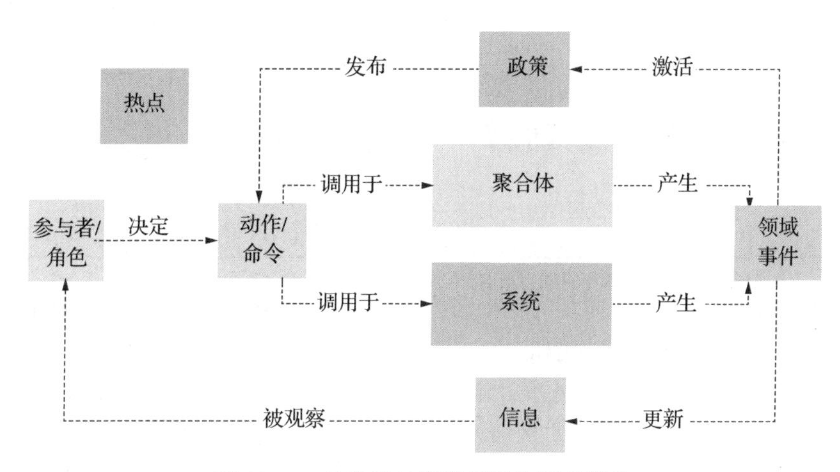

图 12.17　软件设计事件风暴的所有符号

图 12.18 展示了公用事业供应商在账单争议子领域的一个小片段。该账单争议流程已经通过软件设计事件风暴方法进行了建模。整个流程从客户审查其最新账单并发起争议开始。当客户采取这一行动时，“账单争议”聚合体便作为代码的关键部分介入，负责决定接下来的流程。

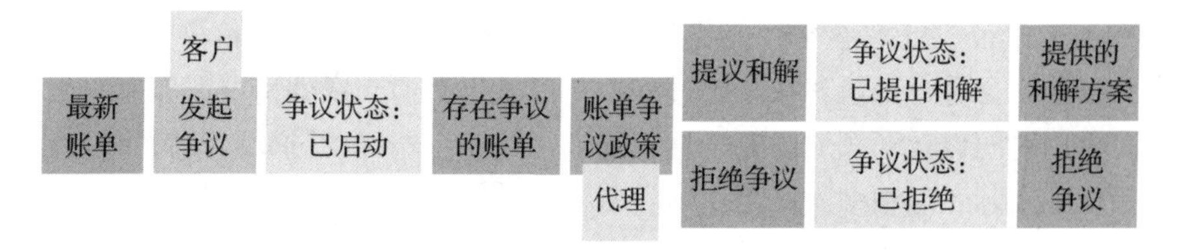

图 12.18　使用软件设计事件风暴方法为公用事业供应商的账单争议子领域设计软件

通常，聚合体拥有多种状态，这些状态会随着相关操作的执行而发生转换。它们的运作方式类似于状态机，因此我倾向于明确地标示出各种状态。在图 12.18 中，我们可以观察到账单争议聚合体的三种状态：“已启动”“已提出和解”以及“已拒绝”。

软件设计事件风暴之所以被如此命名，是因为它所创建的可视化模型与实际的软件实现十分接近。清单 12.1 演示了如何采用传统的面向对象编程方法将图 12.18 中的可视化模型转化为具体的代码实现。

清单 12.1 账单争议聚合体伪代码

```
class Dispute {
    DisputeStatus status
    List<DomainEvent> events

    raise(customerId, billId, message) {
        //...
        status = Opened
        events.add(new BillDisputed(...))
    }

    proposeSettlement(amount, message) {
        //...
        status = SettlementOffered
        events.add(new SettlementOffered(...))
    }

    //...
}
```

账单争议聚合体在代码中体现为一个名为 Dispute 的类。作用于聚合体的每一个蓝色动作都对应于该类的一个方法，比如 proposeSettlement()。聚合体的每个状态则对应于类的 status 字段，而橙色领域事件则通过独立的类来实现，例如由争议聚合体发布的 BillDisputed() 类（通过将其实例加入 events 列表中来体现）。

提示 对于寻求在代码中实现领域模型指导的工程师，可以在本书 Miro board 上查看推荐的资源。

请记住，软件设计事件风暴并不追求与代码的精确一对一映射，这一点至关重要。尽管它确实有助于验证设计方案是否能作为实际代码运行，并有助于在早期阶段发现潜在问题，但它本身并不会进行编译。在编码过程中，可能仍会遇到意外情况。有时，根据团队的特定情况、可用时间以及子领域的复杂性等因素，可能会选择跳过软件设计事件风暴阶段直接编码。只要在实际领域中多次应用这项技术，就能够更好地判断何时使用它最为恰当。

12.4 子系统的现代化战略

至此，本章主要关注了我们所期待的未来架构。如果这本身还不够具有挑战性，那么我们还面临着从当前状态向目标状态迁移的难题，这可能更复杂，需要应对诸如是否暂时并行运行系统的新旧版本等问题。然而，这正是最终实现业务价值转化的关键时刻，无法回避。

在此之前，我们需要为每个子系统制定最佳现代化投资战略。可以考虑采用新技术、新的领域模型和新功能对每个子系统进行重写，但必须权衡这样做的投资回报率是否合理？全面现代化每个子系统会带来多少时间成本？寻找最佳平衡点至关重要。

最后，本章将讨论现代化单个子系统的原则和模式。然而，我们还需从更宏观的视角出发，基于更高层面的战略和发展路线图来做出决策，这将是第 16 章的核心议题。

12.4.1 现代化战略选择器

在现代化系统的过程中，一般推荐根据每个子领域的独特需求来选择合适的现代化战略。例如，对某个子领域而言，将系统从本地迁移到云端可能是最优的选择；而对于拥有显著差异化潜力的核心领域，采用全新的技术彻底重写或许才是最理想的方案。关键在于识别收益递减的临界点。

通常来说，由于落后系统中存在的耦合问题以及与目标子领域的不一致，我们并不总能做出细粒度的决策。在这种情况下，普遍的做法是将整个单体应用迁移到云环境中，随后针对每个子领域实施进一步的现代化战略。这凸显了一点：每个子领域的现代化可以是一个逐步推进的过程，无须一蹴而就。在评估每个子领域应进行何种程度的现代化时，图 12.19 展示的现代化战略选择器能够提供指导（收集信息以协助战略选择涉及前面章节的内容，特别是第 5 章、第 8 章和第 10 章中涉及的概念）。

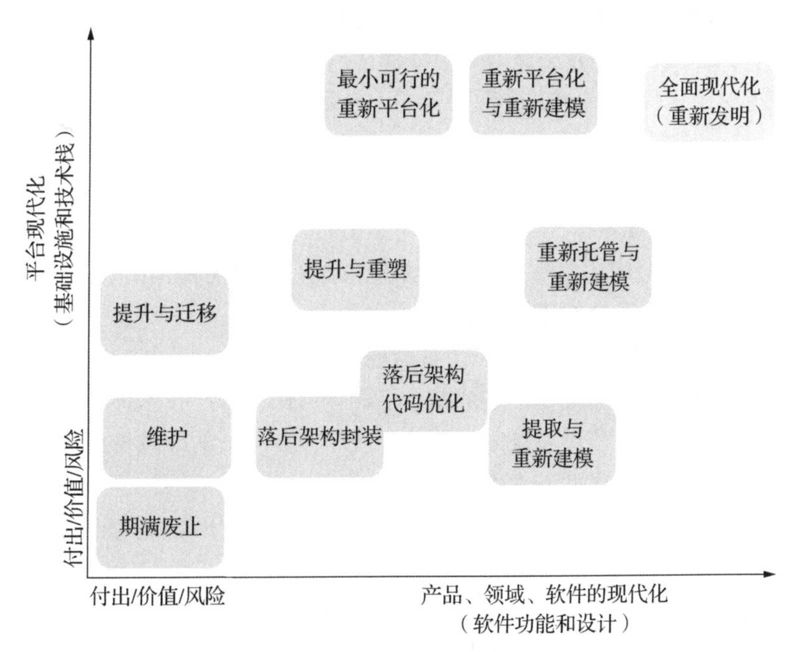

策略显示在典型位置。位置将根据具体情况而有所不同，例如，重写的成本有时小于改进当前代码库的成本。

图 12.19 现代化战略选择器（适用于每个子领域）

横轴代表了一系列现代化程度，这些程度对应于代码的行为和设计的改变，旨在增强其价值或提升易用性。这主要包括以下几个方面：

- 暴露：以最少的付出和干扰对落后架构子系统进行改动，使其现有功能可供其他子系统使用，例如通过创建 API 或发布事件实现。
- 代码优化：解决一些较为表面的技术债务，而不触及更深层次的问题。
- 复制：重写子系统，保留现有功能不变，同时清除所有技术债务。
- 重新建模：在不改变现有功能的前提下重写子系统，并彻底重新设计领域模型，使其更易于在未来扩展和发展。
- 重新思考：从零开始重构功能和领域模型，这通常涉及大量的用户研究、领域探索和建模工作。

纵轴代表了构建子系统时所应用技术的现代化水平。这可以回答一系列问题，例如与当前状态相比，现代化世界中的编程语言、框架、数据库和基础设施将有多大的差异？

它涵盖以下几个层面：

- 基础设施：例如，将基础设施从本地迁移到云端，或者从虚拟机转向无服务器架构。
- 编程语言和运行时环境：例如，从 C# .NET 转换至 JVM 上的 Kotlin。
- 数据存储和集成：例如，从传统的 Oracle SQL 转向诸如 MongoDB 和 RabbitMQ 等 NoSQL 数据库和消息队列。
- 库与框架：例如，采用新兴的网络框架、持久化框架和测试框架等。

生成总体评分的一个简单方法是为每个标准选择高（3 分）、中（2 分）或低（1 分）。

以下是一些现代化战略示例。这份列表并不全面，因此不必过分追求将自己当前的工作与之完美对应：

- 期满废止：子系统将被停用、关闭（不涉及现代化改造，但这个过程可能仍旧涉及很多付出和很高风险）。
- 维护：以尽可能低的成本保持当前子系统的运行。这可能需要付出一定的努力，以确保技术与最新的安全补丁等同步更新。
- 落后架构封装：和前述策略一样，同时使得落后架构功能能够被其他子系统所利用。
- 落后架构代码优化：类似于前述战略，但额外解决了一些技术债务。
- 提取与重新建模：从落后系统中提取子系统，并以全新的领域模型进行重建（在此过程中，现有功能和技术栈基本保持不变）。
- 提升与迁移：将现有代码移至新的基础设施上，对应用程序代码进行最低限度的更改甚至不做任何修改。
- 提升与重塑：和前述战略一样，但会清理代码的某些部分，以便更轻松地添加新功能或使之在生产环境中更可靠地运行。
- 重新托管和重新建模：使用新的领域模型重建系统，并采用大致相同的编程语言和框架将其部署到更现代化的基础设施上。

- 全面现代化：将技术、功能和领域模型的每个方面都尽可能地彻底现代化。这可能是一个成本极高的选择，但对于构成主要竞争优势或创新源泉的子系统而言，这是合理的投资。在某些情况下，比起试图处理混乱的落后架构问题，彻底现代化实际上可能更简单。

12.4.2　迁移模式

现代化的过程充满刺激。它始于探索与设计，最终目标是构建出能够提供更多价值且更易于在未来发展的系统。然而，在这一过程中，我们不可避免地会遇到挑战，那就是如何从落后系统迁移到现代化系统。值得庆幸的是，面对这一普遍挑战，业界已经形成了若干有效的模式，以助力完成这一艰巨的迁移。

有些模式在定义中就内嵌了逐步和迭代迁移的理念。即使对于其他模式，将迁移过程拆分为更小的步骤同样是明智之举。这样做不仅可以加快部分价值的实现，还能降低意外事件带来的负面影响。

缠绕榕模式

Martin Fowler 提出的缠绕榕模式（http://mng.bz/46BQ）旨在逐步将现有架构迁移至新架构。该模式不仅适用于整体应用程序或系统，而且自然而然地适用于所有嵌套的子系统。这一模式借鉴了缠绕榕这种植物的生长方式，它围绕宿主树生长，最终消灭并取代宿主。在软件架构中，这涉及构建新系统，而这个新系统初始时依赖现有系统的功能委托。随着时间的推进，新系统逐渐承担更多的职责，对旧系统的依赖逐渐减少，直至完全独立。SoundCloud 在长达八年的迁移过程中就采用了缠绕榕模式（http://mng.bz/QRx4）。

图 12.20 描绘了如何将缠绕榕模式应用于从落后架构单体系统（简称“落后系统”）向现代化子系统的迁移过程。路由组件负责处理系统接收的所有请求，并将每个请求路由到落后架构单体系统或现代化子系统。最初，大部分请求会被路由到落后系统。然而，随着越来

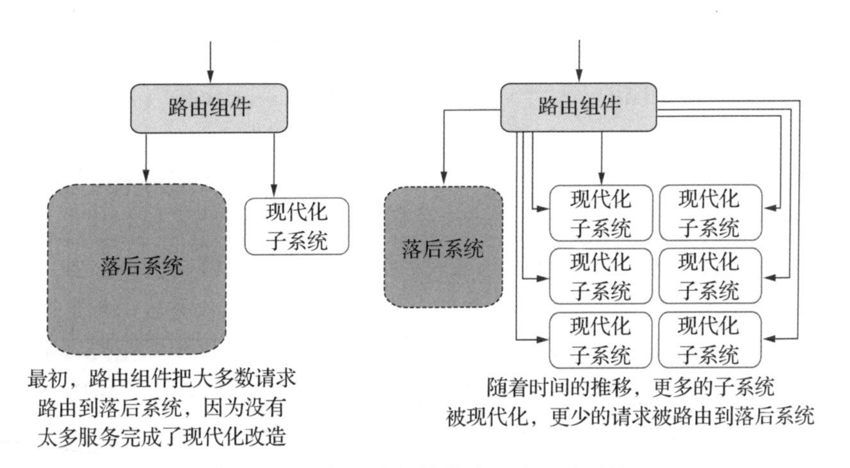

图 12.20　使用缠绕榕模式逐步迁移系统

越多的现代化子系统的开发和部署，路由到落后系统的请求会逐渐减少。虽然某些落后架构部分可能会得以保留，但最终落后系统会在某个时候完全消失。

缠绕榕模式是一种在逐步迁移策略中非常普遍的技术，而不是一次性彻底重写的方式。逐步迁移的特点在于它降低了全盘转换的风险，全盘转换可能因多种原因失败。然而，采用这种模式也会带来额外的复杂性和风险，例如：

- 数据同步问题：例如，现代化子系统拥有独立的数据存储，但它需要与落后系统保持同步。
- 落后系统集成挑战：例如，必须对落后架构代码进行修改以处理传入的请求或与提取出的子系统集成。
- 落后系统的解耦：例如，由于落后系统中各部分紧密耦合，特定子领域的逻辑不易分离，因此首先需要在整体系统中进行解耦操作。
- 调试难度增加：例如，由于存在更多的动态组件，调试可能会变得更加困难，特别是在涉及数据同步时。
- 用户体验的改变：例如，用户可能需要适应使用新的应用程序来完成他们的任务。

为实践者准备的资源

对于承担设计和实施迁移工作重任的工程师与架构师来说，深入掌握相关领域的知识至关重要。一份推荐资源清单已整理在本书的 Miro board 上，请自行参阅。

此外，对于那些致力于实践的专业人士，通过读书会、实践社区以及导师指导等多种途径学习与提升技能也显得尤为关键。所有这些内容都将在第 17 章中进行详尽阐述。

气泡模式

Eric Evans 提出的气泡模式与缠绕榕模式有相似之处，但它可以更精细地应用于单个子系统层面。这一模式的核心在于，在现有的子系统前引入一个新的子系统，即所谓的“气泡”。这使得团队能够设计和实现一个全新的领域模型，而不受落后架构模型的束缚，如图 12.21 所示。

类似于缠绕榕的工作方式，“气泡”可能在内部处理某些逻辑，并在需要时通过防腐层（AntiCorruption Layer，ACL）将任务委派给落后架构子系统，防腐层起到了从落后架构模型到新模型的桥梁作用。随着时间的推移，越来越多的逻辑被纳入“气泡”中，最终落后系统被全新系统所取代，此时，“气泡”实质上已不复存在。

然而，气泡模式面临的一个关键挑战是防腐层的复杂性，这一点绝对不能忽视。防腐层有可能变得非常复杂，甚至超过领域模型本身的复杂度。若真出现这种情况，采用气泡模式的成本可能会变得难以承受，这时可能需要寻求其他战略，例如直接解决落后架构问题，或者在某些情况下遵循落后架构模型。

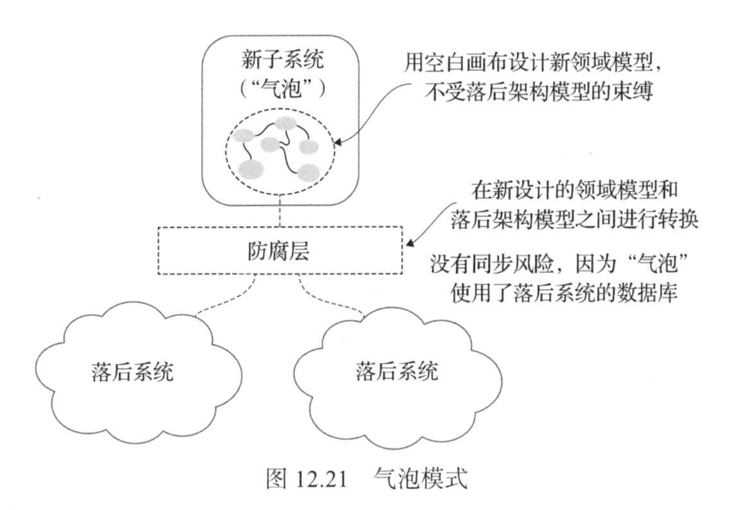

图 12.21　气泡模式

自主气泡模式

Eric Evans 提出的自主气泡模式是气泡模式的一种变体。在这个模式中，气泡拥有自己的数据存储。如图 12.22 所示，与落后架构子系统的集成是通过异步数据同步来实现的。

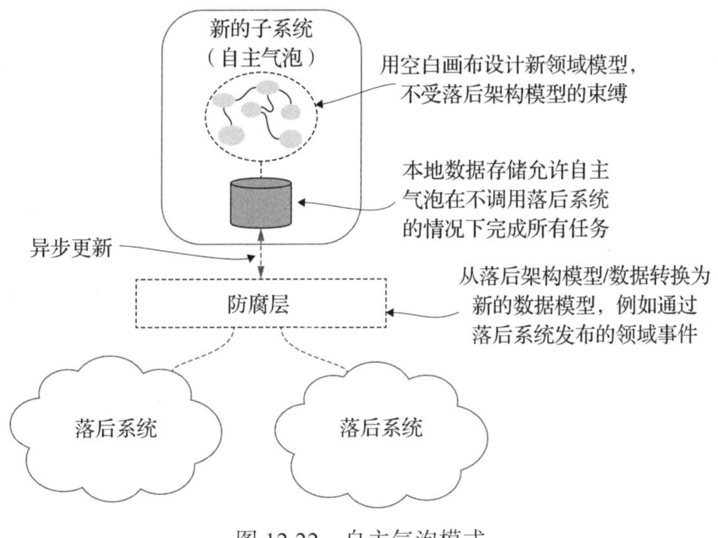

图 12.22　自主气泡模式

两种气泡模式的核心均在于创建“气泡”，借此可以自由地培养和发展全新的领域模型，不受落后架构模型的束缚，从而允许系统顺畅地演变。尽管如此，与落后系统交互的方式在两种模式中大相径庭，这导致了不同的权衡考量，需要细致地评估。

非自主气泡的一个显著优点是避免了数据同步的风险。作为对这种设计的一种妥协，而且气泡本身没有存储数据的能力，因此任何新的数据字段都需要添加到落后系统中。如果预计会有大量此类更改，那么需要对落后系统进行的修改可能会让这个模式变得不那么有优势。在这种情况下，自主气泡模式可能是更合适的选择。在自主气泡模式中，新字段可以轻松添加而无须更改落后系统，但这会带来一个新的挑战——数据同步问题。例如，如果数据同步每日进行一次，但用户需要实时看到更新的数据，那么自主气泡模式可能并不适合这一需求。

通过领域事件暴露和封装落后系统

在那些落后系统的现代化改造成本无法合理化，而现代化子系统又必须依赖落后系统功能的情况下，一种可行的战略是将落后系统功能进行封装并通过契约来暴露这些功能。这种契约可以采取多种形式，包括但不限于HTTP API或领域事件，如图12.23所示。

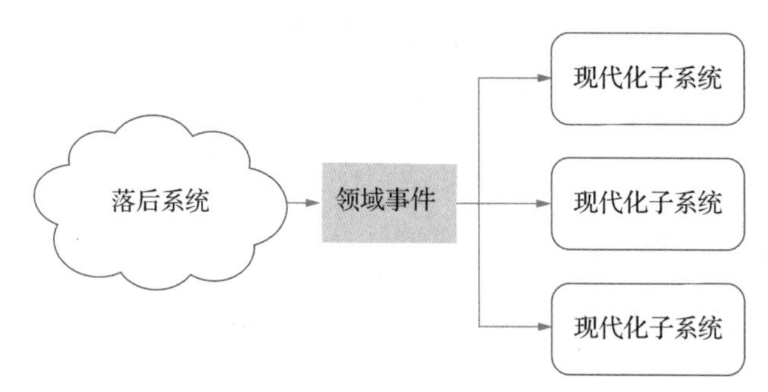

图12.23　通过领域事件暴露落后系统功能

虽然这一模式避免了对落后架构代码进行大规模的现代化重写，但通常还是得对落后架构代码做出修改，以便发布这些事件。这意味着必须付出一定的努力，并承担一定的风险，尤其是在那些脆弱的落后系统中，如果缺乏现成的事件发布基础设施，这种风险可能会相当大。

该模式面临的另一个挑战是设计事件的方式。我们可能不希望所有现代化子系统都与落后架构领域或数据模型紧密耦合，因此采用一个防腐层（就像在气泡模式中那样）将它们与落后系统隔离开，可能是更明智的选择。

我曾见证过的一次迁移灾难是，将一个庞大的落后架构数据库通过变更数据捕获技术转换成Kafka数据流。这个做法本身无可厚非，但问题在于它给许多消费这些消息的应用程序带来了巨大的复杂性。这些应用程序都必须理解落后架构数据库的模式，并能将其翻译为领域中实际发生的情况。

想象一下，假设存在一条包含所有订单信息的订单消息，每当订单的详情发生变动时，相应的消息就会被发布出去。对于一个只关注价格更新的服务来说，每天必须处理成千上万条这样的消息，并逐一检查这些消息中的价格是否有所更改。

现在，设想如果我们能够把落后系统封装起来，并通过设计得当的领域事件（例如“价格上涨”事件）来表达，那么不论是在局部还是全局上，系统的复杂性和耦合度都将显著降低。这样的处理方式无疑会使整个系统更加高效和易于管理。

并行运行模式

并行运行模式指的是在一段过渡期内同时运行落后系统和现代化子系统。在此期间，两个系统会处理相同的输入数据，但只有其中一个系统的输出会被实际采用。一旦现代化子系统的性能得到验证，它的输入便会开始投入使用。这种模式允许在真实环境中对现代化系统进行测试和优化，并确保有一个稳妥的回退方案。待新系统经过彻底测试并符合预期表现后，落后系统便可逐步淘汰，并行运行模式也随之终止。

Zalando 公司便采用了这一模式，借此将退货功能从单一应用中剥离出来，并将其迁移到新的微服务架构中（http://mng.bz/n1zd）。该公司实施了渐进式的迁移策略，逐一对接口进行切换，从而安全有序地完成了系统升级。

重构优先模式

尽管能够重写子系统或采用像气泡模式这样的策略来从零开始编写清晰、整洁的代码非常理想，但在许多实际情况中，落后架构代码往往耦合过于紧密或者设计上存在严重问题，以至于在实施新策略之前必须先进行一系列的清理工作。我第一次深刻意识到这一点是在我担任初级开发者期间，那时我尝试运用气泡模式。我很爱使用气泡模式，因为它允许我使用一个干净、无瑕的新领域模型，而完全不被落后架构模型困扰。然而，在某个时刻，我在已有多层未完成的重构尝试的代码库之上错误地建立了一个气泡。

在一位技术更娴熟的资深工程师的帮助下，我们利用集成开发环境（Integrated Development Environment，IDE）的自动化重构工具，将所有方法内联化，以此压平了失败重构尝试产生的冗余层次结构以及底层的落后架构代码。随后，我们对这些压平后的逻辑进行了重新建模和重塑。这一过程有一定风险，因为我们可能会破坏落后架构代码的结构，但最终这被证明是正确的决定。它为我上了宝贵的一课，那就是并非总能简单地在现存的落后架构代码之上叠加新层，有时必须先对落后架构代码进行彻底的重构。

反模式：诱人的新代码库

我曾多次见证一种迁移过程中常见的反模式，那就是“诱人的新代码库”，它指的是在落后架构的单体应用中停止所有新开发活动，而将所有新功能的开发工作转移到全新的代码库中，后者通常更易操作，且比深陷落后架构代码泥潭显得更加令人兴奋。遗憾的是，新代码库的魅力很快便消失了，因为它与落后系统之间的紧密耦合和集成需求导致其变得难以管理和维护。

当团队希望停止在落后系统中开发，并构建能够更快地适应工作流的变更的新架构时，这种反模式就会发生。问题的根源在于，没有恰当地处理领域边界，新旧系统间仍然存在耦合。虽然某些类型的开发工作可能因为不依赖落后架构代码而能加速进行，但当大量新代码仍旧需要依赖落后架构代码时，上述反模式便会显现出来。

避免这种反模式的最佳实践是始终确保架构边界严格遵循经过仔细定义的领域边界。

定义迁移模式库

在我所观察的组织中，一个普遍现象是那些现代化投资并不显著的企业会制定一套迁移模式手册，这与第 13 章提及的“最佳实践路径”概念不谋而合。这些模式是根据组织的具体需求和情况量身打造的。它们通常提供逐步的指导，展示如何将子系统从落后架构环境迁移到经过批准的新技术和架构模式上。此外，这些手册还可能包括额外的支持内容，比如推荐采用的模式及其相关的活动建议。正如 AWS 所推荐的（http://mng.bz/vP9a），每个迁移模式都应当提供关于以下主题的详尽指南：当前状态分析、目标状态设想、前提条件、迁移策略、预期收益、成本评估、所需技能以及迁移工厂（AWS 专有术语，指的是支持迁移过程的专业团队）。

AWS 指出："企业应用程序组合中有 20% ～ 50% 包含了可以通过工厂方法优化的重复模式。"基于我的个人经验，这一比例似乎相当准确。因此，我坚信，在中大型组织中构建一个迁移模式库确实是个明智的决策。

12.4.3 评估当前状态的复杂性

为了选择最优的现代化策略和迁移模式，深入了解系统的当前状态非常重要。这一步骤对于确定实现预期回报所需的投资水平不可或缺。虽然没有任何简单的度量标准、流程图或工具能够提供完美无缺的系统全貌，但市面上仍存在许多工具和技术，它们能在很大程度上为我们提供助力。

评估标准

确定落后系统的健康状态是众所周知的难题，因为缺乏客观的测量标准或简易流程图。有些方面是可以量化的，但这些量化数据并不能完全反映实际情况，如果使用不当，还可能误导他人，而有些方面则较为主观。了解不同标准对系统健康的影响是第一步，至少它让我们知道应该寻找什么，即使我们无法完美地测量它们。

- 技术代系：评估当前采用的技术代系与现代技术的差距。这包括编程语言、库、框架、运行时环境的版本等。
- 子系统模块化：评估子系统的解耦程度。本章前面提到的 Vlad 模型可用于进行这一评估。
- 子领域对齐：评估现有子系统与目标子领域的一致性。在落后系统中，模块化不足和领域对齐不当可能导致软件高度耦合，甚至形成上帝类（大量子领域的逻辑交织在其中），这是落后架构代码重构中最困难且风险最高的挑战之一。
- 分层完整性：评估应用程序各层维护的情况。例如，有多少业务逻辑被错误地放置在 UI 或数据库存储过程中？
- DORA 指标：帮助评估软件变更、部署到生产环境以及在产品中稳定运行的速度。
- 测试覆盖率和质量：评估现有代码的测试程度。测试越完善，变更时的信心越大，风险也越低。但要记住，单凭测试覆盖率并不能全面说明问题，因此深入查看测试代码的质量也是很重要的。
- 质量属性：性能、可扩展性和安全性等质量属性可以为系统设计的优劣提供线索。
- 代码理解度：评估组织内有多少人理解系统的工作原理及理解程度。

- 运行成本：评估维持当前软件运行所需的成本。相对于其提供的价值这个成本是否显得过高？

架构分析工具

随着全球对软件依赖程度的加深，软件系统的复杂性亦随之膨胀。因此，理解与维护这些系统的难度不断上升。在过去数年中，架构分析工具的发展也逐渐跟上了这一步伐，它们让我们能够更深入地洞察系统并应对其复杂性。在我的专业圈子里，CodeScene 是极受欢迎的工具之一，尤其是在决定在何处、如何以及在何种程度上进行现代化改造时，它也是我首选的工具。

我曾与一位加入公司、负责现代化项目的 CTO 合作过，他利用 CodeScene 迅速识别了系统中哪些部分缺乏负责人，哪些部分完全由承包商开发。通过 CodeScene 提供的可视化手段，他向高层团队阐释了这些发现，以支持他所提出的一些改革措施。根据我的经验，这已成为一种常见的模式：CodeScene 不仅是工程师和架构师的利器，它还能提供可向非技术听众解释的系统见解和可视化展示。这个例子之所以有说服力，是因为任何人都能清楚地看到代表没有所有者（由前员工开发）的黑色点和主要由承包商开发的红色点所占的比例。虽然不能分享那个具体案例的细节，但图 12.24 可以提供一个概览。

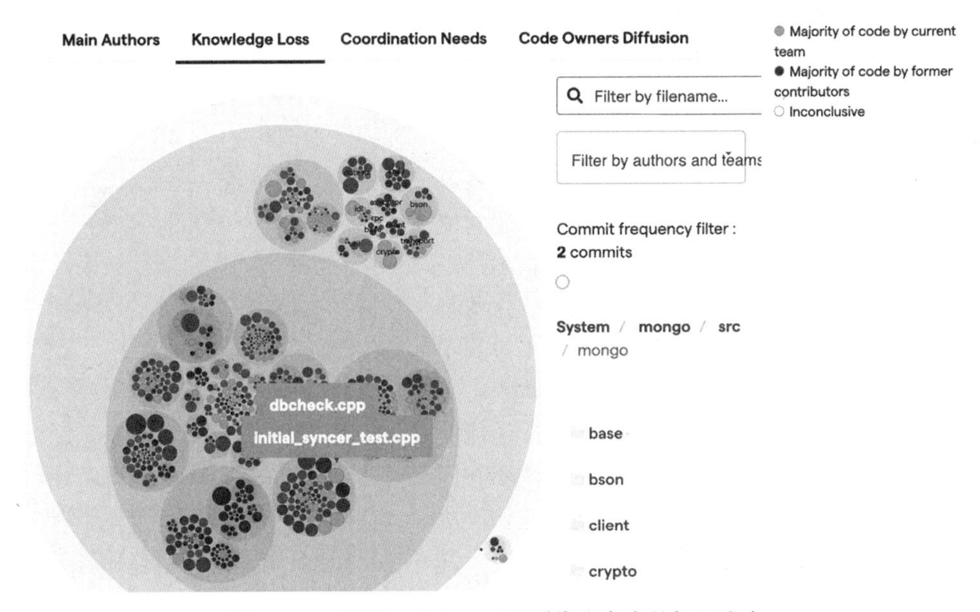

图 12.24　使用 CodeScene 识别代码库中的知识流失

CodeScene 通过分析众多信息源来识别系统内的复杂性和潜在问题，并推荐相应的解决措施。首先，它能对代码库进行深入评估，并以可视化的方式展现系统各个部分的健康状况。图 12.25 展示了一个示例，其中颜色的深浅程度代表健康程度，颜色越深，健康水平越低。

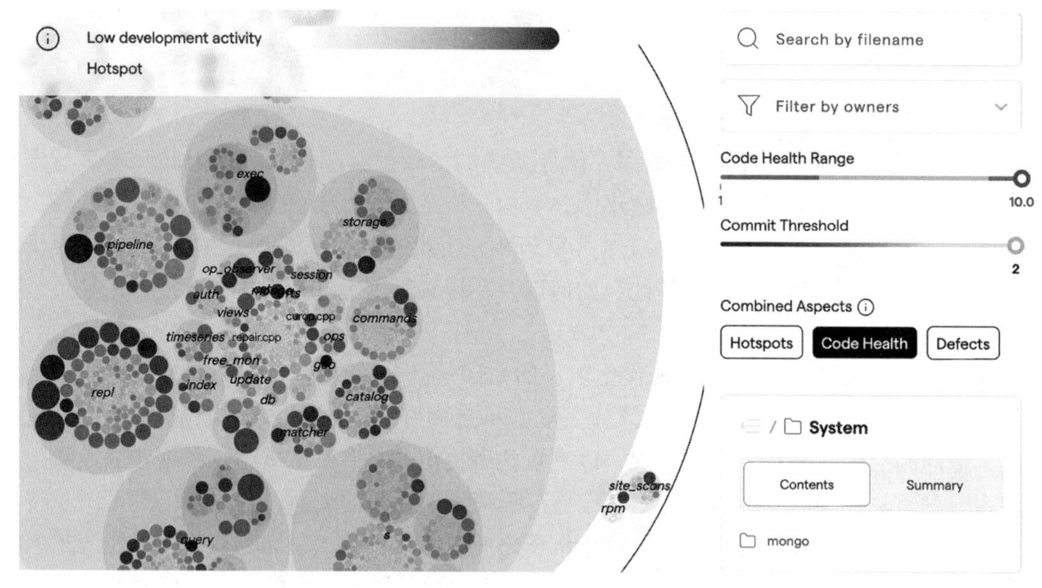

图 12.25　使用 CodeScene 可视化代码健康状况

点击某个特定区域便会获得更多细节信息，包括依赖关系、缺陷以及复杂性趋势，正如图 12.26 所演示的那样。我们还可以执行各种操作，比如查看源代码或更细致的视图，这些视图对代码中的每个函数都进行了评估。

更令人印象深刻的是，CodeScene 能够将系统信息与版本控制的历史记录相结合，这意味着它能够追踪系统各个部分的变更频率，并据此指出热点区域——那些复杂度高且频繁变动的区域。这些都是进行现代化改造的高优先级候选区域，不过我不会轻易仅凭工具的建议就做出如此重大的决策。

利用版本控制的历史数据，CodeScene 还能展示系统中的变更耦合情况。即使两个子系统不在同一个代码库中，只要 CodeScene 能够访问它们的版本信息，它仍然能检测到子系统间的变更耦合，并展示其随时间的演变趋势。它在涵盖技术的架构和社会化方面的能力确实令人赞叹。

如果你尚未体验过 CodeScene，我强烈推荐你尝试一下。它能为现代化架构的探索、设计和部署提供极为宝贵的洞见。CodeScene 网站提供了一个

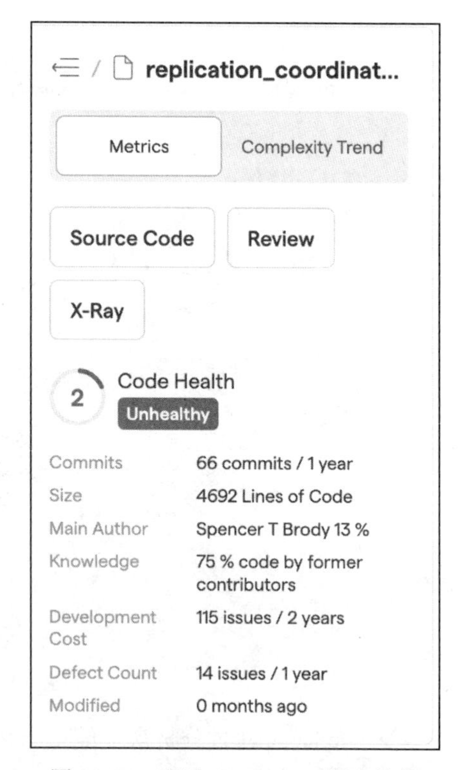

图 12.26　通过 CodeScene 深入挖掘系统的各个部分

实时演示案例，你可以亲自点击探索，深入了解其运作机制。

工程师探索与反馈

我从未见过任何工具能够独立分析系统的健康状况，并作为现代化决策的唯一依据。因此，我无法赞同使用单一方法。工具固然能发挥关键作用，但处理系统的工程师所拥有的知识与反馈同样至关重要。因此，我们应当确保工程师有充足的时间利用代码审查、研讨会（例如 C4 当前状态映射研讨会）和知识分享会等方式来评估现有软件的状况。但是，这并不意味着工具没有价值。它们洞察系统中应受关注和投入时间的部分，如变更最频繁的区域或被广泛接触的代码部分，从而增强工程团队的能力。

实验性解耦

有时候，直接投身编码的深渊，亲身体会遇到的挑战，是理解迁移代码中某个复杂部分难度的最佳方式。当我加入 Salesforce 团队时，我就在本地机器上对落后架构的单体应用采取了这种实验性的方法。我并没有期待它能够顺利运行（果不其然，它没能成功运行），但这个过程却帮助我领悟到了某些区域的解耦难度。

我选择“创意”这一概念进行尝试，我们曾讨论将其转变为一个独立的微服务。于是，我开始尝试将其作为一个微服务提取出来。我尝试了多种方法，包括从代码库中移除这个概念、尝试修复所有由此产生的编译错误，以及创建一个接口（它的实现我计划用对微服务 API 的调用来替代）。我没有采取小步慢跑的策略，也没有编写单元测试。这个过程虽然混乱而无序，但对我来说并不是问题，因为我的目的仅仅是学习。

在我着手进行这场实验性解耦之前，我曾幻想在短短几天内就能将“创意”提取为一个微服务，并彻底震撼我的同事们。“这有多难？”我自问。它看起来如此简单、独立，似乎应该很容易提取。然而，经过一周的摸索后，我的幻想破灭了，我意识到解耦代码和数据库的复杂性远远超出了我的预期。但至少，现在我开始现实地思考，真正认识到了所面临的挑战。

这段经历展示了我之前提到的一个启发式原则：当仅停留在理论层面时，我们很容易自欺欺人。一种方法看似简单，但在深入细节、经过实际验证之前，我们应该保持谨慎，不应轻易做出任何承诺。

12.5　行业案例：领域驱动的零工平台现代化，以支持新市场

提示　这个案例是由 Kenny Baas-Schwegler、Shannon Fuit、Chris van der Meer 及他们的同事共同编写的，其灵感来源于他们在启动一个匹配系统的现代化改造过程中的经历。该系统旨在帮助雇主与寻求短期工作（零工）的失业人员相互对接，省去了招聘人员的环节。经过三年的运营，该系统逐渐演变成了一个庞大而混乱的难题。在此期间，

新增功能的开发时间急剧增加，随着业务的扩张，系统的可扩展性也日益成为瓶颈。系统逐渐成为企业运营中的一项沉重负担。如果领导层意图将业务拓展至荷兰以外的市场，例如德国，则对系统进行现代化改造以增强其敏捷性并加速实施变更的能力显得尤为关键。

系统健康状况恶化的主要原因之一在于早期的架构选择。由于上市时间和产品市场契合度是当时的关键商业考量，团队选择了 Ruby on Rails 作为开发框架，因为它已是组织内的标准技术栈。Rails 的“约定优于配置”理念确实让团队在初期快速取得了进展，但如今，他们正在为这些早期的胜利付出代价。Rails 鼓励团队采用活动记录模式，这使得领域模型与数据库模型紧密耦合。随着系统的不断膨胀，领域逻辑和持久化逻辑的紧密耦合使代码变得越来越难以理解、修改和扩展。

向新市场的扩张带来了双重挑战。第一个挑战是，领域模型必须演进以适应不同地区的特殊需求。德国与荷兰在合同、流程和法律法规方面对于临时工作的规定截然不同。除了需要构建全新的模型，平台还必须与德国特有的第三方服务提供商集成。目标是在不影响荷兰现有稳定运行的产品的前提下，实现对德国市场的软件支持。

第二个挑战是，扩充开发团队的规模，以便构建并掌握新的业务能力。为了在德国推出平台，原有团队增加了更多开发人员，规模扩大了一倍。然而，这带来了新问题：新加入的开发人员很难仅通过阅读代码来构建出领域的心智模型。首先，追踪各种依赖关系变得极为困难；其次，许多重要的业务规则都隐藏在代码实现的细节中。此外，由于众多开发人员在同一代码库上作业，他们经常相互干扰，引起了持续的测试失败和合并冲突。

为了应对这些问题，团队被分成两个小组，各自负责不同的领域区域。尽管如此，软件之间的耦合依然存在，这意味着任一小组的更改都可能影响到另一个小组。在这个关键时刻，Kenny 作为顾问受聘而来。他的任务是指导团队应用 DDD，并迁移到一个松耦合、与领域对齐的架构上，这将使团队能够独立工作并实现快速、连续的变更工作流程。

团队通过举办事件风暴研讨会开始了他们的 DDD 实践之旅。起初，他们选择了设计公司的入职流程这一相对简单的议题。这使他们能够在学习 DDD 的同时将德国和荷兰的公司及其联系规则在一个新的有界场景中解耦。随着自信心的增强，团队开始为每个国家分别开发符合其特定需求的模型。

接下来，团队再次借助事件风暴来细化他们的模型。这次，他们采用了软件设计专用的事件风暴方法（见图 12.27），目的是得到一个更接近于软件实际的模型，并着手实施它。

在设定了实施模型的目标后，团队开始探索如何在 Ruby on Rails 框架内实现它，同时避免重蹈先前困境的覆辙。

他们遵循了 Arkency 所著 *Domain-Driven Rails* 一书中的指南，该书详细阐释了如何将传统的单体 Rails 应用转变为领域驱动风格的软件架构。

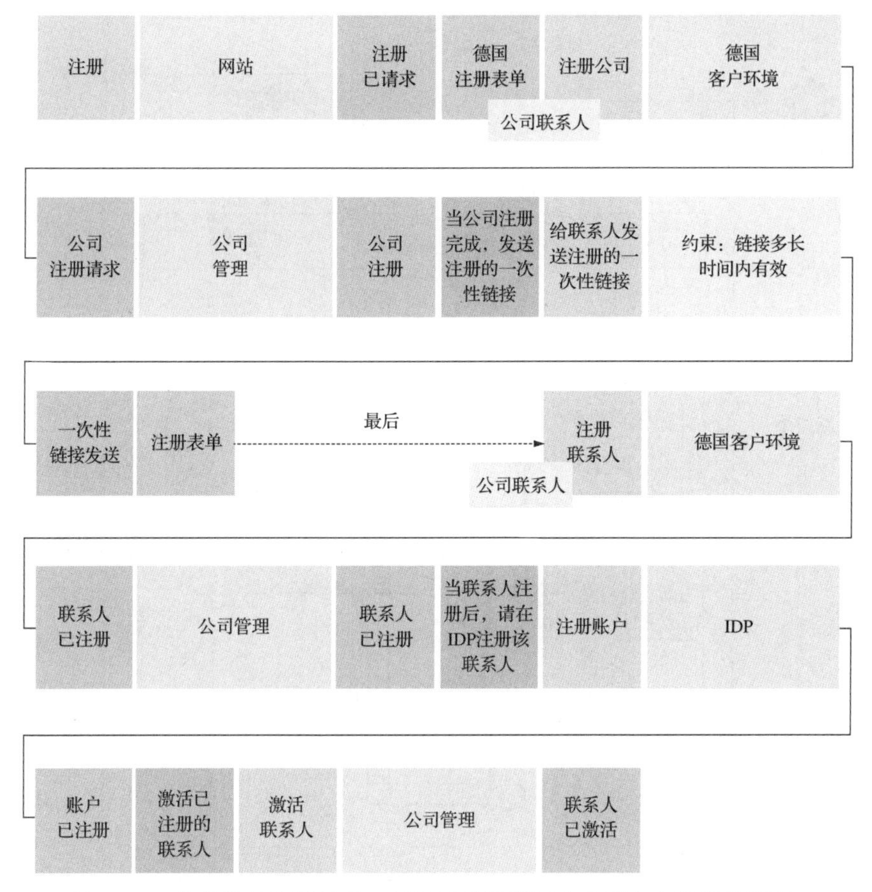

图 12.27 软件设计事件风暴，展示了德国联系人在平台上注册的流程，以及该流程应如何与当前的身份提供商（IDP）集成

为德国市场构建的新有界场景（模型）得以作为独立的代码库实现，与现有的代码和功能实现了完全解耦。在成功验证德国公司的入职流程概念后，DDD 方法的效果得到了证实。随后，团队开始面临真正的挑战：像忒修斯之船一样进行改造，不仅要引入新功能，还要将现有功能迁移并重构到新的有界场景中。

在现代化过程的初期，团队采用了图 12.28 所示的“气泡场景”战略，使所有新的和现有的模型暂时继续使用单一的共享数据库模式。团队有意识地做出了这一选择，优先考虑代码重构，以较小的成本实现显著的改进。在所有迁移活动中，数据库的解耦通常被认为是最困难且风险最高的一环。

然而，数据库的问题终究不能永久搁置不论。它始终是模型与团队间主要的耦合点。每个有界场景都应当拥有独立的持久化模式，并最终演进为一个自主气泡。这样一来，团队就能够在不担心影响到其他有界场景或落后架构模型的前提下自由地进行变更，正如图 12.29 所展示的那样。

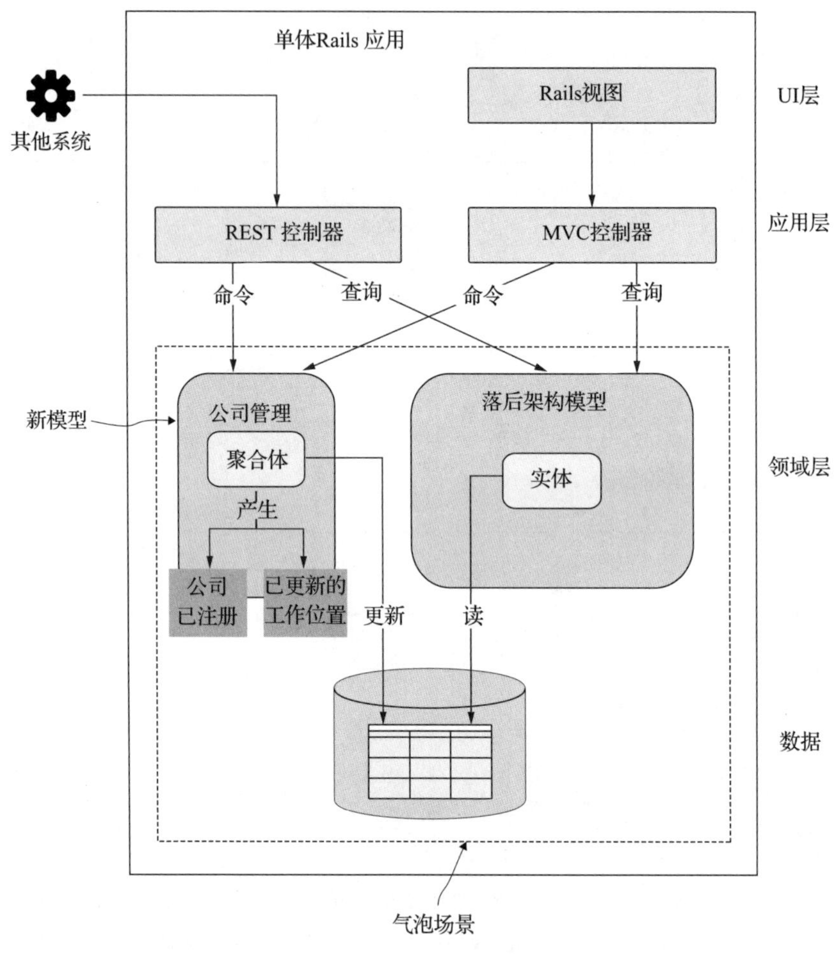

图 12.28 如何实现气泡场景

为了实现这一目标，我们引入了一个防腐层（ACL）。防腐层的作用是屏蔽旧单体应用的模型的复杂性。新建立的有界场景会发布领域事件，而这些事件会被防腐层截获。随后，防腐层将这些新事件转换为与旧模型兼容的形式。举例来说，如图 12.30 所示，在实施新的工作草案和工作完成有界场景时，会激发一个工作发布事件，该事件被防腐层捕获并被转换成旧模型下的一个工作实例。

通过采用防腐层，团队还能够逐步地实施 A/B 测试的变更。在整个变更过程中，他们确保旧模型及其相关功能继续运作，这种策略使得向更新环境的迁移得以以有序且高效的方式进行，同时稳妥地引入新的业务功能。

六个月后，团队对他们在现代化方面的努力成果感到无比振奋。面对不断增长的用户群，他们能够更迅速地部署新特性和变更，这让业务各个环节的利益相关者都感到非常满意。团队与他们的领域专家已经塑造了一种共同的语言，极大地促进了交流与合作。

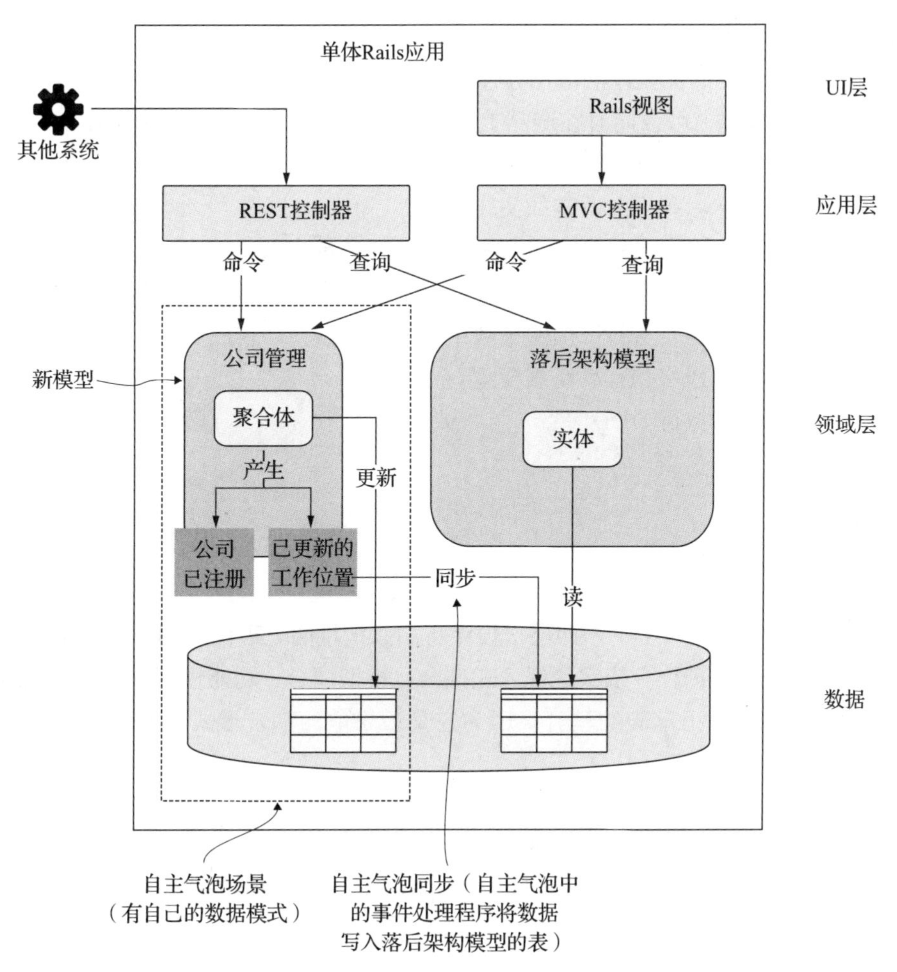

图 12.29 利用事件处理程序将落后架构模型的变化更新到有界场景中，从而将自身从落后架构模型中解耦并转向自主气泡

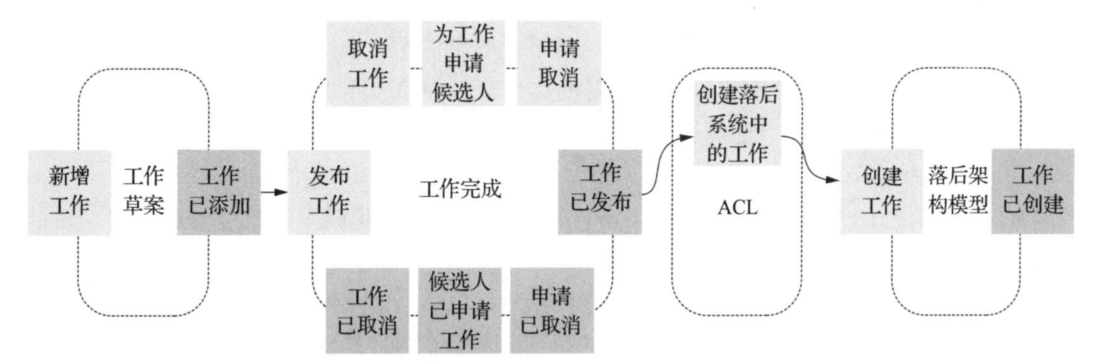

图 12.30 落后架构模型如何通过新的有界场景发布的领域事件进行同步和更新。防腐层被新的领域事件订阅，然后在落后架构模型下创建落后系统中的工作

团队坚信，采纳领域驱动的方法是他们取得成功的关键，并且目睹了这种方法是如何彻底转变最复杂、一度混乱无序的应用程序的。如今，规模更大的团队（其中每个子团队都掌握着自己的领域模型）可以同时在产品上协作。团队还特别强调了几个对成功至关重要的其他要素：

- 培养一种持续学习和不断改进的文化氛围。
- 构建一种共同的语言，以便直接与利益相关者进行沟通。
- 为组织规划一份远景蓝图。
- 庆祝每一次的成功，从每一次的失败中汲取教训。
- 逐步从单体应用迁移到有界场景模型。
- 以可管理的步骤执行 DDD。

本章要点

- 软件系统中的耦合有多种不同类型。
- Vlad Khononov 提出了一个四层次模型，用以衡量两个组件间耦合的紧密程度。从最紧密到最松散的耦合，依次是侵入式耦合、模型耦合、功能性耦合以及契约耦合。
- 我们应当尽可能追求契约耦合，因为它是最松散的耦合形式，有助于降低变更的成本和风险。
- 减小子系统的规模可以降低它们的局部复杂性，但可能会增加全局复杂性。因此，在考虑全局复杂性而非仅仅是创造更多细小部分时，这一点至关重要。
- 建模流程和实践是识别设计中耦合关系的关键手段，因而能够有效减少耦合。
- Eric Evans 提出的“探索漩涡模型”是一个指导设计过程的有效工具。该方法强调在具体场景下不断挑战模型，并在必要时透彻探究细节。
- 领域消息流建模是一种设计架构的方法，通过模拟子领域与子系统之间的交互情况来实现。它采用与实现紧密相关的面向领域的符号表示法。
- 事件风暴可作为消息流建模的起点，通过提取事件序列来构建参考场景。
- 对消息流建模的每一环节（包括消息的类型、名称和边界）进行挑战至关重要。
- 在命令与事件间做出选择会对设计产生深远影响，尤其是决策耦合，这涉及决定哪个子系统主导流程中的下一步。
- 在架构设计过程中，需求和场景不应被视为不可变。我们应该始终质疑它们，并根据设计过程中的反馈加以重新考量。
- 出色的建模过程应当涉及对多种潜在模型的探索，而非局限于一两个方案。
- 建模时，无须耗费时间去制作华丽的图，即便是草稿般的图也同样有效。
- 将从不同场景中获取的信息融合进一个协调的设计中，有利于评估子系统的整体设计。这一过程可以通过诸如有界场景画布这样的视觉工具来辅助实现。

- 当子系统的整体设计逐步成型时，不良的设计选择会逐渐显露，例如消息名称和职责与子系统的名称或宗旨不匹配。
- 软件设计事件风暴（也被称为设计级事件风暴）能够作为从概念模型向代码实现跃迁的助力。每张贴纸都代表了一个特定粒度的代码片段，并引入了一个新概念——聚合体。
- 软件设计事件风暴允许在建模过程中挖掘更多细节，以便获得有关设计是否可转化为实际代码的即时反馈，同时也保持了可视化协作的便利性。
- 每个子系统的现代化战略都应根据其独特情况量身定制。有些子系统可能仅通过直接迁移而受益，而其他子系统则可能需要在技术栈、基础设施、功能和软件设计方面进行彻底革新。
- 理解预期投资的价值和成本对于识别每个子系统最佳的投资回报率和迁移战略至关重要。
- 从当前状态迁移到目标状态可能是现代化过程中最具挑战性的一环。存在诸多迁移模式，如缠绕榕模式、气泡模式以及并行运行模式等。
- 通过使用各种工具、举办研讨会，以及亲自深入代码进行实验性的解耦尝试，我们可以对系统的当前状态进行全面评估，以发现并确定迁移的目标。

Chapter 13 第13章

内部开发者平台

本章内容包括：

- 打造流畅的开发者体验，以促进快速工作流；
- 确认内部开发者平台的功能和能力；
- 运用现代产品管理策略来管理内部开发者平台；
- 决定何时创建内部开发者平台。

IVS 需要通过授权团队做出关键决策，如承担更多应用程序的部署和支持的责任，从而实现高效的工作流。然而，如果构建、部署和维护代码的复杂性过高，那么过多的责任可能会适得其反。团队可能会把大量时间花在与增强产品功能无关的任务上，从而降低效率。

通过提供 DX，尽可能简化团队构建、部署和支持软件的过程是实现真正 IVS 的关键。卓越的 DX 使团队能够持续推出功能增强的产品，而不仅仅是为了将代码展示给用户而陷入错综复杂的任务之中。

IDP 是 DX 的一个重要方面，它消除了开发团队工作流中所有不必要的阻碍，使他们能够专注于快速发现并提供价值。然而，构建有效的 IDP 是一项复杂的任务。更重要的是，这可能是一种会制造严重的问题，从而减缓工作流的昂贵方法。因此，明智的投资和谨慎的团队配置是至关重要的，需要具有正确技能组合的人员，他们的思维模式既要以客户为中心，也要以技术为中心。

IDP 是平台工程的一个子集，平台工程应该是任何现代化旅程的中心主题。这是一个需要大量研究的广泛课题。本章将概述构建 IDP 的一些最关键的方面，如卓越 DX 的示例和 IDP 的能力，并提供深入了解该主题的推荐资源。

图 13.1 概述了本章的结构。首先，了解现代化的 DX 需要达到的 IVS 特性。然后，研究一下 IDP 需要达到必要 DX 的能力。最后，探讨如何管理一个平台，涉及组织设计、策略、路线图和产品思维。

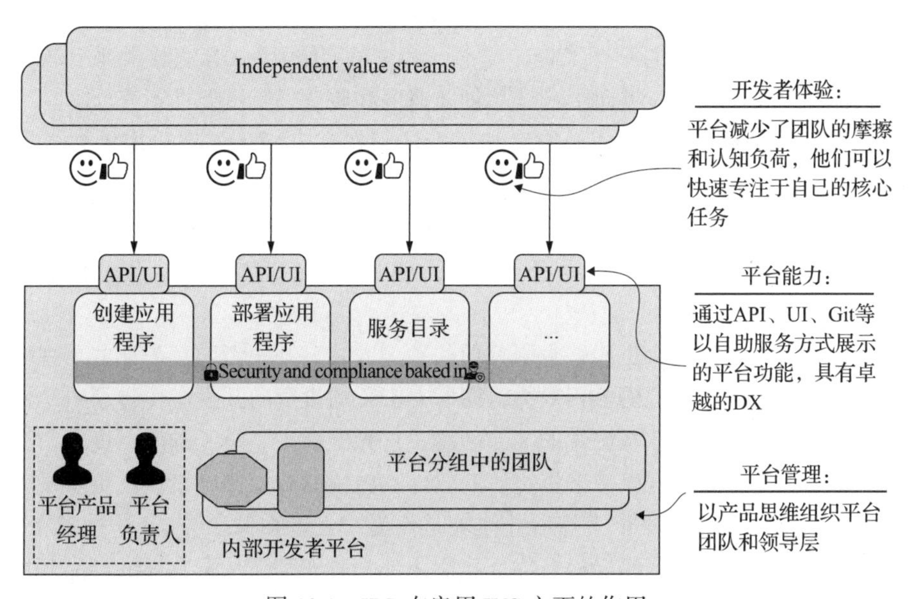

图 13.1　IDP 在启用 IVS 方面的作用

IDP 具有一定的风险

在阅读本章时，请时刻留意构建 IDP 所伴随的重大风险。精心设计的 IDP 能显著提高整个组织的生产力，而执行不善的 IDP 可能对生产力和士气产生灾难性的影响。

我曾于 2023 年在 Craft Conf 大会上倾听了 Michael Nygard 的主题演讲“Lessons Learned Building Developer Platforms”（详见 http://mng.bz/qjNx），并且我强烈建议任何计划构建 IDP 的人首先观看这个演讲的视频。同时，也要记住，构建 IDP 并不一定是一项浩大的工程。正如 Matthew Skelton 所言，“平台是为工程师精心策划的体验集合。因此，一个优秀的平台可能只是一个 wiki 页面，上面列出了 5 个或 14 个 AWS 服务，这些服务应以特定方式结合使用。”

13.1　开发者体验

在构建内部平台时，首要任务应始终是优化 DX。平台的每项决策都应基于其对 DX 改善的贡献程度来定。我观察到，内部平台出现问题往往源于对 DX 的忽视，而焦点常常过分集中在诸如 Kubernetes 等技术层面。然而，单纯依赖技术本身并不能保证工作流的迅捷，若未能妥善处理技术复杂性，情况甚至可能恶化。我曾与一家奥地利公司合作，由于Kubernetes配置文件和Git仓库的错综复杂，每个团队不得不专门安排一名成员来负责处理与平台相关的事宜，DX的状况堪忧。

DX指开发者在编写、测试和部署软件过程中的体验，甚至包括工作的其他方面。DX涵盖了开发生命周期中涉及的所有工具、技术、流程和工作流。DX直接关系到软件开发者的生产力、创造力和积极性，进而影响产品创新速度和质量，其重要性不言而喻。

通过消除生产力障碍，DX使开发者能够专注于发现未满足的用户需求并提供解决方案，从而实现快速的工作流。当开发者得以使用合适的工具和技术时，他们的工作效率和效能都会得到提升，从而缩短开发和部署软件的时间。当流程和工作流得到优化，开发者在诸如环境设置或依赖管理上这样的事务上所花费的时间就会减少，投入创造价值的时间就更多。

持续投资于DX的公司，也能够吸引并留住顶尖人才。开发者愿意为那些重视他们的技能，并提供完成工作所需资源的公司效力。组织对DX的投资向开发者传递了一个信号，表明他们正致力于打造富有成效且愉悦的工作环境，这无疑提高了员工的满意度和留存率。最终，将DX作为优先考量，可以带来更优质的软件，更快的开发速度，以及更具投入感和积极性的团队。作为开发者，我个人的最佳体验是作为开发者在像7digital这样拥有卓越DX的组织中工作，在那里部署代码轻松自如，我们大部分时间都在从事有趣的产品开发，而非与基础设施纠缠不休。

13.1.1 在不到一天时间内从零到产品上线

对于许多软件开发团队而言，将新软件应用程序设置并部署至生产环境无异于一场漫长而煎熬的梦魇，这一过程往往耗费数周乃至数月，严重吞噬了团队宝贵的时间资源。显然，这并非快速工作流，反而是快速工作流的主要障碍。这也促使团队采取权宜之计，但这类做法可能在未来引发更深层的架构问题。例如，有些组织为了规避漫长的生产环境部署过程，竟在交易平台的代码库中搭建CRM系统。虽然这种做法短期内看似高效，但从长远视角来看，它不仅拖慢了在不同交易平台上的开发进程，还大大增加了迁移到成熟CRM系统的复杂性。

现今，从新应用程序启动到部署至生产环境的标准是几小时甚至几分钟。得益于现代云服务提供商的便捷性，这样的标准可以轻松实现。明确地说，一天内完成全部生产环境部署意味着要使用一个稳健且安全的部署流水线，确保质量和合规要求与生产环境中运行的其他任何应用程序遵循同等的标准。开发者仿佛行走在一条平坦光滑而且设施齐全的道路上，几乎可以获取他们所需的一切。

当部署启用新应用程序不再成为工作流的阻碍时，团队就无须再在优化架构和赶工期之间做出艰难抉择。如果需要新应用程序实现某项新功能，那么可以在不显著延误交付期的情况下轻松实现。因此，工程师不会觉得有必要为了节省时间而将新应用程序硬塞进现有代码库。然而，这确实带来了新风险。我曾见证过因创建微服务过于便捷和容易而导致团队产生高度耦合的情况。开发新应用程序不应轻率行事，细致定义领域边界至关重要。

13.1.2　为团队铺设红毯，实现持续交付

如果你志在打造一个高效率的工程组织，并实现迅捷工作流，那么平台的设计与实施应致力于确保开发者能够持续不断地为客户创造价值。我鼓励平台工程师们将自己视为在为开发者铺设红毯的艺术家。这并非意味着开发者的地位更为显赫，而是表明他们需要投入生产环境的一切要素都获得了周到的考量。这种体验可谓是愉悦且毫无阻碍的，让开发者深感关怀。他们应当拥有全方位的工具，以便于开发、部署及支持生产环境中的应用程序。

持续交付的能力应该以用户友好的姿态呈现，使得正确之事成为最易行之事。作为开发者，工作中可能充满了挫折，尤其是当不断遭遇阻碍，等待团队外部人员协助时（比如启动基础设施、授予某种工具访问权限或安装软件等服务）。然而，卓越的 DX 可以扫除这些障碍所带来的挫败感，并通过自助式服务的体验来预防领导层、开发团队与平台团队之间的潜在冲突。

13.1.3　愉快的入职体验

加入新公司本应是充满希望和活力的新篇章。遗憾的是，对许多开发者而言，入职过程往往令他们的热情受挫。获取必要工具及权限的过程通常令人感到沮丧，配置开发机器以便能够高效编写代码同样也是一项挑战。在某些公司，这可能需耗时数周，开发者仿佛置身于一场扑朔迷离的推理游戏。他们不得不与众多人员沟通，拼凑各种线索，直至开发环境整备完成，才能投入实际工作。

2012 年，在 7digital 担任 CTO 的 Rob Bowley 对于“让每位开发者能在第一天就将代码推送至生产环境”的理念怀有浓厚兴趣。这意味着他们需要能从自己的机器直接进行操作，并拥有所有必要的工具。我坚信，这应该是每位 CTO 追求的目标。记得在我入职的第一天，便与一位高级工程师搭档编程。我们选择了系统中关键的一部分进行开发，并采用 TDD 的方法来实现它。随着我按下部署按钮，变更后的代码被实时推送至生产环境，我们紧接着通过监控系统观察了几分钟，确认一切运行正常。那难以忘怀的经历至今仍历历在目。

13.1.4　无障碍的本地开发体验

开发者自然地会将大量时间投入电脑前的编程工作。在 DX 流畅的情况下，他们能够全神贯注于攻克业务难题，并毫无障碍地完成各项任务。然而，当 DX 不尽人意时，仅仅是打开笔记本电脑的念头便足以令他们感到厌恶。自 2013 年起，我便开始借助 Vagrant 和 Docker Compose 等工具，自动化地创建一次性的开发环境，时至今日，这些工具变得更加出色。

开发者应当轻松安装所需的工具，并配备高效能的机器与外设，以营造优化且舒适的工作环境。他们还应当无障碍地获取构建应用程序及掌握必要知识所需的全部资源。在开发者设备上节省开支不仅是错误的经济策略，而且传递了错误的信息。

将安全性作为锁定开发者机器的借口很少是一个可接受的理由，因为这增加了障碍。优秀的 DX 与高安全性并非水火不容，无须作出排他性选择。应当实施诸如确保开发者无法接触到生产环境，同时为他们提供沙盒等安全措施来消除风险。

> 提示 在现代软件开发领域，必须要持续学习与提升技能，这成为构建卓越 DX 的另一个关键要素。该主题将在第 17 章深入探讨。

13.1.5 行业案例：HMRC 的多渠道数字税务平台（英国政府）

在 2015 年，我对卓越 DX 的期待标准攀升至一个新高度。在为一个英国政府的项目工作的期间，我有幸目睹并亲自体验了 IDP 的威力，它使得遍布全英国的大约 60 个英国政府的开发团队能够迅速启动新服务，并持续地进行日常优化。鉴于当时英国政府在 IT 项目上的诸多挑战，这样的 DX 无疑是卓越的。

即便在今天，许多科技行业的领导者仍然对我说，DX 不过是一个流行词汇，要实现这些理想化的状态几乎是不可能的，尤其是在大型组织构建复杂产品的背景下。然而，我总是以英国税务海关总署（Her Majesty's Revenue and Customs，HMRC）的 IDP，即多渠道数字税务平台（Malti-channel Digital Tax Platform，MDTP）在 2015 年的表现为例，向怀疑者证明这不仅可行，而且可以做得很出色，没有什么能阻挡他们迈向卓越的 DX。

启动新应用程序的过程被简化为仅需添加几行配置和运行几个任务。英国税务海关总署的平台运营团队（PlatOps）通过创建各种库，使这一流程尽可能地简化，从而极大地提升了开发者的体验。

通常情况下的流程如下：

- 通过 UI 运行 Jenkins（https://www.jenkins.io/）任务，输入一些参数，例如应用程序的名称和类型（比如微服务或前端）。
- 配置构建和部署的流水线，这通常只需要几行代码。
- 设置性能指标、监控系统以及日志记录，同样也只需简单的几行配置。

在 Jenkins 中创建新的应用程序是完全自主的。系统会自动创建一个 Git 仓库，并根据提供的参数使用相应的应用框架进行填充。例如，如果指定应用程序类型为微服务，那么系统就会使用 Scala Play Framework（https://www.playframework.com/）来填充 Git 仓库。新创建的应用程序会预先包含各种配置以及 MDTP 特定的约定，如处理身份验证、指标和日志的库。这些模板由诸如微服务引导（https://github.com/hmrc/microservice-bootstrap）之类的引导库提供支持。

我们通过添加一些由 PlatOps 创建的 Groovy DSL 配置，完成构建和部署流水线的设置。清单 13.1 显示了如何利用 SBT 构建系统为前端 Scala 应用程序设置流水线。这是一个来自 HMRC 开源 Jenkins-jobs 仓库（https://github.com/hmrc/jenkins-jobs）的真实案例。你可以在代码仓库中查看更多示例和工作模板。

清单 13.1　在 MDTP 上设置流水线

```
new SbtFrontendJobBuilder('paye-tax-calculator-frontend')
  .withSCoverage()
  .withScalaStyle()
  .build(this as DslFactory)
```

在仓库配置文件中添加必要的设置后，点对点系统便允许任何人批准拉取请求，而不仅仅是 PlatOps 团队成员拥有权限。这通常意味着拉取请求能在几分钟内迅速合并，不会成为工作流的障碍。一旦代码合并完成，团队便可以立刻开始在 Dev 和 QA 环境中部署及测试应用程序。生产环境的接入同样实现了自动化。然而，根据平台政策规定，在应用程序被开放至实际运行环境之前，必须进行渗透测试。

MDTP 为支持生产及其他环境的应用程序提供了极佳的开发建议。PlatOps 创建了专门用于日志记录和监控的仓库。团队只需简单添加几行 DSL 配置（类似清单 13.1 所示）即可轻松接入像 Grafana 和 Splunk 这样的先进工具。这些工具不仅提供开箱即用的标准报告和仪表板，展示如请求数量、错误率和响应时间等关键信息，还确保每个团队都能在“构建并运行”的策略下拥有坚实的基础。此外，团队还可以根据需求定制个性化内容。

得益于 PlatOps，MDTP 周边拥有一整套工具和支持系统，其中包括基于 Gatling（https://gatling.io/）的预配置负载测试环境。他们特别重视详细记录各项功能，若非如此，60 个团队可能会不断产生无休止的支持请求工单，这是难以持续的。除此之外，还有多个 Slack 频道专门讨论平台的不同方面，这些频道总是充满活跃社区的成员和来自 PlatOps 的人。

MDTP 拥有一位专职的产品经理确实大有裨益，但我也注意到，PlatOps 的所有成员都怀抱着为使用该平台的众多团队创造卓越 DX 的热忱。尽管开发人员有时会带来挑战，但 PlatOps 始终不遗余力地改善工作流，例如，原本需要填写表格才能部署到生产环境的步骤，如今已被完全自助流程所取代。PlatOps 对 DX 的专注令人钦佩，他们从未被耀眼的技术和创造一个技术上出色但却难以使用的超级平台所分心，这一点令人印象深刻。

坦诚地说，MDTP 并非完美，那样大的规模总会有些妥协。当时面临的最大难题可能是技术标准化。各团队必须采用 Scala 和 Play 框架来开发后端微服务和前端应用，这并非人人擅长，因而带来招聘上的挑战。然而，标准化实现了许多开箱即用的功能，让团队能够专注于解决实际问题和交付价值。在我看来，尽管这个话题颇具争议，但这是正确的方向。

我的前同事 Richard Dennehy 分享了他因 MDTP 标准化而获得的其他益处：“我曾在一个团队工作多年，最终却接手来自不同团队的许多服务。这些服务之间有着共通的结构，极其便利，免去了我可能需要从零开始学习一切的麻烦。”他还特别提到平台 DX 的另一个重要方面，即本地开发体验："我非常感激 PlatOps，使用他们提供的诸如服务管理器（https://github.com/hmrc/service-manager），我几乎能够完全在本地运行所有的东西。"

综上所述，HMRC 的 MDTP 在 2015 年便提供了卓越的大规模 DX。借助自助服务功能，团队能够在数分钟内启动新服务，并利用必要的工具每天进行部署，以支持他们在生产环境中的应用程序。平台运营团队实现了众多开箱即用的基础功能，而活跃的社区则确保了每个在 MDTP 上构建的人都能够分享知识并提出改进意见。

13.2 平台能力

在打造能够激活高效工作流的卓越 DX 中，IDP 的作用可能至关重要。开启 IDP 之旅的首要步骤之一便是思考该平台将提供哪些功能以及如何展现这些功能。为了实现最佳的 DX，我们可以采取多种方法来落实特定的能力，例如通过 UI、YAML、CLI 或基于 GitOps 的体验。本节将探讨一些最基本且普遍应用的平台能力。

13.2.1 最佳实践路径

最佳实践路径（或良好的基础设施），就像是创建新软件应用程序或其他资源的配方。在理想情况下，它应该是完全自动化的，但任何手动步骤都应该有很好的文档记录。比如，当工程师需要打造全新的后端 API 时，Java API 的最佳实践路径会成为他们的选择。这条路径会详细指导如何根据组织既有的标准和约定来配置一个新的 Java API，包括建立代码库、搭建基础设施以及整合常用的库等，正如下述行业范例所演示的那样。

行业案例：在新型银行建立最佳实践路径

Chris O'Dell 是一位致力于构建和运营能够提供卓越 DX 并支持持续交付的平台的平台工程师。她曾在 Stack Overflow、Apple 和 JustEat 等众多大型公司工作，负责平台开发。在转型为平台工程师之前，她是一名实践持续交付的软件工程师，这使她能从两个视角理解问题，从而把握全局。

在这个专业案例中，我们分享了 Chris 在一家移动优先的新型银行建设和支持平台的经验。该平台支持约 2000 个 Go 微服务，这些微服务存在于单一的代码库中，并在 Kubernetes 上运行，有大约 150 名软件工程师在此平台上工作。这个平台使团队能够每天多次部署到生产环境，因此他们比传统银行能更快地创新。

该平台的运营由多个团队共同负责，每个团队负责不同的层级。其中，DX 团队负责建立最佳实践路径，而 Chris 就是这个团队的一员。他们的目标是在平衡复杂性和易用性的同时，提供简捷的 DX。"有些人想给开发者提供魔法按键，但这在出错时会引起问题。我们从未隐藏过 Kubernetes，但确实提供了很多默认设置。" Chris 解释道。

通过图 13.2 中展示的顺畅流程，启动新的微服务并将其全部投入到生产环境通常不到几个小时。开发者会用平台团队创建的命令行工具执行命令。平台会向开发者提出几个问题，例如应用程序的类型（例如，网站或数据库），然后会创建一个包含 Go 应用程序模板和 Kubernetes 配置的文件夹。这个过程不到 5 分钟。然后，开发者会提交代码并创建一个拉取请求，从而获得 PR 编号。

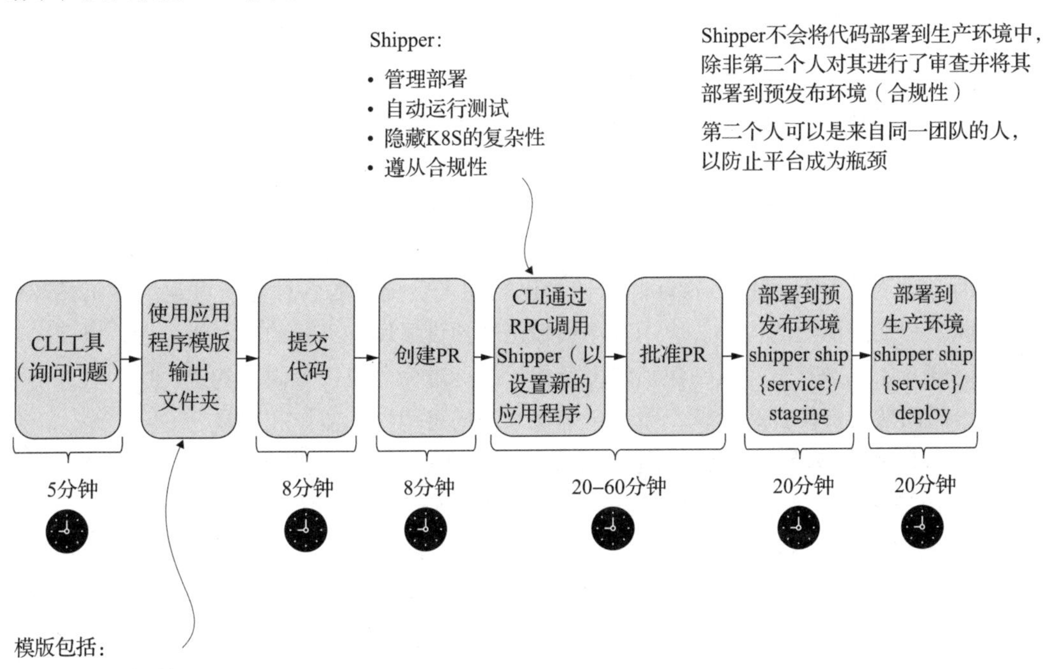

图 13.2 在短短几小时内创建新的微服务并推向生产换环境的基础设施

提交 PR 后，CLI 工具会向另一个名为 Shipper 服务的工具发送一个 RPC，该工具处理像部署实施这样的平台任务。开发者可以在他们的机器上执行命令，比如“Shipper ship staging”和“Shipper ship deploy”，一旦 PR 获得批准，就可以将代码部署到相关环境。PR 可以由任何人批准，甚至是同一团队内的人，所以在这个过程中没有瓶颈。CLI 工具生成的 Go 模板提供了团队所需的一切，包括 RPC 调用、消息传递、监控和度量、Dockerfile、Kubernetes manifest 以及用于 manifest 文件继承的 Kustomize 的库和示例。

幕后的 Shipper 做着很多重要的工作，例如，隐藏 Kubernetes 的复杂性并内置合规性。例如，它只允许在代码先前已经部署到预发布环境后才进行生产环境的部署，并且确保每一段代码在上线前至少被两个开发者审查过，这是合规要求。它通过分析 Git 历史来执行这个策略。Chris 说：“开发人员只需要知道 Shipper ship，这要归功于所有的标准。”

最佳实践路径使新功能的交付同样顺畅。团队可以根据需要在生产环境频繁部署，甚至被鼓励定期交付小的增量。新功能开发通常会从定义新功能标志开始，以控制新功能的可见性。平台为团队提供了功能标志的能力。然后，团队会开始围绕功能标志实现功能。当团队准备好部署时，他们会在单一仓库中创建一个 PR，如果需要，可能设计多个微服务。

接下来，团队将执行“ Shipper ship staging”命令，以便将新功能部署到预发布环境，QA 部门随即可以在此环境中用手机对新功能进行测试。为了控制功能的可见性，他们会利用内部仪表板来管理前述的功能标志。当 QA 团队对新功能的表现感到满意时，他们便会合并 PR，并执行“Shipper ship deploy”命令，将支持新功能的服务推向生产环境。

一旦功能在生产环境中运行，团队便可以利用平台提供的各种免费可观测性工具和仪表板来监控和支持他们的代码。应用程序模板已经预设了所有必要的流水线配置，以确保应用程序能够开始记录日志，其中包括如度量指标的标准命名模式等内置约定。这些服务由平台基础设施团队负责维护和运营，致力于确保系统的可用性、监控和度量。

建立最佳实践路径并非仅仅是询问开发者需求然后设计出最佳 DX 那么简单。“建立最佳实践路径是关于不断地平衡开发者需求与平台愿景，”Chris 解释道，“曾经有一段时间，开发者抱怨构建过程耗时太长。但平台团队发现，大部分时间其实是消耗在等待 PR 审查上。因此，他们开发了改进的工具来加速和优化 PR 流程。”同样，选择 Go 作为标准化语言曾是一个引发争议的决定：“新加入的成员起初可能会有些不信任，但在体验到平台通过技术选择标准化所带来的种种好处后，他们最终都成为这一决策的支持者。”

最佳实践路径目录

我们将对工程师使用平台的体验予以高度重视，如同服务尊贵的外部客户一般，通过提供明晰的指引和消除不必要的关注点，确保他们能够沿着最佳实践路径轻松前行。例如 Backstage（https://backstage.io/）这一开源开发者门户，它极大地简化了创建和管理最佳实践路径模板库的过程。Backstage 不仅提升了开发者在发现、定义和执行最佳实践路径上的体验，更是超越了传统静态文档的局限。图 13.3 展示了一个 Backstage 项目中的最佳实践路径模板库示例，其中包含了众多精心准备的最佳实践路径。在此系统中，选择一个模板即可便捷地输入参数并启动相应任务。

13.2.2 流水线和环境

为了将代码从开发者的本地环境迁移到测试乃至生产环境，专门设计的构建与部署流水线不可或缺。一个策略明确的平台能够提供随时可用的构建和部署流水线，这些流水线覆盖了从代码提交直至在生产环境中运行的全过程。通常，这些流水线是“最佳实践路径”概念的核心组成部分，并且能够实现流程的完全自动化（或者如 HMRC MDTP 案例所示，接近完全自动化）。

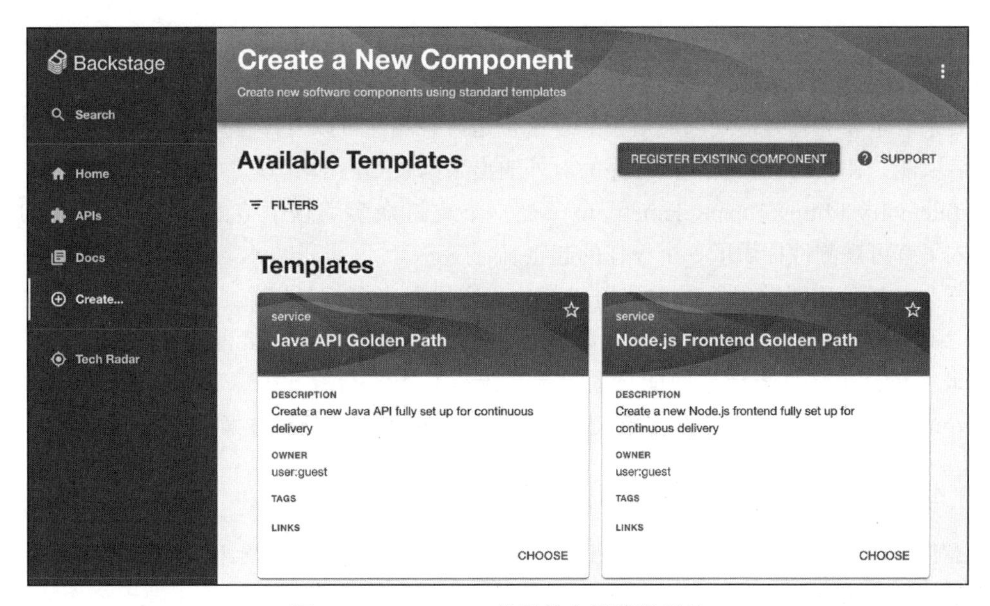

图 13.3 Backstage 的最佳实践路径目录

对于构建和部署流水线而言，衡量其效率的关键指标之一便是变更交付周期，它衡量的是从开发者提交代码到最终部署至生产环境所耗费的全部时间。当前，许多组织已经实现了少于一小时的变更交付周期，而且团队能在日常工作中多次向生产环境进行部署。如果组织的交付周期超过这一标准，则可能会处于不利地位。

传统上，对运维团队和开发者来说环境设置一直是最耗时且最令人沮丧的任务之一。然而，随着 21 世纪 10 年代的技术飞跃，特别是基础设施即代码等技术的兴起，创建环境应该完全自动化，仅需几分钟即可完成。沿着最佳实践路径，无论是测试还是生产环境的配置，都应变得轻而易举。

13.2.3 可观测性

自 21 世纪 10 年代中期以来，我们见证了一个显著的趋势：工程团队开始对应用程序在生产环境中的运行承担更大的责任。“构建并运行”这一术语正体现了这种思潮，它强调写代码的人应该是最有动力和条件确保代码在生产环境中稳定运行的人。

然而，“构建并运行”模式引发了普遍的担忧，即软件开发人员可能会因为管理基础设施分心而无暇专注于构建产品的本职工作。这种担忧只有在支持生产环境应用的成本过高时才成立，而这往往指向了更深层的问题。设计精良的 IDP 可以通过提供工具、支持和培训来确保支持生产系统的成本保持在合理水平，避免分散工程师的注意力，HMRC 的 MDTP 案例便是该理念的明证。

监控、日志和告警构成降低生产环境应用维护认知负荷的三大要素。这些组件的正确实施至关重要，尽管需要投入大量精力，但回报显而易见。高质量的可观测性不单是监控系统状态，它能显著提升系统的可靠性并降低维护成本。正如 Liz Fong-Jones 所阐述的："监控仅告知开发者某些东西出了问题，但并不提供任何关于为什么会出问题的洞察。因此，组织需要采取全新的思维模式以应对挑战，这正是可观测性可以发挥作用的地方。可观测性为开发者赋能，使其通过分析应用程序的对外输出来洞察其内部状态。"（http://mng.bz/7vGQ）。OpenTelemetry（https://opentelemetry.io/）是一个支持众多编程语言的开源可观测性工具，为深入了解可观测性提供了一个极佳的起点。

作为"最佳实践路径"的重要组成部分，应用程序模板可以集成记录日志和监控的代码库，而这些代码库又能与 Grafana 和 Splunk 等工具无缝对接。工程师只需使用这些预置的库来发布日志，日志信息便能自动呈现在统一日志平台。此外，基于"四大关键指标"（http://mng.bz/mjN8）开发的常用仪表板也能应该提供现成的解决方案。

13.2.4 软件应用程序目录

在传统模式中，IT 系统的可观测性往往不尽人意。要想识别出组织内部所有的应用程序，常常只能依赖于口耳相传的部落知识或是早已过时的文档资料。由于缺乏全面的了解，工程师不时地重造轮子，重新开发已有的 API，却不知公司内部已经有了相似的功能。软件目录的概念应运而生，它将所有 API、前端应用以及其他应用程序汇聚在一个中心化的地点进行记录，有效地解决了这一问题。它不仅会记录关键信息，比如负责该软件的团队，还会关联至其他有用的资源，如仪表板、代码库以及团队沟通渠道。图 13.4 清晰地展示了如何利用 Backstage 来记录和管理软件应用程序。

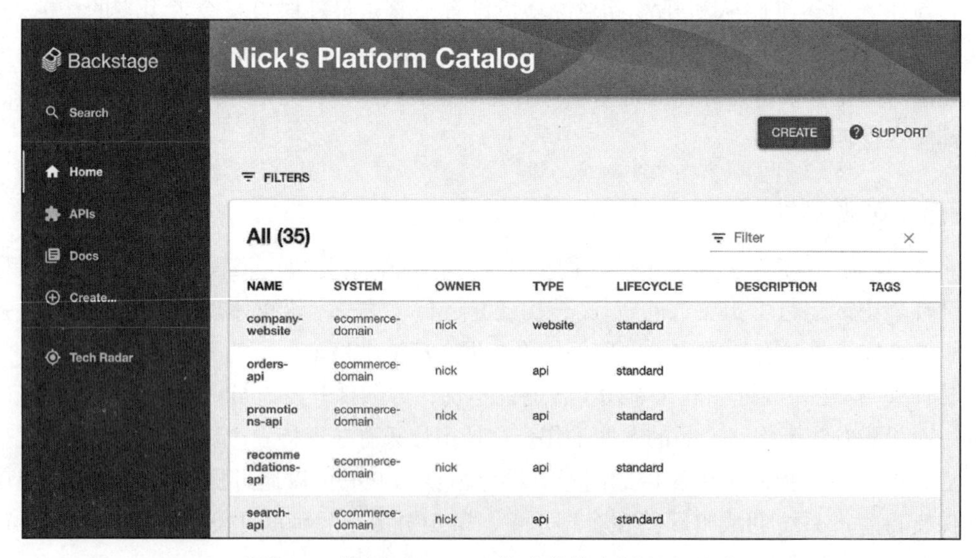

图 13.4 使用 Backstage 作为软件应用程序目录

当下，实时元数据应该驱动软件目录，而不是静态文档。举个例子，当一个团队沿着最佳实践路径启动新的 API 时，相关的元数据应该能够自动生成并即时同步至软件目录中，无须人工介入。这个过程不应该需要人工努力，意味着所有 IT 应用程序都保证能被发现且文档保持最新。以 Backstage 为例，它不仅记录了团队和代码信息，还实时反映了应用程序在生产环境中的当前状态。

13.2.5 优秀的平台文档

优秀的 IDP 应当配备全面而细致的文档资料。无论是工程师还是其他平台用户，都应能轻松查找所需信息，并能够仅通过遵循这些文档就完成大部分平台相关任务。若工程师频繁地联系平台团队寻求帮助或建议，这便意味着 DX 正遭受侵蚀，平台工程师也会因忙于应对支持请求而无暇顾及平台的改进工作。这一点在平台规模扩张、越来越多团队开始使用平台时尤为关键。劣质的文档不仅会加剧支持成本的增长，还会引发平台用户的不满。因此，平台上工作的团队应持续关注他们的支持活动，并寻找提升文档质量以降低支持负担的机会，正如面向外部客户打造产品的企业所做的那样。有些公司甚至会聘请专业的内容专家，以确保平台文档的高质量和易用性。

13.2.6 安全性和合规性

在科技行业的诸多企业中，安全性常被视为次要议题。在追求快速推出新功能的过程中，公司往往会疏于构建安全的系统。有些企业或许能侥幸地逃过一劫，但更多的其他企业就没有那么幸运了，它们因客户敏感数据泄露或遭受黑客勒索等事件而成为新闻焦点。相反，有些公司对安全问题过度担忧，导致系统过于封闭，给软件开发人员在开发和部署新功能时带来重重困难。

IDP 在同时构建安全系统和保障卓越的 DX 方面，扮演着至关重要的角色。关键的合规性要求可以内嵌于平台之中。例如，部署流水线可以整合自动化代码扫描和其他检测机制，确保代码已由另外一位开发人员复核，并且在进入生产环境之前已在测试环境中成功部署。平台还能保存每次变更的完整审计历史，以证明所有合规性检查均已顺利完成。

对工程团队和安全团队而言这是双赢局面。开发人员无须牢记遵守安全性和合规性指南，而安全团队也安心，因为他们的控制措施已作为平台的一部分实现了自动化。

对于某些组织来说，提升安全性是构建 IDP 的主要动力，正如平台工程专家 Ivan Angelov 在这个案例中所述："我们的一个最大的竞争对手因为一次攻击而被迫停业超过一星期。他们仅在收入上就损失了数千万，另外还要花费几周时间来处理这次安全漏洞。这促使我们思考同样的事情是否可能发生在我们身上，很快我们就意识到这不仅可能发生，而且解决已知的成千上万个漏洞就需要大量时间。没有一个平台和配备适当的安全团队，我们发现自己处于需要迅速增加对平台的投资，以快速高效地解决这些问题的境地，因此这成为了我们构建 IDP 的一个强大推动力。"

13.2.7 API 管理

随着时间的推移，软件架构变得更加分布式，特别是在微服务概念大爆炸之后。结果，API 的普及程度也随之增加。HTTP API 已成为实现前端与后端、服务与服务之间，乃至与外部系统集成的重要工具。然而，随之而来的是管理 API 复杂性的急剧上升。如今，在拥有众多 API 的企业中，采纳 API 管理解决方案已变得司空见惯。

典型的 API 管理解决方案包括 API 的全生命周期管理、用于探索 API 并进行交互的开发者门户、访问控制（如开发者应用程序、API 密钥等），以及将 API 对外商业化的功能。在 API 数量较少、系统集成度不高的情况下，那些昂贵的 API 管理解决方案可能显得过于笨重。然而，问题在于 API 的数量往往会随着时间的推移而迅速增加。当企业意识到需要 API 管理解决方案时，将现有 API 迁移至新系统的成本可能需要数月甚至数年才能完成。因此，提前规划和定期进行审查，是确保及时采取行动的关键。

在商业化 API 管理解决方案中，有时会出现一些值得质疑的设计实践。特别是应当慎用网关内执行自定义 JavaScript 的能力。我遇到过许多案例，业务和应用程序逻辑最终都集中在网关内，虽然解决了短期问题，却带来了长期维护的难题。当生产环境出现问题时，不得不在网关和实际 API 之间追查代码，这不仅增加了复杂性，也令人倍感挫败。当 API 平台的代码由不同团队负责时，这一问题尤为严重。

13.2.8 FinOps

随着云计算的普及，FinOps（财务运营）这一理念正逐渐受到广泛关注。FinOps 的核心宗旨在于追踪、管理以及优化云资源的成本和利用效率，其最终目的是帮助企业节约资金并提升运营效率。市面上流传着许多企业因疏于管理而导致云服务账单高得惊人的案例，这些故事无疑凸显了 FinOps 的重要性。通过采纳 FinOps 的实践方法，平台工程师能够深入洞察平台成本与资源使用情况，做出基于数据的决策，并优化资源配置，确保平台的财务健康与长期可持续性。

然而，实施 FinOps 需要诸如为资源打标签等额外的努力。如果将这些任务交给开发者，那么在忙于其他事务的情况下，他们可能会无意中忽略这一点。将 FinOps 集成到平台中，可以有效地避免这种疏漏，同时不会给开发者带来额外负担。在考虑引入 FinOps 时，有许多因素需要考虑，因此，建议访问 FinOps 基金会的官方网站（https://www.finops.org/introduction/what-is-finops/），以获取更多相关信息。

13.3 行业案例：La Redoute 平台驱动的商业模式革命

提示

这个行业案例是与 Antoine Craske 共同撰写的，他曾是 La Redoute 的技术转型总监。现在是 Grupo Lusiaves 的 CIO 和 CTO，他也是 QE 单元和质量工程框架的创始人，可在 qeunit.com 上查看相关信息。

La Redoute 是一家领先的法国时尚零售商，拥有超过 1000 万全球客户，年收入达到 10 亿欧元。自 1837 年成立至今，这家公司已经走过了近两个世纪的风雨历程，在法国的知名度高达 99%。但仅凭这份声誉并不足以保护这家历史悠久的公司作为市场领导者的地位。2014 年，公司 CEO 描绘了一个严峻的现实："我们的年销售额为 6 亿欧元，却产生了 5000 万的负 EBITDA。项目完成需要耗费数月之久，市场地位岌岌可危。我们有四年的时间来完成转型，否则 La Redoute 就完了。"

La Redoute 最初是 20 世纪 50 年代邮购业务的先驱，但随着互联网商业模式开始占据主导地位，公司需要彻底现代化整个业务才有生存的机会。这段时间对公司而言极为艰难，不仅急需寻找长远的创新方向，还必须在短期内大幅削减成本，导致 3500 名员工中有一半失业。然而，最具挑战的时期往往也是现代化最有可能成功的时期。La Redoute 必须彻底改变商业模式并全面更新其产品开发流程。领导层深知此点，他们已无退路，便决定赋予产品和技术团队全面创新的自由。"我们必须用更少的资源实现至少十倍的成效。找出并去除限制，让业务能够迅速迭代"是业务领导层设定的明确目标。

Antoine Craske，自 2010 年起担任 La Redoute 技术总监，他与我分享了关于公司现代化之旅的许多深刻见解。例如，他们如何通过对软件、硬件和流程的综合运用，彻底改革了仓库运营和物流系统。他们的仓库现已成为欧洲最自动化的仓库之一。Antoine 明确指出了这对公司繁荣的重要性："我们接到的数字渠道订单，必须在不超过 2 小时的时间内装车发货。为了优化整个价值链，我们别无选择，只能进行优化。"

建立 IDP 以提供卓越的 DX 对于 La Redoute 的转型至关重要。在以前，从开发者的笔记本电脑提交代码至生产环境，需要耗时数日；而今，该过程被缩短至不到 10 分钟。过去，创建新服务需耗时数周；现在，仅仅几分钟便可完成。总体而言，公司日均部署次数约达 100 次，这直接促进了业务的增长，目前，公司在 26 个国家展开运营，每月独立访客数量高达 700 万。

尽管发掘现代技术的潜力极为重要，但 Antoine 及其同事将 DX 放在了平台发展的最前沿。他们认为因为多数项目都依赖技术，所以成功的 DX 是更好地支撑业务发展的基石。推动 DX 的目标有以下三个，其中上市时间并非首要，而是其他因素的自然结果：

- 质量：首先要确保提供符合高标准的产品或服务，特别是在功能性、安全性和基础设施等方面。我们的关键驱动力是优先通过开发者自己确保内置的质量，而不是依赖其他团队。
- 效率：其次是采用简约和渐进的方法。例如，我们并没有从功能齐全的内部开发者门户起步，而是从标准流水线门户开始，逐步演变为 GitOps 和 IDP 门户。这种方法让我们只聚焦构建团队真正需要的功能。
- 速度：最后一点主要取决于前两个。一个简化的平台能够让团队交付基本的质量要求，以缩短迭代周期。对速度的要求转化为更多的自主性和自助服务，并通过逐渐的自动化来实现。

他们为开发者提供了一条最佳实践路径，其中包括自助服务的流水线、密钥管理、配置管理和展示设置。

出色的 IDP 不仅支撑着工程开发，还为团队提供能力，使他们能够尽可能高效、无忧地在生产环境中支持他们的服务。La Redoute 对此有着深刻的认识："我们的运营阶段得到了流水线提供的渐进式部署能力的有力保障，并且在设计之初，所有组件就必须构建在可观测性的日志和指标基础之上。默认情况下，各组件会暴露非功能性的日志和指标，允许针对诸如 API 错误等情况进行自动化告警。另外，业务指标必须由开发者主动添加，并在所有服务中都受到监控。缺少业务监控的应用程序随后会通过自动化工单和与工程经理的审查进行跟进。我们还建立了仪表板以评估 DevOps 的表现，利用构建频率、成功率、各阶段的等待时长、生产环境中的部署数量和服务级别指标等指标作出数据驱动的决策。"

正如一件产品，IDP 是一项长期的投资承诺。与多数产品相似，IDP 牵涉具有不同需求的众多利益相关者，因此其发展路线图显得特别关键。在 La Redoute，像许多致力于打造 IDP 的组织一样，那些专注于基础设施的人员最初并未能立即实现向 DX 的心态转变。Antoine 表示："转向 DX 是我们优化路线图的关键一步。以基础设施为核心的平台团队逐渐认识到他们的客户实际上是开发者，这有时意味着需要牺牲技术优化以提升开发者的满意度。这一更广泛、更有凝聚力的视角，通过引入 CTO、解决方案架构和平台实践社区的实践得到更进一步的加强，从而确保我们朝着共同的目标努力，并在决策和执行的过程中充分考虑到所有的相关因素。"

正如商业产品一般，我们也需借助数据驱动来验证 IDP 是否真正满足了利益相关者的需求，以及投资是否获得了期望的回报。La Redoute 持续追踪若干关键指标，以监测平台的采用率、使用情况及成效。Antoine 强调："我们必须设立指标和关键绩效指标，确保在优化工作中避免成为信息孤岛。诸如平台的日常活跃用户数和每个开发者的提交频率等指标，有助于我们了解平台的使用和采纳情况。而如每日部署次数、代码从开发到生产的传输时间、各阶段的等待时长等 KPI，则帮助我们评估开发流程的效率。理解指标与 KPI 之间的差异至关重要，我倾向于将其重新定义为连接输出与成果，并探究如何利用它们推动持续的改进。"

Antoine 还特别强调了组织设计在建立和维护 IDP 中所扮演的关键角色（见图 13.5）："组织设计对于我们的平台开发过程同样至关重要。我们设立了一个由一名主管和四位专注于提升 DX 的工程师组成的专业平台团队。除此之外，我们还指派了一位实践社区工程的技术主管，专门负责采纳战略、持续改进及知识共享。我们还成立了一个专注于云计算和基础设施的能力中心，以协助调整我们的高优先事项。治理亦是不可或缺的，我们已经确定了负责确保平台开发工作走向成功的赞助者和利益相关者。另外，我们还定期通过研讨会等形式与团队成员进行知识交流。

"平台的成就在很大程度上依赖于其团队的效能。目前，根据工作负荷评估，与平台工程相关的团队规模约为 60 ～ 80 人。数据领域大约动用了 15 名专业人员，而中间件尚未完全集成，目前只有约 8 人参与其中。为了保障平台的高效、有效运作，我们成立了一个由四人组成的专业平台团队，他们致力于平台的构建与运维。他们的宗旨是持续优化 DX，以实现最高满意度。此外，云中心和能力中心在向平台团队及整个工程团队提供通用基础服务和特定服务方面扮演着关键角色。”

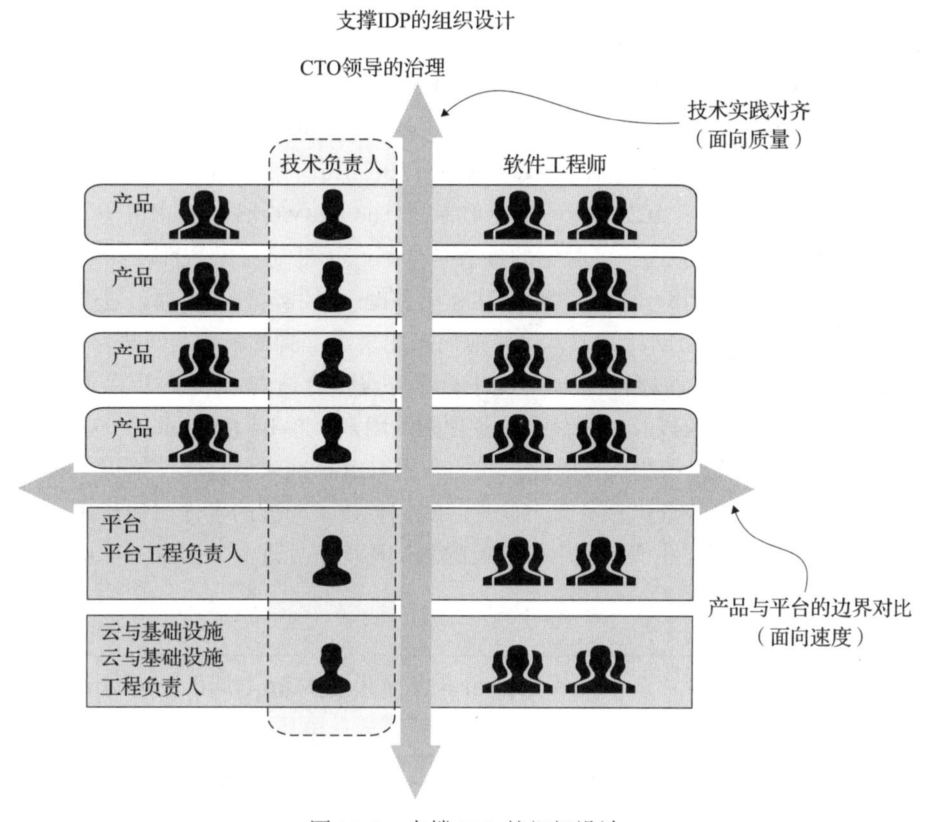

图 13.5　支撑 IDP 的组织设计

构建 IDP 时无法避免的一个基本且经常有争议的话题是技术栈以及构建与购买的选择。与被时尚的行业趋势或行业同行的压力所诱惑相比，更重要的是要关注自己独特的背景。Antoine 阐述道：“理解技术选型在具体情境中的取舍至关重要。我们的战略是始终选择最简单的方案并持续迭代，避免过早优化和过度工程化，因为这将导致高昂的维护成本和项目延期。”

通过专注于自身的需求，Antoine 及其同事们认定 Kubernetes 最符合他们的需求：“我们旨在获得管理服务以提升效率和专注度，同时又希望保持适度的灵活性，避免被锁定。我们选择了 Kubernetes 而非容器即服务或应用程序即服务，因为它提供了我们期望的灵活性，其他方案则与特定云服务提供商绑定。我们也偏好使用 Spring 框架，而不是采用其上的 PaaS 解决方案，这为我们今后可能迁移到更高级别的抽象保留了选项。”

在平台技术的选择上，La Redoute 不仅仔细权衡了基础设施和编程框架的选项，还深入探索了包括众多开源与商业供应商的产品在内的整个工具生态系统。他们采纳了一种原则性与实用性并重的战略，甚至在必要时自主研发开源工具。Antoine 说："我们的理念是选择那些成熟并获得社区认可的解决方案，而这些方案并不局限于开源。例如，我们采用了 Hashicorp Vault、ELK、Grafana、Jaeger 和 Kubernetes 等工具。有时，如果市场上没有现成合适的工具，我们就会自己动手开发。正如我们在 2010 年开发的 Cerberus Testing，现已成为开源的测试自动化平台。我们还开发了 akhq.io，一款用于管理 Apache Kafka 的控制台。这些工具是在分布式开源项目办公室（Open-Source Program Office，OSPO）模式下，与多家公司合作开发的共享路线图和资源。它们不仅支撑了我们的业务，还在满足我们及社区需求的过程中不断演进，吸引了包括 BMW、Adeo、BestBuy、Decathlon 和 Klarna 等公司使用。我们很荣幸地看到，在 2022 年末它们被收录进 ThoughtWorks 的技术雷达。"

构建 IDP 的另一个复杂且不可避免的挑战是如何在标准化与灵活性之间取得平衡。平台标准化程度越高，就越能够围绕通用规范建立更多的工具和流程。然而，过度标准化的风险在于，它可能限制团队的创新能力，迫使他们采用束缚手脚的技术与流程。Antoine 解释说，La Redoute 努力确定在他们独特的环境中什么才是最合适的："退一步以观全局至关重要。这包括考虑公司的规模以及可能存在的各种制约因素。在 La Redoute，一些关键的限制因素包括发布 / 部署依赖性和测试。因此，我们利用 IDP 标准来演进软件架构，使其更细致地与业务领域和功能对齐，即微服务化。此外，我们构建了标准的事件驱动模式，通过设计增强了功能与技术的解耦。我们还使用可扩展的测试环境来处理测试需求，支持每个部署流水线所需的系统自动化测试。"

提示 平台工程是一个包罗万象的领域。在本书提供的 Miro board（http://mng.bz/qjMN）上，你可以找到推荐资源，以便更深入地钻研这一主题，并跟踪最新进展。

13.4 管理内部开发者平台

平台的优势和劣势往往会随着使用者数量的增长而被放大。因此，对构建与维护平台的每个环节进行细致的管理至关重要。这涉及将平台视为一个产品来经营，以及挑选合适的投资模式以增强平台运营团队的工作体验，所有这些都需要深思熟虑并妥善处理。

13.4.1 平台即产品

平台即产品的理念（http://mng.bz/5op7）日渐受到重视，它被视为构建和发展现代化平台的有效途径，有助于纠正先前方法的偏差。这涉及将现代产品管理的实践应用于 IDP 的构建中，如在平台团队内部实行以价值为导向的策略，并融入产品管理的专业知识。

把平台视为产品，而非一次性项目

在打造 IDP 的过程中，最令人忧虑的莫过于投入了巨额资金和人力资源，最终却发现使用者寥寥无几。这样的情境并非空穴来风，而且往往是将平台视作一次性项目导致的。因此，我们不应期望一开始就设计出一个完美无缺的平台，耗费数年时间建设，并期待人们最终会纷纷采纳。

构建内部平台应当借鉴现代产品开发的理念与实践。应基于用户反馈进行迭代，由具备吸引力的行业案例来支撑明确的战略引领，团队中应融合专业知识与真正的产品管理智慧。从概念验证和最小可行产品开始，小规模启动，并随着价值的逐步确认而逐渐扩大投资规模。

坚实的行业案例和产品战略

构建一个 IDP 应当源于对其潜在价值的深刻洞察。仅仅因为某个方案表面光鲜或正被其他组织采用，并不意味着我们也应该盲目跟进。关键在于明确认识到平台所能提供的具体价值，并与其他现行方法及现成方案进行深入比较。

提升效率和降低成本固然是 IDP 的明显优势。然而，若仅聚焦于这些优势，则可能导致开发出一个乏善可陈的平台，其功能缺失和可用性差劲最终将让用户的体验大打折扣。虽然成本始终是一个关键考量点，但行业案例和战略的重点应转到降低认知负荷和提升生产力上。此外，需要强调的其他益处包括改进创新、促进协作和增强可扩展性。

在本书所介绍的众多概念同样适用于构建行业案例和设计 IDP。例如，倾听与绘图之旅、沃德利地图，以及事件风暴等方法，均可用于描绘内部流程和开发工作流。

数据驱动和反馈驱动

开发者平台的核心宗旨在于减轻工程团队的认知负担，让他们能够集中精力实现核心业务目标。如果平台反而增加团队的认知负荷，这通常是不容忽视的警示信号。通过跟踪关键性能指标，平台团队可以评估平台对于 DX、团队满意度以及认知与系统可靠性的影响。这些洞察还应该作为反馈，指导平台的未来发展路线图。

为了衡量 DX，可以设立一系列指标来评估平台在支持用户完成任务方面的效能。这些指标可能包括：

- 从零开始创建新服务并将其投入生产环境所需的时间。
- 部署的频率。
- 变更的开发周期长度。
- 提交的支持工单数量（这是反映自助服务优化需求的指标）。

除了 DX 指标，定期进行的调查同样是收集平台 UX 反馈的有力工具。通常，平台会每个季度进行一次用户满意度调查，涉及以下问题：

- 你对本平台的整体使用满意度打几分？（1 ～ 10 分）
- 你觉得在本平台上创建新的微服务有多简单？（1 ～ 10 分）
- 对于将新变更部署到生产环境的流程，你的满意程度如何？（1 ～ 10 分）
- 总体来说，查阅平台文档的难易程度如何？（1 ～ 10 分）

- 在使用本平台时，你遇到的最大问题是什么？
- 如果可以改变平台的某个方面，你会选择什么？

同时，评估平台的使用情况也是衡量其影响的关键指标。关键的问题是，在整个潜在市场中，有多少团队正在积极使用这个平台？是否所有相关的内部团队都在利用该平台的资源？

工程师们不仅依靠此平台来部署新服务，还依赖它对生产环境中的服务进行维护和支持。因此，衡量生产环境的稳定性显得尤为关键。稳定性的指标包括系统运行时间、响应延迟、事件处理数量、平均恢复时间以及变更部署的失败率。

平台产品经理

投入大量时间和精力去构建不够理想的平台，甚至是提供更差体验的平台，是业界常见的陷阱。我目睹了许多案例，其中由于平台仅作内部使用或专为开发者设计，低可用性标准便被错误地认为是可接受的。关注平台用户的需求，并以他们需要的形式提供所需内容是至关重要的。因此，构建 IDP 不应仅仅依赖于具备强大技术能力的团队成员，拥有产品管理技能的成员同样不可或缺。正如 MDTP 案例所展示的，最理想的情况是整个团队都具备强烈的产品意识，并全力以赴提供卓越的 DX。

一位杰出的平台产品经理会花费大量时间与使用平台的开发者沟通，深入了解他们的工作方式和遇到的问题。这样的交流应该是持续的，并在制定及演变平台的产品战略时，不断寻求反馈。

同时，一位出色的平台产品经理还要确保平台的发展蓝图专注于对整个组织最具价值的功能。值得警觉的是，平台团队很容易形成一种习惯，即根据哪个团队呼声最高来开发应急功能。虽然反馈和灵活性至关重要，但所有工作都应经过严格验证并据此设定优先级，而不是团队仅仅被动地按照给定规格进行开发。

真正的自助服务

自助服务听起来是个明确的需求，然而在实践中，它却有着各种不同的诠释，比如有时仍需提交支持工单，或依赖平台团队成员的手动介入。这些都背离了自助服务平台的本质目标。一个真正的自助服务平台应该能够让用户自主完成各项任务，例如创建新应用程序或部署至生产环境，而无须提出任何请求或依赖团队成员进行手动操作。

检验一个平台是否实现了真正的自助服务的一个有效方法是将其与 AWS 进行比较。任何人都能注册 AWS 账户并独立启动 AWS Lambda、EC2 虚拟机等服务，无须工单支持，也没有 AWS 员工的幕后手动干预，完全免除了与 AWS 人员的直接沟通。AWS 平台让工程师能够即刻自行处理任务，无须等待人工介入。

当然，系统偶尔也会出现故障，因此，向平台报告问题并寻求支持是合理的。不过，应定期对这些支持工单进行分析，以确保非常规任务之外的工作不被频繁提交，这些工作理应通过自动化处理或提供更完善的文档解决。

资金模式

新的平台组件和增强功能的开发不应由提出需求的团队基于功能进行资助。一个更为理想的资金模式是，平台应当拥有一项专门预算。首先，平台功能和增强功能设计之初就应服务于多个团队，因此单一客户的资助并不合情理。其次，平台组件不仅需要初始开发的资金，还需要持续的维护费用。最后，围绕谁应该为特定功能提供资金的争议可能会引发办公室政治问题和注意力分散，这对任何一方都无益，且很可能会导致对平台改进工作的拖延。

13.4.2　人员配备充足

不应把构建 IDP 视为兼职工作，尤其不适合那些已经忙于其他任务的人。在只有少数几个团队的初期，或许还能勉强应对，而无须证明有专门平台团队存在的必要性。一旦团队数量超过大约六个，这种模式便不再适用。搭建一个半成品的平台可能比没有平台更糟糕，因为它会给每个使用该平台的团队的工作流带来额外的障碍与复杂性。因此，如果你认为有必要建立 IDP，那么应当投入相应的时间和资源，确保投资水平能得到妥善的评估和确定。

不同层次的不同技能

随着平台组件的不断扩充和用户团队数量的增长，平台支持团队的规模也需相应扩大。当团队规模过大而难以管理时，应考虑将其拆分为若干个小团队，每个小组负责平台的不同方面。正如 Adrian Cockroft 所指出的，一个高效的平台不应仅是单层的，而应该是一个多层次结构，需要各种专业知识，因此往往需要多个平台团队来共同维护（http://mng.bz/6nAR）。以英国税务海关总署为例，PlatOps 主要负责以开发者为中心的工具和服务，而其他团队如 WebOps 则负责更底层的基础设施、网络等相关服务。

多个团队和积压任务的风险

当一个平台由多个团队分别负责不同层次时，我们需要警惕 Evan Bottcher 所描述的“非平台”（http://mng.bz/orRD）这一反模式。简言之，这种模式下每个团队都有其自身的目标和管理结构，却缺乏为整体端到端体验而共同协作的激励机制。这会导致平台的功能障碍对用户暴露无遗。由于平台内部存在工作交接和瓶颈，任务完成的时间被不必要地延长。面对问题时，各团队可能在解决过程中互相推诿，形成效率低下的循环。

为了防止落入建立“非平台”的陷阱，我们应专注于平台工作的本质，并优化整个端到端的流程。关键在于激励各个团队针对端到端性能进行优化，而非仅仅关注各自的工作效率。

13.4.3　自建与外采

构建和管理所有平台层面并非必然之举。以无服务器技术为例，其采用意味着无须关注硬件或操作系统的维护，这些工作将由云服务提供商负责。选择无服务器并非一刀切的决定，系统的某些部分可能利用这一技术，而其他部分则可能需要深入到更低层次的技术栈。

我曾与一家采纳无服务器平台的组织合作，其安全团队对这种转型的热情令我感到意外。我本以为会有强烈的抵触情绪，以及一长串需数月时间审批的理由，然而他们的反应却出奇的积极，他们赞赏无服务器技术减少了潜在的攻击面。

当市面上已存在成熟组件（如 API 管理解决方案和软件目录）时，自行开发它们需要有充分的理由。回想本章开篇引用 Matthew Skelton 的话，他强调数字平台应是精心策划并优化现有产品的结果："平台是为工程师精心策划的体验集合。因此，一个优秀的平台可能只是一个 wiki 页面，上面列出了 5 个或 14 个 AWS 服务，这些服务应以特定方式结合使用。"

当你在内部构建平台能力时，实际上是在与谷歌、AWS 这样的云服务巨头竞争。即便你认定内部开发更为经济，但能否提供同等甚至更优的 DX？若不能，则你的成本节约可能导致认知负担加重和效率下降，最终可能是一笔失算的买卖。

13.4.4 技术标准化与灵活性

独具特色的平台通过赋能平台工程师构建更高级和定制化的工具从而提升 DX。以 2015 年英国税务海关总署为例，当时构建新微服务 API 的唯一选择是采用 Scala 编程语言和 Play Framework。平心而论，这引起了一些工程师对自由度和灵活性的抱怨。然而，成果却说明了一切。拥有 50 多个团队的组织能够在几小时内迅速启动新的微服务，并使其几乎达到生产就绪状态，同时具备每日向生产环境部署的能力。IDP 无须如此专断，但这个案例确实为我们在自己的环境中考虑标准化程度提供了明确的依据。

与其强制规定一条"最佳实践路径"，一些组织更倾向于赋予工程团队更多的灵活性。Netflix 就是一个例子，它投资重金建立最佳实践路径但并未设定严格的规则——我们并不强迫人们使用这些路径，而是确保使用我们的技术和工具比不使用它们时的开发和运营体验要好得多，从而鼓励人们采用（http://mng.bz/wjp5）。

随着使用的技术日益增多，你需要创建的最佳实践路径和工具也随之增加。以下是一些值得自省的问题：

- 支持四种编程语言和三种云服务提供商是否真正有效地利用了时间和预算？
- 在技术领域变得更加广泛和多样化的背景下，是否能继续提供卓越的 DX？
- 如果团队必须自行承担更多基础设施和工具的责任（本可以作为平台的一部分提供），这将如何影响他们的认知负荷和工作流？

13.4.5 平台工程师体验

尽管 DX 至关重要，但 Syntasso 的联合创始人兼首席运营官 Paula Kennedy 也提出了同样关键的观点（https://platformengineering.org/blog/cognitive-load）："我们面临的挑战在于，认知负荷正日益落在平台团队身上。这些团队不仅要负责打造流畅的 DX，还需整合众多工具，并且必须兼顾合规性与治理等多重问题，这导致他们承受着巨大的认知负担。"。

为开发者提供优质体验绝不应以牺牲平台工程师的福祉为代价。正如 Paula 所强调的，我们也应关注平台工程师体验。这意味着我们需要持续收集平台工程师的反馈，分析他们的工作流和遇到的难题，并致力于优化他们的工作过程。

13.5 何时构建平台

决定是否打造 IDP 以及投入多少资源可能会颇具挑战性。这涉及一系列艰难的选择，并且参与项目的每位成员都需就几项核心原则达成共识。首先，IDP 不应当作为一个宏大的 12 ～ 24 个月的项目来实施和交付。在 *Team Topologies* 一书中，Matthew Skelton 和 Manuel Pais 提倡采纳最简可行平台的理念："最简可行平台是一套 API、文档和工具的最基本的集合，它足以加快团队开发现代软件服务与系统的步伐。"第二个关键原则是，IDP 不应被视为一项边缘项目。它将作为多数甚至所有工程团队的基础平台，因此需要专门的团队成员和长期的资金支持。

对于仅有数个工程团队的小型组织而言，通常无须 IDP。在 2021 年，我的一位客户是一家大型欧洲企业内的创业型公司。该初创企业的使命是彻底颠覆整个行业，包括其母公司。创业企业的 CEO 竭尽全力营造一种创新且以产品为中心的文化氛围，尤其是将自主权、授权和扁平化管理发挥到了极致。每个人都直接向 CEO 汇报，各团队被充分授权做出产品和技术层面的决策。在我最初接触该组织时，他们正因成功而经历增长带来的烦恼。他们尚未确定是否需要构建一个平台团队。

一方面，他们不希望建立会引入官僚主义的集中式的团队。另一方面，少数工程师在承担主要的产品团队工程师的工作的同时，还被期望维护和构建共享的基础设施和工具，而这些任务往往变成了附加项目。随着共享基础设施的逐渐荒废，每个团队的认知负荷随之增加，同时那些负责附加项目的工程师开始感到筋疲力尽。鉴于团队数量预计会翻倍的增长前景，这些迹象强烈表明，现在是组建一支专门团队来构建真正平台的正确时机。

然而，规模并非决定是否构建 IDP 的唯一考量因素。即便是在大型组织中，也可能存在不建立平台的理由，比如平台的采用可能性较低。这可能是由多种原因造成的，包括团队不愿放弃现有的自由度、缺乏时间从现有技术迁移到新平台，或是对变革的抵触情绪。

本章要点

- 为了打造快速高效的 IVS，并确保流畅的工作流，流对齐团队必须避免被繁重的构建、部署和测试流程所束缚。
- 流畅的 DX 至关重要，它有助于减少团队不必要的认知负荷，让他们能够专注于持续地优化和增强产品功能。
- IDP 的核心宗旨在于提供卓越的开发体验，并有效降低团队的认知负担。

- DX 覆盖了开发工作的多个层面，包括但不限于：
  - 创建及配置新应用程序。
  - 在本地环境中编写代码。
  - 将代码部署到测试及生产环境。
  - 支持和维护生产环境中的代码与应用程序。
- 在现代化的背景下，DX 应当赋予团队迅速发布新应用程序的能力，无论是在几分钟或几小时之内，并且能够实现快速将代码部署至生产环境，同时提供即时可用的度量标准、监控工具、日志记录以及高级可观测性。
- IDP 可以通过一系列最佳实践路径来确保流畅的 DX，这些路径是经过高度自动化或详尽记录的标准流程，用于执行日常任务，比如启用新应用程序。
- IDP 的功能性可以以多种方式呈现，包括 UI、CLI 和 Git 仓库等。
- IDP 应提供一个全面的应用程序目录，详细展示组织内所有的应用程序及相关元数据，例如应用程序所有者所属团队信息。
- 优质的文档是确保平台自助服务性和易用性的关键要素，缺乏这一点，使用 IDP 的团队可能会遇到困难，甚至可能需要频繁提交支持工单。
- IDP 应当被视为一个价值驱动、迭代开发的产品，而非遵循瀑布模型的项目。
- IDP 需要配备有经验的产品经理，他们不断收集平台用户的反馈，并将这些内部客户视同外部客户来对待。
- 最理想的状态是，整个平台都致力于优化 DX 并满足内部客户的需求。
- 并非所有平台都必须内部构建，平台的部分或全部可以由精心挑选的现成产品组成。
- 并非每个组织都需要构建一个平台。对于只有少数几个团队的组织而言，这可能是一个不明智的选择，因为平台的采用率可能较低，或者现有的解决方案已足够应对需求。

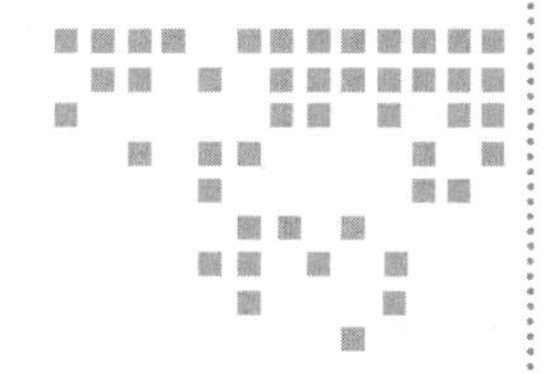

第 14 章 Chapter 14

数据网格：变革数据工程

本章内容包括：

- 快速回顾我们是如何以及为何步入当前数据工程领域的；
- 阐述数据网格的四大基本原则；
- 深入探讨数据量子概念；
- 指导你构建首个数据量子实例；
- 彻底理解数据合约的概念；
- 掌握如何驾驭不同的体验层。

如果认为现代化架构对你的数据毫无影响，那可就大错特错了。我不打算在此说服你认识数据的重要性，因为阅读本章的你已经对此有所了解。许多人把数据比喻为新石油，但现代数据工程的意义远超出简单的流水线作业。数据的价值体现在各个方面，从高层决策所需的仪表板和报告，到风险分析和欺诈检测，乃至人工智能的应用。然而，如果我们无法准确地释放数据的潜在价值，则将承担沉重的运营成本。为了保持清醒的判断，我不会提及那些因为维护流水线和系统的运营预算限制而无法进行前瞻性思考的组织。然后，组织雇用了许多数据科学家，这些科学家有 80% 的时间花在数据发现和数据工程上。最终，大多数人抱怨数据并未给公司带来预期的价值。这听起来是否似曾相识？本章将带你了解我们是如何走到这一步的，现代数据管理存在的问题是什么？为什么仅凭四个基本原则就能解决这些问题？各种架构元素是什么？以及最后如何开始数据工程之旅？

14.1 为复杂数据设置场景环境

在本节中，我将简明概述技术背景并探讨围绕数据的新需求，最终指向多数企业所面临的共同难题。放心，这不是一堂历史课，但我将尝试阐释数据是如何从简单、结构化的元素演变成难以捉摸的庞然大物的。不过，请记住，当提到怪兽时，我脑海中浮现的更像是那可爱的饼干怪兽，一个只要你愿意喂养它，就会表现出友好的生物。

14.1.1 数据工程的黎明

对我而言，数据领域的真正变革始于 1971 年，那一年，麻省理工学院将 Codd 的关系数据库理念（详见 http://mng.bz/ZRrA）公布于世。随着第三范式的提出，工程师们开始更加深入地思考数据的本质以及如何高效利用数据。

紧接着，数据仓库应运而生，代表了逻辑演进的下一步：数据仓库旨在聚合遍布全国成千上万家商店的数据，以便更清晰地理解销售情况。起初，数据仓库似乎是一个极佳的概念，然而，当企业对数据团队提出更高的敏捷性要求时，问题随之出现。与数据仓库相关的严格（且有些复杂）的建模过程，使得新数据源的摄入变得异常烦琐。

以图 14.1 为例，该图大致上基于一家同时拥有 B2C 和 B2B 业务的汽车零部件零售公司。信息根据其来源被分配到不同的“桶”中。拿商店收据来说，部分信息存储在忠诚客

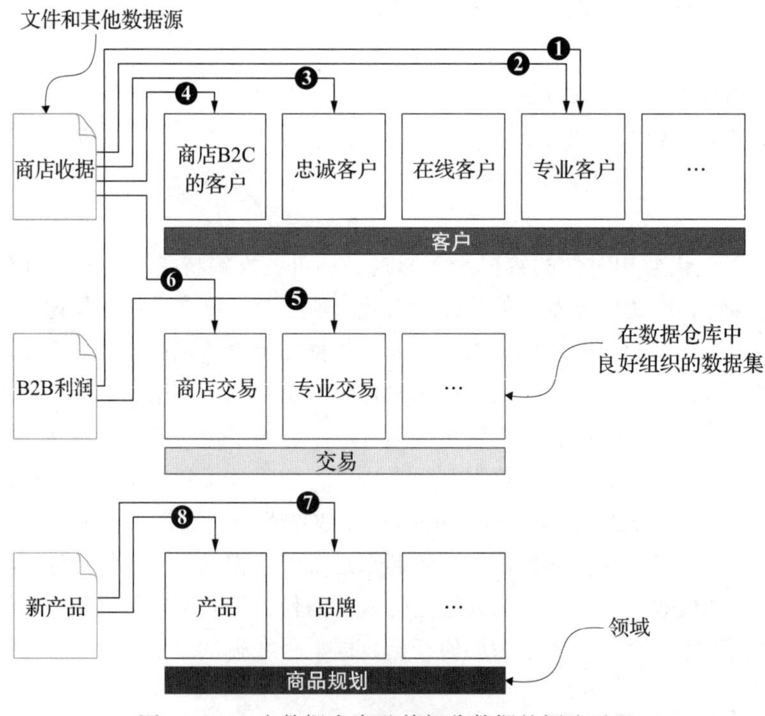

图 14.1 一个数据仓库及其部分数据的摄取过程

户数据系统（图中的过程 3）；它被记录在商店交易中（过程 6）；并且根据客户是专业 /B2B 客户还是零售 /B2C 客户，信息会被进一步划分进另外两个“桶”（过程 2 和过程 4）。当公司引入忠诚度计划后，必须建立一个全新的过程（过程 3），专门从商店收据中提取忠诚度信息。

正如图 14.1 所展示，即便是简单的数据仓库，数据摄取过程也颇具挑战，且随着输入文件数量的增长，该过程可能变得越来越错综复杂。由于这些过程贯穿了公司的不同业务领域，因此通常由一个缺乏领域专业知识的集中式的团队来构建。

数据湖则提供了一种解决方案，通过将摄取的复杂性“隐藏”起来，简化了数据摄取过程。虽然数据湖简化了数据的摄取，但相应地，访问数据的负担则转嫁给了数据的最终使用者。

图 14.2 呈现了简化的数据摄取过程。一目了然，该过程颇为直观：商店收据被直接存入商店收据桶，B2B 利润数据则进入 B2B 利润桶，诸如此类。尽管看起来简洁，但有两个问题值得注意：

- 当商店收据的格式发生变化，或者在新国家开业，或引入新的税收政策、忠诚度计划，以及其他任何变化时，将会出现什么情况？你可能需要为数据创建新的分类或对现有的分类进行调整。
- 如图 14.3 所示，当你尝试访问这些数据时，原本简单的格局可能会迅速变得错综复杂。

图 14.2 和图 14.3 中所示的流水线 / 流程的数字与图 14.1 并无直接联系，它们仅用于阐释构建流水线本身并没有明显的优势。

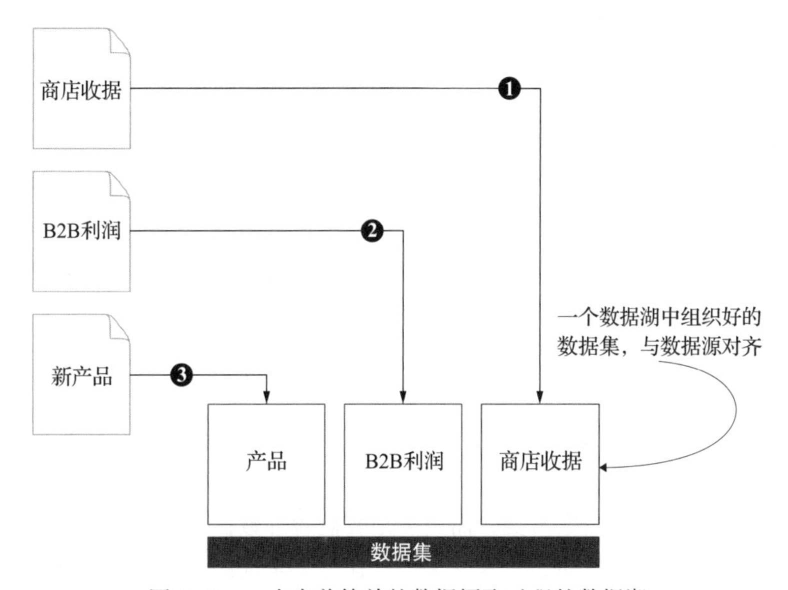

图 14.2　一个有着简单的数据摄取过程的数据湖

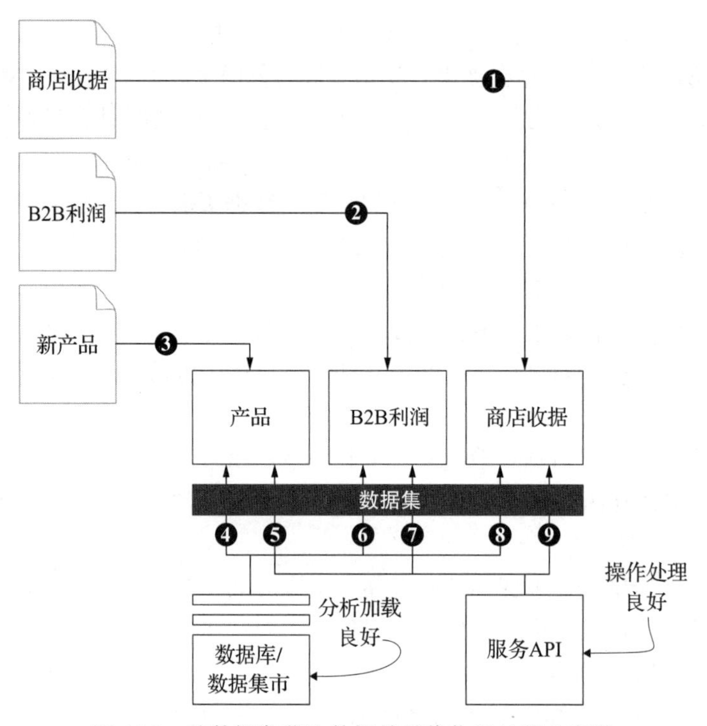

图 14.3　从数据湖获取数据并不像你想的那么容易

正如数据仓库的情况，数据湖及其数据的摄取和消费通常由一个集中式的团队以项目化的方式处理，而这些团队往往对具体业务领域的知识了解有限。这种集中化的处理方式与软件工程领域中的单体架构方法颇为相似。

这些项目的规模，不论是构建还是部署数据湖或数据仓库，常常需要企业层面的参与。单纯为某个部门构建数据湖是颇具挑战性的，因为这涉及企业级别的监管、治理以及资源分配。没有企业愿意看到所谓的"影子 IT"数据湖的出现。

在这两种情况下，无论是 ETL（提取、转换、加载）还是 ELT（提取、加载、转换）的流水线，其维护成本都在不断增加。有些企业的整个运营预算几乎都花在了维护这些流水线上，从而冻结了任何新开发的可能。尽管湖仓一体化尝试结合数据仓库和数据湖的优势，但它并未解决围绕数据管理的集中化问题。

14.1.2　围绕数据的新需求

数据管理的严格性在全球范围内不断上升，并且这一趋势预计将继续。首先，让我们正视一个不容忽视的问题：数据泄露。这样的事件似乎屡见不鲜，尽管泄露的根本原因很少（或许我可以断言从不？）是数据本身，而更多是我们管理数据的方式。对于消费者而言，这可能意味着灾难性的打击。然而，对企业来说，罚款只是冰山一角，名誉的损害往往更加深远。企业明白它们必须保护数据安全，因为数据本身无法自我防卫。

在我职业生涯早期，我曾经拜访过一位客户，他的店铺只由“老板和老板娘”经营（甚至连老板娘都不存在）。他在自己的地下室里搭建并部署了一个药房管理系统。我敢肯定，无论是处方细节还是患者姓名，都没有得到适当的加密处理。

另一个令人担忧的现象是信息技术在我们日常生活中变得越来越普及。各国政府制定了法律来规范个人数据的处理和使用。著名的法规及机构包括欧洲的 GDPR（2016 年生效）、加利福尼亚州的 CCPA（2018 年生效）以及法国的国家信息学与自由委员会（成立于 1978 年）。企业需要遵守这些隐私法规。

第三个问题是随着时间的推移而出现的各种滥用和不当行为，例如，向华尔街提交的不完整报告、复杂且故意含糊其词的金融产品、收款电话的滥用以及联系方式的处理等。企业已自然成为立法者加强审查的对象，并且需要证明它们愿意采取正确的行动。例如财务数据的保留期，美国规定 7 年，法国 10 年，澳大利亚则从 7 年延长至 10 年。

这种评估既不是全面的也不是一成不变的。我们生活在一个不断变化的全球化世界中，这要求我们从企业的角度出发，建立能够灵活适应业务和监管需求的治理系统。

14.1.3 问题多于解决方案

我们正处于持续融入新技术的进程中，然而这些技术尚未能够：

- 解决数据和数据工程的集中化难题，这一做法实际上增加了与工厂车间一线专业知识的距离。
- 响应日益增多的法规要求和多样化的合规规则。
- 为数据的全生命周期管理提供支持，尤其是在数据量持续增长的背景下。
- 授予用户便捷的访问权限，或简化用户对数据的操作流程。
- 确保数据的安全性和可信度。
- 支撑起不断增长的数据规模。

在 14.2 节中，我们将探讨数据网格如何直接应对这些挑战，并协助缓解其他相关问题。

14.2 数据网格的四大原则

本节将深入阐述支撑数据网格理念的四大核心原则，以及如何为 14.1 节提出的问题提供切实可行的解决战略，至关重要的是这四项原则之间的相互依存性。在 2019 年 5 月，一位卓越的工程师 Zhamak Dehghani 发表了一篇开创性的论文，题为“How to Move Beyond a Monolithic Data Lake to a Distributed Data Mesh”（http://mng.bz/RmMv）。Dehghani 的论文奠定了四大原则的基础，而这些原则在过去数年中经过不断完善，最终形成了数据网格的基石。

我倾向于将这些原则与 Kent Beck 等人提出的敏捷宣言（https://agilemanifesto.org/）相比较。敏捷宣言彻底改革了软件工程领域，摒弃了基于瀑布模型的软件开发生命周期。数据网格的理念将许多你可能已熟知的敏捷软件工程和 DDD 的概念引入了数据工程领域，其中包括产品思维、迭代开发、所有权等诸多方面。现在让我们来详细探讨这四个关键原则。

14.2.1 领域所有权原则

这个术语在近几十年来被频繁使用，以至于到了泛滥成灾的程度，几乎沦为空洞且毫无意义的废话。然而，我们仍旧试图在当前的语境下解读“领域”和“所有权”。第8章对此概念进行了更为深入和详细的阐释。

所谓领域，指的是你所专注的特定业务范畴。以金融行业为例，一个领域可以是客户账户或者更具体的子分类，如个人账户。明确领域的边界有助于避免陷入项目范围无限膨胀的困境，例如，试图在一个项目中涵盖所有类型的账户。

如果你对DDD已经有所了解，DDD已经在本书的前面部分探讨过，那么对你而言，这一原则将会显得非常自然。这是一条基本准则：寻找对某一领域最为精通的人员，并促进他们与数据架构师合作。去中心化的团队拥有宝贵的领域专业知识；他们对于数据来源、数据生产者、规则、历史以及系统演变有着比集中式团队更深的理解，后者需要在多个领域之间不断切换焦点。将数据架构师纳入团队，将引入安全性、规则制定和全局治理的关键要素，以确保遵循企业政策。这样的做法解决了数据和数据工程集中化的常见问题。

14.2.2 数据即产品原则

在软件工程领域，敏捷方法论已经将传统的项目概念转变为产品思维。数据领域自然而然也正逐渐从项目导向转向产品导向，这只是一个时间问题。在我们探究数据产品能够带来的变革之前，让我们先回顾一下项目的含义。

项目是精心策划并执行的一系列行动，旨在实现既定目标。无论是由个人还是团队负责，项目都以达成目标为导向，在软件和数据工程中，这些通常由团队合作完成。项目的关键特征是其时间性：项目是有限的，被设计为有始有终，临时性是其固有属性。

让我们转而关注数据产品，将你从项目规划的视角转变为以客户为中心的方法。听起来可能有些令人生畏？不必担心，只需牢记DAUNTIVS（以下特质的首母缩写）的这一准则，数据产品必须具备以下特质：

- 可发现的（Discorerable）
- 可寻址的（Addressable）
- 可理解的（Understandable）
- 天生可访问的（Natively accessible）
- 值得信赖且真实的（Trustworthy and truthful）
- 可互操作和可组合的（Interoperable and composable）
- 本身具有价值的（Valuable on its own）
- 安全的（Secure）

接下来我将详细描述满足这些要求的架构设计和实施策略。

在软件架构中，最小的可部署单元被称作“量子”。而当这个概念应用于数据架构时，数据量子指的是能够带来价值的最小可部署单元（见图 14.4）。请注意，这里的数据量子与量子计算无关。

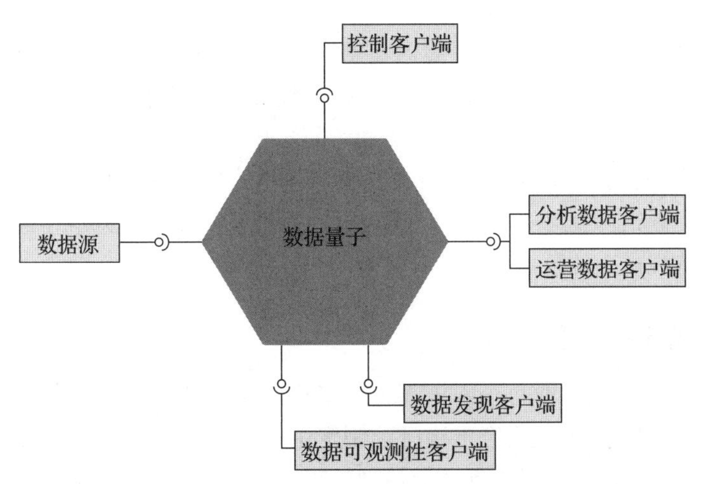

图 14.4　数据量子呈现出六边形的形状，突出了它的多个端点，允许访问数据、元数据、可观测性和控制

你可能会疑惑：“这和拥有若干数据治理工具的数据湖有何区别？”关键在于规模：我们提倡的是专注于特定领域的小规模解决方案，而非构建一个涵盖整个企业的大型数据湖。这样的方案更“精致”，更易于管理。得益于其缩小的规模和专注的范围，这种方案的实施速度更快，数据的价值也能更迅速地回馈至公司。

让我们通过一个小例子来说明：构建并部署一个小型的数据产品是否比打造一个完整的数据湖更为简便？通过首先关注一个较小的产品，你可以更迅速地实现并显现其价值。我们采取的战略是专注于六个较小的数据集，每个数据集由一张表格组成，且不超过 200 列，这样我们可以在了解客户需求的基础上，随时轻松地进行扩展和演进。这使我们能够迅速交付成果，解决的核心问题是提供围绕数据及其不断加速的生命周期管理。

14.2.3　自助式数据平台原则

当我小时候在法国时，我喜欢跟父母去当地的超市，因为那里有家自助餐馆，让我能任意挑选想吃的食物，然后放在托盘上。这种自助服务赋予了我做出（可能并不那么健康）食品选择的自由。但当我们将该理念应用于数据平台时，这又意味着什么呢？

自 2001 年问世以来，敏捷方法论已被验证为一种高效的工作方式。在敏捷软件工程的推动下，软件工程师获得了更多的自主权。而赋予数据科学家权力的方式，则是让他们能够轻松地访问数据。

数据科学家和分析师在数据探索阶段常常花费大量时间，他们可能在电子表格的某个角落随机地发现一列数据，希望这正是他们需要的。这种偶然的发现有时确实奏效，就像有时候，当你不小心让手中的花生酱果酱吐司掉落时，幸运地，果酱面并没有触碰到地面一样。（花生酱果酱吐司是一种特别的美国小吃。可以想象，吐司落地时果酱面朝下会是一种不太愉快的经历。）

为数据科学家赋能意味着不仅要提供基础字段目录访问权限，还要确保他们能够获取到精确的数据定义、主动和被动的元数据、反馈循环等更多信息。对于数据工程师而言，自助服务则意味着能够构建临时的数据流水线和产品。在构建数据网格的过程中，数据科学家是你的客户：你期望为他们提供的是 Yelp 五星级评价的自助餐馆般的优质服务，而不是那种糟糕的一星级小餐馆。我们解决的核心问题是：授予用户访问权限或使他们能够轻松地操作数据，并且支持规模化的数据增长。

14.2.4 联邦式计算治理原则

联邦式计算治理原则中的每个术语都承载着极其重要的意义。信息技术已深入渗透到我们的日常生活之中。各州和政府机构已经制定了相关法律，以规范个人数据的处理与使用。当然，这些法律限制并不是推动企业治理的唯一因素，多数公司往往会设立超出法律要求的数据治理规范和保护措施。这些规范通常由中央（联邦）治理团队来制定。

数据治理团队负责制定适用于整个组织的政策，而领域团队则需遵循这些政策，以确保企业层面的一致性和合规性。然而，在量子级别，领域团队拥有本地治理权，这可以最大化团队的专业能力。

那么，为何我们要提倡计算治理，而不仅仅是数据治理呢？原因在于数据治理的范围实在是太过狭窄。即便在治理过程中包含了元数据（你当然会这么做），你仍然忽视了与系统相关的整个计算资源生态系统。在当今基于云技术的世界里，我们不得不考虑到更多的数据资产。因此，将数据治理拓展至计算治理（见图 14.5）显得十分合乎逻辑且必要。

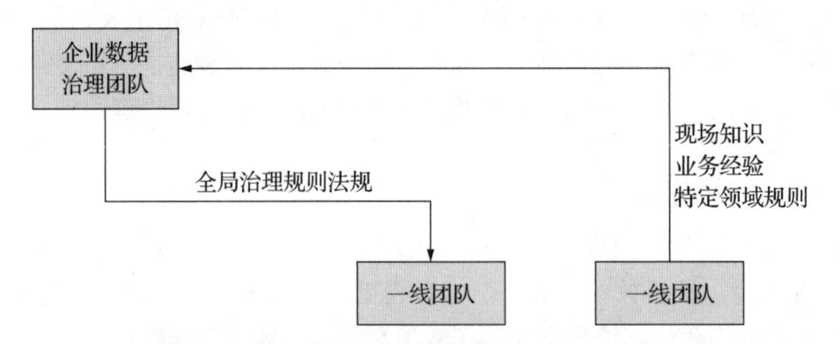

图 14.5 在联邦治理模型中，企业数据治理团队与每个业务单元合作

例如，企业可能设定了数据保留期限为三年的全局战略，但某些地方团队却因遵循特定法规而需要将数据保留期延长至七年甚至更久。在这种情况下，中央数据治理团队会提出“三年”的标准要求，而各地方团队则可以根据自身面临的法律和合规需求，自行决定是否

将该期限延长至"七年"。这样的做法解决了不同地区面对更多法规和多样化合规规则时的需求差异问题。

14.2.5　原则非孤立存在

既然已经探讨了推动数据网格发展的四大基本原则，现在让我们将目光转向这些原则间的相互作用以及它们之间的关联。这些原则相互依存，在设计和构建数据网格时，不能将它们割裂开来单独考虑，而必须在这四个维度上齐头并进。这可能比想象的要简单，但忽视任何一个原则都将是重大的疏忽，正如图 14.6 所展示的那样。

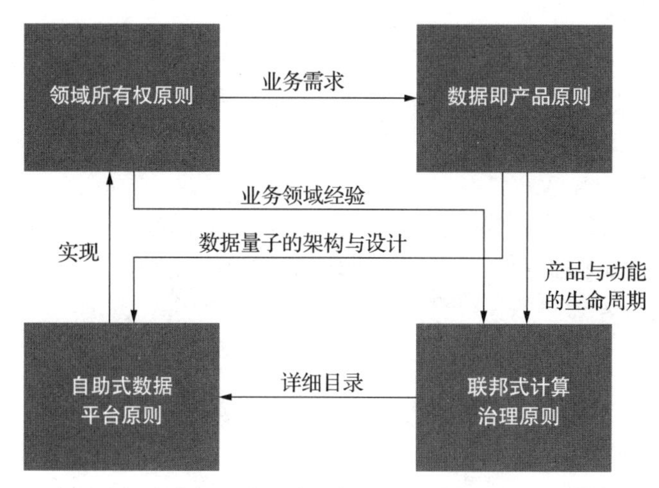

图 14.6　在没有整合全部四个要素的情况下考虑实施数据网格是一个错误

让我们来解读图 14.6。首先，遵循领域所有权原则，各领域团队负责起草符合自身业务需求的要求。这些要求将作为设计数据产品（体现数据即产品原则）的基础。接着把这些数据产品纳入由联邦式治理原则所规范的可用性和生命周期管理框架中。最终，产品的可用性将直接影响到数据平台自助服务的质量。

14.3　构建第一个数据量子

在理解了问题陈述和解决这些问题的原则之后，最困难的部分之一是如何构建（然后实现）数据网格。让我们从小处着手，然后再逐步扩展，构建我们的第一个数据量子。

14.3.1　具有最小值的元素

无论从事何种工作，终极目标都是为你的公司创造价值。然而，如何在避免无谓尝试的同时（这在很多情况下都颇具挑战），实现这一价值创造呢？

如果对 DDD 有所了解，那么你会发现其与数据网格的理念有着惊人的相似性。如果你尚不熟悉，那么可以将 DDD 类比为对项目范围的限定。你能提供的数据功能集合中最小且实用的部分是什么，它们又将如何为客户带来价值?

通过这样的思考，你正在实践第一个原则：领域所有权。敏捷开发和产品思维为我们带来了“最小可行产品”(Minimal Viable Product，MVP)的概念。目标是交付一个最小可行性的数据产品。它可能只包含客户最关心的几个数据点，但借鉴敏捷开发的思路，你将在几个迭代周期内部署大约 80% 的核心功能。

与敏捷开发模式一脉相承，当你交付了首个产品版本后，客户的反馈将指引你不断完善产品。你将根据反馈在待办列表中添加新功能。这种动态的交付机制恰好体现了数据网格的第二个原则：数据即产品。

正如你之前了解到的，架构中的最小部署单元被称作量子。因此，架构中最小的可部署数据产品，便是我们所谓的数据量子。现在，让我们开始构建第一个数据量子吧。

14.3.2 逻辑架构

数据量子是能够部署的最小单元，接下来我们来仔细考虑一下它的主要组成部分。

现在可以将数据量子细分为五个关键子组件（参见图 14.7）：

- 发现与字典服务
- 可观测性服务
- 控制服务
- 数据导入
- 互操作数据模型

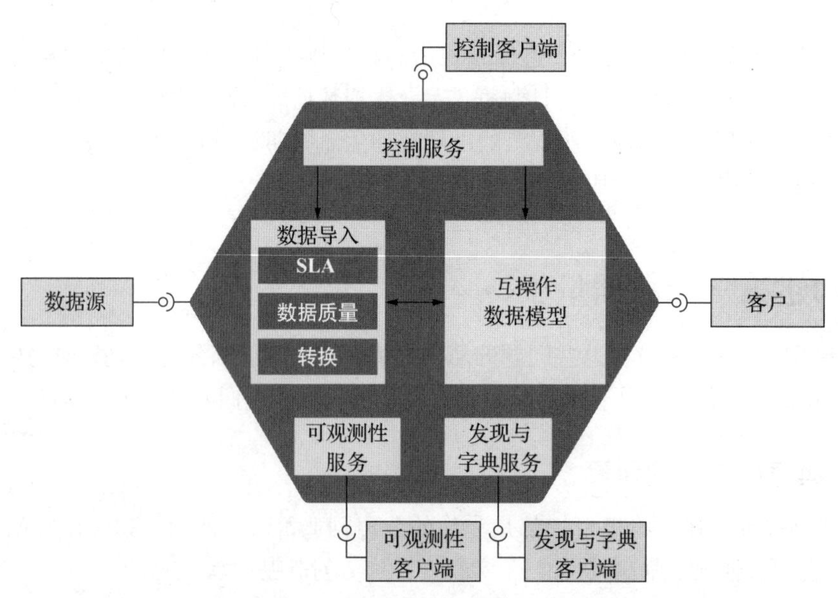

图 14.7 数据量子是数据产品的实现，并以六边形表示

字典服务为被动元数据提供了至关重要的查询入口。我建议允许数据量子用户无须身份验证即可连接字典服务。该措施大大地促进了数据网格的第三个原则：自助式数据平台的实现。用户的数据探索过程因此变得异常简便，他们可以在不必申请特定权限的情况下，以高度互动的方式浏览字典服务，同时获取包括描述和数据血统在内的附加信息。当他们找到所需的数据时，可以轻松地检查自己是否有访问权限或申请访问。我们把字典服务所展示的这些信息称为被动元数据。

可观测性服务为数据量子内置的监控能力与 REST 客户端之间提供了一个桥梁。这项服务能够监测数据源的可用性和模式变更，而且还包含了对数据质量的监控。通过这些服务，数据消费者能够评估数据量子内的数据质量，并判断这些数据是否符合其服务水平目标（Service-Level Objective，SLO）的预期。总体来看，你可以将这些指标视为主动元数据。

提示 请在 Medium 上查看这篇文章（http://mng.bz/27Wa），以快速了解数据质量的维度。

控制服务提供了接入 REST API 的能力，你能够通过它管理数据的接入点和存储。如果想在数据量子中创建数据集的新版本，那么相应的 API 调用就能助你一臂之力。是否需要在数据接入过程中实施特定的数据质量规则？同样有专门的 API 调用来满足这一需求。这个接口主要是为那些负责管理数据量子的数据工程师设计的。

正如你所能想象的，每个数据量子都拥有相似的三套 API：你无须为了操作不同的数据量子而去学习一系列全新的 API。为了简化使用过程，可以将 REST API 封装进一个 Python API 内，使其可以通过 Jupyter notebook 或网络应用程序访问。

数据导入组件实质上是经过大幅度增强的传统数据流水线。在许多（若非全部）先前的数据网格项目中，焦点往往集中在数据流水线上。而数据网格则将流水线置于更合理的位置。流水线固然重要，但它仅是数据导入的一个环节，与可观测性或应用数据质量规则等要素同等重要。在这一组件中集成所有这些功能，确保了传统上易于失败且脆弱的 ETL 过程得到加强和保障。确实，把流水线视作数据工程核心的年代已经一去不复返（有关数据流水线的更多批判性细节，可在此处查阅：http://mng.bz/1Jgq）。

最后，但同样重要的是，互操作数据模型以易于消费的方式展现了关键数据。我本可以将这个组件描绘成旧架构图中的典型圆柱体。然而，请记住，数据量子暴露的数据并不总是关系型的。数据量子承诺实现应用程序与数据的分离。这一承诺对数据量子内部的数据建模产生了影响。在深入物理架构之前，让我们先来探讨将这些元素紧密结合在一起的核心因素：数据合约。

14.3.3 新的挚友：数据合约

我们刚刚掌握了构成数据产品的各个组件，接下来的问题是：如何确保这些组件之间的一致性，以及如何构建一个基础层以保证所有组件在相同的语言框架下运作？这正是数据合约发挥作用的领域。

数据合约承担着多样化的角色并带来诸多好处（见图 14.8）。它充当了许多数据量子内部组件共通的语言，为数据生产者与消费者之间建立起一份清晰明确的期望清单。“合约”一词本身就充满了力量，它在不同的参与方之间建立了约束。确实，如果我拥有想要出售或提供给你的数据，那么数据合约将详尽描述我所提供的产品信息。我也喜欢把合约比作为提供的数据产品所制作的宣传手册。

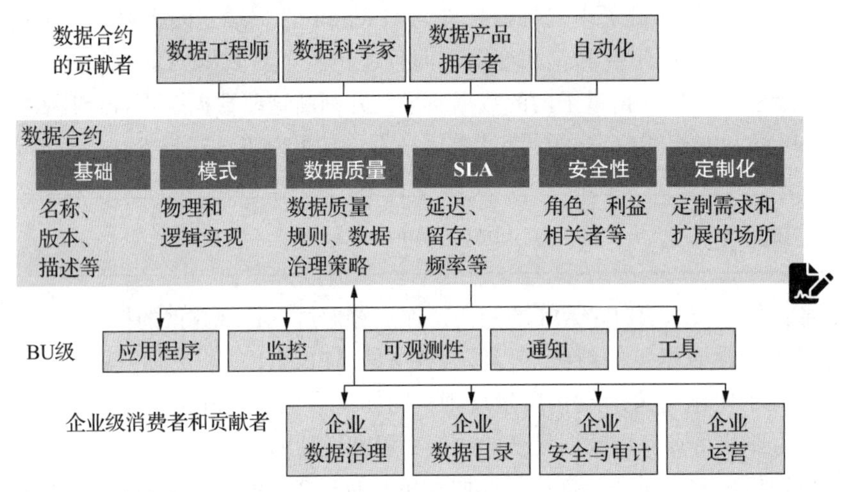

图 14.8 数据合约是一份内容丰富的文件，定义了数据产品的内部和外部行为

就责任而言，数据产品负责人拥有数据协议的所有权。但数据工程师、科学家、数据管理者、数据管家以及大量的自动化流程都可以做出贡献。

数据合约囊括了：

- 基本信息要素，比如名称、版本和描述（可能还包含视频教程等资源的链接）。
- 从公开数据中提炼的逻辑模式与物理模式，包括两个领域间的联系。
- 数据质量规则和治理政策。
- 服务水平协议。
- 安全性详情，更具体地说，就是角色与利益相关者的定义。
- 为定制属性而预留的可扩展空间。

数据合约被数据量子的许多（若非全部）内部组件所广泛采用，也在业务单元（Business Unit，BU）层面及整个企业层面发挥着重要作用。在 BU 层面，它服务于应用程序、监控、可观测性、通知以及其他多种工具。

在企业层面，众多需要监督数据使用的团队也可以利用数据合约。近期，PayPal 决定以 Apache 2 许可证的形式，将其内部的数据合约模板开源，该模板是一个基于 YAML 的文件。我鼓励你阅读这份模板，使用并为其作出贡献。数据合约对于数据量子的内部运作至关重要，但正如你将在接下来所了解的，对外部的意义同样不容小觑。

提示　Linux 基金会现在正在托管开放数据合约标准（Open Data Contract Standard，ODCS），并作为开放标准。可以在这里阅读更多信息：http://mng.bz/PR1R。可以在这里找到标准：http://mng.bz/JdxZ。

14.3.4　物理架构

在实现数据产品之前，需要明确物理架构。

2023 年，我与众多实践者进行了交流，尽管发现了一些共性，但我也认识到物理架构在很大程度上受限于既有基础设施的条件。让我们专注于这些共性，并考虑如何将它们融入架构（见图 14.9）。

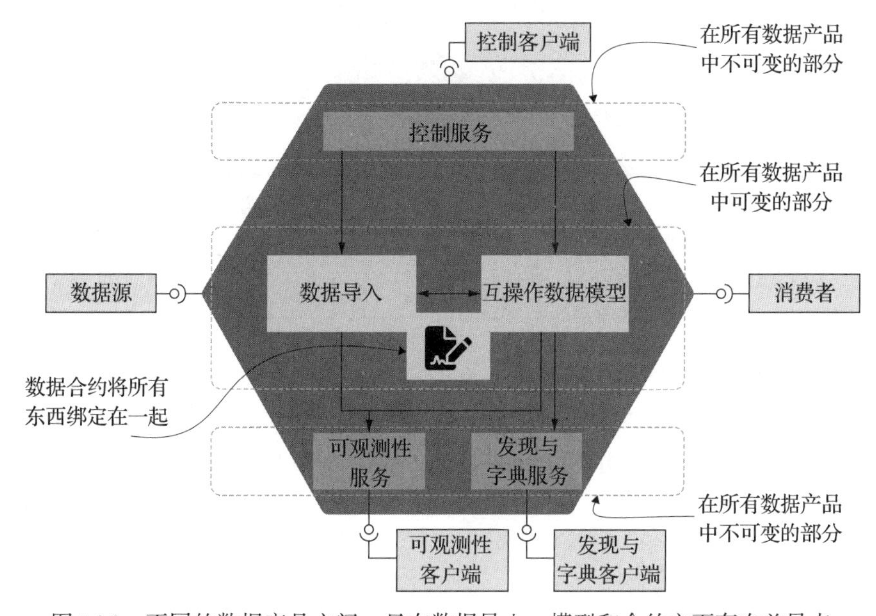

图 14.9　不同的数据产品之间，只在数据导入、模型和合约方面存在差异点

在构建数据产品的过程中，可定制的部分包括：

- 数据导入
- 模型本身
- 数据合约

提示　当比较构建数据产品与传统数据流水线时，数据合约是数据工程师需要额外关注的唯一新元素。随着项目的推进，利用数据合约可以显著简化数据工程师的工作。

通过将以数据合约作为配置文件的所有元素隔离在边车中，你可以构建可行的组件，并在所有的数据产品中复用（见图 14.10）。

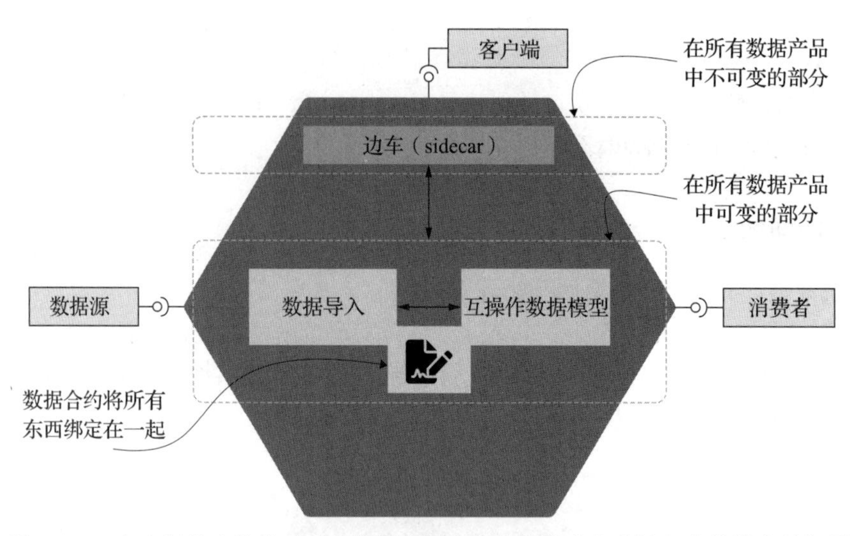

图 14.10　有个好做法是将不可变的部分隔离在单独的边车中随每个数据产品部署

提示　使用边车处理横切关注点是一个很好的应用场景。该名称源自摩托车与其附加边车的比喻，两者之间存在着紧密的联系。边车与库之间的区别在于，边车是主动的实体（包含进程和服务），而库则是被动的代码集合。

边车包括所有的微服务和库等组件。它的实现取决于现有的基础设施：可能是容器和 Kubernetes、AWS 的 Lambda 函数，或是你选择的云平台上的传统虚拟机。虽然选择权在你手中（或者在许多情况下，是由环境所决定的），但利用边车，你依然能够以一致的方式控制组件的行为。

14.4　跨体验层导航

至此，你应当已经理解了构建多个数据产品所需的一切。然而，众多数据产品并没有形成成数据网格，而是形成了数据产品系列。虽然管理问题转移到了其他地方，但仍需要解决。在本节，我将引导你浏览构建数据网格的各体验层，包括：

- 基础设施体验层
- 数据产品体验层
- 网格体验层

14.4.1　基础设施体验层

基础设施体验层无疑最为直观易懂。该层汇聚了包括核心生产者在内的所有基础设施组件。它涵盖了网络要素、SaaS 应用程序、虚拟机等（见图 14.11）。基础设施本身并不依赖数据网格，但却与之密切相关。该层通常由数据工程师和系统工程师所组成的混合团队负责管理。该层的安全措施应当最为严密。在大多数情形下，在构建数据网格时无须改动基础设施层，但仍需对其深入了解。

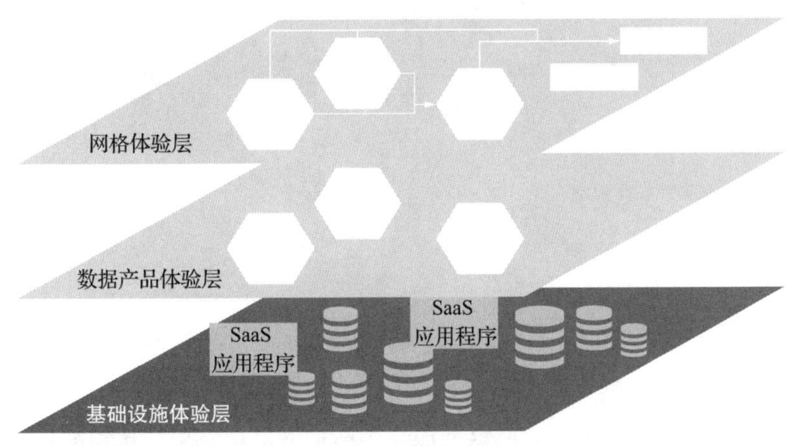

图 14.11　基础设施体验层关注数据库、安全、网络、SaaS 应用程序以及所有其他底层元素

14.4.2　数据产品体验层

数据产品体验层是尚未连接数据产品的区域。该层重新组织了所有的数据产品，但忽略了它们之间的关联。在很大程度上依赖于基础设施提供数据产品和数据访问（见图 14.12）。通常情况下，数据工程师会利用该层来构建数据产品。

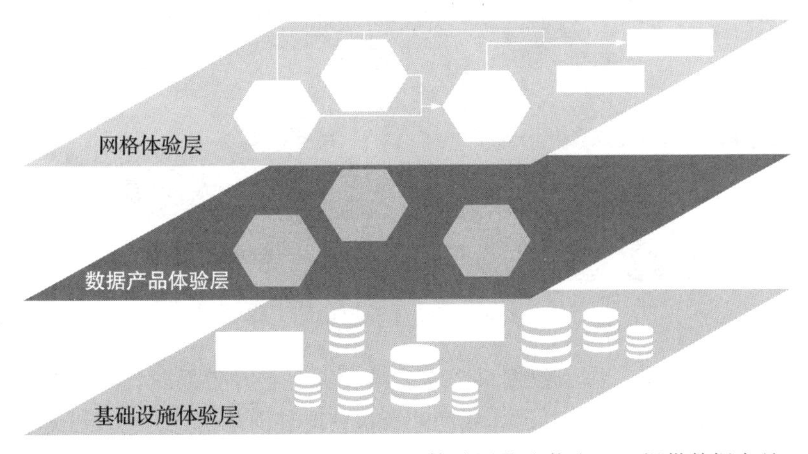

图 14.12　数据产品体验层从基础设施体验层获取信息，以提供数据产品

14.4.3　网格体验层

最终，网格体验层是发生网格化的地方。该层为不同的数据产品之间建立联系，从而发生网格化。数据量子可以相互通信，将其信息共享给中央化的工具，如数据发现系统（目

录）、监控解决方案，以及许多你能想象到的其他工具（见图 14.13）。

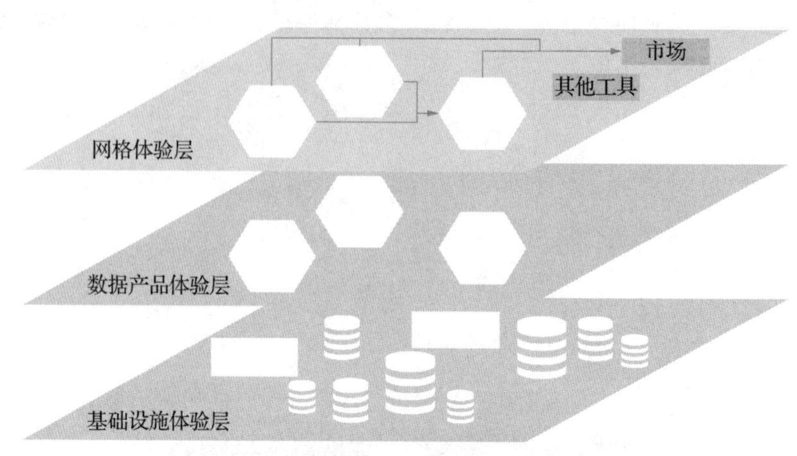

图 14.13 网格体验层提供完整的经验

正如你可以想象的，网格体验层极度依赖于数据产品体验层。该层的用户是生产或消费数据的任何人。他们在组织中扮演着许多不同的角色。图 14.14 展示了这三个层面协同工作的情形。

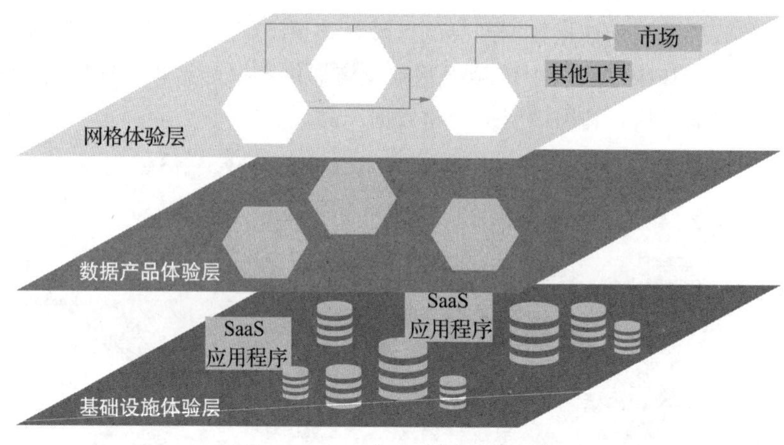

图 14.14 三个体验层协同工作

让我们设想几个场景。作为数据科学家，当我需要寻找数据时，可以先从探索数据市场开始。在找到了合适的数据产品后，我便能直接获取其内部信息，包括详尽的描述、样本数据以及评价等。最终，如果决定使用该数据产品的数据，那么我将通过基础设施体验层来进行管理和控制。

而作为数据工程师，我负责构建将数据从多个来源传输到目标数据库的流水线，这本身也将成为数据产品。我在数据体验层工作，依托于基础设施体验层已经完成的工作来构建数据产品。一切准备就绪之后，我会在网格体验层注册或公开这个数据产品。

14.5　首先和接下来的步骤

你现在已做好构建自己的数据网格的准备。在开始这一旅程前，请考虑以下几条建议：

- 就像所有颠覆性技术和方法论一样，你需要准备好引导用户度过过渡期。认知负荷和变革可能会让一些人感到畏惧，甚至阻碍他们前行。许多数据工程师对于数据流水线有着近乎神圣的崇拜，对把这个核心元素降级为网状系统中的一个组件，可能在心理上难以接受。
- 从领导层那里争取充分的预留时间来建立新平台，他们不应期待在项目启动后短短几周内就看到成果。
- 在开发原型时，尽可能减少对基础设施体验层的依赖。
- 和所有产品的开发一样，要清晰识别用户群体及其目前使用的工具，并分享这些用户画像。可能需要改造或扩展他们的工具，这可能会引起摩擦和抵触。
- 实际上，市场上并不存在所谓的“数据网格产品”。可能有一些构建、元素或组件可以组合起来帮助你构建自己的数据网格（例如 Spark 仍是执行大规模数据转换的优秀引擎；关于这一点，我推荐以下书籍：https://jgp.ai/sia）。然而，并没有开箱即用的商业或开源平台。截至 2022 年末，Zhamak Dehghani 创立了 Nextdata，她的工作非常有潜力，但目前尚未推出产品。
- 数据网格领域软件供应商的稀缺既催生了创新，也带来了混乱。

本章要点

- 数据网格范式源自数据管理的有机演进。
- 在许多方面，数据网格相当于将敏捷软件工程的理念应用到数据工程领域。
- 数据网格受到四项基本原则的驱动：领域所有权、数据即产品、自助式数据平台以及联邦式计算治理。
- 在打造数据网格的过程中，这四大原则紧密相连。不能依赖单一原则（甚至三个原则）来构建数据网格。
- 最小的部署单元是数据量子。
- 数据合约定义了数据产品 / 数据量子的内部和外部行为规范。
- 数据量子“ data quantum”的复数形式为“ data quanta”，它们通过组合形成数据网格的基础。
- 所有通用服务可以实现在边车中供所有数据产品复用。
- 数据网格在网格体验层整合数据产品（或数据量子）。
- 数据产品存在于数据产品体验层中。

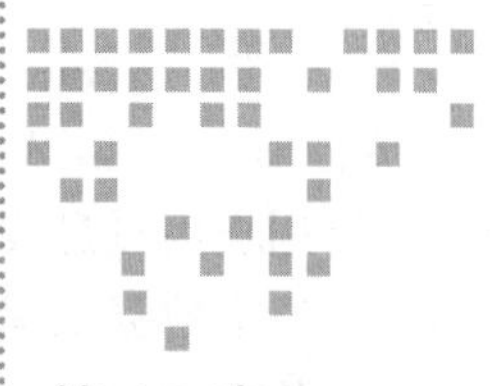

Chapter 15 第 15 章

架构现代化赋能团队

本章内容包括：

- 明确建立架构现代化赋能团队（AMET）的重要性；
- 在实现目标后如何逐步解散 AMET；
- 如何为 AMET 挑选合适的团队成员；
- 如何构建长期有效的架构运营模式。

如果说架构现代化最具挑战性的环节是启动环节，那么保持发展势头便是第二大难题。现代化涉及技术革新、组织变革以及文化变革。现代化需要逆流而上，挑战传统的行事方式，若无法保持坚定的决心，现代化努力可能会被冲淡，继而回归原状。

组建 AMET 便是对抗惰性力量的一种策略。AMET 的使命在于确保通过各种途径（如举办研讨会、指导领导者和团队等）持续推动现代化进程，并在诸如日常业务工作和错误修复等其他优先事项争夺人们有限时间的情况下，将现代化工作放在议程的首位。

需要明确的是，AMET 不应与专门进行现代化工作的团队混淆，也不应成为这样的团队。这是一种反模式，即由一个团队完成所有的现代化工作。同样，AMET 也不是一个集中式架构师团队，这种团队完成所有架构和设计工作，然后交给其他团队去实施。AMET 更注重在整个现代化过程中为流对齐团队和其他利益相关者提供支持（见图 15.1），帮助提高组织的架构能力，以实现长远且持续的变革，直至最终不再需要 AMET。

当 AMET 同时致力于提升技能与推动现代化时，其所带来的益处是深远而持久的。这意味着未来将减少对大规模现代化计划的依赖。随着组织架构能力的增强，架构将更为优雅地顺应时代演变，现代化将转变为一个自然且持续不断的过程。

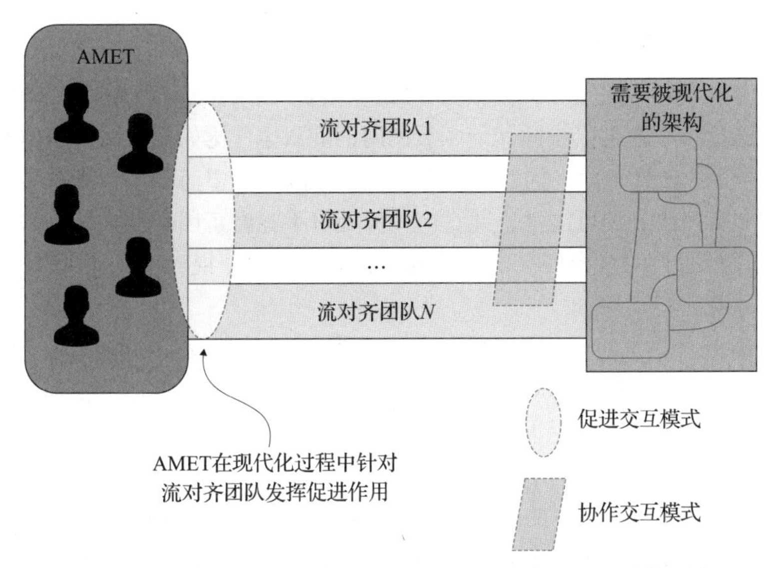

图 15.1 AMET 是在现代化过程中帮助流对齐团队的赋能团队

组建 AMET 需谨慎，团队成员应具备高度的专业素养。他们必须能够轻松地与现代化计划涉及的所有利益相关者（包括从高层领导到实际执行工作的团队）进行沟通。此外，团队成员需懂得在领导、促进和退让之间切换，以赋予团队自主权。本章将探讨 AMET 的职责范围、它们的目标如何随时间演进，以及一些构建高效 AMET 的策略建议。

15.1 AMET 的主要目的

AMET 这一概念其实并不是什么新鲜事物，该模式已经存在了许多年。Eduardo da Silva（https://www.linkedin.com/in/emgsilva/）与我共同创造了该术语，用以概括我们观察到并在现代化过程中付诸实践的一种行之有效的策略。我们深信，大多数现代化计划将遭遇六大核心挑战，而我们从实践中发现，一个高效的 AMET 会专注于六项关键职责，每项都直击其中的一个挑战，如表 15.1 所示。

表 15.1 与 AMET 主要职责相关的基本架构现代化挑战

架构现代化挑战	AMET 的主要职责
难以推动事态发展，陷入分析瘫痪，缺乏令人信服的行业案例	启动现代化计划
由于与其他工作（如日常业务）的冲突和优先级降低而进展缓慢	在整个现代化过程中保持良好势头
缺乏现代化架构设计的最新知识和经验	实现更好的架构设计
未能维持新的方法并倒退到原来的样子	实现长远且持续的变革
计划之外的人对现代化感到困惑或不确定其价值	让人们了解现代化愿景和正在取得的进展
从一个领域习得的知识对其他领域没有帮助	推广成功案例和经验教训

15.1.1 启动现代化计划

是否投资于架构现代化是一项重大的决策。投资架构现代化既包含了风险，也意味着牺牲。这关乎选择将原本可以投向其他领域的时间和资金（比如用于增强新的产品功能或开发创新产品的资源）转投于此。同时，这个过程也可能令人望而却步。面对多年累积的历史落后架构问题和众多改进的可能性，究竟应从何处着手呢？正因如此，仅仅是启动现代化计划便充满挑战。最省力的路径似乎是保持现状，对这些问题视而不见（除非你一直这么做，直至再也无法回避它们）。

然而，有时候，为了实现现代化而大胆地牺牲一些其他投资对组织来说是正确的战略选择。这正是 AMET 的第一个职责：让所有利益相关者认识到，进行架构现代化将解锁重要的战略商机。启动现代化需要重视，也需要初始动力来推动和维持，以便将日常业务从稳定状态转变为对现代化的热情追求。

正如第 3 章和第 4 章所讨论的，构建一个吸引人的愿景，并以倾听和绘制路线图为起点，有助于启动现代化计划。在转向解决方案模式之前，AMET 应重点进行倾听和绘制路线图，以发掘人们面临的问题和现代化的潜在机遇。我特别推荐的是第 4 章介绍的快速启动研讨会。这个研讨会是在与个人或小组会面之后组织的，可以让人们面对面聚集数日、就愿景达成共识、探索领域，并开始制定具体的行动计划，以在 3 ～ 6 个月内交付现代化的初步成果。

在 3 ～ 6 个月内取得架构现代化的初步成果，能激发组织的热情和信心，最关键的是能够建立信任。清晰阐述的愿景既能让管理层愿意投资并支持现代化，也能展示团队能够创造的业务价值。我经常发现信任的缺失是启动架构现代化的主要障碍。对于投入大量资源的要求，管理层担心这可能只是技术人员想玩弄时髦闪亮的技术，而非真正创造价值。工程师也不信任管理层会提供真正需要的资源，因此他们也会警惕和犹豫，不愿意承诺投身到架构现代化。

15.1.2 保持现代化发展势头

在启动架构现代化进程之后，虽然已经形成了一定的势头，但这种势头很可能迅速减弱甚至消失。AMET 的高级工程管理人员需要与所有利益相关者沟通合作，以保持现代化进程的持续性，保持并增强这种势头。

发展势头的衰减可能由多种因素引起，例如：

- 缺乏明确的愿景、战略和优先级设定。
- 其他任务（例如，日常业务和缺陷修复）被赋予更高的优先级。
- 依赖性障碍，例如，未参与现代化的团队优先处理非现代化相关的工作。
- 企业的烦琐程序，例如，云部署审批需耗时数月。
- 未能获得所需投资，例如，资金不足以招募与现代化所需类型和水平相符的额外人力。
- 原地徘徊，无法做出重大或复杂的架构决策。
- 忽视涉及多个团队的问题。

为了应对这些挑战，AMET 需要包含那些能与各利益相关者交流自如，并能运用本书提到的所有方法的成员，这些成员应能使用沃德利地图来制定战略，运用事件风暴促进领域发现，以及采用 DDD 设计和实施领域模型。并非团队的每个成员都必须成为这些技能的专家（尽管这是理想的目标），但团队整体应具备全方位的技能。这可能需要借助外部的帮助，且 AMET 成员很可能需要接受培训并提升技能。

重要的是要记住，AMET 的目的不仅是解决眼前问题，而是构建解决方案，使组织能够在不需要 AMET 的情况下自行处理问题。例如，如果处理相关挑战的团队不能及时作出集体决策，那么 AMET 可能会引入一种决策方法，如本章稍后介绍的架构建议过程（http://mng.bz/j1Ve）。

15.1.3 实现更好的设计

即使架构现代化工作起步顺利且保持了强劲的势头，但如果新架构设计不佳，那么项目最终仍可能交出令人失望的成果。如果团队一直囿于落后系统之中，没有学习现代化技能或练习设计优良架构的机会，那么期望他们打造卓越的系统显然不现实。他们打造的新系统可能会有和旧系统一样多的缺陷。

Segment（http://mng.bz/W1qW）的情况便是如此，Segment 公司不止一次地重建系统。最初，该公司转向了微服务架构，后来因为微服务设计引发过多问题而回归单体架构。Alexandra Noonan 分享了一个关键教训："如果微服务实施不当或仅作为权宜之计而无法解决系统中的根本问题，那么你将无法开发新产品，反而会被微服务的复杂性拖累。"该原则适用于所有的现代化改造工作，不仅仅适用于微服务。

AMET 需要警惕缺乏足够的设计能力的情况，以避免出现 Segment 所经历的那种代价高昂的错误。一个不断出现的问题是对领域概念的理解不足以及识别领域边界的困难。一位 CTO 向我透露："我们正在从本地迁移到云端，但我担心会重蹈覆辙。我担忧我们并不理解'领域'的真正含义。我曾以为通过一些事件风暴活动，领域边界就会自然显现，但事实上并非如此。"另一个案例是一位技术负责人表示："我们需要对过去 20 年的老系统进行现代化改造，但有些员工在这里工作了 15 年，他们一开始就着手为整个数据库构建一个巨大的实体关系图。根据我在 DDD 研讨会上所学到的知识，这完全是错误的系统设计方法。"

这两个案例都揭示了人们对无效架构实践和技能差距的认识。这正是 AMET 应当观察的，基于观察结果 AMET 应进一步为团队提供支持，帮助他们提升技能，赋予他们设计现代化架构的能力。

15.1.4 实现长远且持续的变革

在现代化计划的初期，人们对于尝试新技术和新工作模式往往怀揣着兴奋与开放的心态，热衷于应用像事件风暴这样的创新方法。然而，随着时间的流逝，回归旧习的诱惑也悄然而至。这种回归可能有多种原因：有时是因为对外部顾问的过度依赖，一旦他们离开，组织内部便缺乏保持新思路和方法所需的知识与专长；有时是因为组织会因循守旧，尤其是当团队面对沉重的工作压力，缺乏持续采纳新技术和改进实践的时间或支持的时候。

AMET 致力于实现长远且持续的变革，确保组织即便在现代化项目完成后仍能不断从中受益。AMET 将与各团队合作，帮助他们培养在设计和演进高标准架构方面所需的关键技能，并助力他们与其他团队及利益相关者高效协作。此外，AMET 还将与领导层紧密合作，确保他们继续推进更优的工作方式，并辅助他们采纳架构现代化的领导方法。

行业案例：实践社区支持过渡到以产品为中心的方法

在担任赋能团队成员时，我曾协助组织从项目驱动型模式转变为产品驱动型模式。为此，我们为产品和平台的负责人建立了实践社区（Community of Practice，CoP）。这些负责人管理着一系列的团队，负责开发面向外部用户的产品或供外部产品使用的内部平台。在组织转型为产品和平台导向之前，这些领导者在根深蒂固的项目文化氛围下工作，他们的重点在于按照预定的时间和预算交付项目、沟通进度和管理风险。

通过实践社区，产品和平台的负责人提出了他们所面临的挑战，并从其他负责人以及为促进过渡而聘请的外部专家那里获得建议和支持。该活动每两周举办一次、每次持续一个小时。

然而，仅仅把结构改变为以产品为中心并没有像施展魔法一般立即加快产品上市时间并产出更优质的产品。最初，尽管这些负责人现在被称为产品和平台负责人，但他们仍试图沿用以项目为中心的工作方式。例如，在某次社区实践中，一位平台负责人请求分享资源利用情况。他介绍会议内容时用 Excel 电子表格（其中每列代表一天，每行代表一位团队成员）展示了接下来三个月内每人每天的具体工作。这种方法没有给予团队任何自主决策权或灵活性。实际上，它只是复制了公司过去的工作模式，只不过换了一种电子表格和术语，比如避免用“项目”一词，而改称“产品”。

当我们询问这位平台负责人为何采取这种详细且僵化的方法时，他解释说他需要向利益相关者展示团队成员的具体工作。但实际上，这并非真实需求，他只是基于公司多年来的工作方式来组织他认为应该提供的信息。CoP 最终达成共识，认为不需要如此细粒度且僵化的资源分配，团队应该能更灵活地决定任务的分配。大家还一致同意，通常情况下，团队以外的人员无须了解具体任务分配（除非有特定合作需求），他们仍可通过聊天频道和团队领导与团队沟通，以获取信息或提出请求。

随着时间的推移，CoP 覆盖了众多主题，帮助确立以产品为中心的方法的新标准。CoP 本身的性质也会发生变化，像我这样的推动者的参与度降低了，产品和平台负责人自己将继续推进持续改进。以产品为中心的变革变得持久而稳固，持续改进的方法同样如此。此后，不再需要赋能团队的存在，赋能团队可以安全地解散了。这正是 AMET 支持实现长远且持续变革的方式之一。

15.1.5 沟通愿景和进展情况

架构现代化过程对一些人来说可能是激动人心的，但是对其他人来说，则可能会引起困惑和担忧，尤其是对那些尚未加入现代化进程的团队而言。有时，人们可能会感到愤怒或者嫉妒，质疑："为何有些团队能优先参与而我们不能？""为什么他们能忙于运用 AWS 和 DDD 等前沿技术，而我们却还在忙着修复落后系统的漏洞？"显然，并不是每个人都能从一开始就参与现代化项目，因此这样的顾虑是可以理解的。有效的沟通对于减轻这些顾虑至关重要。如果能让团队成员参与到现代化的过程中来，那么他们就更有可能理解决策背后的逻辑，即使这并非他们的理想方案。

向那些在现代化过程中感到迷茫的非现代化团队成员传达愿景和进展同样重要："公司要求我们实现一些复杂的新功能。我们是应该继续使用老旧的技术栈呢，还是等待现代化基础建设完成后，在新环境中构建解决方案呢？"

有时，员工并不了解企业其他部门正在进行的现代化改造，以及这些改造如何能够为他们带来益处，所以，他们继续按照原有的方式进行开发，而如果他们愿意等到现代化改造完成，那么他们的工作就可以变得更加轻松。

还有些人可能会持怀疑态度，甚至看不到现代化的必要性。他们可能在公司里工作多年，对现状感到满意，或者在过去经历过类似的变革，但这些变革并未带来实质性的价值。良好的沟通也能帮助这些人跟上现代化发展的步伐，逐步让他们认识到现代化的价值所在，并激发他们的热情。

AMET 不应仅作为现代化的代言人或形象代表，不应该只是负责传递愿景和进展的团队。然而，在现代化之旅伊始，AMET 可能需要承担起部分这样的角色，直至建立可持续的沟通机制。这可能包括辅助技术负责人定期举行会议（如每月的现代化进度汇报会），并与各团队合作，通过文本、视频等多种形式分享最新进展。当然，还可以考虑其他的沟通途径，比如内部研讨会、实践社区和开放时段会议等。

15.1.6　推广成功案例和经验教训

在以上基础之上，推广现代化的成功案例与经验教训尤为关键。这样做不仅能够将一个业务领域的成就转化为激励其他领域优化与进步的动力，还能在那些拥有众多落后技术及根深蒂固工作模式的组织中，点燃向现代化架构和敏捷工作流转型的希望之火。一旦组织的某个部门证实了转型的可能性，便能启发其他团队跟进。这些团队会意识到，他们并非注定要被落后系统所束缚，而是可以借鉴其他团队采取的措施，将其作为自己现代化道路的参考。

在全员大会或其他大型组织集会中分享成功故事绝对是一个好主意。同样，工程团队的远程会议也是促进交流的有效方式。例如，当我在 Salesforce 工作时，来自美国和欧洲不同办公室的数百名工程师齐聚一堂，共同探讨落后系统的现代化问题。这不仅是分享成功案例的机会，更是让其他团队从中受益的平台。我记得 Ryan Tomlinson（https://www.linkedin.com/in/ryan-c-tomlinson/）分享了他如何带领团队通过 TDD 和全自动化的基础设施实现持续交付的案例。面对庞大单体应用（需要数小时编译）的其他团队工程师开始认识到，这不仅是理论上的良策，而且在实践上完全可行，并且团队中有同事可以提供帮助。

我发现，公开讨论成功案例能对内部员工产生显著的正面影响。当人们看到自己的同事在聚会和会议上发表演讲，且博客文章在社交媒体上收获赞誉时，便会倍感振奋。他们也会渴望做出卓越的现代化工作，以获得认可和赞赏。因此，我强烈建议各大组织建立技术博客，并支持员工在各类聚会和会议上发言。这些做法也是极佳的招聘策略，可以展示出色的工作成果和卓越的工程师文化，更能吸引有才华的人才加入组织。

如果没有建立起用于分享现代化成功故事的基础设施和机制，以便尽可能广泛地传播影响力，那么 AMET 无疑应当介入协助，哪怕只是找团队之外的人负责推动也好。

15.2 行业案例：欧洲电信公司的现代化赋能团队

21 世纪 20 年代初期，一家领先的欧洲电信巨头实施了一项雄心勃勃的双轨增长战略。一方面，该战略对公司内部的宏观层面进行重组，将企业拆分为两个独立实体：负责管理诸如管道和电缆等地下资产的网络公司（NetCo），以及负责直接向消费者提供产品与服务的服务公司（ServCo）。这项变革旨在使组织的不同部分能够以各自适宜的速度发展。另一方面，这家电信公司通过现有客户群向非传统领域扩展更多的服务，寻求产品开发与增长的新途径。高层管理人员深知，必须加快对市场机会的反应速度。他们担忧在竞争日趋激烈的市场中，自身的反应速度可能不足。

该电信公司意识到，要支撑其预期的增长战略，现有的运营模式需要大幅优化。无论增长战略如何，组织都必须提高产品改进流程的效率。他们尝试从瀑布模型过渡到 Spotify 模型，并采纳敏捷开发方法，但这些初步尝试因团队规模庞大、相互依赖性强而受阻。在 João Rosa（https://www.joaorosa.io）的指导下，电信公司的高管同意采取演进式方法，这种方法针对他们独特的挑战和运营环境的差异进行了定制。他们已经识别出在向 Spotify 模型过渡过程中遇到的主要瓶颈。

为了协助这家电信公司实现系统和组织结构的现代化，对于 João 而言，一个关键原则是长远且持续的变革必须源自组织内部。许多公司会将大部分现代化工作外包给外部顾问，但 João 曾亲眼见证这种做法往往难以取得预期效果。因此，他们首先组建了一个内部运营模式探索团队，专门研究运营模式的各种演进可能性。

这个团队由 João（作为外部顾问）和组织内部的四位成员组成，他们分别具有不同的专业背景，既有面向业务的部门领导，也有面向技术的 IT 架构师。该团队的明确任务是探索、促进现代化进程，并为组织内的现代化工作提供建议。

João 在团队中扮演了导师的角色，将他在以前类似项目中积累的丰富经验引入团队。João 激发了团队成员间的交流，协助他们发掘组织内部的联系点，并指导他们运用沃德利地图、价值流图分析以及团队拓扑等工具和理念。实际上，João 致力于培养团队成员的自我改革能力，而非让他们过度依赖他的个人指导。

该团队面对的第一个挑战是深入剖析现状下的瓶颈，并识别出为持续改善工作流所需进行的潜在组织变革。他们起初与电子商务及电子客户服务领域的若干团队进行对话，试图解答一个根本性问题："你们目前面临的限制是什么，它们是如何形成的?"这个问题作为对话的开端颇为恰当，它以一种开放而真诚的方式提出，为发现有趣见解和主题创造了条件，且并不偏向任何特定的解决方案或答案。

当问题开始浮现时，João 推荐团队继续追问："要实现 X（指已发现的洞察）需要采取哪些措施?"团队常遇到的一个问题是，现有环境的限制和束缚让人们难以设想出一个不同的现实局面，而这个问题恰恰可以帮助我们跨越当前限制。此外，这个问题的一个关键优势在于，它赋予团队识别和实施改进的能力。如果你是习惯于提供解决方案和决策的人，但希望成为一名能够促成持久改革的促进者和引导者，那么这类问题将是理想选择，值得深入学习。

在访谈结束后，João 协助运营模式探索团队运用事件风暴、能力映射和价值流图分析等多种方法和手段来描绘组织结构并辨识潜在的领域和服务边界。这些方法的运用旨在促进进行有价值的对话，而不是单纯追求最终成果。

得益于业务上的不同视角、讨论和深刻洞察，团队为组织确定了五个宏观领域。其中之一便是产品履约。它涉及"客户自助完成互联网宽带套餐履约"的能力。图 15.2 展示了团队针对此能力的操作价值流所规划的一些关键步骤：下达宽带订单、准备宽带设备、运送宽带设备、交付宽带设备，以及自行安装并激活宽带。这些都是领域、团队和软件边界的初步候选。

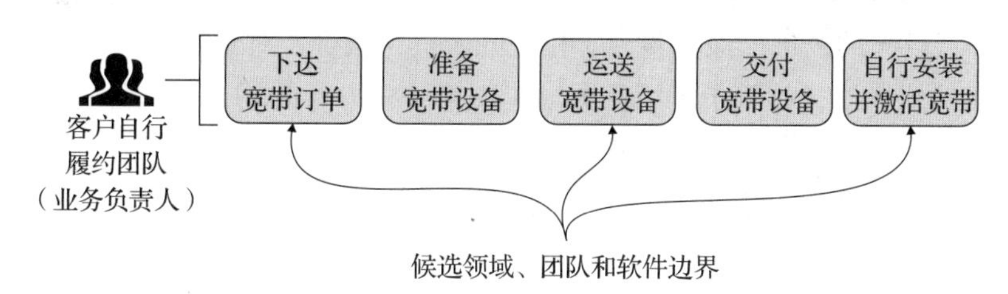

图 15.2　"客户自助完成互联网宽带套餐履约"运营价值流的部分视图

从业务视角来看，这些边界的设定是合理的。然而，要确认这些边界是否同样适合团队的工作方式，还需要进一步验证。为了绘制团队间的互动关系，并识别所提议结构中可能存在问题的任何依赖关系，他们采用了一种三步骤的方法：

- 确定一个适应电信行业环境并能实现快速工作流的未来团队拓扑。
- 识别当前团队拓扑和此背景下所面临的挑战。
- 探索如何逐步改进团队结构和实现架构现代化。

图 15.3 呈现了当前团队拓扑图。可以看出，依赖关系的数目和性质都存在问题。对于"客户自助完成互联网宽带套餐履约"运营价值流，每个步骤都需要跨越多个团队的合作才能完成。此外，几乎所有团队间的互动都是交接或协作模式，这意味着需要更高水平的协调，而且增加了团队成员的认知负荷。

图 15.3 进一步凸显了部门间的边界，特别是那些需要跨部门合作的工作交接，它们给工作流带来了较大的挑战。因为这些交接通常涉及更高层次的协调工作，例如部门间共享网站平台的管理、由非软件开发团队执行的测试与部署活动，以及仍采用手动操作的大多数流

程步骤。运营模式探索团队还发现，现行方法中存在许多服务升级路径，这表明团队经常因等待决策或外部工作而受阻。

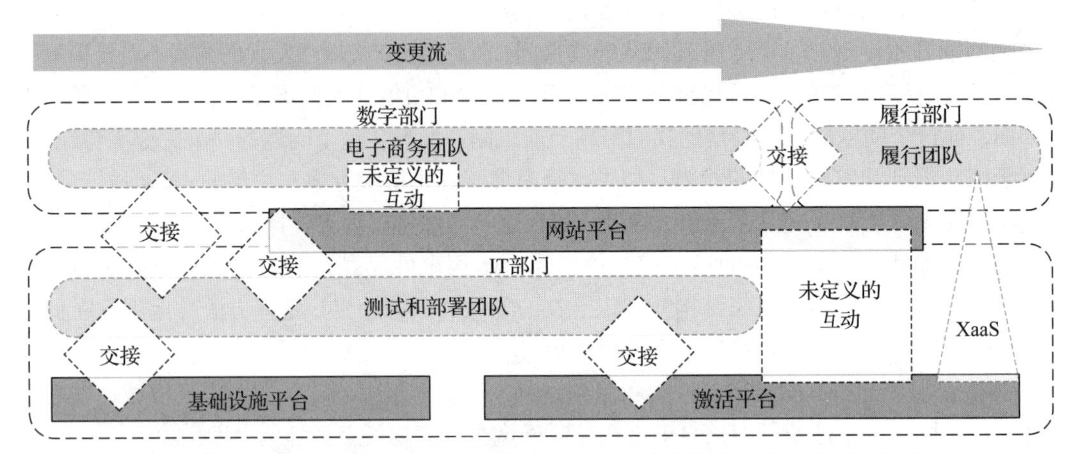

图 15.3 “客户自助完成互联网宽带套餐履约”运营价值流的当前团队拓扑

运营模式探索团队与参与的团队紧密合作，协作设计了一个目标团队拓扑，如图 15.4 所示，这带来了巨大的改进。他们整合了相关的职责，减少了对众多升级路径的需求，从而降低了团队间的依赖性，并赋予了团队更迅速决策的权力。此外，团队还用 XaaS 模式取代

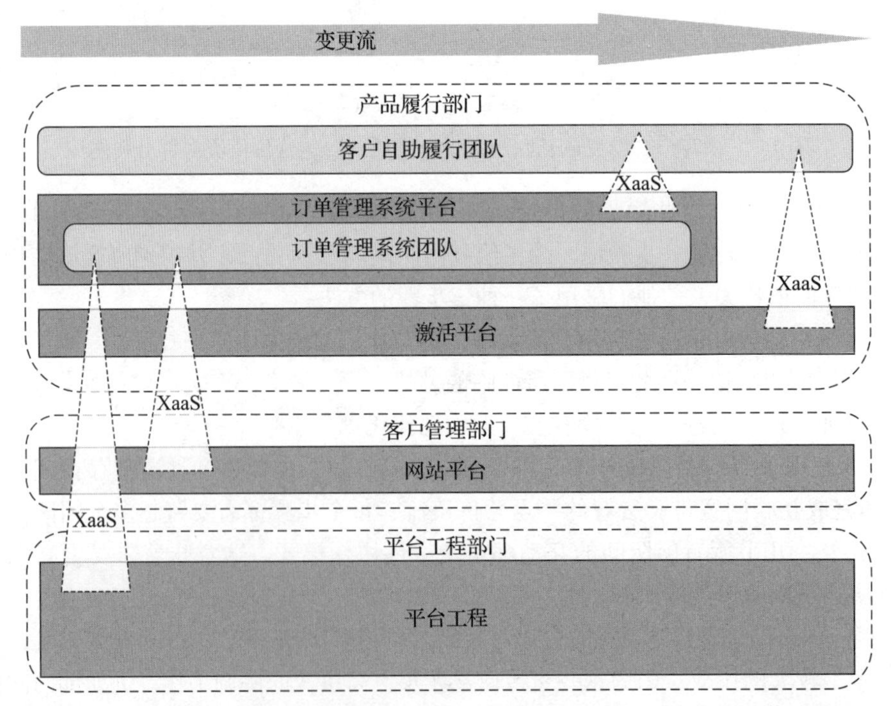

图 15.4 “客户自助完成互联网宽带套餐履约”运营价值流的最少且最小路径的目标团队拓扑

了成本高昂的交接和协作模式，使得团队能够将更多精力投入到交付增强的产品功能上。同时，他们确保了所有相关的 IT 系统都有明确的所有权归属。

产品履约部门成功整合了旗下关键流程与技术，包括激活平台、订单管理系统以及客户自助履约团队，并通过 XaaS 模式实现彼此间的互联互通。同时，平台工程部门也通过 XaaS 模式为所有其他流对齐团队和平台提供支持。最终，所有自助服务功能通过官方网站向电信客户开放，该网站平台还展示了订单管理系统团队和激活平台可通过 XaaS 模式互相调用的服务。

在界定边界的过程中，João 与运营模式探索团队不仅协助组织识别出了合适的候选边界，还帮助组织构建了操作手册和原则，并淘汰了那些不再适用的原则。这为组织提供了扩展现代化方法应用的能力，确保所有改进计划都与公司的核心目标保持一致。

此外，该操作手册范例还成了分析和优先排序现代化计划的宝贵工具，使得电信公司的人员能够识别不必要的依赖关系、边界不匹配问题以及过重的团队认知负荷，并为他们提供了应对挑战、优化流程的操作指南和技术方案。

João 特别强调了这一过程的一个核心要素："在电信公司推行现代化的过程中，我们需要采纳一种社会化技术方法，即对技术系统和社会系统进行联合优化。我们专注于界定边界以及一个团队实际能完成的工作，然后围绕最能支撑组织目标的技术改进进行讨论和优先排序。如果我们忽视了社会化的方面，那么可能无法实现工作流的快速化。"

可以在本书的 Miro board（http://mng.bz/PRO8）上找到 João 的团队拓扑图的全彩互动版本。

15.3　逐渐解散 AMET

正如 *Team Topologies* 一书中所阐述的，每个赋能团队的存在并非永恒不变。AMET 也不例外，它注定在完成了既定使命后逐渐解散。AMET 的使命在于赋予组织自主现代化其架构与实践的能力，直至组织不再依赖外部援助。在这个意义上，AMET 的角色犹如一座脚手架。

15.3.1　不断演进的投入和参与

图 15.5 在概念上描绘了随着组织架构能力的增强，对 AMET 的需求是如何随之变化的。在早期阶段，AMET 在指导决策和规划方向上扮演着核心角色。但随着时间推进和现代化进程的不断深入，AMET 逐步淡出，团队逐渐获得了在无须 AMET 的支持下继续前行的专业知识和结构。团队成员会减少投入 AMET 活动的时间，有些成员甚至可能完全离开。

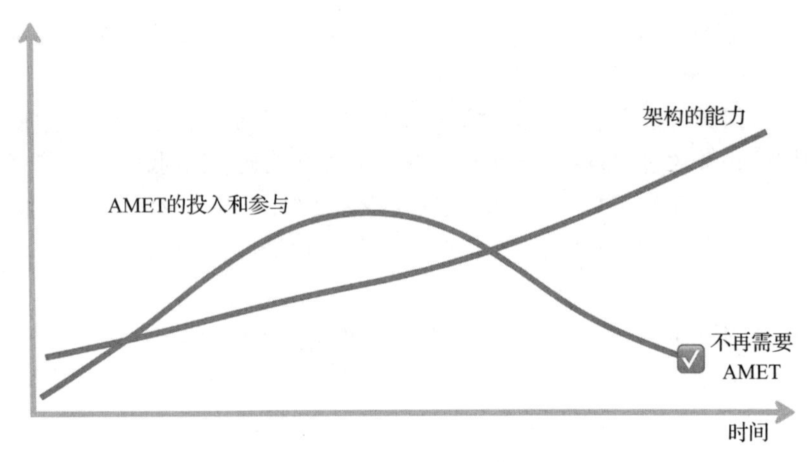

图 15.5 随着组织技能提升，AMET 的参与度降低

随着 AMET 逐步退出舞台，其工作重心将转变为确保变革的持久性和稳固性。在脚手架被逐渐移除的过程中，团队需要确保每个结构单元依然稳固无损。例如，AMET 团队成员将参与会议并从旁观察，而非主导或引领讨论，他们也可能进行一对一指导，以确保领导层已经做好了独立前行的准备。

15.3.2 建立架构运营模式

AMET 作为临时组建的团队，在其生命周期的初期阶段，可能会承担一系列架构相关的职责。然而，当 AMET 最终解散时，我们必须深思架构对组织的长远意义。未来的架构角色和职责将如何定义？决策制定将在哪些层面进行？哪些架构标准将被确立，又由谁来划定这些标准？ AMET 的宗旨在于促成一种持久且稳固的转变，这涉及协助构建理想的架构运营模式，即在 AMET 不复存在之后仍能持续运作的模式。

架构组织模式

在设计架构运营模式时，界定架构角色和职责乃是首要考量。Gregor Hohpe 基于 Stefan Toth 的研究提出了四种广泛的模式（http://mng.bz/Eq2R）：仁慈的独裁者、同僚中的首席、无架构师的架构，以及病人管理精神病院，如图 15.6 所示。

仁慈的独裁者模式是一种传统的架构团队运作方式，在这种模式下，架构师设计出架构蓝图，并将其交由团队执行。对于那些追求快速工作流、以产品为主导的组织而言，这种模式往往不是最佳选择。

同僚中的首席模式，是指在每个团队都配备一名专职架构师。虽然架构的责任仍然落在单个人肩上，但他们身处团队之中，这意味着团队间的依赖性降低了。

无架构师的架构模式，是将架构职责分散到团队的多个成员身上，不存在专门担当此角色的架构师。

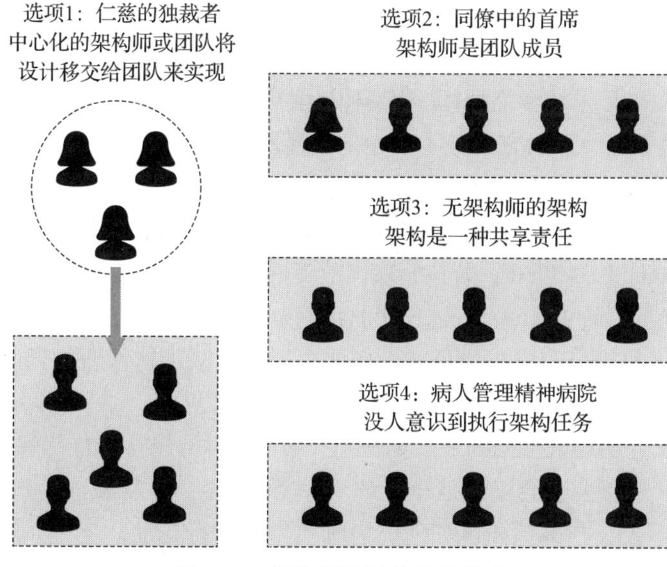

图 15.6　架构师的四种组织模式

病人管理精神病院模式，实际上意味着架构工作无人问津，被整个组织所忽视。组织选择这种模式并非偶然，可能是因为缺乏对架构重要性的认识，或者认为在敏捷环境下架构并不必要。

在我看来，这四种模式在实践中都相当普遍，每种模式都有其独特的实施方式。例如，架构师的个性和态度对架构质量的影响可能与组织模式的选择同样重要。在同僚中的首席模式下，融入团队的架构师可能更倾向于成为变革者，如同仁慈的独裁者，或者他们可以扮演促进者的角色，帮助提升团队技能，推动向无架构师的架构模式演变。同样地，在某些情境下，由具有赋能心态的架构师领导的仁慈的独裁者模式的团队，可能比嵌入团队中的架构师更为高效。因此，除了考虑架构组织模式之外，明确你希望架构师如何在其角色中运作，也是非常重要的。

架构组织拓扑结构（Architecture Organization Topologies，AOT）

图 15.6 所描绘的架构师组织方式主要聚焦于团队层面的架构设计。然而，在具有多个架构层次的中到大型组织中（如第 6 章所述），跨越多个团队来规划架构职责也同样至关重要。例如，一个由多个团队构成的群组，其中每个团队负责更广泛领域内的一个特定子领域。

Eduardo da Silva 详细记录了这些模式及其相应的权衡，并将它们统称为架构组织拓扑结构。关于这些模式的更多细节，可以访问（https://esilva.net/architecture-topologies）。

架构公会

在明确架构角色和职责之后，我们需将视野拓展至更广阔的层面，思考如何在公司的各个部门，乃至全公司之间共享架构思维与知识。如何建立起能影响数百甚至数千工程师的横向标准与原则？传统上，集中式架构团队和审查委员会是填补这一空缺的主要方式。然而，对于那些追求更大自主性、去中心化架构以实现快速工作流的组织而言，架构公会或许是更为高效的解决策略，因为它避免了中心化的瓶颈问题。

架构公会是一种适用于中大型组织，进行架构决策的去中心化手段。公会的设计应当基于组织的具体需求而定。作为在组织内构建公会的起点，Jakub Nabrdalik 提供的架构公会示例仓库（http://mng.bz/NVYd；若该仓库因故无法访问，可在本书附带的 Miro board 上找到仓库的快照，访问地址为 http://mng.bz/PRO8）为你展现了一套包含以下要素的示范结构：

- 动机：阐述架构公会成立的目的，例如在授权团队迅速作业的同时，保持架构的高标准。
- 角色和职责：明确公会的功能，如识别共通问题并寻求全局最优解决方案。
- 运行机制：包括公会会议的召开频率、遵循的程序，以及参与人员的范围。
- 协作方式：公会与其他团队如何、何时及为何进行互动，反之亦然。例如，所有开发者均可自由加入公会。
- 联系信息：提供加入公会所需的联络方式，如聊天频道或电子邮件地址。

行业案例：Comcast 架构公会

Comcast 作为美国规模最大的跨国电信巨头，年营业额超过 1200 多亿美元（http://mng.bz/D9RV），旗下的员工数量接近 20 万（http://mng.bz/lV1o）。在 2019 年，Comcast 发布了一份报告，其中详细阐述了其所采纳的架构公会方法（http://mng.bz/BAR2）。该集团已转型为采用去中心化的架构模式，此变革不仅加快了团队的决策和行动速度，同时也致力于寻找一种方式，在维持这些优势的基础上，进一步实现对整个组织最为有利的高效决策。

为了实现这一目标，Comcast 在其架构公会结构的顶层设立了一个战略架构团队，旨在识别出“能够合理实现更高共性”的技术能力领域。面对此类任务，团队往往会作出在高层看来合理而在实践中难以落地、让受影响团队感到挫败的决策。然而，Comcast 已经形成了一项明确的政策以缓解这一问题：“我们专注于那些我们团队的需求被深刻理解的能力领域，以及那些已有多个成熟解决方案可供选择的领域。在这种情况下，我们更有可能找到一个‘大多数情况下适宜’的解决方案，并期望这个方案在未来几年内都将保持其合理性。”

在构建架构公会时，至关重要的一点是要明白什么才是最适合自己的独特组织，并且避免盲目模仿其他地方的成功经验，这些经验可能并不适合自己的实际情况。对于 Comcast 来说，分布式的工作模式已在其整个技术组织广泛实施，这成为其架构公会运作的核心理念：“作为一个分布式的技术实体，我们拥有远程员工及遍布各地的办公场所，因此我们决定在公会中强调采取异步的、书面的交流方式，以确保每位成员都能有平等的参与机会。我们的核心交流工具是一个专用于聊天平台的‘#architecture’频道以及一个相关的电子邮件分发列表。”

在架构公会内设立了专门的工作组，以处理特定的主题，比如源代码控制。每个工作组都有一份明确概述组内和组外工作范围的章程。此外，每个工作组都拥有一个专用的 Slack 频道，并有两到三名联席主席。Comcast 在确定合适的联席主席时强调："经验表明，对于联席主席而言，良好的协调技巧比技术专长更为关键!"

在提出建议时，工作组应创建包含四个部分的架构决策记录（Architecture Decision Record，ADR）：背景、决策、理由和后果。为了确保各组在做出决策时有足够的考虑时间，我们采用一个包括四个步骤的过程。首先，允许每个人提出想法并确定解决方案的必备条件。其次，任何人都可以提出解决方案，接着对每个方案进行评估。所有这些步骤都详细记录在 ADR 中。最终通过投票完成决策，参与者需要从 1（有史以来最好的解决方案）到 5（严重错误）中选择一个分数。在投票后，我们会继续讨论任何担忧之处，以尝试将总体评分提高到 3 分（可接受）。

随着时间的推移，Comcast 注意到架构公会继续蓬勃发展，服务的目标超过了最初的预期。这催生了架构社区和设计社区的形成，加速了决策过程，并促进了工作组章程的众包。

架构设计建议流程

如果你的目标是采用一种架构运营模式，通过避免依赖中心化的架构团队来改善工作流，那么需要了解一种被称为架构咨询流程的方法（http://mng.bz/dd4w）。AMET 可以协助你建立该流程，旨在在保持架构质量高水平的同时，让团队在做出架构决策时能够快速行动，避免受到阻碍。对于那些影响多个团队，但又不需要架构公会工作组进行完整 RFC 流程决策的情况，这种方法非常有效。

架构咨询流程允许任何人做出架构决策，但这并不是一个人们可以随意设计系统或者凭一时兴起引入新技术的混乱场所。做出决策的人必须首先与受到决策影响的人员以及相关主题的专家进行讨论。可能的结果是，这个决策应该提交给架构公会的工作组。

Andrew Harmel-Law 一直在积极应用架构咨询流程，并通过会议演讲和书面文章来推广这一实践。他提供以下建议，以确保从架构咨询流程中获得最大价值：

- 使用 ADR 详细记录决策过程，包括与受影响方和专家的对话。
- 建立原则和内部技术雷达（https://www.thoughtworks.com/en-gb/radar）来为决策提供指导。
- 牢记架构师的角色是协助和促进，而并非包揽所有决策权。
- 定期举行每周一次、为期一小时的架构咨询论坛（http://mng.bz/rjyy），在这里审查和讨论正在进行的决策，并提前预警即将到来的可能需要做出的决策。

DDD 欧洲 2022 年的开幕主题演讲将包含一个互动环节，观众可以通过各种方式参与探讨架构建议过程的话题。我曾在那里有过一次极好的体验。更多信息，包括所有与会者的回应，可在 GitHub 上找到（http://mng.bz/G9dJ）。

15.4 为 AMET 配备人员

团队成员是 AMET 中最为不可或缺的要素。团队不仅需要拥有广泛的专业知识，并能够有效地与所有利益相关者协同合作，团队成员还需具备真正的赋能心态。那些希望将所有时间都用于现代化工作，或者渴望做出决策并将任务分配给团队执行的人并不适合成为 AMET 的一员。相反，AMET 的成员需要怀揣强烈的愿望去培养和提升他人。团队成员应该乐于担任领导角色、愿意付出努力、了解何时应该让步、保持耐心，并且积极助人成长。

15.4.1 耐心与关系建设

我有幸能够与一些技术上非常出色的人合作，他们不仅是技术方面的专家，同时还是高水平的教练，并且擅长在这两个角色之间灵活切换。其中一位令我印象深刻的合作伙伴是 Yogi Valani（https://www.linkedin.com/in/yogiv/）。以下是我与 Yogi 合作的一段简短回忆。这段经历深深地影响了我，我认为它是一个很好的例子，可以让潜在的 AMET 团队成员决定这是不是他们热衷的角色类型。

从技术层面看，Yogi 和与我共事过的任何人一样富有才华。他拥有数学博士学位，曾在团队中每天多次部署产品，并在 JustEat 构建基于 GCP 的数据仓库中发挥了关键作用。在当时，谷歌认为这是欧洲最大的数据仓库之一。像 Yogi 这样的人很容易主导一切或者持续展示他们的聪明才智，但实际情况并非如此。

在一个将落后系统迁移到云端并试图改善工作流的项目中，我和 Yogi 支持了一个缺乏持续交付经验的团队。我们聚集在阿姆斯特丹，进行了一周密集的架构现代化规划，并成功交付了首批成果。我们有一间专用的小办公室，环境布置得非常舒适。

在第一天早晨，我们制定了计划并在白板上勾勒了一些设计方案，Yogi 提议我们以团队方式群体编程。然而，团队的技术负责人似乎对此并不满意，表现得相当沮丧。气氛变得紧张，进展不顺利。我们一起去吃晚餐，Yogi 在询问技术负责人对当天的会议和群体编程的看法时发现他不想参与，因此没有进一步讨论此事。

第二天的情况与第一天类似，我与技术负责人之间发生了几场冲突。但我注意到技术负责人与 Yogi 之间并未发生冲突。因此，我决定退一步，让他们继续工作，自己则退出了小组。晚餐时，Yogi 再次提出了之前的问题，这次技术负责人给出了回答。尽管他仍感到沮丧，但他更愿意坦诚分享自己的想法："我不理解为什么要这样做。我独自完成这些工作只需一半的时间。为什么要动用这么多人手？我们为何要浪费这么多的时间？" Yogi 平静地解释："我们通过集体编程的目的，是让整个团队能够在一半的时间内完成所有的工作，希望他们能从你这里学习。" 就在那一刻，我立刻感觉到一切都变了。技术负责人习惯于在一个强调个人成就和技能提升的环境中工作。他突然意识到，我们的目标是建立一支卓越的团队，而作为技术负责人，他是实现这一目标的关键。

Yogi 所取得的成就看似简单，实际上需要大量的技巧和耐心。首先，Yogi 在一周的前几天花时间与技术负责人建立社交联系。当技术负责人生气时，他从不试图争辩或告诉他错了。当技术负责人第一天不想讨论问题时，他就退一步，继续建立信任，并在其他时候温和地尝试再次接近这个话题。技术负责人开始信任 Yogi，因为他知道 Yogi 是真诚的，并且关心他的意见。Yogi 本可以使用权威强迫这件事发生，但他真正想要的是建立社交联系。

在这个案例中，Yogi 与一位才华横溢的工程师建立了联系，并帮助他从不同的角度审视自己的工作职责。技术负责人在技术方面已经非常出色，他能够在几分钟内掌握 AWS 的概念，但由于他职业生涯中所处的环境，他的工作方式显得较为个人主义。组织正努力创造一种更具协作性的方法，以实现更快的流程。Yogi 帮助技术负责人理解这一点的重要性，以及通过指导和提升与他一起工作的团队成员的技能，即使这意味着个人生产力有时会降低，但却能产生更加显著的影响。

Yogi 向我解释说，他职业生涯中的一个转折点是阅读了 Marshall Rosenberg 的 *Non-violent Communication*："我意识到，我在与人交往时使用的词语并不有助于建立有效的关系。阅读了 *Non-violent Communication* 之后，我有意识地尝试使用那些不会被解释为攻击性的、更开放和友好的词语和短语。但我也确实关心他人并想要建立良好的关系。"

最后，我想强调的一点是变革并不总是在几天内发生的。有时，它可能需要几个月的耐心、尊重和与人建立信任才能取得重大突破。AMET 需要将这种心态内化于心，体现于行动，而不仅仅是在需要某物时才表现得友好。

15.4.2　AMET 应该是全职的吗？

你的组织在现代化方面的重要性如何，在多大程度上面临表 15.1 中概述的挑战？虽然并没有规定 AMET 团队成员必须完全致力于团队，但如果现代化至关重要且六个经常出现的挑战构成了主要风险，那么明智的解决方案是让 AMET 团队成员百分之百地投入。我曾看到人们期望在其他职责之外作为副项目进行现代化赋能工作，然而，由于他们大部分时间都被其他工作吸引，因此现代化的进展受到了影响。

实际情况要复杂得多。按照定义，AMET 是支持其他团队的，因此即使团队成员全职为 AMET 工作，他们仍将协助其他团队应对挑战和推进现代化。并不是每个团队成员都需要 100% 地属于 AMET。随着时间的推移和需求的变化，有些人可能会被临时调入或调出 AMET。

至少，我建议建立一个核心小组，其中至少包括两个人，他们百分之百地致力于 AMET。他们所做的一切都直接关联到 AMET 的目标。此外，所有参与 AMET 的人应该有定期的聚会时间。例如，每两周一次的 AMET 计划会议和每月一次的 AMET 回顾会议。

15.4.3　引入外部帮助

外部顾问的话题一直是一项复杂而且有时颇具争议的平衡问题。在我参与的一些项目中，大部分的现代化工作几乎完全外包给了外部咨询公司。这种做法带来许多问题，但最重要的是它不能带来组织内部的持久且稳固的变革。我还参与过一些项目，其中组织内部的人员并没有对架构和实践进行根本性反思的技能和经验，同样也存在着许多问题。

AMET是一个例子，慎重引入外部帮助可以带来丰厚的回报。需要关注的关键方面是持久且稳固的变革。当外部人员离开后，公司能否保持架构能力？公司能与外部顾问分道扬镳，还是要一直依赖他们？当一位CTO想要启动一个现代化进程时，我接受了领导一个小团队的机会。但从第一天开始，我便与一位现任技术领导紧密合作，他将在6～12个月后我离开时接替我的职责。这一点在沟通中非常明确，因此每个人都理解这种安排。

寻找愿意扮演这种角色的外部帮助可能有些微妙。有一些咨询公司有很强的销售文化，他们想方设法增加业务往来并争取更多的人参与，而不是在六个月后让自己变得多余。然而，我曾在一些不存在这种情况的咨询公司工作过。在2017年，我为一家美国客户工作，与总部位于英国的咨询公司Equal Experts（EE）合作，我遇到许多看似利益冲突的情况。但我从EE的联系人那里得到的建议总是："做对客户最有利的事情。"

挑选值得信赖的合作伙伴

我已经有很多年没有与EE合作了，因此无法明确推荐或反对与他们合作。我分享这个经验是为了让观点更加均衡（虽然有些公司普遍比其他公司好评更多），避免给人一种反对咨询公司的印象。

与真正考虑你最佳利益的咨询公司合作是可行的。选择合作伙伴是一个非常复杂的问题，需要格外小心。我的建议是首先寻找那些公开内容和案例研究符合目标的咨询公司。我还建议询问他们将如何深入地促进持久和稳固的变革。

15.5 授权AMET

AMET以及其他赋能团队的自然担忧是缺乏实权。AMET的存在是为了帮助他人，但如果那些团队不愿与AMET合作怎么办？这并不罕见。如何解决这个问题将取决于你试图培养的文化、涉及个人的性格以及其他组织动态，如激励措施和汇报层级。

在理想情况下，人们应该自然而然地尊重AMET团队成员，并希望与他们合作，因为他们的存在是为了帮助解决公认的挑战。这并不意味着其他人应该把AMET视为高高在上、供人崇拜的专家，而是应该将AMET视为在他们提供咨询的主题上是有知识的，并且是愿意接受建设性反馈和挑战的。每个人都应该感觉到，当他们与AMET合作时，所有对话都出于善意，旨在确定现代化努力的最佳整体解决方案。实现这一目标的第一步是接续15.4节的内容：启用被同行认可为有知识并愿意合作的人员来加入AMET，目的是建立信任和关系。

需要考虑的第二个因素是团队的定位，这涉及人们是如何基于领导层对团队角色和职责的解释来看待AMET的。选择什么样的定位取决于你认为在自己的情境中什么最为恰当。我认为AMET应视为CTO或者负责现代化工作的其他高层领导的延伸，代表CTO开展工作。AMET 在帮助其他团队采纳和实施 CTO 在现代化愿景、战略和路线图（第 16 章将介绍）中制定的原则、模式和目标。重要的是要记住，赋能团队应始终有一个清晰的使命。AMET 成员并没有一时兴起随心所欲的自由裁量权，而是根据已经形成的共识来引导现代化进程。但是他们确实需要得到负责现代化工作的高层领导的明确支持。

为 AMET 挑选合适的人员并清晰界定团队的使命与职责，对于防止团队失去影响力并发挥更大作用非常重要。但如果即使做到这些还是出现了冲突，或者团队难以实现预期效果该怎么办？需要记住的关键一点是，AMET 的职责在于保持现代化进程的势头。他们不仅仅是提供选择性建议的顾问。如果 AMET 发现某个或某些团队的行为对现代化进程产生负面影响，那么他们有责任提升团队对此的认识，并努力解决问题。这意味着团队需要做好应对冲突的准备。

组织冲突是一个很深的话题，最好咨询该领域的专家以确定最适合你的方法。需要考虑多个方面，如个人措施和升级流程。在 Miro board 上，你可以找到我同事 Mike Rozinsky 和 Dan Young 精选的建议学习资源列表，他们在这个领域工作。同样，AMET 团队成员自己可能也会从这一领域的辅导和赋能中受益。

对我有用的两件事是公开讨论冲突和尽早让利益相关者知情。第一件事是承认对方存在问题，并尝试通过直接对话友好地解决问题。在我的职业生涯中，我花了大约 10 年或更长的时间才具备这种成熟度，我相信在开始咨询心理治疗师后，这种做法感觉会更加自然。第二件事是尽早让关键利益相关者（如 CTO 和人力资源部）知道存在一些摩擦和困难。这么做的原因是我不想在问题已经失控后才提醒大家注意。

15.6　命名 AMET

请记住，架构现代化赋能团队是这一模式的名称。你不应该以模式 AMET 命名。最好给 AMET 起一个能清楚地描述其使命的名称。以下是一些例子：Atlas 单体架构现代化赋能团队、物流单体架构升级微服务架构赋能团队、支付平台重构架构赋能团队，以及交易领域系统演进赋能团队。

当一个团队拥有一个非常模糊或宽泛的名称时，人们不确定团队的职责是什么，或者他们应该何时寻求团队的帮助。同样，团队成员可能会承担额外的责任，因为他们并不完全理解哪些事情超出了他们的职责范围。精确与使命一致的名称有助于每个人清楚地理解团队的职责以及他们不负责的事项。

通常，最好关注团队的赋能方面，而不是架构方面，因为你不想给人留下这是纯粹由架构师组成的团队的印象。团队的目的是支持架构现代化，这需要一系列的技能。

15.7　并非总是需要 AMET

在本章结束之前要补充的最后一点是 AMET 并不总是必需的。本章概述了一种可能的方法来应对本章开头提出的六大挑战，但这并非强制性的。例如，如果你的组织已经具有高水平的架构能力，并且团队之间已经有了良好的工作关系，那么团队可能已经具备了自我组织和应对现代化挑战的必要能力。如果团队觉得没有必要增加 AMET，并且感到没有得到尊重和信任，那么增加 AMET 甚至可能适得其反。

如果你不确定如何创建 AMET，请参考表 15.1。你是否看到了架构现代化挑战，比如开始时的困难或保持发展势头的问题？如果是这样，在你独特的情境下建立一个 AMET 或类似的团队是明智的。

本章要点

- AMET 有助于启动现代化进程，保持发展势头，并实现持久和稳固的变革。
- 作为团队拓扑意义上的一支赋能团队，AMET 不应完成所有工作或做出所有决策，而应该帮助其他团队实现其目标并引入可持续的实践，实际上，AMET 更像是脚手架。
- AMET 应该发现团队在知识和专业技能上的缺口，并提升团队的能力，使其自给自足。
- 随着组织基线架构现代化能力的提升，AMET 应该逐渐解散。
- 在 AMET 解散时，组织应该已经建立了成熟的架构运营模型。
- 架构运营模型是指组织在架构方面的方法，包括结构、架构公会、角色与职责以及决策流程等内容。
- 架构公会是一种建立架构原则和做出影响组织的大部分决策的方法，这种方法是去中心化的，不会阻碍团队级别的快速流程。
- 架构建议过程是一种做出架构决策的方法，它允许任何人做出决策，只要他们咨询了受影响的人和主题专家。
- AMET 最关键的组成部分是选择拥有正确技能和良好心态的成员。
- AMET 需要具备与所有利益相关者合作的能力，从高级领导到实施变革的团队都应该得到充分的支持。
- AMET 需要得到现代化高层领导者的公开支持，以确保团队不会陷入无法推进的困境。
- AMET 团队成员应该具备灵活的领导能力，既能够引导团队，又能够促进合作，适时退后，并在不同情境下切换行动模式。
- 虽然不必百分之百地投入 AMET，但如果你认真考虑现代化，那么通常值得考虑确保始终聚焦现代化工作。
- 外部专家可以协助 AMET 团队提升技能，但团队和组织不应过度依赖他们。
- 建立实践社区是 AMET 帮助确立持续和长久变革的一种有效方式。
- AMET 的命名应该反映其任务和职能。
- 并非一定需要 AMET，这并非一种强制性的模式。如果能在没有 AMET 的情况下实现目标，那么建立 AMET 可能并非必要。

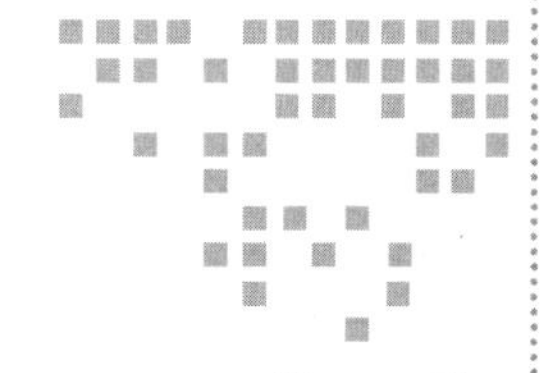

第 16 章 Chapter 16

战略与路线图

本章内容包括：

- 塑造一个吸引人的架构现代化叙事，以激发兴趣并赢得支持；
- 构思架构现代化战略的演示文稿；
- 从一个小初始项目切入，并在三到六个月内实现价值；
- 在整个组织中推进现代化；
- 持续评估与调整。

架构现代化并非像往常一样开发新产品功能和按照既定方式工作，而是通过花时间改善系统架构和学习新的工作方式来完成对更美好未来的投资。然而，那些没有软件开发经验和不了解技术债等概念的人往往对功能延迟交付大惊小怪。那么，应该如何让他们信服投资于架构现代化符合其本身和所有其他人的最佳利益呢？同样，又该如何获得那些可能对现状感到满意，对潜在变化感到担忧的员工的支持呢？

应该以一种能与所有利益相关者沟通的语言巧妙地制定出架构现代化战略，形成有吸引力的激励人心的愿景，为团结一致的现代化之旅奠定基础。这有助于每个人都能看到架构现代化将如何使其受益，增加获得他们支持的机会。好的战略能把现代化计划与业务产出相关联，使现代化工作能够被优先考虑并纳入路线图，展现出如何逐步将这个鼓舞人心的愿景变为现实。

如图 16.1 所示，架构现代化战略和路线图需要循序渐进。当团队致力于实施现代化并产生价值时，重要的是不断地通过验证来确认：架构决策是否达到了预期的效果；对现代化的投入是否获得了足够的回报；以及其进展速度是否可以接受。架构的现代化从来不会完全按计划进行，所以从一开始就要做好不断调整的准备。

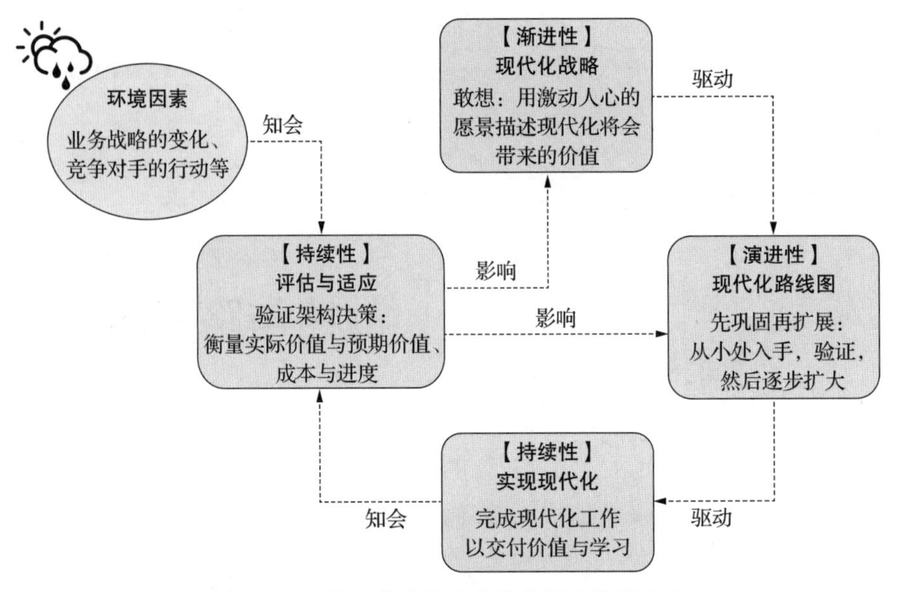

图 16.1 架构现代化战略和路线图的演进方法

本章将介绍先巩固再扩展的架构现代化战略和路线图方法。该方法背后的原则是先进行小规模的验证，然后再向组织的更大部分推广。采用这种方法的额外好处是可以在短短三到六个月内开始产生价值并进行学习。尽早尽快产生价值是保持激情和赢得支持以及获得持续投资的妙方。现代化不应该是跨年度的大型项目，意图在整体项目结束时轰轰烈烈地一次性交付一个全新的系统，这是走向灾难性失败的节奏。

16.1 敢想：制定有吸引力的愿景

许多现代化之旅从未能跨过第一个障碍，即开始行动。通常的原因是缺乏有吸引力的叙事。我见过因为紧密围绕技术进行架构现代化叙事而在这一关上失败的公司。技术人员不断地使用技术债、系统重构、迁移到云端等诸如此类的词，这样的叙事通常不会激励非技术人员看到现代化所能带来的价值。

有吸引力的叙事需要能激励包括工程技术领域人员在内的所有利益相关者。有些工程师和架构师习惯了多年养成的特定工作方式。他们构建了当前的系统，对系统的运作方式谙熟于心，并且对既定的开发流程感到非常适应。他们为什么要走出自己的舒适区去冒险，并且付出努力去替换自己辛苦创建的系统呢？

即使跨过了第一个障碍，现代化也可能在小试牛刀之前就步履蹒跚，因为人们感觉现代化并没有带来足够的投资回报。有吸引力的叙事可以通过帮助他们提高参与感，扩大视野，并向有利于业务产出的进步倾斜，以防止这个问题的发生。

激励人心而且有吸引力的现代化愿景包括几个关键要素。虽然有些诸如业务目标、行业趋势和其他类型的数据更为量化而且客观，但是有吸引力的叙事不仅限于数字和事实，还应该在情感层面与人建立联系。其内容也应该包括个人引述、员工反馈以及公司的故事等。

16.1.1　制定现代化战略

有许多方法可以构思战略展示文稿，并讲述现代化之旅的故事。然而，通常有四个关键要素被编织进叙事中，如图 16.2 所示。整个组织是什么样，组织的不同部分最终想要实现什么目标？有哪些挑战在阻碍它？现代化将如何帮助组织实现目标并应对挑战？现代化工作将以何种顺序展开以及何时进行？我建议按照这个逻辑顺序构思并形成战略展示文稿。

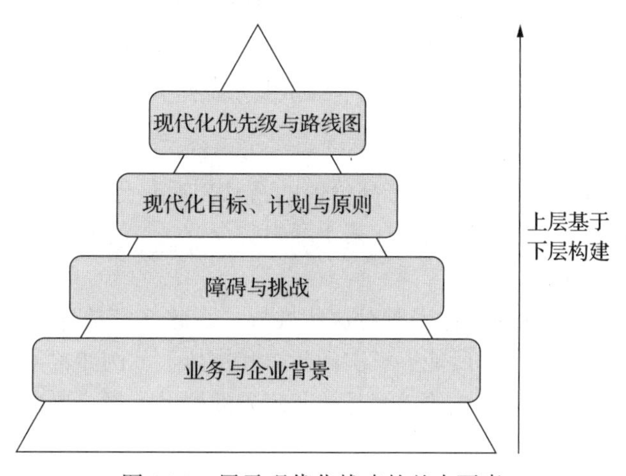

图 16.2　展示现代化战略的基本要素

应该让一群多元化的人参与制定战略，以产生可以吸引所有利益相关者并能真正满足其需求和关切的有吸引力的叙事。应该定期征求来自多元化群体的反馈，以确保战略可以根据他们的需求演进。

业务与企业背景

制定现代化愿景的第一步是确定最重要的业务目标（第 3 章有详细介绍），这些目标就像是产品或产品组合的北极星指标。企业计划如何维持并扩大其市场份额？为了能够发现这些期待，需要走出去与组织内各部门的人交谈（第 4 章有详细介绍）。像沃德利地图这样的方法就是一个很好的工具，可以用于战略的可视化与探索（第 5 章有详细介绍）。沃德利地图可以帮助我们描绘行业的发展方向和即将出现的机会。我建议将这些可视化内容整合到战略演示文稿中。

收集了这些信息后，就可以向业务侧讲述现代化改造的故事。通常这是现代化战略展示的第一部分，被称为业务背景、企业背景及类似信息。这一部分旨在展示对业务战略有深刻的理解。这对于获得业务领导者的信任和支持至关重要。你希望他们感觉到你真正理解要实现的业务目标，他们自己无法做更好地解释。在现代化战略中重点聚焦业务可以让技术人员知道在讨论现代化时使用业务语言的重要性。以下是内容概要：

- 主要的业务目标、机会和增长指标（例如收入和其他财务指标，进入新市场，改善运营效率）。
- 产品及其组合的北极星指标以及上线后可以带来的新能力。
- 采用沃德利地图和其他战略视觉工具展望出的未来格局，包括竞争对手的行动以及可能出现的其他风险和机会。
- 公司的故事：对照未来演进的方向，公司是如何发展到今天这个地步的？产品和客户群体在过去几年是如何变化的？哪些做得好？客户如何看待这个品牌？
- 个人引述和关于目标与目的的调查反馈（例如，“我坚信如果我们的新产品能率先上市，那么在接下来的 5 ～ 10 年内我们将稳坐市场领导者的位置”以及“组织中有 80% 的人表示，在现有市场上改进产品和服务要比扩展新市场更好”）。

障碍与挑战

在讲述了业务故事并制定了具有更高价值的新计划后，我们可以开始谈论阻碍组织提供更好、更快、更安全、更快乐价值（在第 1 章中曾介绍过）的障碍和挑战。倾听和分析是发现障碍和挑战的好方法。

接下来将讨论如何通过现代化来应对这些挑战，因此这里是为了引出该讨论所做的铺垫。为此，你希望聚焦在现代化所能够解决的障碍和挑战上。例如常见的障碍是无法加快创新速度。如果技术负债和组织结构等因素是造成障碍的原因，那么提出这个障碍就很好，因为现代化能够解决这些问题。

在讨论障碍和挑战时，我发现结合信息性和情感性的解释对阐明问题及其原因非常有效。例如价值流图是展示在新产品或功能交付过程中涉及的所有步骤的常用可视化方法。这种可视化方法便于突出流程中的瓶颈，如优先级设定、代码审查或测试。尽管该方法在通过图片准确传递信息上极为高效，但可能显得有些抽象。辅以个人引述可以使问题显得更加真切，例如：“我真的不理解为什么在这里办事这么慢，哪怕是非常简单的事。我请求在网页上添加两个文本框来提升搜索引擎优化，时间过去了六个月仍未完成。——市场部门负责人”

此外，你可能还想展示所在组织与行业的平均水平，以及与行业领先者相比的情况。例如，应用部署的频率是多少，与行业平均水平相比如何（https://cloud.google.com/devops/state-of-devops）？

另外需要包括的数据是用诸如 CodeScene 之类的工具分析的结果（第 12 章有详细介绍）。它能够把系统中的耦合度、复杂性趋势和知识损失等以非工程师和非架构师也能理解的方式可视化地呈现出来。这很重要，因为这能够将不同的环节联系起来，构建一个极富说服力的行业案例。比如，你可以讨论具体的业务目标，并借助价值流图和员工引述来说明现在的运营模式是实现该目标的一大障碍。接着，可以利用 CodeScene 的可视化方法来展示诸如旧代码中部分存在着紧密耦合，它是价值流瓶颈问题的元凶等信息。

在战略展示文稿的这一部分，谨慎措辞非常重要。许多现有员工可能曾参与过构建当前的系统和建立现行的工作方式。为避免让人感受到被指责或受到过度批评而产生排斥感，需要细致地平衡。因此，在内容面向更广泛受众发布前，征求反馈显得尤为重要。

我发现有经验的领导者能够通过坦诚面对挑战，同时以非责备的态度对这些挑战进行合理的解释，从而达到一种平衡。我曾合作过的一位 CTO 指出，对于一个正从初创期向扩张期过渡的组织而言，公司所面临的这些挑战是再正常不过的了。还有一位技术领导者找到了落后假设的案例，即系统可能是基于过去的需求而良好构建的，而这些需求现在已经发生了变化。在行业中也有类似的例子，例如第 10 章提到的 Vinted 公司，该公司围绕在单一领域活跃的假设抽象并构建了核心架构，但随着公司向新领域扩张，这一假设不再适用。以下是内容概要：

- 问题清单与可用指标表示的负面影响，例如，平均的上线时间为一周，但竞争对手能在不到一天内就可以完成。
- 可视化，例如显示等待时间、瓶颈等的价值流图。
- IT 行业趋势，例如 DORA 指标。
- 当前运营模式形成的过程描述（例如从初创企业到扩大规模，或者过去几年经历了大量的并购），以及设计假设的变化（例如原本系统只支持单一市场，后来变成必须支持多个市场）。
- 关于障碍和挑战的个人引述（例如：“我们得用四套不同的系统和两个电子表格来处理一个简单的案例。这对我的团队来说，简直就是一场噩梦。”）。
- 员工调查结果显示（例如：“73% 的开发人员反馈技术债是他们无法更快交付功能的第一大原因，而 92% 的人报告技术债正在不断地增加。”）。
- 架构可视化（例如，CodeScene 截屏显示系统中复杂度高或知识流失的区域）与障碍相关联。

不落俗套

在通常情况下，技术领导者在加入新公司后，倾向于复制他们在前一个职位上使用过的战略。这种做法本身并不总是错误的，但是领导者常因为未充分考虑这些战略是否适用于新环境而受到质疑。

很多人对此持警惕的态度。当他们看到新的领导者加入公司，并立即开始推行新的想法时，这种做法很容易看作没有创新的“照搬照抄”管理，而这通常都不会成功。在这样的情况下，赢得团队的支持会更加困难。然而，如果能够清晰地解释业务背景与主要挑战，就可以表明你已经投入时间来了解该组织，并提出了适合的方案，即使你在该组织中工作的时间并不长。

现代化目标、计划与原则

下一步是构建激励人心的愿景，展示现代化如何使企业能够取得非常理想的成果，而这些是在不投资现代化的情况下不可能实现的。如果前面的部分吸引力够强，那么它更容易彰显现代化将如何直接助力业务成果的改善。然而，仅仅因为有了关于业务环境和挑战的激励人心的叙事，并不能保证获得利益相关者对所提解决方案的支持。仍然需要有理有据地进行推荐和介绍，并且避免过度使用诸如微服务和人工智能这样的热门术语，让人觉得是为了新技术而使用新技术，并非出于业务目的考虑。

在这里，推荐的方法是先从用业务友好的语言描述的现代化成效入手，然后逐渐过渡到技术性较强的内容。例如，设想一个这样的现代化成果："可以加快新产品和功能的上市速度：目前，每 4 ～ 10 周发布一次，这比我们的竞争对手慢了一个数量级，也低于行业的平均水平。我们的目标是在两年内，各个团队每天都能部署新的变更，这将使我们领先于竞争对手并且高于行业的平均水平。"

接下来可以描述与结果相关的主题、倡议和原则。例如，一个解决问题取得上述结果的主题或原则可能是："从以项目为中心的运营模式过渡到以产品为中心的运营模式：通过围绕长期的、独立的价值流来组织团队与软件，激励长期思维和持续快速流动。团队会更快地决策和变革，从而领先于竞争对手。"

接下来可以讨论与该成果和主题相关的具体措施。如可能，建议先描述业务架构，再深入技术细节。产品分类法（详见第 6 章）是一个出色的业务架构示例。它采用了像产品、组合、平台、领域和价值流等术语，这对所有利益相关者而言都易于理解，采用大家都能理解的语言来讨论架构现代化并把握核心概念。在这个例子中，可以提及产品分类法中确定的特定价值流的部分内容。

深入了解技术细节也很重要。然而，并非所有听众都需要这些信息，因此可以根据不同听众定制不同版本的幻灯片。例如，可能想要讨论推荐的架构和迁移模式，比如第 12 章中提到的气泡模式。

这里旨在展示，现代化不仅能提升效率还能优化流程，更是一次极佳的机会。通过提出有力的建议，可以展现出如何通过现代化的 UI 和新增功能等方式，使现代化投资直接促进客户体验的提升并创造新价值（详见第 8 章）。以下是内容概要：

- 具体的现代化成果（例如缩短上市时间，提升新产品和改进的产品功能）。
- 现代化主题和原则（例如从以项目为中心转向以产品为中心的运营模式）。
- 目标业务架构的详细信息（例如产品分类法）。
- 具体计划（例如建立第一个 IVS，将某旧应用程序迁移到现代化技术栈）。
- 软件架构图和模式（例如 C4 架构图，推荐迁移模式，如气泡模式）。

现代化优先级与路线图

战略展示不必详尽列出目标架构和五年发展规划，但明确传达主要优先级并大致说明预期实现关键里程碑的时间框架是十分必要的。这样不仅能使愿景显得更加现实，也能让人们预见他们可能参与的时机，或了解特定措施何时会对他们产生影响。我曾参与过众多战略发布会，见证过领导层满怀宏图大志的投资计划最终未能兑现。因此，许多人对于豪言壮语保持谨慎，直至见到实质性的承诺及进展迹象。

展示优先级背后的逻辑有助于提高一致性。使用核心领域图（详见第 11 章）等技术的投资组合概览可以是个好起点，它展示了以技术为中心的现代化投资是如何以业务价值为基础的。例如，可以强调如何通过现代化的最高优先级，在业务核心领域促进创新、在支持领域降低维护成本和复杂性，以及在通用领域转向现成的商品化服务。

现代化战略选择器（详见第 12 章）可用于在更细层面上根据潜在的业务价值和现代化成本进一步详细确定对每个架构子系统的投资。其他的可用工具包括影响与评估技术，如现代化核心领域图和评分卡，它们展示了用于做出优先级决策的更细致的标准（这两种技术将在本章后面介绍）。以下是内容概要：

- 高层次的主要里程碑的路线图。
- 现代化优先事项清单。
- 投资组合视角下的优先级与投资（例如核心领域图）。
- 优先级标准（例如评分卡、现代化战略选择器、现代化核心领域图）。

设定宏大目标的截止日期虽然风险很大，但可以在复杂的现代化挑战中克服惰性

设定宏大目标的截止日期总是存在着可能无法达成目标的风险，导致人们担心现代化进程的失败，或者团队为了赶期限而做出过多的妥协。然而，如果能够运用得当，设定既宏大又可实现的目标日期可以营造一种健康的紧迫感，并把一些重要的结果保留在议程上并予以高度关注，否则这些结果可能会被忽视。

例如，一位客户转向了微服务架构，但所有的微服务仍旧依赖于原有的单体数据库。鉴于数据库现代化改造所需的工作量巨大，实施计划不断地被推迟，也很难获得必要的资源投入。在这种情况下，如果合理设置截止日期，那么可以作为对抗在这类复杂挑战中的惰性的一种有效战略。要尽早地把这些问题列入实施议程，并通过对所有利益相关者都具有吸引力的清晰的行业案例来强调其重要性，同时鼓励团队持续地小步前进，解决这些复杂的问题，坚信最终能够实现重大的长期目标。

16.1.2　行业案例：制定 IgluCruise.com 现代化战略

Scott Millett 自 2015 年起担任英国旅游公司 Iglu 的首席信息官。我从 2011 年开始认识他，并于 2014 年合作撰写了 *Principles, Patterns, and Practices of Domain-Driven Design*(Wiley)。Scott 一直是一个非常注重业务的战略思考者，他还曾就这个话题撰写了一本书：*The Accidental*

CIO: A Lean and Agile Playbook for IT Leaders(Wiley)。在 2023 年 3 月，我联系 Scott 并请他分享了他对 Iglu 当前现代化和战略方面的见解。

Nick：能否总结一下自从加入公司以来 Iglu 在技术和工作方法上实现现代化改造的一些关键性方法？是什么因素促成了对这些改变的需求？

Scott：我们的现代化努力有三个重大变化。最明显的第一个方面是新的组织结构。原本我们设立团队是为了完成临时项目，现在设立团队则是围绕长期存在的价值流或业务能力，例如预订履约或者客户旅程步骤，又如报价和预订旅程。团队融合了技术与非技术人员。这有助于嵌入深入的领域知识和专业技能，并且形成对价值流结果的归属感，而不仅仅停留在技术层面。

第二个方面是解决问题的方式。从历史来看，我们曾经采取“全盘自主构建”的战略。这导致了一个庞大的定制化环境，造成有限的开发资源过度分散，而且不得不关注那些对实现战略无关紧要的业务领域。因此，我们开始采用更加强调组合的方法。识别出那些通用和支持性的功能，然后寻找现成的系统和托管服务，甚至把这些功能完全外包。这意味着我们能够将注意力和资源集中在行业特有的领域（即核心领域）上。例如，在 CRM 领域，我们对潜在客户管理和客户服务都有定制化的解决方案。在 20 年前构建这些解决方案可能还有道理，然而，随着技术的演进和 SaaS 解决方案的成本效益优化，继续维护这些内部解决方案失去了商业意义。所以我们选择用 Zendesk 来替换这些定制的解决方案，因为它能满足我们的需求。但所带来的巨大影响是我能够整合开发团队，让他们专注于对我们行业来说独一无二而且绝对必要的导航目录，这对取得业务成功至关重要。

最后，也许是最大的变化，是在决策权上。以前由运营委员会做出所有的决策，从关注点到项目层面。然而，现在这成为瓶颈，并且团队层面没有对结果的责任感。现在，在每个层级都有明确的决策权。运营委员会只负责设定战略方向。在战术层级上，产品经理负责确定如何根据战略行动来实施战略计划。在操作层级，产品团队确定如何最好地为战略计划做出贡献，同时努力满足日常业务需求。然而，虽然有明确的责任层级，但是每个人都对业务成功有责任感。

Nick：这类变化并非易事，且可能需要较长时间才能实现。这些好处真的值得吗？

Scott：这个问题很难回答，因为我无法确定如果没做那些改变，我们现在将处于什么境地。不过，以下是我对现代化项目影响的一些观察。

我们进行了季度性的员工净推荐分数（employee Net Promoter Score，eNPS）调查，得分创历史新高。量化的证据表明：团队的参与度高，员工对自己的工作有更明确的了解，并感觉到他们正在产生影响。

我们的员工流失率非常低，即使在疫情最严重时亦是如此。

我们的市场份额很高，我们通过数字渠道达成了业务目标，并且在收入组合中，数字渠道的比重增加了，这些都直接归功于团队的贡献。

老板和同事的反馈也都是积极的。他们理解 IT 的贡献，并且对团队在机会和约束面前主动寻找解决方案感到欢欣鼓舞。

当然，也有一些事并没有完全按计划进行。我们不得不对团队做些调整，因为边界并没有像最初想象的那样清晰。在疫情开始的六个月里，由于混乱和对新冠疫情影响的不确定性，我们的运作转向更多的指挥和控制模式。当开始理解这是一种新常态并调整了顶层战略后，我们再次将决策权还给了团队。

Nick：你是如何开始对组织进行如此深刻的变革的？你创建了某种战略愿景吗？

Scott：我回归到了基本原则。如果要开始一段旅程，那么首先需要知道目的地。我需要战略。制定 IT 战略的最简单做法是将要采取的行动与组织的其他部分保持一致，以达成业务目标。因此，为了制定 IT 战略，需要真正理解业务战略和影响组织的关键因素，以便确定我们的战略行动。

通过与 CEO 和同事们合作，我清楚地描绘出企业在何处竞争以及如何取胜的选择图（Scott 记录业务战略的方法如图 16.3 所示）。通过与 CEO 交谈，我了解到董事会的愿景，通过与业务总监交谈，我掌握了市场的机会。市场总监帮助我理解了市场份额以及市场动态。与 COO 合作让我掌握了销售和履约方面的挑战与机会。随后，我与 CEO 讨论了我的假设，获得了反馈意见并澄清了我对业务战略方向的理解。我以往的经验主要是在中小企业，这些企业往往缺乏在大型组织中可能发现的明确的业务战略，因此能够揭示战略方向对于锚定任何技术行动来说极为重要。

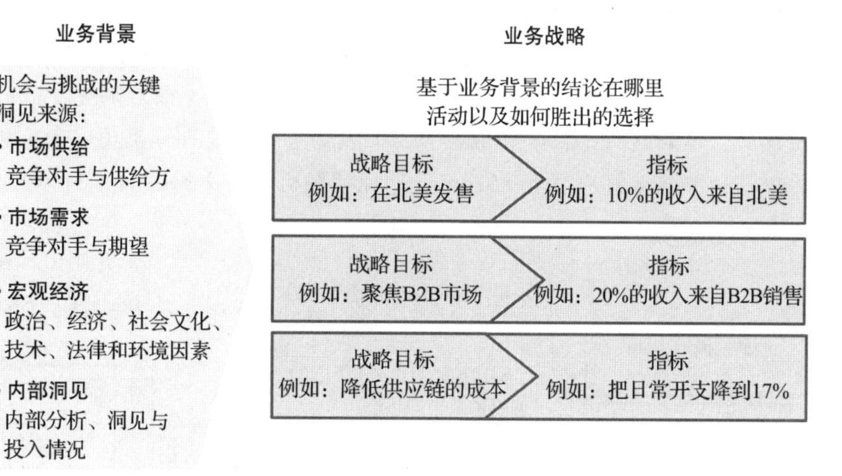

图 16.3　Scott Millett 记录业务战略的方法

在明确了战略目标后，我开始寻找阻碍组织实现这些目标的障碍、困难和挑战。这些障碍被模型化为业务能力，以理解需要改进的地方以及哪种技术能为这种改进做出贡献。例如，其中一个战略目标是进军新领域。我查看了在客户的发展过程中需要改进的障碍和困难，比如本地化的定价管理、内容、规章制度等。然后将它们整合成一组能力，并与其他部门的同事一起制定出需要采取的行动（Scott 确定 IT 战略行动的方法如图 16.4 所示）。

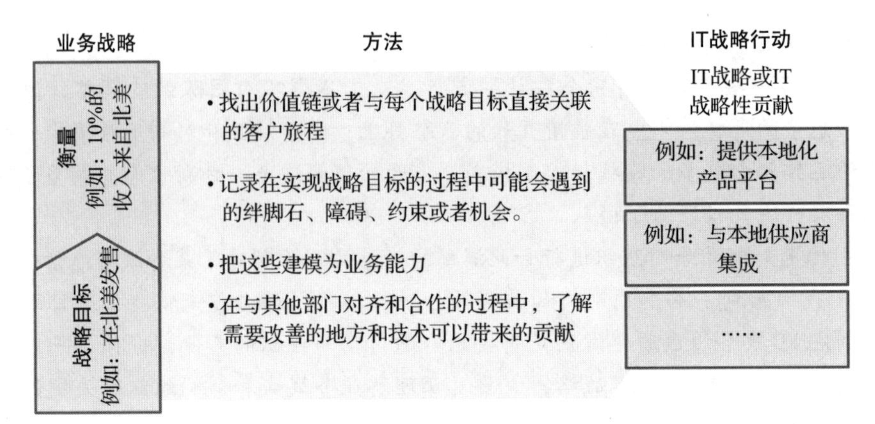

图 16.4　Scott Millett 确定 IT 战略行动的方法

例如，为了支持进入新领域，一个关键能力是提升本地化的内容。这需要雇用会说目标国家语言的内容创作者，获取并持续更新内容的过程，当然还有管理和传递内容的技术。在这个例子中的 IT 战略行动是提供一个平台来管理和减少内容的重复，以及能够根据用户的特定场景来传递内容。

Nick：所以你对关键业务目标以及为了支持这些目标需要发展的能力有了更好的认识，那么你是如何把这些认识落实到新架构和组织设计中的呢？这些新架构和设计赋予了团队更快的决策速度和更好的创新能力。

Scott：在明确了战略行动后，我与企业架构师合作设计了目标技术架构。为此，我们将业务能力映射到相应的发展状态：独立的、支持的或通用的。然后调查目前如何通过技术来支持这些能力，以及这种方法是否恰当。由此我们可以创建目标架构——在哪里构建与在哪里购买，以及一些候选解决方案（Scott 设计目标架构的方法如图 16.5 所示）。

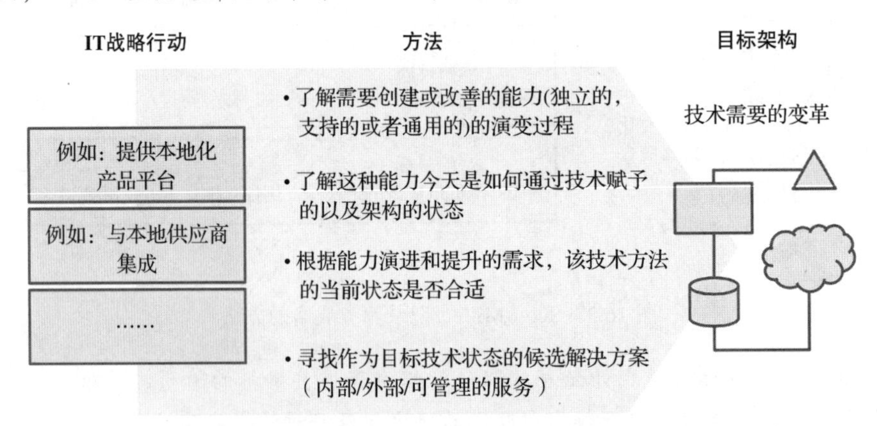

图 16.5　Scott Millett 设计目标架构的方法

最后形成目标运营模型，即如何通过 IT 完成任务。因此，基于目标架构、战略目标、IT 战略行动以及更广泛的业务环境，我们设计出团队结构，明确了决策权、工作方式、与谁合作、如何衡量效果、利用哪些工具和技术，以及为取得业务成功需要什么样的人才（Scott 设计目标运营模型的方法如图 16.6 所示）。

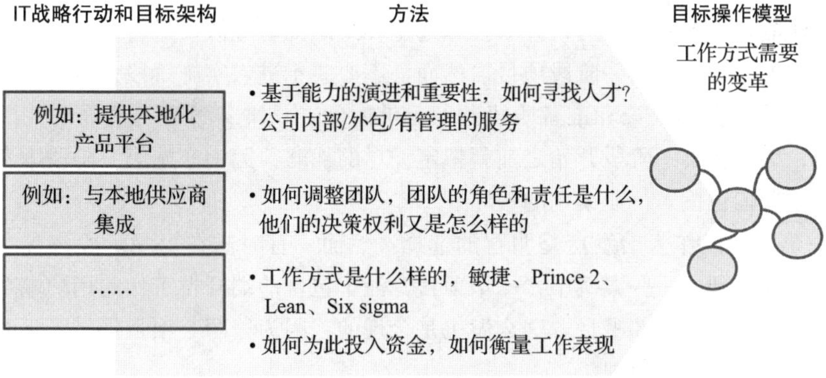

IT战略行动和目标架构

例如：提供本地化产品平台

例如：与本地供应商集成

……

方法

• 基于能力的演进和重要性，如何寻找人才？公司内部/外包/有管理的服务

• 如何调整团队，团队的角色和责任是什么，他们的决策权利又是怎么样的

• 工作方式是什么样的，敏捷、Prince 2、Lean、Six sigma

• 如何为此投入资金，如何衡量工作表现

目标操作模型

工作方式需要的变革

图 16.6　Scott Millett 设计目标运营模型的方法

重中之重是根据所做的决策和选择画出一条通往业务成功的红线。确保与有助于业务成功的事务保持一致。如果结论错误，那么就是假设不正确。因此任何修正都要基于业务假设。

Nick：你是如何保持战略的灵活性，避免它变成一个固定的五年计划的？

Scott：战略制定不是一次性的。需要根据假设的变化和组织所处的业务和技术环境的变化而不断演进。业务环境由那些能够对组织产生重大影响的关键因素所组成，这些因素可能导致战略方向的改变，进而对技术战略产生连锁反应。技术环境代表着不断变化的技术现状与发展趋势，技术进步使人们能够探索新的表现形式，实现以前无法实现的创意，把曾经独特的事物变成普通的商品。

疫情显然对旅游行业产生了巨大的影响。疫情导致了旅游业对新能力的需求，以管理大量的退款、改签、重新预订，以及处理涵盖多个国家行程中新冠规则和规定的复杂性，同时也暴露了一些面对重大事件能力极度不成熟和准备不足的问题。疫情后，外部合规和监管的变化对业务战略方向的影响仍然存在。

在技术环境方面，我们开始采用更多种技术来提高效率。比较重要的有两个：低代码平台，它使我们能够快速开发解决方案；RPA 解决方案，它使我们能够迅速解决大量制约业务增长的后台手动操作。

Nick：如何关注那些可能影响战略的变化？

Scott：主要是不断扫描环境，寻找可能触发并改变战略思维的因素。这包括业务和技术环境。与 CEO 和同事们交流宏观和微观环境的动向及其对业务的意义，有助于提前识别对技术的潜在影响或机会。理解技术行动所产生的影响：是否有效果？假设是否成立？是要加码还是要改弦易辙？除了关注业务环境之外，还要紧跟技术发展的步伐。积极参加各类展览和会议，阅读白皮书，广泛地吸收各种知识。虽然无须深入到每个细节，但是要广泛地了解各种可能性，以便在形势发生变化时做好准备。

16.2 成功实施：在三到六个月内交付第一阶段的成果

启动现代化改造的关键在于尽快交付一个小规模的第一阶段项目，这不仅可以验证概念的价值，还能积累关键的动力，并对技术选型和组织准备等假设进行验证。建议目标是一个能在一个季度内完成的第一阶段项目。然而，不要急于进入实施阶段，需要先筛选出可能的第一阶段项目，并为决策和准备阶段预留足够时间。该准备过程可能需要几周到一个季度。实际上，无须在第一阶段开始之前就拟定详尽的战略，因为实施第一阶段本身就可以作为支持更广泛现代化投入行业案例的一环。

以单一第一阶段作为出发点是明智的选择。然而，有时候在第一阶段包含多个项目也是可行的。在观察到的一些案例中，一个项目专注于包含前端开发工作的用户端功能，而另一个项目则致力于探索内部平台。这么做也是合理的，因为这两个项目提供了不同类型的学习机会，有益于制定长远规划。

16.2.1 规划第一阶段

图 16.7 通过一个实例展现了在事情进展相对顺利的假设情景中第一阶段的详细路线图。这并不是一个可以复制和粘贴的详细指南。

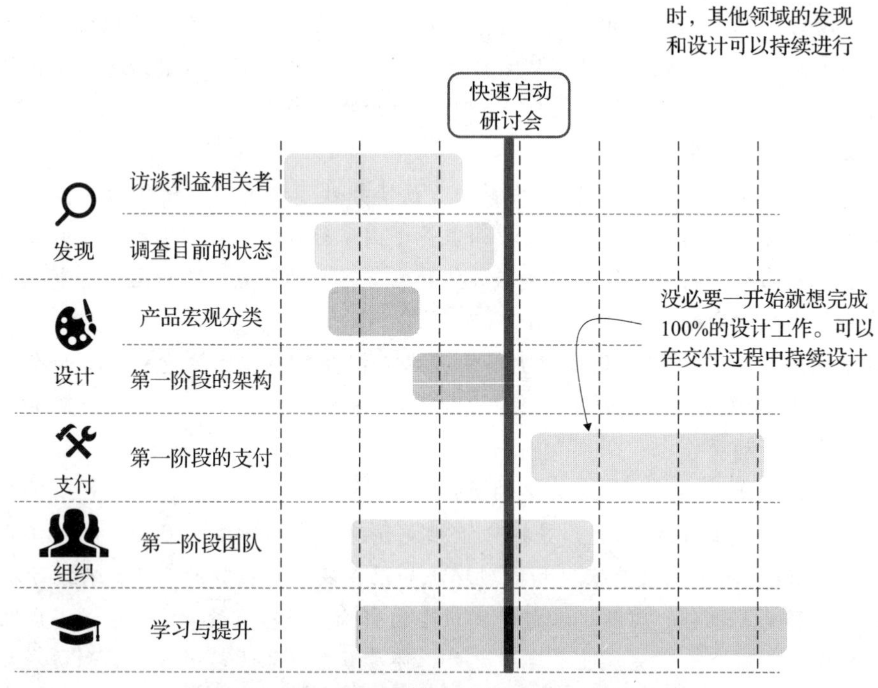

图 16.7 在六个月内完成第一阶段的假设路线图

在这个示例中，现代化改造从简短的倾听和发现之旅开始。倾听不同的利益相关者，以了解他们的目标与挑战，并通过专题会议发现当前系统的问题。随着项目的深入，可以描绘出在未来状态下产品的分类及细节。

在完成战略规划和制定高层次分类法之后，便可着手考虑开始第一阶段。该步骤通过识别并评估每个候选项的成本、利益及复杂性来完成（16.2.2 节将详细介绍支持此过程的方法）。接着，利用快速启动研讨会选出首选方案，并开始规划第一阶段的交付。在理想状况下，项目随后开始，如果一切按计划顺利进行，那么应在三个月内完成交付。

在开始交付之前的某一刻，必须组建参与项目的团队。在理想情况下，应当尽可能早地进行以避免延迟。一个挑战是可能要等到有了候选人之后才能确定参与人员。在这种情况下，可以准备应对多种可能性或者延迟开始交付的时间。

相同的逻辑同样适用于学习和技能提升。如果第一个项目团队在开始交付之前有机会学习新技术和技能，他们便能够立即投入工作。另外，也可以在交付启动前预留两至四周的学习时间。无论如何，在交付期间肯定会进行一些学习和技能提升，因此必须确保有足够的时间用于学习。这一主题将是第 17 章的重点。

16.2.2　选择起点

在决定起点或者在现代化进程中需要决定下一步的时候，需要某种方法来评估选项并做出最优选择。我特别喜欢对所有可能的机会进行可视化处理，并使用现代化核心领域图等工具使整个过程的协作性更好。当需要更详细的标准时，我通常使用记分卡。

现代化核心领域图

现代化核心领域图是核心领域图方法的一种变体。如图 16.8 所示，水平轴代表特定子领域现代化的价值，而垂直轴表示现代化的复杂性。价值是一个综合指标，包括诸如交付新产品功能这样的业务成果的进展以及学习价值。而学习价值则涉及获得洞察以支持未来的现代化工作，例如对技术选择或模式进行验证。

在图 16.8 的右下角，即唾手可得的目标的区域，代表最具投资回报吸引力的子领域。该子领域的现代化价值高且复杂性低。例如，在不碰现有旧系统的情况下重构部分代码，通过增加新功能显著改善产品的北极星指标。

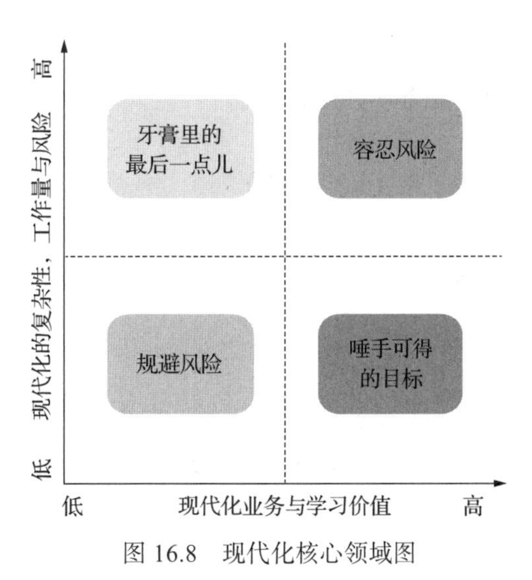

图 16.8　现代化核心领域图

图 16.8 左上角的情况就像是牙膏里的最后一点儿，代表了一种相反的场景。在这种情况下，子领域的现代化价值很低，而所需的努力却极大。正如牙膏用到最后需要把管卷起来用力挤压才能挤出那么最后一点儿。例如，一

个百万行规模的存储过程，该部分富含业务逻辑而且没有经过测试覆盖。即便完成了现代化改造，这部分系统也不太可能有任何显著的变化，因此，从长期来看，所付出的现代化努力可以带来的益处将非常有限。

自然，这些子领域应该留到现代化后期再处理，或者根本不做现代化改造。但是仍然可能有一些令人信服的理由对这些子领域进行现代化改造，比如系统存在脆弱风险点并且可能会对品牌声誉或安全构成风险。我会认为这是一种止损，因此，它不会位于左上角的区域。

图 16.8 左下角和右上角代表了最常见的两种情形。左下角涉及较为保守的选择，这里的复杂性较低，但是业务和学习价值也相应较低。与此相反，右上角表示那些需要承担更高风险以获得可能更大的业务和学习价值的机会。

一个典型的规避风险的做法是利用新平台和技术栈构建简单的 API。这样，虽然团队有机会了解新的技术栈，但并未解决任何复杂的落后问题或者引入任何显著的新产品功能。反之，一个风险容忍度高的做法是把核心业务领域从单体架构中提取出来，这个单体架构系统与系统的其他部分紧密耦合而且未经过测试。预估所需的工作量极具挑战性，而且可能会出现许多意外情况导致系统故障。但此举能为产品带来具有差异化的新功能。

决策者在容忍风险和规避风险两种战略之间的权衡可能相当棘手，尤其是在项目的早期阶段。一方面，工程师们倾向于从规模较小且风险较低的项目入手。另一方面，当项目成本相对较高而可见的业务价值却不明显时，业务领导者有时难以认识到其价值并倾全力支持。在某些情况下，现代化改造甚至被解读为技术人员为了尝试新颖的技术而采取的行动。

这种情境彰显了制定激动人心战略的重要意义。它阐述了赋有深度和广度的技术决策背后的逻辑，以及为什么这些决策符合所有利益相关者的最佳利益。获得支持的可能性因此大大增加。

现代化核心领域图不是项目启动时要做的一次性工作。它所展现的是一个不断变化的环境。抓住机会完成某个项目可能会为其他项目减少实施的复杂性、带来新的见解或奠定基础。随着项目逐渐实现现代化，现代化核心领域图上的项目、功能、系统组件或任何需要现代化处理的各个元素，相对于其他元素的新价值和复杂性的位置也可能会发生变化。此外，展示依赖关系也有助于明确指出哪些步骤必须按特定顺序执行。

如果你觉得某个坐标轴标签过于宽泛，或者希望对业务价值、学习成果、努力或风险等某个具体指标做更精确的描述，那么可以随意对坐标轴标签进行调整。另外，也可以考虑采用更合适的可视化形式，比如雷达图。

现代化评分卡

对机会组合进行可视化有助于把握整体情况并对各种选项做出比较。但在作出重要决定时，深入探究细节以便更好地评估不同选择的优缺点是明智的。评分卡可以用于该过程。

制作评分卡包括确定关键评价标准，并根据标准对每个现代化机会打分。这个过程的价值不仅在于结果，针对不同标准评估每个机会并做相应的讨论本身就极具价值。

在理想情况下，应该是有一套标准的评分指标和流程。然而，实际情况更为复杂。因为环境迥异，所以最相关的特性及其重要性将是个性化的。即便在同一个组织中，在不同的业务部门和不同的时间点，用来确定机会优先级的最优特性也会不同。解决问题的一个做法是把评分卡分成三个部分：

- 业务价值：将创造哪些新价值来推动业务发展？
- 交付风险：导致无法在特定时间内交付的可能原因和后果是什么？
- 发现 / 学习价值与复杂性：会出现哪些洞察以支持未来的现代化，实现起来将会多复杂？

图 16.9 通过工作流自动化子领域的假设场景，呈现了现代化评分卡中的业务价值部分。该组织想要判断这个项目作为现代化首选的最佳选择是否适合。已经向关键客户承诺将提供与该子领域相关的新产品功能，这些功能必须在现代化计划或在现有旧系统中实现。评分卡将帮助你做出选择。分数从 0（无价值）到 5（非常高的价值）不等。

架构现代化评分卡	
架构部分/计划：从单体架构中抽取工作流自动化	
业务价值	
是否能够交付可见的业务成果，或者推动重要业务向前发展，并改善重要的产品指标	**5** 由领导层定义为顶级优先级战略。期待能够大幅度提高收入、延长产品的终生价值和推出新业务
是否可以成为长期差异化的源泉	**4** 在未来三年的时间里，可持续的快速变革，将成为主要的资产
是否能为其他的高优先级战略项目提供支持性的功能	**2** 可能有助于销售其他服务，但不是主要功能
业务价值得分（越高越好）	**11/15** 业务价值很高

图 16.9 评分卡中的业务价值部分示例

图 16.9 所展示案例的业务价值很高。领导层一致认为这是组织的最高优先级，而且与关键成果，尤其是收入增长直接关联。但是，在新的现代化环境中构建是否会带来好处，还是在旧有的单体系统中也能达到同样的效果？关键的考虑因素是，这是一个重要的长期的优先事项，能够加速创新将是一个重大优势。不可能在旧系统中构建。

初步迹象表明这将是个不错的第一阶段。然而，评分卡的下一部分是交付风险，展现出了不同的景象。交付风险非常高，除非能够协商放宽业务截止日期，否则这将会是极为冒险的选择。

如图 16.10 所示，因为第一阶段必须在六个月内交付，所以交付风险非常高。根据在旧系统中开发所需的时间，已经向客户承诺到期将可用新功能。对其他团队的依赖性也很高，因为现有代码与许多其他团队所面对的结构混乱的旧单体系统中许多部分是紧密耦合的。

交付风险	
是否与关键业务的截止日期有关系	**5** 根据以往实施经验估计，向客户承诺6个月内交付
是否需要与团队外的其他人高度协调	**5** 与旧的单体系统有不少瓜葛，需要与其他团队深度沟通
在解决依赖性和其他障碍方面是否存在问题	**3** 虽然有领导层的背书，但是其他领导者有各自的优先事项，因此会有很多需要权衡的事
交付风险得分（越低越好）	**13/15** 交付风险非常高

图 16.10　评分卡的交付风险部分示例

图 16.11 展示了评分卡的第三部分示例。该组织确定了 11 个用来判定优先级的现代化评分指标。例如现代化 API 代表学习构建现代 API 的能力，以及有效完成此项工作要形成的原则和模式，这些可以在后续供其他团队借鉴。与现有数据源集成代表学习如何构建现代化子系统并与旧数据源集成，以及要形成的新工作模式。

发现/学习价值与复杂性之间的关系		
	发现/学习价值	潜在的复杂性
现代化API	3	2
现代化前端	2	4
现代化数据存储	2	5
与现有数据源集成	0	0
现代化IDP	2	3
与现有基础设施集成	4	5
现代化鉴权与身份验证	0	0
现代化服务与服务集成	1	3
降低现有旧系统的复杂性	5	5
其他的旧系统集成问题	0	0
本地化开发经验	3	2
	22/55 越高越好	29/55 越低越好

图 16.11　评分卡的第三部分示例

直觉上你可能会把三个单独的评分部分合并成一个总表，并选择总分最高的选项。然而，我并不推荐这种方法，因为它过分依赖数字，没有考虑到某些指标要比其他的指标更为重要。

在该案例中，如果无法在六个月内交付，那么后果将会非常严重。公司最大的客户会不满意，并由此引发一场风波，甚至可能颠覆整个现代化计划。考虑到这是现代化的第一阶段，可能会有许多未知因素突然出现，导致延期数周甚至数月。在六个月内，几乎没有太多出错的余地。因此，仅该指标就足以排除这个候选方案，除非可以对那些限制条件通过讨价还价进行协商。

为了避免仅凭数字所带来的挑战，我总是喜欢召集决策者小组对最终决策进行投票。创建评分卡仍然是过程中的关键部分，因为可以确保人们基于多样化的信息和深入讨论来进行投票。可以把评分卡作为投票前的部分活动。

兴利除弊

我从 Gien Verschatse 那里学到的另外一种实用方法是兴利除弊（http://mng.bz/z0rA）。该方法主要是比较每个选项的优劣，然后想办法来去除劣势。以工作流自动化的评分卡为例，降低交付风险的可能解决方案是在旧的单体系统和新的现代化环境中同时开发新的工作流自动化功能。然而，这种方法确实带来了一些挑战，包括两次构建相同功能的成本。

16.2.3　何时考虑内部开发者平台

在现代化的早期阶段就需要考虑内部开发环境和 DX。第一阶段的交付将取决于某些平台的选择，如基础设施提供商和优选技术。此外，这些选择将成为第一阶段成果的必要组成部分：为其他团队借鉴现代化过程提供模式和洞察，实际上也是形成操作手册和最佳实践路径的第一步。

但这并不意味着在开始架构现代化之前需要构建完整的平台。恰恰相反，目标是仅构建必要的平台以便交付第一阶段。这是“先巩固再扩展”的一个很好的案例，但请记住要与另一个关键原则保持平衡：高瞻远瞩，循序渐进。花些时间草拟远景，设想如果一切顺利，那么平台可能会是什么样，这样做有助于增强朝着正确方向前进的信心。

在最简单情况下，构成平台的第一批部件 [即最小可行平台（http://mng.bz/0lZv）] 可以在第一阶段交付后提取出来。当平台和软件工程师紧密配合交付第一阶段时，我见证了这种做法非常成功。他们花费大量时间通过每日站立会议、计划会议和群体编程会议一起工作。这是在第 11 章中提到的“发现并建立模式”的一个例子。

然而，这种方法存在着风险。该方法假设不存在任何无法快速解决的重大平台障碍或意外。根据我的经验，尝试建立通往生产的路径会带来许多风险，这些风险可能需要数周或数月才能解决，尤其是在那些对技术持有非常传统观念的大型官僚机构中。因此，在开启现代化进程之前，有时候最好能构建可以通往生产路径的概念验证。

无论如何，几乎每个项目我都推荐采用“行走的骨架”作为风险管理战略。该战略的关键在于尽可能早地将应用程序的最简版本部署到生产环境。这样做能够确保一条通畅无阻的生产部署路径，意味着在项目后期试图正式上线时，可以显著降低延迟上线的风险。

16.2.4 如果事情没有按计划进行应该怎么办

虽然可能实现如图 16.7 所描述的完美愿景，但是无法保证。在某些情况下，交付第一阶段可能是灾难性的。我遇到的最极端情况是，最初计划用两个月完成的第一阶段，因为每一步都遇到障碍和危机，最终却花了超过一年的时间。第一天就不顺利。团队准备好开始现代化改造，却发现在云端托管代码的解决方案尚未得到批准（由于工作流程之间的差异），而且由于防火墙规则的限制，团队无法访问 AWS 的控制台。每个问题都需要数周的时间来解决。即便在问题解决之后，也出现了更多的问题，比如将云托管服务连接到本地数据，以及对任何生产部署需要放行绿灯的极度恐惧。

尽管存在着似乎没完没了的问题，但我仍然坚信尽快交付现代化改造的第一阶段是正确的。在第一时间发现问题，可以防止类似问题扩散到其他团队。更多的前期规划不太可能更早地暴露这些问题，因为许多问题只有在尝试将工作软件部署到生产环境时才会显现。你可以花上几个月的时间来思考每个可能的场景，或者尝试交付一个小阶段来看会发生什么。我们总是在过多前期规划和草率行事之间寻找最佳平衡点。

尽管取得了重要发现，但是仍然存在着极其严重的后果。因为已经承诺了在某个时间范围内交付，结果现代化进程的延迟超过六个月，这影响了向高级利益相关者承诺的关键工作的交付。这给所有相关人员带来了很大的压力，有些人将延迟不公平地归咎于团队，尽管团队也是受到阻碍的一方。

尽管有这样的负面经历，我仍然继续倡导尽快交付现代化的第一部分。但我确实鼓励在将现代化的第一阶段与重要的业务截止日期联系起来时要小心谨慎。即使时间框架看似宽裕，现代化的第一阶段仍可能发现重大的复杂问题，或是许多小问题累积导致的严重延误而超出了最后期限。

16.3 规模化：加速现代化进程

将现代化分解成一系列任务，对它们进行优先级排序，然后按照优先级的顺序逐一完成，几年后完成所有的现代化工作，这听起来不是很好吗？不幸的是，出于许多原因，如各项计划之间的依赖性、其他类型的非现代化工作，以及可以引起业务和项目战略随时变化的复杂环境，扩大现代化的规模要比这复杂得多。

16.3.1 操作手册

扩大现代化规模的常见方法是使用操作手册。操作手册会针对某种类型的现代化定义出标准模式或流程。例如，可以编写操作手册，展示如何根据组织的标准体系，将旧系统在本地运行的部分改造为在云中运行的 Java API。该操作手册将基于验证过该方法的真实案例。

除了提供基于真实案例的可重复流程之外，操作手册还能带来其他的好处。操作手册可以让现代化得以快速扩展，许多团队都使用相同的手册，而不需要依赖专家的帮助，因为这些专家的精力有限。

操作手册也可以减少对集中规划的需求，因为团队可以在准备好进行现代化改造时参考和使用操作手册，而不必提前承诺具体的交付日期。然而，这也有一个缺点，缺乏明确的承诺可能会造成现代化改造的交付日期被不断推迟。此外，了解某些团队计划何时进行现代化可能会影响到形成操作手册的优先级排序，因此，操作手册不太可能完全消除对某些集中规划的需求。

在项目开始时设置防护栏是一个明智的想法。例如，一个寻求通过既定操作手册实现现代化的团队需要某种形式的批准。这可以是 AMET 或另外一个治理团队，只要他们不成为瓶颈。随着时间的推移，防护栏可以逐渐移除，例如，随着越来越多的团队开始现代化，可以在团队之间建立对等机制，团队需要获得已经使用操作手册的另外一个团队的批准。以下是现代化操作手册中需要包含的信息类型的示例：

- 总览
- 选择操作手册的标准
- 使用操作手册的先决条件
- 需要遵循的处理模式
- 需要遵循该操作手册的一些活动示例
- 负责操作手册和其他联系方式的团队
- 一般建议和提示

操作手册通常附带指南，这些指南可以帮助团队根据为子系统选择的现代化战略来决定选择哪个操作手册。例如，对于升级和迁移旧的 Java API 与把旧的 Java API 彻底实现现代化，可能会分别编制两种不同的操作手册。

16.3.2　播种和传播专业知识

现代化扩展的一个最大限制是专业知识和经验。因此，在实施早期的现代化计划（如第一阶段）时，可能希望引入那些预期会参与后续现代化步骤的人员，以便积累经验，并把知识带回团队，这样当团队的计划启动时，他们便能迅速开始工作。始终牢记现代化的知识层面很重要。通常，组织内部对现代化模式的知识和经验越丰富，现代化就越能并行发生，最终，现代化的进程也就会更快。

16.3.3　为现代化工作排序

当团队认为适合进行现代化改造时，通过遵循已经建立的模式和流程，操作手册可以在一定程度上减少对现代化工作具体排序的需求。然而，团队总是需要对一些具体的工作进行排序。以下是关于如何处理可能面对的最常见的排序挑战的建议。

为现代化工作确定优先级

面对宏大的现代化领域和众多从现代化中受益的计划，确定优先级是一个持续且动态的挑战。因为许多项目可能已经在进行中，而另外一些不久即将启动，因此该挑战将变得更为复杂。这些项目是应该按照原计划在旧技术栈中继续进行，还是应该作为现代化努力的一部分重新规划？后者可能会带来新的风险从而影响对现有项目的承诺。

要有效地设定优先级，关键在于定义清晰且激动人心的现代化战略，该战略要详细阐述最具价值的现代化成果。通过自我询问进行快速验证："我们是否正专注于那些对实现最高价值现代化成果有最大贡献的项目？"虽然这不是要考虑的唯一要素，但此方法有助于在理想状态下，更专注于最重要的任务。

尽管理想状态并非总能实现，但至少有个初始的谈判基点。有时，聚焦价值较低的项目并迅速取得成果可能是最好的一步，或者选择能支持产品路线图中某个具体交付物的项目可能更为关键。到目前为止，我们已经掌握了两种有助于作出这类决策的工具：现代化核心领域图和评分卡。你可以在现代化进程的任何时刻使用这些工具。

利用集中的资源跟踪所有的项目以及该领域的方法和优先级，通常值得这么做。例如有些客户用简单的电子表格来管理。表格中的每行代表一个子领域，详细信息中的列代表实施在该子领域的现代化战略（例如，升级迁移与全面现代化的对比），以及高、中、低的优先级排序或者数字评分。显然，应该定期回顾并评估优先级。

识别依赖关系

在对旧系统进行现代化改造的过程中，如果有什么可以预见的事的话，那就是会遇到众多依赖问题。这些依赖可能会带来包括项目延期、额外的工作量以及成本上升等各种问题。我曾见证过团队已经启动现代化进程并承诺在确定的日期交付关键产品功能，但最终却因为新的子系统依赖于旧系统的改造而无奈被迫等待数月。如果管理不善，那么在整个现代化进程中，由于依赖所带来的总成本可能会造成灾难性的后果。因此，虽然合理安排工作绝非易事，但是通过采取适当措施，仍然可以大大降低这些风险和不便。

在依赖关系中，最大的风险之一是低价值项目对高价值项目产生负面影响。要解决这个问题，首先要考虑和采取行动的地方是确保最高价值项目不会因为低价值项目而流失人员或资源，或被它们阻碍。

依赖关系所引发的另外一个难题是，某些工作因为缺乏必要的基础组件而无法启动或者完成。典型案例包括与身份平台和 IDP 相关的功能，但也存在许多其他的可能性。这也正是长期规划必不可少的原因之一。明确特定项目的交付时间及其依赖，可以确保有充足的时间来完成所需的工作，或者团队能够采取替代措施，例如采用战略性的解决方案。

不能靠偶然或盲目猜测来识别依赖关系。主动采取行动，通过引入固定的步骤或习惯性活动，可以增加尽早识别依赖关系的机会，这一点很重要，至少要在依赖关系恶化成为问题之前发现它们。这里有多种值得考虑的措施：

- 协作设计会议：类似事件风暴和协作设计，所有参与工作的团队一起制定解决方案，增加识别依赖关系的机会。
- 架构研讨：团队聚集在一起，讨论正在进行的工作，包括架构设计细节，这个过程可能会引发其他团队对隐藏依赖性的认识。
- 跨界角色：那些跨团队工作或在多个团队之间移动的人，能够识别出对各个团队成员可能并不明显的依赖关系。
- 技术团建：技术团队的大部或全部成员的聚会，用数天时间讨论现代化工作。通过演示、交谈或社交互动发现依赖关系。
- 概念验证：构建小型概念验证发现之前隐藏的依赖关系。
- 在路线图上明确标出依赖关系：这将突出潜在的瓶颈，增加发现隐藏性依赖关系的机会。
- 持续扫描：寻找依赖关系不能只靠确定优先级，要鼓励每个人不断地寻找。

旧系统扩展的瓶颈

对旧系统有些依赖是不可避免的。即使你可以提前识别并完全意识到这些依赖关系，仍然需要有效的管理策略。想象这样一个场景：三个团队想要在云端构建新的微服务。每个微服务都要访问在本地部署的旧系统中的单体 COBOL 数据库。目前暂时无法访问数据，需要为各团队创建各自的 API。

旧系统由 COBOL 开发团队负责，他们是唯一被允许更改系统的人。由于旧系统的复杂性和脆弱性，以及缺乏了解系统的人，因此，每个 API 的构建、测试和部署至少需要六周时间。问题是三个团队都承诺可以在三周内交付，而且构建新功能的其他团队对此也有依赖。他们见过其他团队的现代化改造，而且遵循操作手册的指引（好的操作手册会提醒该瓶颈的存在），觉得这事十分简单。结果，最后只有一个团队能履行其承诺。

理想的情况是通过更好的规划来避免问题，但这并不总是可能或现实的。如何处理这样的瓶颈问题呢？如果管理不善，就留给负责瓶颈的团队自行解决，在这个案例中是 COBOL 团队。我曾见过处于这种情况的团队试图尽力帮助每个人，但是在不可能的情况下，每个人都会感到非常有压力。

领导者需要在瓶颈处设定清晰明确的优先级。是现代化项目工作的优先级高，还是持续开发功能更重要？如果有多个现代化项目计划同时进行，那么哪个优先级更高？每个人都应该明白，瓶颈路线图直接反映了业务优先级，并得到了领导者的认可。如果其他团队未能按时完成任务，那么不应该对负责瓶颈的团队施加压力或加以责备。如果确实发生了这样的情况，那么应该与相关各方进行事后复盘分析，以寻找预防类似问题再次发生的机会。

16.3.4 在发现、设计与交付之间取得平衡

现代化涉及各种不同类型的工作。理解这些不同类型的工作有助于团队评估如何有效地利用时间。这些工作基本上可以分成发现、设计和交付三类。发现是关于如何识别现代化

的机会，设计是关于如何设计现代化的架构，而交付则是关于如何交付现代化的项目。

如图 16.12 所示，发现涉及与利益相关者访谈和沃德利地图类似的活动，以找到可以为业务成果作出贡献的架构。设计涉及设想未来状态和实现该状态的迁移步骤，如产品分类法。交付涉及建立新能力和重构旧系统等活动。这也是创造价值和建立激情的阶段，因为人们看到了真实和可触及的进展。

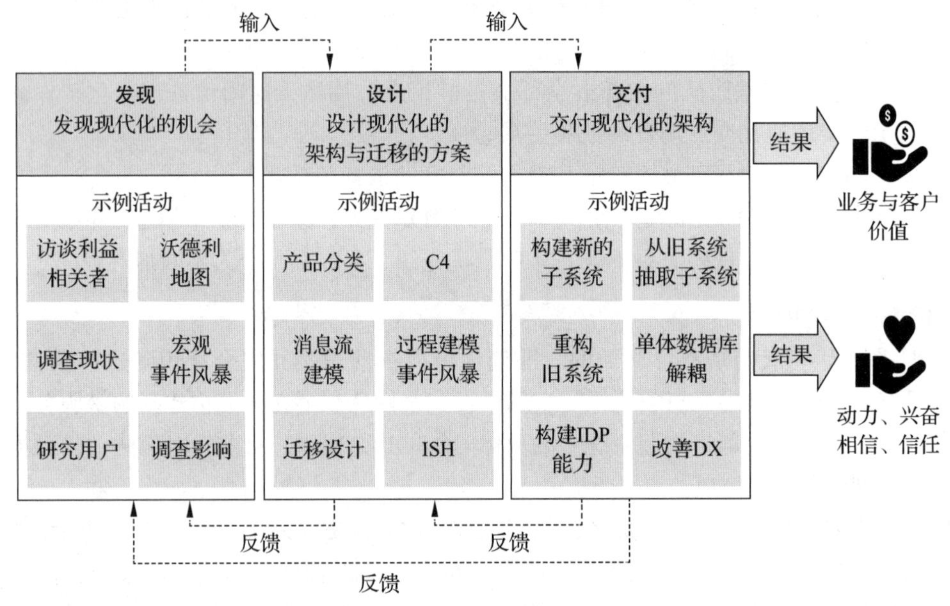

图 16.12　对现代化工作分类的基本模型

所有三类工作根据具体情况的不同都有其价值。但是团队怎么知道哪类工作是他们所处情况下的最佳选择呢？如果交付是创造业务和客户价值的地方，那么过多的发现和设计意味着交付价值较少。另外，如果发现和设计不足，则可能会导致交付错误的东西，或者遇到许多只需提前思考就能避免的障碍，结果导致交付时间更长，成本更高。

明智的做法是团队不断地反思其工作方式，并根据观察进行调整。不断的复盘与反馈特别重要。例如，如果在交付过程中确实不断遇到可避免的障碍或者优先级不断变化，那么所发现的这些问题或者洞见能否反馈到相应的设计和发现方法中，从而避免将来出现类似的问题？

请记住，路线图是分层次的。例如，高层次的路线图可能表明某个计划目前正在实施，而针对同一计划的更细粒度的路线图可能揭示某些发现方面的工作，比如事件风暴会议仍在进行中。高层次的路线图强调每个计划的整体状态，而低层次的路线图提供了计划内部的活动细节。因此，一个显示计划正在交付的路线图不应该意味着只允许进行交付活动。

反思性问题

虽然没有流程图可以说清楚如何取得发现、设计和交付之间的最佳平衡，但有些迹象却可以表明平衡被打破了。例如团队可以定期向自己提出以下类型的问题，以挖掘有意义的见解：

- 在过去三个月里，我们交付了一些团队外的人会认为是进步的东西吗？
- 是否有人对缺乏交付价值表示担忧？
- 是否有设计一年后才能交付的架构？能否在不产生任何障碍的前提下稍后再设计这部分？
- 在交付过程中，是否因为不断地遇到问题需要停下来重新思考方法？如果事先做好设计，是否可以避免这些问题？
- 在交付过程中，是否因为新优先事项的出现而经常改变方向？如果事先进行更多的研究，是否有可能提前发现这些优先事项？
- 是否一切都比预期的要花费更长的时间，并且成本远远超出了预算？
- 是否有人在质疑优先级，因为所交付的成果并非具有最高价值？
- 在交付过程中，是否因为没有足够资源或人员来完成工作而一直受阻？如果提前进行更多的发现和设计，是否有助于更早地识别所需资源，以便在准备开始交付时，一切都已就绪？
- 是否发现团队在优先级和架构选择方面有不一致的地方？更多的前期发现和设计是否有助于引导大家朝着正确的方向前进？
- 路线图是否缺乏一致性，对部分系统进行的现代化改造是随心所欲的，还是按照逻辑顺序的？

这些问题可以转化为常规调查或者在复盘中使用，以不断地调整和改进平衡。16.4 节为演进式方法提供了一些指导和技巧。

时间框架

时间框架是为了防止现代化进程因为进行深入分析而出现停滞不前状态的有效战略。很少能完全确定下一步的最佳行动方案，这可能导致团队过度进行发现和设计。如果这种状况延续过久，那么团队成员可能会失去热情，并开始对现代化进程的停滞提出疑问，也可能为其他任务重新占据团队的待办事项列表而提供借口。

通过设置时间框架，承诺将在特定日期之前做出决策。例如，承诺：“经过两个月的发现，我们计划在 7 月 16 日结束时决定下一步的行动方案。虽然不可能百分之百确信，但两个月的时间似乎能够在寻找正确方向和避免长时间辩论、失去动力之间取得适当的平衡。”

设置时间框架有助于聚焦。每个人都知道提供反馈和表达担忧的时间有限，但我建议一定要在时间框架中包含反思期。设置反思期意味着所有人都将了解首选方案，并有充足时间去深入理解这个想法并提出最终的疑问。因此，在为期两个月的时间框架下，可以利用第一个月草拟初步方案或者选项清单，然后在第二个月通过一系列的一对一讨论和团队研讨会来征求反馈意见并进一步细化方案。

16.3.5 平衡现代化与其他工作

如果团队能全力以赴地聚焦现代化改造，直至所有系统运行顺畅并更新至最新标准，不再有旧系统，那么结果将极为理想。然而，现实往往并非如此，团队还需要同时应对其他的任务，例如修复漏洞和持续引入新功能。这就带来了一个关键性问题：如何平衡现代化与其他工作。

最大的风险之一是退回到旧的做事模式，忽略现代化的重要性。形成动力是关键，特别是在项目初期，需要设立强有力的激励措施和应对战略。如前面的章节所述，这正是建立 AMET 的核心目的之一。因此，如果现代化工作被边缘化，那么成立 AMET 显得尤为重要。

无论在何种情况下，有一个激动人心的愿景和清晰的承诺都至关重要。人们需明白现代化的重要性，团队也应被赋予权力，能够拒绝那些重要性不及现代化项目的任务。这正是精心设计的战略能够起到的关键作用之一。然而，需要每天不断地强化这一信息。领导者必须持续地强调现代化的重要性，并且给予超过其他所有任务的优先级。

我对将一个人的工作时间分配给多个团队的做法持保留意见。比如要求一名开发人员每周三天参与一个团队的现代化项目，另外两天则加入另一个团队处理旧系统的问题。虽然在理论上这种安排或许可行，但我个人尚未见到成功的案例。

我观察到的常见问题包括：

- 对所有人而言场景切换都具有干扰性。
- 开发人员常会被拉回去处理更多的遗留工作，比如旧系统出现 bug 或生产环境中出现的问题。
- 现代化需要大量学习，但兼职的情况是只有部分时间和团队在一起，并且还要不断地进行场景切换，这会阻碍学习。
- 我跟人聊过，他们不喜欢现代化。

有人认为，让开发者同时参与现代化项目和处理旧系统是必需的，因为他们是少数几个理解旧系统的专家，而团队需要依赖他们的专长。可以通过及早识别问题并最大限度地进行知识转移来缓解该问题。开发者可以把主要精力主要投入到现代化项目，仅在紧急情况下才被召回处理旧系统的问题。在作出任何决策之前，倾听参与人员的意见和顾虑、吸纳他们的观点，这样做自始至终都极为重要。

行业案例：在 mobile.de 用变更成本来平衡落后投资和平台演进

这个行业案例由 David Gebhardt（mobile.de 的 CTO 及 CPO）和 Christoph Springer（mobile.de 的平台负责人）共同提供。他们把技术概念用所有利益相关者都能理解的变更成本来阐述，展现了在解决落后架构旧系统问题时，如何获得持续支持。此案例还深入解析了关于大规模现代化和发展共享服务平台的卓越洞见，尤其是如何根据新需求来调整平台职责，而不是尝试在事前预测一切。

---

mobile.de 由超过 400 个技术构件所组成，该网站到 2017 年已经届满 20 岁，并且 mobile.de 的一群工程师和产品经理被要求利用其深厚的经验和知识来重构新的全球汽车平台。因此 mobile.de 团队突然变小了许多，而平台却保持着同样庞大和复杂。公司仍然期望

团队能够实现雄心勃勃的产品和业务目标，因此主要焦点是创造新价值。

所有这些都是在此类情况下的自然演进，但从长远来看却被证明是不可持续的。在短短一个季度之后，最初的后果就显现出来，我们意识到需要改变对于平台健康的处理方式，尤其是关于技术债。

技术负债的定义

我们相信每个平台都有遗留问题。

遗留问题描述的是那些与当前架构原则不符的系统和功能。

技术债是指遗留问题中对平台造成影响的部分。

为了向包括技术领域之外的每个人阐述这个概念，我们用变更成本的概念。在案例中，变更成本指的是在对产品、流程或系统进行变更或修改时所产生的费用（资源、时间）。我们的解释很简单：

- 交付增加了变更成本：构建新产品或扩展现有产品会增加复杂性，因此也增加了变更的成本。
- 卓越降低了变更成本：聚焦消除技术债、维护现有软件以及重构旧系统代码可以降低复杂性，从而减少变更成本。

图 16.13 所示的简单模型把问题清晰地表达出来：如果仅聚焦交付同时减少带宽，那么变更成本最终会增加，这意味着平台的健康状况会恶化，交付速度和能力会下降，对业务带来明显的负面影响。

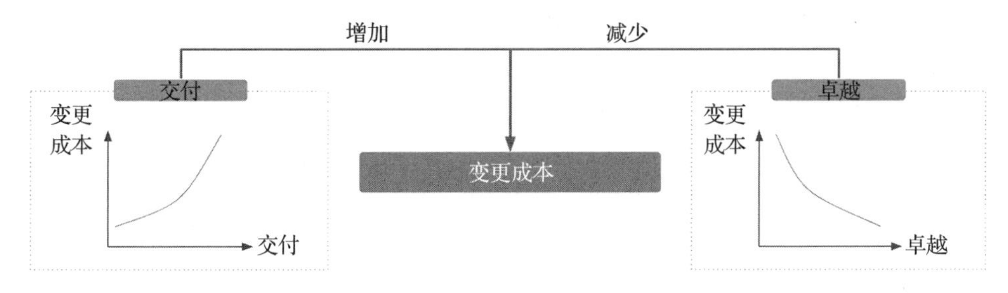

图 16.13　通过平衡交付和卓越来保持低变更成本

从变更成本的角度考虑，在管理层的全面支持之下，我们把 25% 的时间资源分配给团队，使其减少技术债、加强系统维护和重构有问题部分，完善系统功能使其更加卓越。

为了管理和处理优先级，在 OKR 框架内建立一个处理技术债的流程。从建立技术债清单入手，对清单上的每项都进行大致的估算，并且为当年计划要偿还的技术债按照百分比设定目标。选择通过哪些项来达到目标取决于各个项的优先级，以及这些项在团队和工件中的分布。然后，通过检查季度 OKR 与团队 OKR 来关注和跟踪进度，以了解进展情况并帮助消除障碍。我们发现这个过程带来了两个直接后果：

- 随着组织的成长和产品的发展，出现了很多团队间的相互依赖以及跨团队的重复工作。这影响了工作流，我们也收到了许多对基础服务的请求，这些服务目前分散在各个团队，例如 mobile.de 消费者应用程序的 API、图片服务以及对广告或产品上架的初级处理。
- 定义平台架构原则以便技术团队遵循并在随后追踪技术债清单和解决进度，这需要在技术组织内部进行更多的协调和指导，并有一个明确的授权。

我们认为，引入一种协调的方式来建立和拥有共享服务将有助于减少企业的复杂性，让团队专注于核心任务，并在降低组织总体成本的同时提高产品功能的上市时间。

首先，将来自组织不同部分的人聚集在一起，这些人负责各自领域内的服务。然后，将这些软件的所有权转交给新成立的团队，该团队的使命是全面拥有共享服务平台。我们还任命平台负责人来领导该团队，他有明确的授权去推动技术决策，通过架构决策和架构指南进行指导并协调减少技术债的过程。

就在那一刻，我们的平台团队成立了。

最初，团队由最资深的工程师和架构师所组成，主要关注后端。如今，团队已经扩展到移动工程、前端工程以及云和基础设施。作为团队扩展的一部分，我们确定了服务的所有权，明确了团队任务，并授权团队履行自己的职责。

团队的职责也包括为负责交易和广告等业务领域的产品团队提供指导和咨询。每个团队都有一个明确的技术负责人，该人拥有团队应用程序和工件的技术所有权，在确保系统功能卓越的同时，保持与产品和业务目标的平衡。

为了确保平台能最好地满足产品团队的需求，应把平台工程师和架构师组织起来以支持特定的领域，如图 16.14 所示。他们与这些领域的技术负责人紧密合作，并参与更大或更关键功能的重要规划会议。此外，他们支持这些团队构建与平台中心服务集成的功能。平台架构师还与其他职能部门合作，这些职能部门与多个领域互动，例如营销、SRE 和数据。

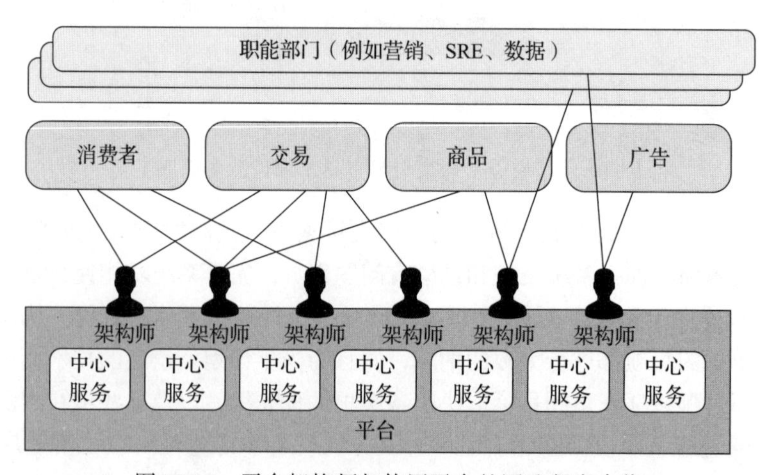

图 16.14　平台架构师与使用平台的团队紧密合作

如前所述，平台团队拥有核心能力。这些能力对我们提供的许多服务和产品至关重要。由于平台的成长，必须建立流程来识别和审查可能成为核心能力的服务。在架构评审会议中，所有的技术负责人、平台工程师 / 架构师聚在一起讨论新服务以及即将到来的项目或现有服务的扩展。如果认定某个服务为候选的核心服务，那么将会按照图 16.15 所示的 ADR 格式进行讨论并记录，目标是确定未来的所有权。

这个过程的主要挑战之一是平衡每个员工所负责工件数量的比例。因此，只有那些在组织内广泛使用的关键服务将由平台团队负责，例如统一的平台 API 与广告 / 产品上架发布服务。

ADR <数字>：<标题>
<序言文字，工件/服务描述>

决策
<决策的结果，理由>

技术细节
<工件相关的细节>

放弃的其他选项
<对其他选项讨论的详细情况>

所有权
<过去拥有该工件的团队>

状态
<例如，接受>

结果
<决策直接带来的结果、未来的问题等>

图 16.15　用于判断平台是否对某个产品负责的 ADR 模板

16.3.6　现代化之旅的可视化与传达

将现代化之旅通过路线图和其他工具进行可视化带来了许多好处。首先，这是创建一致性并带领人们前进的一种好方式。组织中的每个人都能看到正在进行和计划中的工作，帮助他们感觉到连接通畅、目标一致和准备良好。如前所述，这也是提前发现诸如依赖关系问题，以及提前识别团队将会需要的帮助的好方法，比如来自 AMET 的支持、学习和提升技能的需求，以及招聘需求。

另外，可视化路线图存在着重大风险。可能会给人一种固定的时间线而不是演变过程的感觉，而且会鼓励错误的行为。在两年或更长的时间内，很多事情都会发生变化。如果团队承诺在某个日期前交付，那么任何未能履行的情况都可能导致团队受到负面评价，即使团队停下来改变方向做了正确的事情。因此，团队觉得按照糟糕的计划行事要比冒险改变更安全。路线图不是问题，问题在于文化和激励机制。领导者需要仔细考虑什么适合组织，以及将如何传达这些信息。

在对现代化之旅进行可视化时，需要考虑不同类型的视觉元素。基于里程碑的高层次路线图适用于描述已经取得的成就以及何时会实现主要目标的宏观概览，通常按月、季度或年来组织。相反，细粒度的规划路线图则服务于不同的目的，用来帮助协调多个团队为了共同目标而进行的工作，并帮助团队识别和规划依赖关系。

我不主张使用特定的路线图模板或者格式，因为路线图会根据情景而发生变化，比如工作的性质和形态以及想要讲述的故事。在不同的情景下，你会以不同的方式展示路线图。可能要根据团队、领域、旧系统、活动类型或其他因素来组织泳道。

拥抱多条路线图的另一个原因是不同的架构范围（第 6 章有所涉及）。高层级的路线图只会显示来自低层级路线图的关键细节。例如，第二范畴的路线图可能会展示一组团队为了现代化他们所负责的服务将要经历的各种活动。但是同等第三范畴的路线图，涵盖其他组的团队，可能只显示每个团队完成工作的时间（省略了通往结果的所有步骤）。例如，当我在 Salesforce 工作时，每个产品组都控制着自己的现代化路线图，并向上一层级报告关键亮点。

16.4 持续评估与调整

在不断变化的世界中，领导者需要能够调整其战略和愿景，有时是逐步的，有时是剧烈的。本节将探讨把持续变化融入现代化项目和架构运营模式的 DNA 中的各种方法。

16.4.1 指标

指标是验证现代化进展是否处于可接受水平的明显起点。缓慢的进展、较高的成本，或者所交付的价值不满足预期，这些都是可能需要改变方向的迹象。本书提到的任何指标通常都可能是跟踪的好对象，其中包括：

- 宏观业务指标，如收入和增长。
- 产品与组合的北极星指标和北极星指标输入。
- 类似部署频率和系统稳定性这样的 DORA 指标。
- 类似性能和可扩展性等的质量属性。

类似收入和部署频率这些指标的进步可能需要一年或更长时间才能变得明显。人们可能因为看不到任何明显的进步，开始质疑现代化的价值。因此，识别相关指标可以帮助我们展示现代化进程的进展情况，包括短期反馈。现代化指标将取决于对你而言什么是重要的，以下是一些初步的建议：

- 已经实现现代化的子领域数量。
- 路由到传统架构与现代化架构的流量对比。
- 仍然存在于旧数据库中的子领域的数量。
- 已开始进行现代化的团队数量。
- 用户在传统界面与现代化界面中完成任务的数量对比。

16.4.2 把脉

定期调查是了解人们对现代化体验和期望的有效工具。这些调查有助于发现事情可能偏离轨道的时刻，并在问题失控之前及早发现。通常每月到每季度把脉一次，可以涵盖你认为有必要进行现代化的任何方面。

以下是一些帮你走上正轨的示例问题：

- 现代化愿景对你来说清晰吗？
- 你对现代化战略和路线图的认同程度有多强烈？

- 你能看到架构现代化带来的任何好处吗？
- 你感觉团队的工作与更大的格局有联系吗？
- 你的团队是否在现代化工作上投入了足够的时间？
- 你对团队的路线图有足够清晰的了解吗？
- 你的团队是否拥有成功实现现代化所需要的所有支持和资源？
- 你的团队对新原则的采纳情况如何？
- 你是否能够在出现新见解时改变方向？
- 意外的依赖关系在多大程度上阻碍了你的团队？
- 总体而言，你对团队的现代化进程满意度如何？
- 你觉得现代化操作手册有多大用途？
- 你对改进我们的现代化方法有什么建议？
- 你认为我们的现代化方法中哪些方面做得好？

16.4.3 会议

将人聚集在一起举行会议是成功的现代化之旅的一个重要组成部分。会议是一个让想法和见解传播的机会，也是让人们提出反馈的机会，所有这些都有助于每位参与者不断地评估和调整自己的现代化之旅。

现代化全员会议

现代化全员会议是一个将所有参与者聚集在一起的机会，有利于保持人们对进展的一致理解，并展示即将开展的工作。可以随意安排这些会议。效果不错的模式是首先对大局战略的进展进行总结，然后说明计划的变化情况，以及接下来将会做什么。

然后，安排一个时间段让团队和个人分享工作。这在现代化初期非常有益，那些尚未参与现代化的团队可以看到正在进行的实际工作，并对参与现代化的机会感到兴奋。

设置公开的问答环节非常有益，任何人都可以提出问题，这些问题将由现代化的领导者实时回答。通过数字工具进行问答非常有效，人们可以自由地匿名地提出问题，尽管我也看到过以这种方式提问的弊病，即有些人匿名发布意在混淆视听的评论。

通常每一到三个月举行一次现代化全员会议。有些人说每月一次感觉太频繁了，有点浪费时间；而在其他情况下，每季度或更久举行一次似乎又不够，人们感觉自己被排除在外。最佳的会议的频率可以因地制宜，关键是要听取反馈并进行必要的调整。

回顾反思会议

回顾反思会议是另外一种必要的会议。这类会议也很重要，员工可以暂时放下手头工作，回顾反思，并以小组的形式讨论在未来如何改善。人人都应参与某种回顾反思会议。每个团队每月至少应该举办一次，现代化领导团队也不例外。

我发现基于项目的回顾反思会议非常有效。这种会议是针对跨团队协作为达成某个特定目标而共同努力的项目而组织的回顾活动。我观察到这种方法可以极大地促进团队之间的合作。在某个组织中，参与交付现代化第一阶段的团队包括两支流水线团队和几个平台团队。这些流水线团队与平台团队之间最初的关系并不和谐，但是精心设计和有效引导的回顾反思会议极大地拉近了团队之间的距离，并显著改善了彼此之间的关系。

大型团体会议

2021 年，在与 Dan Young 和 Mike Rozinsky 合作时，我开始见识到大型团体会议的价值，这些虚拟聚会通常有 50 人或更多人参加，会议的目的没有限制。其中一个案例是，在采访了组织中许多不同的角色后，会议组织者把浮现的关键主题呈现出来，同时设计分组活动探讨特定的话题。另一个例子是以 DX 为主题举办研讨会，以了解不同团队对这一概念的理解，并为他们提供必要的帮助。

大型团体会议通常是最难设计和引导，因此，如果你不是一个有经验的研讨会设计师和引导者，那么最好先从规模较小、风险较低的活动开始，或者请一位专家来协助。第 3 章对这一主题进行了更深入的讨论，并提供了访问更多资源的链接。

协作式发现、设计与建模

正如书中多次提到的协作式发现和建模，如事件风暴，是将团队聚集在一起并帮助他们看到更大格局的绝佳方法。它可以带来各种洞见，引导团队朝着更好的方向前进，比如重新安排工作优先级、优化设计，以及发现某些工作已经由其他团队完成。因此，建议鼓励相关团队定期开展事件风暴。每年一次或两次并不过分，并且很容易获得回报。

16.4.4 持续反馈渠道

交流渠道是一种极其宝贵的工具，它允许团队分享知识和见解，帮助他们发现何时偏离了最佳路径，并且获得建议以调整方向。可以创建一系列的主题渠道，其中包括：

- 意见和反馈：这种渠道是为了让人们分享关于有效或无效的反馈，以及改进现代化的想法。
- 成功案例和经验教训：这种渠道是为了让团队分享哪些方法有效以及哪些方法无效，以便其他团队可以将这些学习成果纳入自己的规划。
- 一般现代化问题和支持：这种渠道可以揭示团队面临的常见挑战，可能表明存在着更根本的战略性问题。
- 旧系统：这种渠道允许团队提出他们对旧系统变更的请求，并就可能的操作和完成时间获得建议。

16.4.5 与一线员工在一起

我会给几乎每位技术领导者一个建议，无论他资历高低，即要真正花时间和具体干活的团队在一起。向人们展示你尊重他们的工作而且感兴趣，这表明你全心致力于架构现代化，并且希望以最好的方式帮助他们实现目标。

我之所以不向每位现代化领导者提供这个建议，是因为如果不谨慎执行，它可能会弊大于利。在一个组织中，来自另一个国家的 CTO 宣布将访问我们的办公室，并向团队介绍自己。他在自我介绍时说："我有喜欢对人大喊大叫的名声，但大家不要当真。如果我不对你们大喊大叫，那么 CEO 就会更大声地对你们大喊大叫。"不幸的是，这并不是开玩笑。CTO 和 CEO 确实是以对人大喊大叫而闻名的领导者。

如果你真的对团队的运作方式和员工福祉感兴趣，那么就不要犹豫，花时间和他们在一起并表达你的支持。如果担心你的存在可能会让他们感到害怕，那么我建议你与教练合作，他可以帮助你改善领导技能。

16.4.6　做好准备做出艰难决定

在对现代化进程进行持续评估和研究变更需求时，可能会发现那些支持架构、战略或路线图的核心假设不再有效，这就需要进行根本性的方向调整。改变方向的成本可能非常高，有时候还会让先前的决策显得错误。出于各种原因，人们可能会对做出改变方向的决策感到畏惧，而倾向于继续执行现有的计划。同时，人们很容易天真地认为问题会自己解决或者自行消失，这是一种冒险的策略。在我看来，比较好的方法是对潜在问题保持警觉，并营造一个环境，鼓励同事和团队积极报告问题和表达担忧。

请记住，你已经制定了现代化战略，并赢得了各个利益相关者的支持。如果你为最初的计划准备了一个激动人心的叙事，那么很可能也需要为一个困难但必要的方向调整起草同样激动人心的叙事。

发现问题越早，影响就会越小。即便不确定是否需要改变战略，向关键利益相关者报告潜在的风险，以及可能在未来需要调整方向的可能性，也是明智的做法。如果问题没有发生，那么这样做有可能会引起不必要的担忧，但它也有助于建立信任并把问题变为大家共同面对的挑战。

可以通过提前做好准备工作来帮助解决问题。明确某些假设可能不成立，自项目开始就有可能需要调整方向，并拥有积极透明的风险管理方法。更为重要的是，我建议要坚持不懈地与所有参与现代化的利益相关者和人员建立更紧密的关系和信任。这样，你将有最大的机会应对出现的任何问题，包括最棘手的问题。

本章要点

- 一个好的现代化战略就像一个激动人心的愿景，它帮助所有利益相关者看到现代化的价值，并对这一旅程感到兴奋。
- 一个好的现代化路线图能让人们看到为实现战略将采取哪些具体步骤，以及他们如何准备好发挥自己的作用。

- 如果做得不好，那么战略和路线图可能会很危险。它们可能变得过于固定和僵化，同时缺乏将各项计划与业务成果相连接的强有力目标。
- 战略和路线图最重要的方面是为持续演进做好准备。
- 采用“先巩固再扩展”的方法有助于尽早交付价值，降低项目风险，并为其他团队的现代化打下基础。
- 不需要统一的战略和路线图。产品分类的不同部分可以定义自己的战略和路线图，这些战略和路线图要与更大的整体规划相关联。
- 不存在完美的战略演示文稿结构，但从业务目标和产品战略开始并展示现代化计划将如何为它们做出贡献，通常是一个好主意。
- 并不需要现代化路线图在一开始就完全定义。实际上，最好在最初的三到六个月内交付第一阶段。
- 现代化核心领域图和计分卡可用于选择现代化之旅的第一步或下一步。
- 现代化涉及发现、设计和交付等不同类型的工作。不平衡可能会导致关注错误的问题或在交付过程中遇到许多障碍，结果增加返工和成本，甚至拖延现代化进程。
- 决策时间框是一个有效的工具，它允许进行发现和设计，而不至于陷入停滞或无法交付任何成果。
- 现代化很可能需要与其他工作（如新增功能和修复错误等）同时进行，因此用类似变更成本这样的概念来避免过度偏向很重要。
- 指标、把脉以及各种形式的会议都是评估现代化进程的进展情况，以及识别战略或路线图演变需求的关键组成部分。

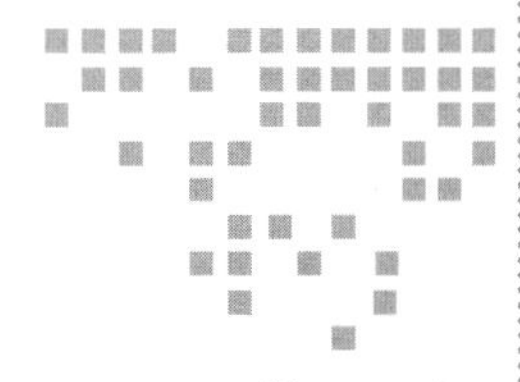

第 17 章 Chapter 17

学习和提升技能

本章内容包括：

- 在组织中推广新思维；
- 为即将开始的现代化项目提升技能；
- 建立持续学习和提升技能的企业文化。

技术进步一直是人类历史不可或缺的部分，它不断地改变着我们的生活和工作。从印刷机到互联网，新技术在不断地打破现有体系，并创造发展和进步的新机会。然而，拥抱新技术往往需要转变思维方式，因为人们必须放弃旧的思维模式，采纳解决问题的新方法。在 15 世纪 Johannes Gutenberg 发明印刷机后，抄写员和学者对印刷机持抵触的态度，因为他们习惯了手工抄写文本。随着印刷机的优势变得越来越明显，人们对印刷机的看法逐渐发生了变化，最终彻底革新了信息传播方式。

在考虑公司现代化时，请记住这个例子。组织中的每个人都不太可能轻松地从传统系统及其工作方式转向现代技术、模式和实践。有人甚至可能对现代化持怀疑的态度，历史表明这很正常。这意味着要想真正从现代化中受益，投入金钱和时间来学习和提升技能至关重要。这便是领导层在成功的现代化中发挥作用的关键地方——创造条件让员工能够正确地掌握现代方法以使组织能够充分发掘潜力。

现代化愿景越宏伟，传统旧系统与现代新系统之间的差距越大，需要在学习和提升技能方面的投入就越多。在对现代化过程进行规划和预算时考虑这些成本非常重要，以避免日后出现问题。

学习和提升技能不仅仅是关注即将到来的现代化工作并确定团队需要学习的技能。对于现代高效能的组织来说，学习和提升技能是一个融入公司基因的持续过程。它可以确保企业始终向前发展并采用现代方法，而不是每五年就要搞一次大型专项的现代化。

领先的组织采用多种方法学习和提升技能，包括实践社区、小型架构会议和导师制度。这些活动被纳入常规工作中，并与其他类型的工作一样得到了同等对待。本章将探讨一些与架构现代化以及更广泛领域相关的最常见的学习和提升技能方法。

17.1 播种

即使你完美地解释了新技术或新实践的好处，管理者或其他同事有时也可能不会像你那样感到兴奋。这非常令人沮丧，因为你很兴奋并且觉得如果他们愿意努力学习并应用这个新概念，可以为组织带来很大的价值。

大多数人在职业生涯中的某个时刻都会发现自己处于这种境地。经常有人来问我这个问题，并且在会议和聚会上也经常会有人问："我应该如何在组织中引入这种技术？我应该如何说服老板和同事学习并采用这种技术？"

现实情况是，引入与当前思维模式完全不同的新方法往往会遭遇抵抗。但如果你相信即将引入的方法具有很大的潜力，那么即使遇到挫折或周围人不理解、不支持，也不会轻易放弃。相反，你可以"播种"新方法。这个"播种"的比喻强调了应有耐心且不断坚持，然后抓住眼前的机会并逐渐引入新方法。

17.1.1 行业案例：在法国 HR 科技独角兽公司播下 DDD 种子

这个行业案例展现了一个惊人的故事，它说明只要播下一颗种子并耐心培育，就能取得令人难以置信的成就。简单的小型读书会便是这样一颗种子，它逐渐成长并催生了重要的组织变革和产品开发的新理念。

这是由 Krisztina Hirth 讲述的一个故事，她于 2022 年 9 月加入 PayFit 担任技术架构师，热情地在整个公司推广 DDD 范式，最终把公司由工程驱动转变为产品和组织决策驱动。

PayFit 是欧洲领先的、为中小企业提供云计算薪酬解决方案的公司。自 2016 年成立以来，PayFit 已在欧洲三国开设办事处，并于 2022 年 1 月成为法国的独角兽公司，目前拥有近 1000 名员工。公司的座右铭"使工作成为每个人成就感的源泉"充分体现了其宗旨。这不仅体现在产品愿景上，也深植于 PayFit 的核心价值观：关怀、热情、谦逊与卓越。这些价值观及其在组织中的地位揭示了公司员工与领导层的思维模式和文化理念。

2021 年，PayFit 的工程总监 Damian Bursztyn 正式启动了 DDD 之旅，起初以读书会的形式进行。读书会最初主要有个人贡献者和少数管理者参加，每两周进行一次，主要讨论与 PayFit 的日常挑战相关的概念，并寻找应用所学知识的可能性。

读书会的消息开始扩散，团体逐渐通过自然加入和同事邀请的方式扩大，最后成为包括产品、设计和领域专家在内的多元化群体。这促使他们能够共同构建并深化对特定领域及领域边界的理解。在时间规划和支付等方面，他们定义并精炼了领域内的术语和概念。种子已经播下，现在是细心并耐心地培育的时候了。

耐心的好处很快变得明显。有些功能和重构计划是从协作建模会议开始的，例如始于事件风暴。“它带来了很多东西，包括我们从未考虑过的流程”“所看到的团队复杂性和对团队的不同理解非常有用”，这些都是在研讨会之后收到的评论。

作为领域发现研讨会的副产品，我们对业务领域理解的演变带来了关于组织结构改进的机会。这不仅仅是理论问题，也包括等待采取行动的改进机会：

- 团队如何互动。
- 对协调和合作的殷切需求。
- 产品开发缓慢。
- 工作效率低下。

此外，PayFit 正在迅速发展。随之而来的是系统的相互依赖和产品开发缓慢所带来的成本不断上升，而且逐渐变得无法承受。组织已经察觉到了这个问题，并且希望赋予团队更多的自主权，以减少相互之间的依赖。显然，团队需要一种新的组织方式：决策和行动应当依据业务成果和特定业务领域的需求，而非单纯的技术架构，同时应充分利用平台化战略来支持业务目标。

但这个过程必须慎之又慎。处理薪资数据便是一个典型的例子，因为这关系到高度敏感信息的处理。尽管现在应该探索赋予团队更大自主权的方法，但是同样需要确保采取全面的战略来管理数据，以保证数据的一致性，实现去中心化的决策。

高层领导批准了一系列领域发现和建模研讨会，以形成公司的领域图并重新思考组织结构。Damian 承担起了在全公司组织这一切活动的责任，而 Krisztina 则成为研讨会的引导者，他们都意识到了这一计划可能产生的潜在影响。

Krisztina 主持的第一个研讨会是深入探讨公司的核心领域，即工资支付。当与其他的团队交流时，一切似乎都与工资支付紧密相连，因此这看起来像是一个重要的起点。研讨会的目的是在领域模型上达成一致，比如涉及哪些领域概念、它们相互之间如何关联，以及如何看待这些边界。

在第一次研讨会开始前不久，她与薪酬团队的嵌入式架构师 Jean de Barochez 共同开展了一个不同寻常的领域探索活动。这场知识整合会议以文字交流的方式进行，不用贴贴纸或在白板上画图。讨论的主题是“发薪周期”，这是一个核心术语，“六个人表达了七种不同的意思”（这是 Krisztina Hirth 的说法）。通过在文档平台上邀请每个人为这个术语添加定义和已知用法，他们启动了一种异步交流，这与 RFC 类似，但其目的是收集知识，而非仅仅做出决策。

随着时间的推移，差异和误解逐渐明朗化。把所有需求和解释汇集在一处，人们很容易发现实际上大家所讨论的是不同的概念。发薪周期是一个被广泛使用的、聚焦客户的术语，但缺少对薪资周期（即薪资管理所涉及的时间段）的概念说明。薪资周期通常是一个月，但某些国家也接受更短的周期，比如一周。早先这个需求被认为很有价值，但要实施它，就必须给出明确的名称和含义。现在，它不仅有了名称，而且还有了清晰的描述，可以纳入深度研讨会的目标范围。

"薪资周期"这个名称与"发薪周期"仅有微小的差异，但这种细微的变化导向完全不同的实施方向。借助图 17.1 所示的思维导图，我们继续围绕这个术语构建心智模型，经过一段时间的努力，最终构建了一个可以实施的领域模型。

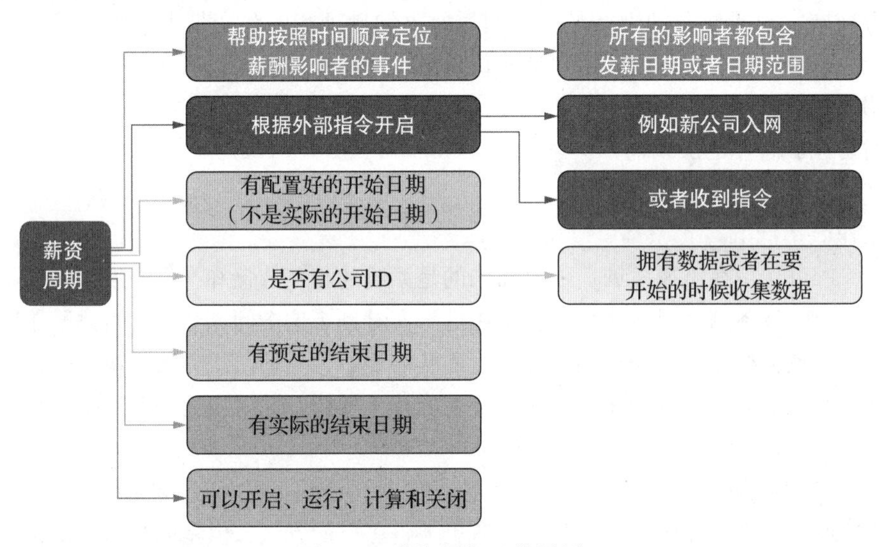

图 17.1 薪资周期思维导图

在为期两天的研讨会上，包括产品经理、设计专家和工程师在内的多样化跨职能团队对薪资周期领域模型进行了头脑风暴、探索和迭代。他们深入分析了最关键的用例，目的是取得对现有功能及未来可能变化的共识。这个过程有助于探寻最优的架构设计。

研讨会的产出包括：

- 有界场景画布，它记录了属于薪资管理的内容、不属于薪资管理的内容、主要的职责，以及它如何与其他系统通信。
- 描述名为"工资条"的新场景的画布草图，它被视为薪资管理内部的实现细节。但随着 DDD 方法的应用，团队开始实施"分而治之"的战略，基于业务需求而非技术预设来划分和解决问题。
- 四个领域消息流图，它们描述了主要用例。
- 对薪资管理及其与薪资周期关系的未来设计以薪资管理愿景的形式记录下来，并与所有受影响和感兴趣的人共享，形成在整个产品技术团队中共享的 RFC。
- 下一步行动——快速实验，通过实际生产使用情况（而不是依赖于传统的规划和假设）来验证概念。

- 所面临的主要挑战，例如在逐步从旧系统迁移到全新架构和设计的过程中，如何推进全面更新。要清楚公司不能因为我们正在重构整个系统而停止运营，因此必须采取切实可行的方法。

我想特别强调，之所以能取得这些成果，是因为我们集中精力阐明了领域术语。这个过程充满挑战，对所有决策都有关键的影响，无论是业务决策还是技术决策。

在深入了解产品的核心之后，我们启动了一系列针对薪酬管理所有相关领域及其他成功产品需关注的领域（例如自助服务体验）的全局视角探索研讨会。研讨会的目的是：

- 探索四个最高优先级的业务目标。
- 确定相关领域。
- 定义共同语言。
- 探索团队组织选项。
- 提高团队自主决策能力，减少依赖。

我（Krisztina，本节下同）负责组织和引导每个研讨会。与会者来自不同国家，包括从销售到客户支持、产品、设计以及技术领域的专家等。所有的研讨会都采用类似的形式：

- 描述当前情况。如果必要，每个主题的负责人在研讨会开始之前将最重要的资料写在在线协作白板上，以便大家预览。
- 开始讨论日常工作、问题和需求，并将这些内容写在白板上。
- 收集术语及其含义，以缩小差异、澄清误解。
- 在最常见的用例上进行事件风暴以识别领域边界，这通常发生在研讨会的后半部分。

图 17.2 展示了有关“声明”领域概念研讨会的产出（可以通过本书提供的 Miroboard 链接看到具体的交互式版本，http://mng.bz/PRO8）。其内容是在不同国家工作的过程中围绕“声明”出现的各种术语、活动和主题。

我想给所有对举办此类研讨会感兴趣的人一个建议：应当把重点放在分享知识上，而不仅仅是关注研讨会的成果。在研讨会上，与会者能够直接从业务流程和需求的直接参与者那里获得信息，而不是通过第三方获得。与会者非常喜欢这种能深入了解的方式。

尽管每场研讨会的议程都相同，但产出和后续的步骤截然不同。举例来说，我们合并了两个主题，因为发现它们实际上针对的是相同的需求。另一个例子是某个研讨会揭示了三个“黑洞”（之前未曾认识到的领域），因此需要另外举办三场研讨会。第三个主题按照原计划执行，旨在收集所有必要的信息，就边界和关键决策点达成共识，并开始填写有界场景画布（该画布很快成为团队讨论其管理领域以及与其他邻近场景开始协作的标准文档）。第四个主题范围很广，包含自助服务体验及所有相关领域。该计划已在进行之中，因此在探索研讨会结束之前，就已经可以开始形成和利用相关成果了。例如，可以利用第一个消息流图审视和质疑现有领域边界的定义，并规划如何以迭代的方式来实施项目或功能。

我非常希望能分享更多关于我在 PayFit 所经历的事情，先给各位看一些来自我们团队成员的精彩语录：

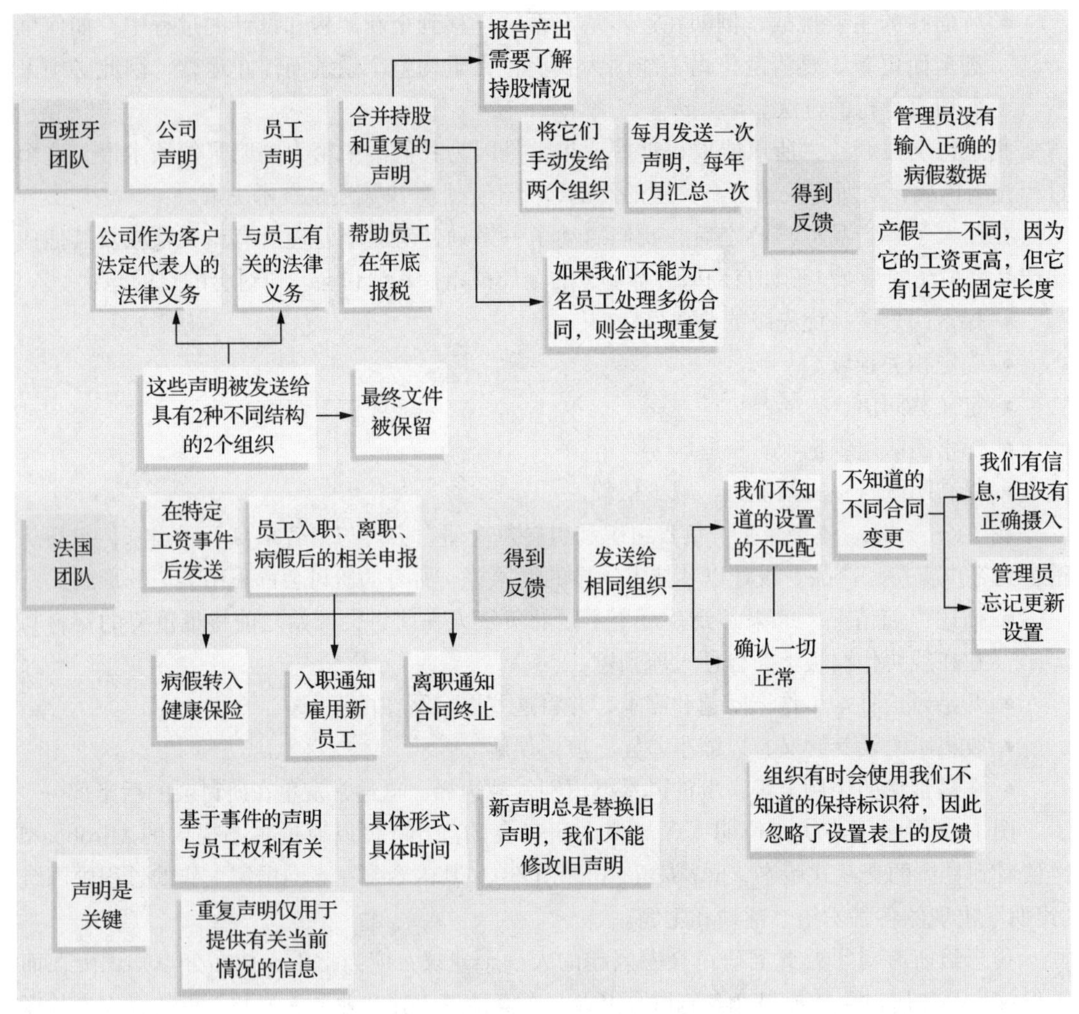

图 17.2　关于“声明”领域概念的全局视角领域探索研讨会的笔记

- “我们在公司层面上就声明领域的定义达成了共识，因此能够做出恰当的选择，组建拥有多元化产品和技术技能的混合团队，其中包括完整的产品开发团队。”
- “这是对 DDD 背后高效方法论的肯定，期待更多来自其他领域研讨会的重要成果。”在完成两轮全局视角探索研讨会后，法国产品总监 Ghita Benotmane 在团队评审中做了以上的陈述。
- “在一次会议上，我对与会者所展现的高度参与和协作精神感到惊喜！这次会议要把更多的工作交接给他们负责。”产品经理 Francois-Xavier Paradis 在参加旨在将功能正确交接给领域所有者的重要会议之后作出了上述评论。
- “过去把‘计算’和‘工资条生成’视为同一过程，但现在两者已被分开，这一变化对 UX 产生了影响。这充分展示了 DDD 如何帮助我们进行系统改进并明确各团队的职责。我们将原本被看作‘大模块’的功能拆分为两个独立的概念，使薪资管理团队能够完全自主地优化工资条预览的 UX。”致力于提高系统稳定性与可靠性的工程师及 DDD 实践者 Clément Ricateau-Pasquino 给出了这样的陈述。

这一切始于两年前播下的那颗小种子——DDD 读书会，我们将继续培育它。

Nick：这个故事内容丰富，包括从开发者读书会开始到领域探索和几乎涵盖整个业务的现代化过程，而且参与者来自各种不同的背景。你会给那些想要踏上类似探索之旅的人提出哪些建议？

Krisztina：我经常听到有人说 DDD 很难，他们认为 DDD 要么无法实现，要么不值得尝试。然而，我在 PayFit 的经历证明情况完全相反。控制复杂性的最佳工具无疑是 DDD。实施这一范式之所以难，是因为它需要我们跳出自己的舒适区和孤岛：工程师专注于技术开发，产品人员仅考虑产品的演进，而销售团队则仅关心销售问题，这些传统独立的活动领域现在需要相互交流，各自解释自己所做的事情，并接受挑战。

如果 PayFit 是一家初创公司，那么因为它的旧系统较少，所以采用 DDD 容易得多。但由于缺乏行业经验，这么做的价值也少了很多。我们可能无法准确地把握市场需求。而一个拥有八年历史且极为成功的产品意味着已经经过八年的积累，具有丰富经验，这是一笔宝贵的财富，可以让我们在定义领域和边界时拥有更加明确的优势。

因此，在过去几年中，流程、关系乃至几乎整个系统都被重新定义。消除不同角色之间的隔阂，战胜惰性并改变各方的思维模式，这是最困难的部分，也正是转型的真正含义。但需要记住的关键点是你无须一蹴而就地完成这一切。可以先成立读书会播下一颗小小的种子或定义一些关键的领域术语，然后再根据组织的节奏逐步引入新的思想和思维方式。想要更深入了解 PayFit 现代化进程的信息，请访问他们的博客（https://backstage.payfit.com/）。

17.2　为即将到来的项目需求提升技能

随着现代化进程的启动，许多团队将面临学习和提升技能的需要。他们所需达到的技能水平将根据目前所用技术、模式和实践与现代化预期之间的差距来确定。尽早识别团队的技能提升需求不仅能为他们提供足够的准备时间，也有助于确保现代化进程尽可能顺利与高效地进行。

然而，许多新技能需要数个月的学习时间，并且只有将它们应用到实际工作中才能真正掌握。因此，当团队首次尝试应用新事物时，即使已经接受过一些培训，也需要耐心地为其提供学习和实验机会。

为即将到来的项目需求提升技能的第一步是确定所需提升的技能，并评估团队在这些技能方面目前的水平。然后，分别针对每个技能提升需求创建一个学习计划。在决定由谁来做这件事以及如何做这件事时，在一定程度上让团队参与进来非常重要。一个极端是让团队完全自主决定需要提升哪些技能。在某些情况下，这并不是很有效，因为团队并不了解他们不知道的东西。他们并不知道到底需要将技能提升到什么水平。因此，他们需要具有新技术和实践专长的人的帮助。这就是 AMET、新员工或者外部专家可以大显身手的地方。

从全局视角审视学习和提升技能通常十分有益。集中进行这些培训既能节约成本，也能提高效率。例如，某组织的 CTO 与现代化项目领导者同意优先采用无服务器架构，以支持从本地部署向云端转变。因此，他们邀请 AWS 的无服务器技术专家 Yan Cui（https://theburningmonk.com/）来对全体工程团队进行了一系列的培训。

培训引发了浓厚的积极氛围，人们（甚至包括那些还未直接参与现代化项目的员工）共同学习。这让他们觉得自己是这个转型之旅的一部分，增强了他们未来参与现代化的信心。培训也使一些员工明白了利用新技术所能取得的成就。培训前，IT 部门的负责人原本持怀疑态度，但在亲自体验了在实际环境下构建和部署无服务器应用的过程之后，他对无服务器和云计算的态度变得极为正面。从此，他开始更积极地协助团队解决基础架构和 IT 问题。

一旦明确了学习需求，就可以采取多种方法帮助团队掌握必要的技能。我注意到不同的人倾向于不同的学习和教学方式，因此并不存在一种适合所有人的方法。以下的各种方法都值得考虑：

- 书籍。
- 公开或私人教师面对面或远程的指导培训。
- 自学视频培训。
- 在团队中列入外部专家或教练。
- 构建概念验证。
- 参加相关的聚会和会议。

17.3 建立持续学习的环境

为了满足即将到来的项目的需求而投入资源进行学习和提升技能固然很重要，但相比持续进行学习和提升技能并将其深植于组织文化中，还相去甚远。根据我的经验，那些鼓励持续学习与持续改善的组织在创新能力、产品开发效率上都更胜一筹，同时也能为员工提供更好的工作环境。

在我的第一份工作中，作为初级软件工程师，我有幸遇到了两位完美的导师。学习是工作不可分割的一部分。他们引导我了解 DDD 概念和学习 Martin Fowler 的全部著作，不仅为我购置了所有书籍，还为我购买了在线视频培训课程（我当时偏爱 Tekpub）。在工作期间，我们一起听技术播客，一起讨论博客文章，一起探索新工具。

作为 .NET 开发者，我们采用了诸如 Castle Monorail 等多种开源框架。当时，除了使用 ASP.NET 这样的微软官方框架，.NET 开发者使用其他框架的情况极为罕见。我们经常讨论实现代码的不同设计模式，并且总有机会探索多样的实现方案。因此，我对每天的工作充满了热情，工作质量也远超任务所要求的水平。

2012 年，我搬到伦敦并开始在 7digital 工作，我被热爱学习的同事们所包围。CTO Rob Bowley 鼓励员工不断学习，而且愿意让员工利用工作时间学习。特别是每人每月有两天时间可用于学习新事物。只有两条规定：必须要与团队的负责人商定具体的时间；要写一篇简短的博客文章分享学到的知识。我非常喜欢每月两天的学习时间。在 2012 年，我充分利用这些时间学习了像 Erlang 和 Hadoop 这样的东西。

公司每周也会安排几个小时，让整个团队聚在一起讨论特定的主题。记得有一段时间我们利用这个时间观看和讨论会议演讲，其他时候我们用来进行代码练习。有时候，Rob 或其他领导会邀请专家来进行分享。

经常会有一本书因受到大家的关注而成为共同的阅读材料，进而在办公室里引发热议。这种现象既激动人心又具有广泛的感染力。但是，这些书的主题往往不局限于编程技术。例如像 *The Goal* 和 *The Lean Startup* 这样的书触及业务运营、流程优化和企业文化等方面。因此，包括我本人在内的软件开发者深受鼓舞，认为自己能够发挥的作用远不止是写代码。公司鼓励员工以自己选择的任何形式做出贡献，不仅包括通过不断地改善和优化工作方式来提升效率，也包括更积极地参与到产品管理的各个方面，以及与客户进行更深入的交流。

因此不难看出，7digital 之所以能够成为一家表现卓越的公司，就是因为每个团队都能够每日向生产环境进行部署。在这家公司，每日站会中提出的 bug 在午餐前就能于生产环境中得到修复，而且每位开发者在入职的第一天就能进行生产环境的部署。每次我与 7digital 的前同事相遇时，谈起 7digital，大家都一致认为它是高效组织的典范之一。

与这些经历形成对比的是，我曾在一些不注重学习的公司工作过，在其中一家公司，当我提出想去参加一个会议时，CTO 表示，如果我能自付一半费用，则公司愿意支付另一半。作为一位初级开发者，我无法承担这笔费用。随后，首席架构师开始公然嘲笑我，他认为会议不过是些极客的聚会场所。当我不久后决定离职时，CTO 非常沮丧，他向我表示他正试图转变公司的运营方式，改善软件开发流程，并且他搞不懂为什么公司难以招聘和留住优秀的人才。

对我来说，毫无疑问，让持续学习成为组织基因是让组织成为高绩效组织最重要的步骤之一。架构现代化是组织成为学习型组织的绝佳机会，因为它需要员工进行大量的学习，并且可以为系统和产品在现代化之后依然持久稳定发展奠定基础。

17.3.1　实践社区

实践社区是促进持续学习和提升技能的一种普遍且被证明有效的方式。它由一群拥有相似技能、兴趣或共同关注点的人组成。成员会定期聚集，目的是在他们共同关心的领域里实现自我提升。实践社区可以基于多种主题建立，例如特定工具、实践方法、组织所面临的挑战、类似现代化这样的大主题，或像处理落后系统这样的现代化具体问题。

尽管实践社区看似概念简单且广受欢迎，但出于种种原因（如人们逐渐失去兴趣或缺乏足够的时间去组织和参与这些活动），它们并不总能达到预期的成效。Emily Webber 在著作 *Building Successful Communities of Practice*（http://mng.bz/K95O）中提出了旨在成功建立实践社区的四个关键因素：

- 能够定期见面。
- 正确的社区领导。
- 创建“安全学习”的环境。
- 获得组织的支持。

如果你对实践社区的概念还不熟悉，或者在之前曾经尝试过但没有获得期望的效果，甚至遇到了问题，那么我强烈推荐阅读 Emily 写的这本书。

17.3.2 定期的小型学习机会

激励措施对于构建学习型组织至关重要。人们需要感受到领导层鼓励他们投入时间学习，而不是单纯以在工作上表现出的勤奋程度来评价他们。在工作时间内安排一些短时段供团队成员共同学习，是展现组织真心致力于营造鼓励学习氛围的绝佳方式。

定期举行的小型学习活动可以采用多种形式进行。我们在本章前面已经看到了一些例子，包括读书会、编程练习、分享演讲、共同观看视频和邀请外部讲师等。另一个由 Andrea Magnorsky 推出并广受欢迎的形式是“架构微讲堂”，这个活动专注于架构且形式简洁、精炼（http://mng.bz/9QAr）。

“架构微讲堂”通常是针对一群从事相同系统的人员举办的一小时时长的会议。其主旨在于促进团队成员间的知识与专长共享，确保每位成员对所参与的系统都有更深刻的认识并达成共同的理解。会议的具体形式可以灵活多变，但按照 Andrea 的建议，一般都有以下基本议程：

- 目标：小组决定专注于架构的哪部分。
- 独自绘制：每个人独自花 5 分钟时间画出选定的架构部分，当计时器结束时，大家都展示自己的结果。
- 共识：小组讨论画出的各种图纸，并尝试通过共同绘制一张图来达成共识。
- 把最终版本的文档存储在某个地方。

即使不采用“架构微讲堂”的形式，其中仍然有值得吸取的经验。环顾你所在的组织，看看是否有人在尝试以新方式来分享观点和学习新技能？在注重学习的组织中，人们总是在探索学习和分享知识的新方式。这种文化鼓励这种行为，并使其成为工作中不可或缺的一部分。想一想，公司最后一次尝试这样的新方式是什么时候？作为领导，你还能做些什么来促进这种行为？

行业案例：适合团队间协作的“架构微讲堂”

我（Andrea）开发了“架构微讲堂”，因为我想帮助团队更好地理解他们正在处理的系统。我希望赋予所有参与构建系统的人能以协作的方式更多地参与架构工作。

提示 本行业案例由 Andrea Magnorsky 撰写，Andrea 是一位拥有电视广播、汽车、游戏和金融等多个行业经验的软件顾问。

“架构微讲堂”有助于建立定期学习的环境。大多数团队都能分配到每月两次、每次 45 ～ 60 分钟的学习时间，所以我量体裁衣按照这个时间窗口组织研讨会。在尝试之后，我发现这个想法的效果似乎不错，所以我在不同的组织和不同的团队中继续使用该方法。

我观察到所有使用该方法的团队在以下几个方面的能力得到了提高：

- 思考自己负责的系统。
- 提升系统建模的能力。
- 学习如何共同进行系统建模，提升团队的主动性。
- 随着活动次数的增加，对系统的理解越来越趋于一致。
- 了解了拥有共同心智模型的价值。
- 有更好的工具来为解决方案建模。
- 学会积极倾听。

“架构微讲堂”可以用于多种目的，特别适合用于研究技术债和帮助团队新成员快速上手。但“架构微讲堂”还有更多的用途，例如更好地促进团队合作。

当我在广播行业的某个机构工作时，有三个团队参与优化视频流媒体工作流的工作。由于工作之间存在着依赖关系，因此三个团队必须协同合作，如图 17.3 所示。第一个团队触发第二个团队的流程，而第二个团队又启动第三个团队的流程。团队需要掌握其他团队的进展情况，例如，第一个团队需要知道第三个系统中的流程何时完成。

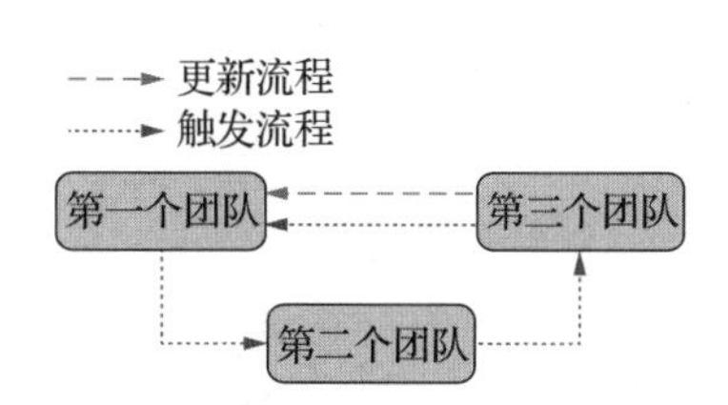

图 17.3 三个团队之间的依赖关系

团队所有人都知道彼此之间的依赖程度，并明白自己很可能依赖一些本来不该依赖的内部服务，但并不知道这些低效率问题存在于何处。

因此，我们组织了几次小型的“架构微讲堂”，每个团队派出两名程序员和一位对整个领域都很了解的技术负责人。主要目标是思考什么样的架构既简单又好。此外，我们需要就产品需求达成一致理解，特别是因为正在探索的流程已经非常成熟。

第一次会议探讨如何对当时的系统进行建模。我们使用 C4 场景图来描述每个人对三个团队的合作的了解程度。请记住，这个部分是单独进行的，参与者都各自独立地工作。公平地说，我们在那次会议期间学到了很多东西，例如详细了解了每个团队面对的流程，而不是每个人提出的模糊假设。另外，我们还意识到两个团队所用的触发流程略有差异，从而引发要思考的两个问题：为什么从两个不同的地方获取相同的信息？我们正在做多少本来不必做的额外工作？

会议结束后，我们记录了一些需要在下一次会议上回答的问题，例如，需要了解的其中一个服务的 API 的某个部分的详细信息，以及要问那些没有出席会议的团队成员的问题。

大约四周（本希望两周，但被各种杂事耽搁）后召开了第二次会议，会议的目标是针对必须要解决的问题，对系统应该呈现的样子进行建模。会议期间，我们意识到工作流的某些方面要比预期的复杂得多，这是“架构微讲堂”中常见的情况。例如，我们发现了不会带来任何好处的重复逻辑。另外，我们还意识到，可以通过移除一些众所周知但被遗忘的技术债改进系统的输入。

我们探讨了重复逻辑问题并意识到很难协调修复它所需的工作量，因此，我们做了记录并希望最终能解决这个问题。然后，继续讨论在理想情况下三个系统之间交互的细节。

几天后，其中一个团队为了签订团队之间合作的协议，起草了一份架构决策记录，说明了将要发生的变更，并把文档交给其他两个团队传阅。因为有些细节需要梳理，所以我们临时组织了一个视频会议专门来处理这件事。三十分钟后，我们澄清了所有的细节！

至此，每个人都掌握了解决问题所需的全部背景信息。而且更重要的是，这些微讲堂会议改善了团队之间的关系，让他们做好了以最佳方式共同应对团队间挑战的准备。

在这个特定案例中，所有会议都是远程的。我想强调的是，我既组织过线上会议，也协调过线下会议，这两种会议形式都有很多好处。当然，也可以采用线上线下结合的方式。基本上，我是按照每个人都远程参与的方式来组织的，以确保每个人都能参加。如果想了解更多关于“架构微讲堂”的信息，或有任何问题要反馈，抑或想分享一些自己的想法，请查看 https://bytesizearchitecturesessions.com/。

17.3.3 导师制

导师制是建立持续学习和提升技能文化的强大工具。它为受指导者和导师都带来了巨大的好处。我非常感激自己作为初级员工时所遇到的导师，并且亲身体会到了导师制是如何加速个人职业发展的。我也曾担任过导师，发现这是一种帮助我提高领导技能的有益经历。当我与朋友和同事谈论导师制时，他们反馈的经历也非常相似。

在包含初级和高级工程师的团队中，指导关系往往会自然而然形成。当有人主动联系并请求他人成为导师时，也会自然而然形成指导关系。但根据我的经验，仅靠自然形成指导关系会错失很多潜在的机会。这就是为什么我主张旗帜鲜明地鼓励和激励指导关系的形成，甚至建立明确的导师制。

我们可以通过多种方式建立和形成导师制。通常，需要有机制让导师和被指导者建立联系，需要有让他们对接的流程，以及需要有帮助他们规划和执行活动的体系，特别是要帮助他们实现初次会面。

要成为好的导师，需要一定的实践，如果之前没有经验，有些资深工程师可能不愿意尝试。因此，好的导师制会通过提供有用的指南并让他们与经验丰富的导师建立联系，来为首次担任导师的人提供帮助。

与大多数学习和提升技能的计划一样，鼓励大家抓住机会至关重要。如果公司仍然期望他们在承担额外指导工作的情况下完成相同数量的工作，那么指导工作很可能会被放弃。一些组织明确把指导工作作为高级工程师的责任，在他们的绩效评估中，这部分工作与完成其他常规工作一样重要。

17.3.4　赋能有影响力的人

有些人非常受同事的尊敬，他们的言行具有很大的分量，这些人就是有影响力的人。这些人在促进新概念和新做法在组织中得到广泛采纳方面起着关键性的作用。但是要他们做到这一点，必须为其提供必要的支持。

支持有影响力的人的一种方式是为其提供培训，让他们能够教授别人，也就是所谓的"培训师资"。培训的形式可以是公开的培训课程，也可以是外部专家的私人辅导，还可以是为有影响力的人提供参加与所需技能相关的会议的机会。

然后，需要给有影响力的人足够的空间和时间去发挥影响力。这可以通过各种方式来实现，比如撰写博客文章或文档、制作视频、组织内部研讨会，以及以教练的角色与团队共度时光。

在规划现代化工作时，可以考虑让有影响力的人参与进来，以便促进学习和传播见解。例如，虽然现代化的第一阶段可能并不涉及有影响力的人所在的团队，但我们可以邀请有影响力的人临时加入，以便获得特定的经验，然后再分享给其他人。

17.3.5　博客写作与公开分享

在组织外部公开分享对营造持续学习的氛围有重大的影响。最常见的做法是创建公司技术博客，以及支持那些想要代表公司在会议上发言的员工。

公开分享对公司内部有许多好处。在个人层面上，向更广泛的听众展示工作并获得反馈具有激励和奖赏的作用。公开分享可以激励他们学习更多的知识，发布更好的内容，从而让他们成为其他员工的榜样，并让其他员工看到创作公开内容的价值。即使是公开分享的内容，对公司的其他部门来说也是有用的知识。另外，公开分享也可能会促进内部的分享。

公开分享也是吸引人才的绝佳方式，可以帮助未来潜在的员工了解工作环境以及将会与什么类型的人共事，并对外说明这样的工作环境有利于学习成长和个人发展。

17.3.6　内部会议

我特别喜欢公司内部的技术会议。这种活动可以在组织内部营造一种真正的兴奋感和社区感。它有助于在公司内部传播知识，并将有相似兴趣的人联系起来。这也明确表明公司关心学习和提升技能，并愿意让员工在工作时间内投入时间和精力去学习。

我曾被邀请在内部技术会议上发表演讲，虽然邀请外部演讲者也有一定的价值，但是这种活动的真正魅力在于由公司内部员工进行演讲。主题内容从分享真实项目经验到讨论特定的工具、技术和方法等不等，就像外部真正的会议一样。这样做对架构现代化之旅显然特别有益。

内部技术会议通常每年举行一次或两次。无论是线下会议、远程会议还是线上线下相结合会议都可以，很难想出不举办内部技术会议的理由。尽管其中可能涉及大量的筹划和准备工作。

提示 由 Victoria Morgan-Smith 与 Matthew Skelton 所著的 *Internal Tech Conferences* 一书（https://leanpub.com/InternalTechConferences）是希望举办内部技术会议的公司的绝佳入门指导。该书提供了关于策划和举办活动的指导，并包含了真实的案例研究。

17.4 行业案例：CloudSuite 的学习驱动的现代化

宏伟的计划或总体战略并非现代化的标配。有时候，从小处着手逐步夯实基础（而不是过分向前看）可能更好。这就是 CloudSuite 所采取的方法，这家公司提供基于 SaaS 的电子商务平台，批发商和品牌制造商也可以在该平台上管理 B2B、B2C 和 B2X 等所有的在线渠道。2021 年，公司领导层希望扩大客户群，雄心勃勃地将公司定位为电子商务平台技术中端细分市场的重要参与者。实现该目标需要扩大组织规模（包括增加工程师）以开发新的创新产品。领导层也知道这并非易事。

当时，CloudSuite 大约有 20 名软件工程师，包括一个大团队和一个较小的前端团队，他们共同负责自公司创业初期自然形成的共享单体系统。结果，虽然公司花费了很多时间开发新功能，但系统根本无法扩展。为了支持公司的这种发展雄心，急需加快可持续发展的速度。

公司迈向架构现代化的第一步是聘请 Timber Kerkvliet。作为高级软件工程师加入 CloudSuite 后，Timber 负责确定把资源投入现代化的哪个方面才能最好地支持战略目标。很明显，我们需要对旧架构进行现代化改造，Timber 并没有在第一天就开始采用最新模式与技术对系统架构的未来状态进行全面规划。相反，Timber 在调整架构之前首先聚焦建立技术卓越。他说："从第一天开始，我就一直专注于优化日常的编码实践。无论关于敏捷的想法有多么辉煌，无论自主团队持续交付的想法有多么出色，都需要实现技术卓越。我想把诸如测试先行、结对编程和持续集成等技术实践作为标准常态，然后再来尝试更有野心的架构现代化。"

Timber 提供了一些实用建议来引入新的技术实践："仅仅告诉开发人员怎样工作是行不通的。需要付出时间和精力才能达到目的。而这一切都始于营造学习文化。我试过用不同的方法来营造学习文化。最终真正有效的方法是来自 Emily Bache 的萨曼方法。它综合了独立的短期会议与群体 / 集体会议。"

CloudSuite 的现代化之旅是一个很好的例子，它展示了如何根据组织的独特背景来量身定制现代化之路。CloudSuite 没有从全局事件风暴开始，然后深入到细节，而是选择了一条与众不同的路——选择最能激励团队的部分来做决策，以建立协作环境和提高参与度："在我们的故事中，非典型的经验是最大的变化实际上始于战术层面。战略层面始终在考虑之中，前面曾讨论过有关子领域和核心的内容。然而，战略讨论和决策真正是由战术变化所驱动的。开发人员对战术（软件设计和建模）方面的 DDD 感到兴奋并开始着手处理，这触发了对通用语言的需求，进而导致了协作建模、更多的垂直领域对齐，最终导致围绕识别的子领域来组织团队。”

在识别领域和子领域时，这种自下而上的方法达到了预期的效果。“搜索”与“下单”是两个核心领域，代表了客户电子商务之旅的不同阶段（见图 17.4）。

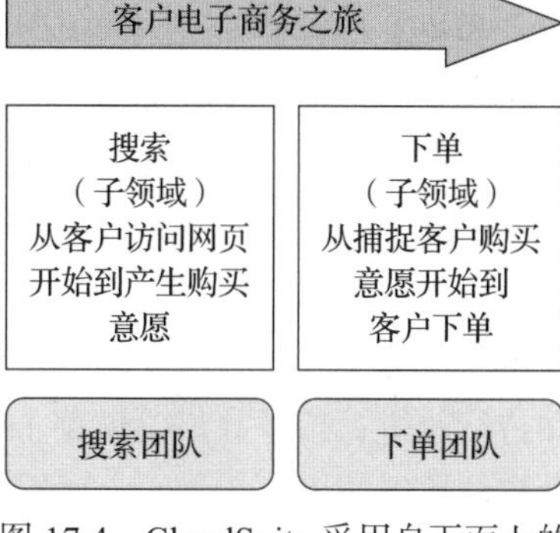

图 17.4 CloudSuite 采用自下而上的现代化方法识别子领域

搜索阶段包括从客户访问网页开始到产生购买意愿，下单阶段包括从捕捉客户的购买意愿开始到客户下单。

将这一过程分解成若干步骤是一种识别子领域的启发式方法，但该方法并非总是正确的。Timber 及其同事在确定这些边界之前都非常谨慎：“我们确信这些子领域是最优的，因为它们之间的关联程度很低。耦合度低是因为过程的后半部分（下单）不需要深入了解客户是如何到达那个阶段的。”

Timber 和他的同事也遇到了一个常见的现代化挑战（这也是一个关键的学习时机）：“最初，CloudSuite 认为这次变革主要是一个技术问题。幸运的是，我们很快就得出结论，这种看法过于狭隘。我在旧系统中使用 TDD 和 DDD 创建了一个模块。但是团队并不习惯直接接手一个与系统的其他部分截然不同的模块。我意识到要让大家接受新想法，每个人都需要清楚未来的发展方向并对此感到舒适，他们需要参与决策并且毫无顾虑地提出自己的担忧。”

现代化改造难以避免的一个挑战是迁移阶段的混乱。CloudSuite 想采用逆向康威操作，即根据目标架构组织团队，但是也不能忽视当前系统的约束：“如果不能改变系统，那么逆向康威操作就行不通。我们分阶段进行过渡。在第一阶段，我们重组了团队，但他们仍然与旧架构保持一致（见图 17.5）。”针对过渡阶段所进行的管理与妥协，我们承认现实并且面对现实，从而克服了困难：“因为团队在共享技术工件，所以团队之间需要更加密切地合作，我们对此有所预料并且做好了相应的计划。例如，后端 API 跨越团队边界，如果要在物理

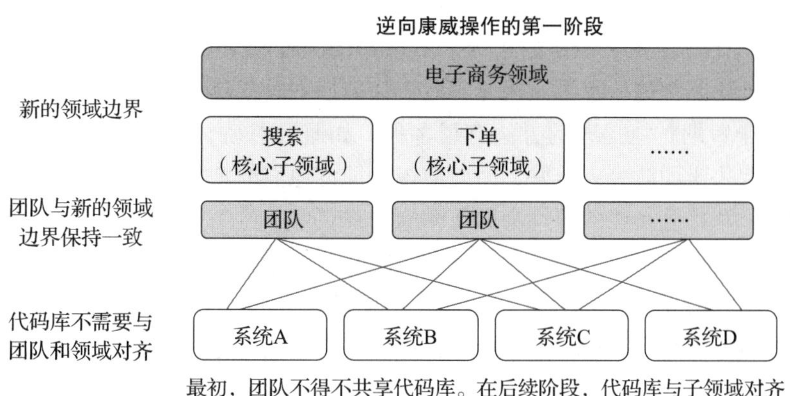

图 17.5 逆向康威操作的第一阶段：重组团队

上彻底分离则需要付出相当多的努力，而修改 API 是当前需要资源最少的操作。因此，我们首先把焦点放在该模块内部的合作与模块化上。”

如果要问在现代化改造中决定成败的关键是什么，那么答案是信任，来自高层领导对工作团队的信任，反之亦然。Timber 解释说：“对我们来说，现代化意味着在技术和组织层面尝试许多新鲜事物。我们不知道哪些有效，所以必须不断地尝试和实验。作为架构师，我负责促进这一过程，需要从高层研讨会到动手编码的各个角度来帮助和支持团队。我们总是在尝试改进架构的各个方面。必须要有这种实验性思维，这样才能尽可能减少项目开始时的障碍，让每个参与者都方向一致。其中最关键的是得到高层领导的支持。他们鼓励我们实验并持续改进，给了我们尝试诸如群体编程之类事情的信心，也大大改善了我们的工作方式。没有领导层的支持，我们永远不会有时间和空间来进行适当的尝试。”

本章要点

- 架构现代化涉及大量关于技术、模式和实践的学习与技能提升。
- 理解现代方法的好处并学会充分发掘它们的潜力需要时间，以及耐心和投资。
- 学习和提升技能经常是完成当前项目需求所必需的，但更重要的是将学习和提升技能变成一种根深蒂固的行为，它与真正的工作同等重要。
- 即使你对某种方法充满热情并能看到其价值，但你的同事和上级可能还不能分享到你的乐观，所以有时候需要耐心。
- 在组织中耐心地逐步引入新的技能和方法的过程好比是播下一颗种子并对其培育的过程。
- 小想法（比如为一群爱好者组织读书会）可以逐渐发展成为整个组织采纳的大想法，因此耐心和坚持是值得的。
- 为了确保现代化项目顺利启动并沿正确方向推进，团队需要有机会学习将要应用的新工具和新技术。
- 即使团队已经接受了一定的培训，但直到他们将所学知识应用于实际项目中，才能真正达到熟练掌握的水平。因此，制定任何计划时都应考虑到这一限制因素。
- 团队用于短期技能提升的方法有很多种，如通过书籍、培训课程和聘请教练。最佳选择将取决于团队个人偏好，因此应该先征询他们的意见。
- 持续学习和提升技能的环境会导致团队表现更好、员工更有动力。
- 应该鼓励团队在工作时间学习和提升技能。
- 实践社区、导师制、博客撰写、公开分享以及内部技术会议都是在架构现代化过程及后续过程中帮助组织学习和提升技能的宝贵做法。